职业教育机械制造类专业系列教材——3D打印系列

Creo 5.0 建模实例与 3D 打印应用教程

饶敏强　主编

电子工业出版社
Publishing House of Electronics Industry
北京·BEIJING

内 容 简 介

3D 打印技术类课程在教学应用中的核心内容是应用 3D 打印机的快速成型能力,促成学生用数字化设计思路生产出实物作品。本书通过系统介绍增材制造技术(快速成型技术、快速原型制造技术)中的两个核心环节,即三维造型建模和 3D 打印机快速打印模型,实现人才技能培养目标。本书各个项目的学习难度遵循从易到难的认知规律,选取能体现出 3D 打印技术特点的模型作品作为各学习任务的载体。每个项目都由任务引入、任务分析、任务实施及相关知识构成,按照三维造型设计与 3D 打印制作一般流程进行讲解,读者可以按照步骤完成实践操作。书中案例设计新颖,具有创意,并全部经过实际打印制作验证。

本书可作为中等、高等职业技术院校及成人教育增材制造技术、机械制造、工业产品设计、材料工程等相关专业的教材,也适合作为各类职业技能培训、学校创新设计等的参考教材。

未经许可,不得以任何方式复制或抄袭本书之部分或全部内容。
版权所有,侵权必究。

图书在版编目(CIP)数据

Creo 5.0 建模实例与 3D 打印应用教程 / 饶敏强主编. —北京:电子工业出版社,2022.5
ISBN 978-7-121-43933-9

Ⅰ.①C… Ⅱ.①饶… Ⅲ.①立体印刷—印刷术—应用软件—高等学校—教材 Ⅳ.①TS853

中国版本图书馆 CIP 数据核字(2022)第 117471 号

责任编辑:魏建波　　　　文字编辑:康　霞
印　　刷:三河市华成印务有限公司
装　　订:三河市华成印务有限公司
出版发行:电子工业出版社
　　　　　北京市海淀区万寿路 173 信箱　邮编 100036
开　　本:880×1168　1/16　印张:17.5　字数:448 千字
版　　次:2022 年 5 月第 1 版
印　　次:2022 年 5 月第 1 次印刷
定　　价:52.00 元

凡所购买电子工业出版社图书有缺损问题,请向购买书店调换。若书店售缺,请与本社发行部联系,联系及邮购电话:(010)88254888,85258888。
质量投诉请发邮件至 zlts@phei.com.cn,盗版侵权举报请发邮件至 dbqq@phei.com.cn。
本书咨询联系方式:(010)88254609 或 hzh@phei.com.cn。

前　言

3D打印技术起源于20世纪80年代工具、模具制造领域的快速成型技术（Rapid Prototyping），它实际上是一种以数字模型为基础，将塑料、光敏树脂或金属粉末等作为黏合材料，通过逐层打印的方式来构造产品的技术。有关3D打印技术的新闻近年在媒体上经常出现，如3D打印零件、3D打印房屋、3D打印器官等，这些新闻不停刷新着民众对3D打印的认识。有专家、学者把3D打印称作一场新的革命，这种提法并不过分，3D打印在未来对我们生活方式的改变将产生重要影响。随着制造技术与材料科学的进步，快速成型设备能做到小型化，甚至放在办公桌上使用，其操作并不比传统纸张打印机复杂。

Creo Parametric 5.0是美国参数技术公司（PTC）全新推出的设计软件，为用户提供了一套从概念设计到制造的完整CAD解决方案，目前已广泛应用于机械设计、汽车、航空航天、电子、模具、玩具制造等相关领域，具有可互操作性、开放、易懂等特点，是当今主流的计算机辅助设计及制造软件。

3D打印在教学应用中最核心的内容是3D打印机的快速成型能力促成数字化设计的实物化。例如，可利用Creo这类操作简便、参数化设计功能强大的三维建模软件进行数字化设计，经转换及传输由3D打印机的快速成型技术将设计者作品实现，给学习者带来创意思维和动手实践相结合的训练体验。本书以任务驱动形式，精心设计选取在学习三维建模中具有代表性的典型任务，让学习者在系统学习用Creo Parametric进行三维建模的同时，能打印制作出具有3D打印技术特征的作品，各学习任务中的案例均能体现出3D打印技术特点。例如，项目3实体建模及产品打印的学习任务中建模相对比较简单（刚进入三维建模学习），先完成简单的单一零件建模，然后逐一打印出零件模型，最后可以将所有零件装配成一个整体作品。项目4中所选案例的作品由多个零件/组件装配而成，运用Creo Parametric 5.0装配设计模块，可以将装配图导出切片文件一次打印成型，体现3D打印进行产品设计时，可以将装配件一次制造成型的优势，省去单独制作零件后再进行装配的工具。项目5是曲面造型及产品打印，其体现出Creo Parametric 5.0强大的特色设计功能，让学习者学习复杂的零件建模设计的同时体会3D打印技术的特点，为学习者提供了产品设计案例，鼓励学习者发挥创造思维，最终训练学习者进行自主设计。每个项目中的任务均由浅入深，难度逐渐递增，符合初学者认知规律，同时很好地实现了3D打印技术特点与Creo Parametric 5.0强大的三维建模设计功能相结合。任务的设置经过精心考虑设计，遵循让学习者"学得会，用得上，能发展"的现代先进职业教育理念。

本书可作为中等、高等职业技术院校及成人教育增材制造技术、机械制造、工业产品设计、材料工程等相关专业的教材，也适合作为各类职业技能培训、学校创新设计等的参考教材。本书由广州市交通运输职业学校饶敏强老师担任主编；北京汇天威科技有限公司研发部总监尚鹏担任副主编；广州市交通运输职业学校许燕玲、植其新、胡广谱、袁康皓老师，北京汇天威科技有限公司培训部经理赵庆鑫、培训部讲师高倩和付家兴参编。饶敏强编写了项目2任务2.1、项目3任务3.1、项目4任务4.1、项目6，并完成全书统稿；尚鹏、赵庆鑫、高倩、付家兴编写了项目1并提供技术支持；许燕玲编写了项目2任务2.3、项目3任务3.3、项目5任务5.2；植其新编写了项目2任务2.2、项目2任务2.4、项目 3 任务 3.2、项目 5 任务 5.1；胡广谱编写了项目 4 任务 4.2；袁康皓编写了项目 5 任务 5.3。本书在编写过程中，得到了常州机电职业技术学院陈丽华教授，广东机电职业技术学院王波群教授，北京汇天威科技有限公司销售部总监王蕾，广州双元科技有限公司纪楷鸿、黄琦祈，广州造维科技有限公司黎建新等人的大力支持和帮助，在此表示衷心感谢。本书每个项目均配有素材，读者可在华信教育网下载或向本书编辑索取。

由于编者水平有限，书中难免有不当之处，恳请读者批评指正。

编　者

2022 年 1 月

目　录

项目 1　3D 打印概论 ... 1
引论 ... 1
任务 1.1　了解 3D 打印技术的原理与优劣势 ... 1
任务 1.2　了解 3D 打印主要技术的工艺与特点 ... 4
任务 1.3　熟悉 3D 打印的一般流程 ... 15

项目 2　Creo 5.0 二维草绘 ... 18
任务 2.1　Creo 5.0 应用基础 ... 18
任务 2.2　五角星草绘图 ... 29
任务 2.3　支座草绘图 ... 32
任务 2.4　吊钩草绘图 ... 36

项目 3　Creo 5.0 实体建模及产品打印 ... 42
任务 3.1　方块变形机器人建模及打印 ... 42
任务 3.2　可乐瓶建模及打印 ... 89
任务 3.3　茶壶建模及打印 ... 114

项目 4　Creo 5.0 装配设计及产品打印 ... 129
任务 4.1　可调手机支架建模及打印 ... 129
任务 4.2　活动扳手建模及打印 ... 170

项目 5　Creo 5.0 曲面造型及产品打印 ... 198
任务 5.1　电话话筒建模及打印 ... 198
任务 5.2　勺子建模及打印 ... 216
任务 5.3　灯罩建模及打印 ... 230

项目 6　Creo 5.0 工程图创建 ... 251
任务　创建轴承座工程图 ... 251

参考文献 ... 274

项目 1　3D 打印概论

引论

人类发展史上的每一次技术性变革，都会给整个社会和行业生态带来巨大的机遇与挑战。3D 打印技术是快速成型技术，又称快速原型制造技术（Rapid Prototyping Manufacturing，RPM），是一种以数字模型文件为基础，运用粉末或塑料等可黏合材料，通过逐层打印的方式来构造物体的技术。"3D 打印技术"的叫法是近年来针对民用市场而出现的一个新词。

随着工艺、材料和装备的日益进步，3D 打印技术的应用范围不断扩大，从制造设备向生活产品发展。美国总统奥巴马在 2012 年 3 月 9 日提出发展美国振兴制造业计划，启动的首个项目就是 3D 打印技术，同年 8 月 16 日，美国成立了国家增材制造创新研究院，目前"3D 打印"已经成为最流行的科技词汇之一。2014 年，《时代》周刊将 3D 打印产业列为"美国十大增长最快的工业"之一。2015 年 8 月 23 日，中共中央政治局常委、国务院总理李克强主持国务院专题讲座，讨论加快发展先进制造与 3D 打印等问题。据 Wohlers 公司的报告显示，全球 3D 打印行业正以年均增长率 30% 的速度迎来爆发式增长。

3D 打印技术的应用普及在一定程度上体现了一个国家的创新能力，随着人们对 3D 打印技术认识程度的不断深入，3D 打印行业有望改变我们生活中几乎每一个行业并助推下一次工业革命。

任务1.1　了解3D打印技术的原理与优劣势

【任务引入】

以信息技术与制造技术深度融合为特征的智能制造模式，正在引发整个制造业的深刻变革。3D 打印是制造业有代表性的颠覆性技术，实现了制造从等材、减材到增材的重大转变，改变了传统制造的理念和模式，具有重大价值。

我国作为制造业大国，转型升级压力突显，各种成本的增加，迫使我们去寻求能够有助于打造"制造强国""设计创新"的有效途径与工具，想要重振制造业，让实体经济回归，就需要把握前沿技术。

【任务分析】

一般认为 3D 打印技术诞生于 20 世纪 80 年代后期，是基于材料堆积法的一种高新制造技术，也是近 30 年来制造领域的一项重大成果。本任务的目的就是了解 3D 打印的一般概念和技术，要求通过网络检索 3D 打印的相关技术及报道，能描写及叙述有关 3D 打印的综述。

【任务实施】

通过网络检索，查阅书籍、论文资料，以及到企业参观调研，观看展览等形式，认识了解 3D 打印的相关知识。

1. 3D打印的概念

3D 打印技术是增材制造技术的俗称。增材制造（Additive Manufacturing，AM）技术诞生于 20 世纪 80 年代后期，是基于材料堆积法的一种高新制造技术。相对于传统的材料去除技术，增材制造是一种自下而上材料累加的制造工艺，其实质是利用三维 CAD 数据，通过快速成型机，将一层层的材料堆积成实体原型。

3D 打印机内装有线材、液体或粉末等"打印材料"，与计算机连接后，通过计算机控制把"打印材料"一层层叠加起来，最终将计算机上的蓝图变成实物。从更广义的原理来看，以设计数据为依据，将材料自动累加起来成为实体结构的制造方法，都可视为增材制造技术，即 3D 打印技术。3D 打印集机械工程、CAD、逆向工程技术、分层制造技术、数控技术、材料科学、激光技术于一身，可以自动、直接、快速、精确地将设计思想转变为具有一定功能的原型或直接制造零件，从而为零件原型制作、设计的校验等方面提供一种高效、低成本的实现手段。它将信息、材料、生物、控制等各种技术融合在一起，对未来制造业生产模式与人类生活方式产生了重要影响。

2. 3D打印制造与传统制造的区别

传统的机械加工方法是"减材制造"，在毛坯的基础上，用车、铣、刨、磨等方法去除材料，制造零件；或者是"等材制造"，采用锻造或铸造方法改变坯料制造零件（如图 1.1、图 1.2 所示）。

图 1.1

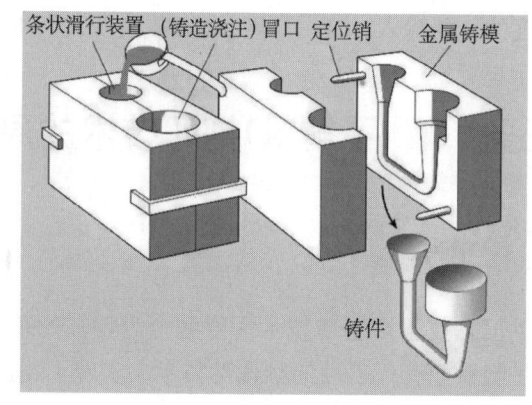

图 1.2

与传统切削加工方法不同，3D 打印技术是依据三维 CAD 数据将材料连接制作物体的过程，相对于减材制造，它通常是逐层累加的过程。一个完整的 3D 打印过程，首先是通过计算机辅助设计或其他计算机软件辅助建模，然后将建成的三维模型导入切片软件中进行切片，生成打印机可识别的文件格式（通常是 STL 或 OBJ），并把这些信息传送到 3D 打印机，3D 打印机会根据切片数据文件的指令构建三维实体。形象地讲，快速成型系统就像一台"立体打印机"，因此得名"3D 打印机"。

3. 3D打印技术的优缺点

3D 打印参照的是打印技术原理，能够将计算机设计出的物体直接打印出实物。3D 打印降低了设计与制造的复杂度，能够制造出传统方式无法加工的复杂结构，拓展了设计人员的想象空间。该技术对航空航天、汽车、医疗和消费电子产品等核心产业的革新有巨大的推动作用。

1）3D打印技术的优点

（1）适合复杂结构的快速制造

就传统制造而言，物体形状越复杂，制造成本越高。3D打印技术将三维实体变为若干二维平面进行加工，大大降低了制造的复杂度。理论上说，只要能在计算机中设计出的三维模型，就都可以应用3D打印技术，在不需要模具、刀具及复杂工艺的条件下快速变为立体实物，这是传统加工无法比拟的。

（2）个性化制造不增加成本

3D打印机在打印模型时，除要求零件的体积必须要与设备的空间相适应之外，没太多其他方面的要求，这样设计师在设计零件时就能拥有更多自由，设计出多种不同形状、类别的产品。同时，3D打印技术的另一个优势就在于其仅需要一件工具，即设备本身，而减少了许多其他方面的花费。虽然部分零件需要加工处理，但是相对于传统工业所需的多种设备和工序，成本降低了很多。

（3）灵活性制造

3D打印技术的一个突出特点就是灵活性，这点在产品研发时期的技术验证中有很大的应用空间。人们如果发现正在制作的零件设计有缺陷，或者还可以优化其使用性能，便可瞬间做出调整，对于传统的制造方法来说，这可能是十分困难的。如果一个设计师想要尝试新的项目，或者客户想要定制新款零件，通过3D打印技术，则可以在不中断正常生产流程的情况下很容易地制造出来。

（4）缩短交付时间

3D打印机可以按需打印。即时生产，减少了企业的实物库存，企业可以根据客户订单使用3D打印机制造出定制的产品满足客户需求，所以新的商业模式将成为可能。如果人们所需的物品按需就近生产，则可以有效缩短交付时间，并最大限度地减少长途运输成本。

（5）通用于现代制造业

3D打印在不断发展过程中，已经逐步成为企业制造环节的一部分，多家企业会利用3D打印耗材特性，实现产品轻量化与减少材料损耗。虽说主要应用于航空航天、生物医疗及珠宝等高附加值产品中，但这也是其用于生产其他商品的前奏，例如，我国许多厂家将3D打印技术用于玩具制造等大规模生产前的设计验证及个性化制造。

2）3D打印技术的缺点

（1）材料与尺寸的局限性

目前供3D打印机使用的材料非常有限，无外乎石膏、无机粉料、光敏树脂、塑料金属等，不同的3D打印机之间有限的通用性，使材料的系统性受到限制。另外，实体的模型要依赖于设备尺寸的大小，模型尺寸过大，则需要对模型进行切割，后期黏合，从而增加了工序的复杂性。

（2）精度上的偏差

3D打印是材质一层层堆积形成的，每一层都有厚度，由于分层制造存在"台阶效应"，每个层次虽然很薄，但在一定微观尺度下，仍会形成具有一定厚度的"台阶"，如果需要制造的对象表面是曲面，那么就会造成精度上的偏差，这决定了其精度难以企及传统的减材制造方法。

任务1.2　了解3D打印主要技术的工艺与特点

【任务引入】

3D打印技术综合了材料、机械、控制及软件等多学科知识，属于一种多学科交叉的先进制造技术。从技术细节上看，3D打印根据成型原理、成型材料等方面的不同可以有多种分类。自美国3D Systems公司1988年推出第一台商用快速成型机商品SLA-1以来，现已经有十几种不同的成型系统，其中广泛应用且较为成熟的有FDM、SLS、SLA、LCD、LOM、3DP等。

【任务分析】

想了解FDM、SLS、SLA、LCD、LOM、3DP等3D打印主要技术的工艺及特点，我们先要了解各种技术概念及其发展历史，进而熟悉其成型原理，以及该技术成型所用材料、应用范围，最后比较其优缺点。下面对各项技术进行认识、比较和总结。

【任务实施】

1. FDM技术

1）FDM技术的概念

FDM（Fused Deposition Modeling，熔融沉积成型）技术又称为熔丝沉积制造，该方法使用ABS塑料、PLA、聚碳酸酯（PC）等可熔性丝状耗材为原料，由三轴控制系统移动熔丝材料，逐层堆积，形成三维实体（如图1.3所示）。

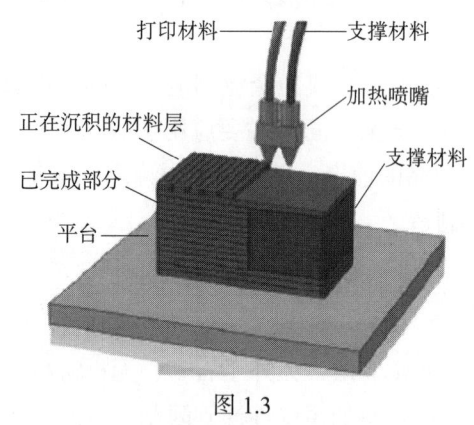

图1.3

2）FDM技术的历史简介

FDM技术是美国学者Scott Crump在1988年研究出来的。1990年，美国Stratasys公司率先推出了基于FDM技术的快速成型机，并很快发布了基于FDM技术的Dimension系列3D打印机。FDM技术的常见代表设备机型有XYZ直角坐标机型（如图1.4所示）及并联臂机型（如图1.5所示）。

3）FDM技术的成型过程

FDM技术的成型过程如图1.6所示，材料先制成丝状，通过进料器送进喷头，在喷头内被加热熔化；喷头在计算机控制下沿零件的截面轮廓和填充轨迹，做X-Y平面运动，将熔化的材料挤出，材料被挤出后迅速固化，并与周围材料黏结；通过层层堆积成型，最终完成零件制造。

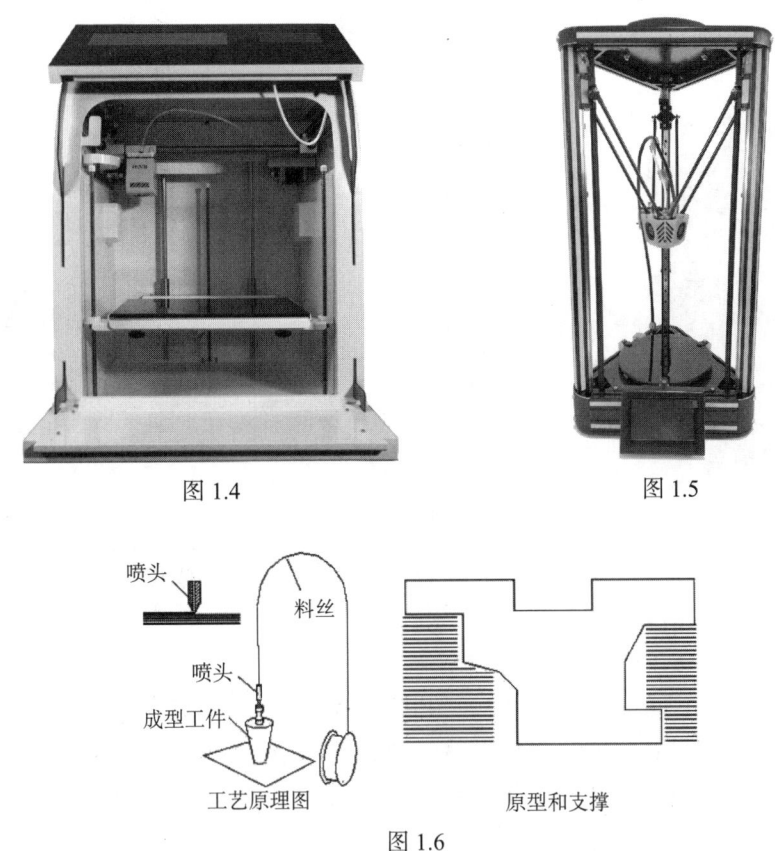

图 1.4　　　　　　　　　图 1.5

图 1.6

4）FDM技术所用的材料

FDM 技术所用的材料有许多种，如 ABS 塑料、PLA、聚碳酸酯（PC）、PPSF 塑料，以及 ABS 与 PC 的混合材料等，主要特点是线状、高温加热可熔化且挤出后能迅速冷却凝固成型。如图 1.7 所示为 PLA 材料。

图 1.7

5）FDM技术的应用范围

FDM 技术污染小，材料可回收性强，适用于中、小型工件的成型。同时，成型的塑料零件具有较高强度，在产品设计、装配验证、销售展示、个性产品的制作等方面得到广泛应用，涉及汽车、工艺品、仿古、建筑、医学、动漫和教育等领域（如图 1.8 所示）。

6）FDM技术的优缺点

FDM 技术的优点是设备构造原理简单，操作便捷，无需激光器等贵重元器件，系统维护成本低，运行也相对安全；制造系统无毒气或化学物质污染，一次成型不易产生垃圾，能生产任意复杂且力学性能好的零件。

图 1.8

其缺点是成型精度较低,成型件的表面有较明显的层堆积纹理;成型速度相对较慢,尤其批量打印模型时;使用的原材料有诸多限制。

7) FDM 技术的发展前景

FDM 技术作为 3D 打印成型技术中的一种,其发展前景广泛。通过采用 FDM 技术的 3D 打印机,设计人员可以在很短的时间内看到自己的创意变为现实,并以成品为依据对原型进行改进。随着人民生活水平的提高和对 FDM 技术的不断深入研究,其相应的应用缺陷会逐步改进,FDM 技术将会在设计、制造等行业大放异彩,发挥重要作用。

2. SLS 技术

1) SLS 技术的概念

选择性激光烧结(Selected Laser Sintering,SLS)是指利用高能激光束的热效应使粉末材料软化或熔化,然后黏结成一系列薄层,并逐层叠加获得三维实体的技术,如图 1.9 所示。

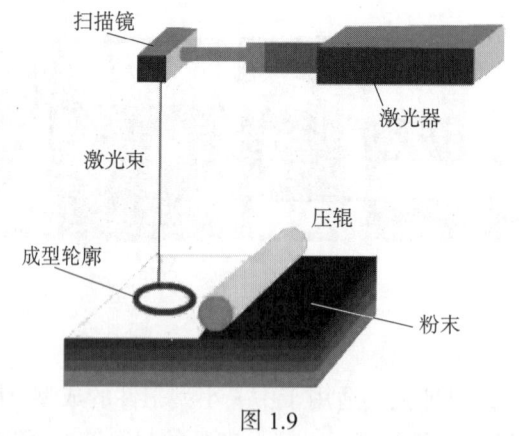

图 1.9

2) SLS 技术的历史简介

SLS 技术最初由美国得克萨斯州立大学奥斯汀分校 C.R. Dechard 于 1989 年提出,后来美国 DTM 公司于 1992 年推出了该工艺的商业化生产设备 Sinter Station。德国 EOS 公司在这一领域也做了很多研究工作,并研制出相应的系列成型设备,其中,P 系列塑料成型机和 M 系列金属成型机属于全球比较先进的 SLS 技术设备。

3）SLS技术的成型过程

首先在工作台上均匀铺一层粉末材料；然后激光束在计算机控制下根据制件各层截面的CAD数据，有选择性地对粉末层进行烧结，第一层烧结完成后，工作台下降一截面层的高度，再铺一层粉末，进行下一层烧结，如此循环往复，层层叠加，直到三维零件成型；最后将初始成型件从粉末缸中取出，进行适当后处理（清粉打磨等）即可。SLS技术的快速成型系统的工作原理如图1.10所示。

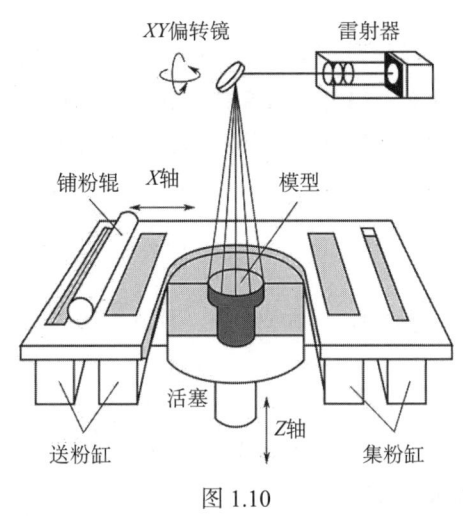

图1.10

4）SLS技术所用的耗材

SLS技术目前可以使用的耗材有高分子、尼龙粉末、PS粉末、PP粉末、金属粉末、陶瓷粉末、树脂砂和覆膜砂等。对于金属粉末烧结，在烧结之前，整个工作台被加热至一定温度，可减小成型中的热变形，并利于层与层之间的结合。

5）SLS技术的应用范围

由于SLS技术成型材料的多样性，决定了该工艺可制造不同特性、满足不同用途的多类型零件，不仅可以制造快速模型，而且可小批量生产产品，广泛应用于航空航天、汽车、生物医疗等领域。如图1.11所示为成型样件。

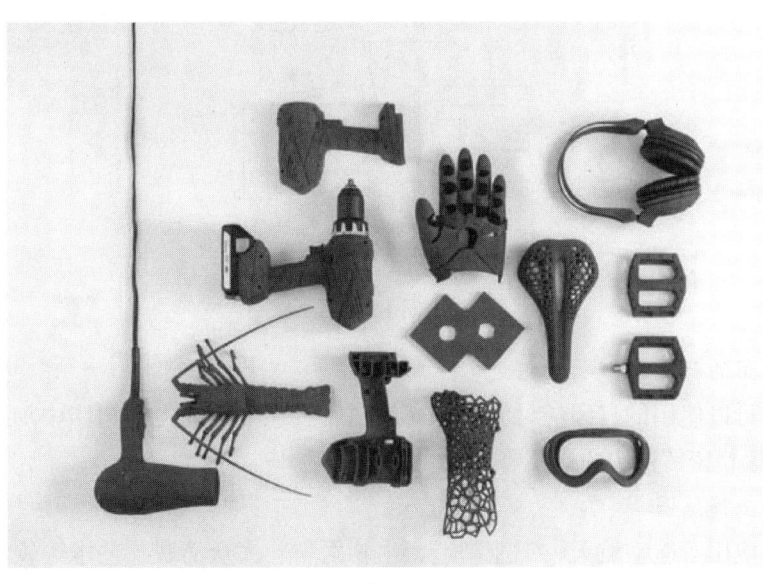

图1.11

6）SLS 技术的优缺点

与其他技术相比，SLS 技术最突出的优点在于其使用的成型材料十分广泛，理论上讲，任何加热后能够形成原子间黏结的粉末材料都可以作为其成型材料。另外，粉末可重复利用，成型过程中无需特意添加支撑等辅助结构。

SLS 技术的不足之处是有激光损耗，需要专门的实验室环境，使用及维护费用高；加工室需要不断充氮气，加工成本也较高；成型大尺寸零件时容易发生翘曲变形。

7）SLS 技术的发展前景

SLS 技术自发明以来，在各个行业得到了快速发展，其主要是用于快速制造模型，利用制造出来的模型进行测试，以提高产品的性能。另外，SLS 技术还用于制作比较复杂的零件。随着人们对激光烧结成型工艺的掌握和对各种材料最佳烧结参数的获得，SLS 技术的研究和应用将有更大的提升。

3. SLA技术

1）SLA 技术的概念

立体光固化成型（Stereo Lithography Appearance，SLA）技术的原理是利用紫外光固化对紫外光非常敏感的液态树脂材料予以成型。

2）SLA 技术的历史简介

SLA 技术是目前世界上研究最深入、技术最成熟、应用最广泛的 3D 打印实用化技术之一，美国 3D Systems 是最早推出 SLA 技术的公司。

3）SLA 技术的成型过程

SLA 技术的成型过程是，先通过 CAD 设计出三维实体模型并做切片处理，产生的数据将精确控制激光扫描器和升降台的运动；树脂槽中盛满液态光敏树脂，激光束在计算机的控制下按照零件各分层的截面信息，对液态树脂表面进行逐点逐线扫描，被扫描区域的液态树脂产生光聚合反应瞬间固化，形成零件的一个薄层；该层固化完毕后，升降台下移一个层厚，液态树脂自动在已固化的零件表面再次覆盖液态树脂并扫描固化，新固化的一层牢固地黏结在前一层上，如此反复，直至整个零件制作完毕，如图 1.12 所示。

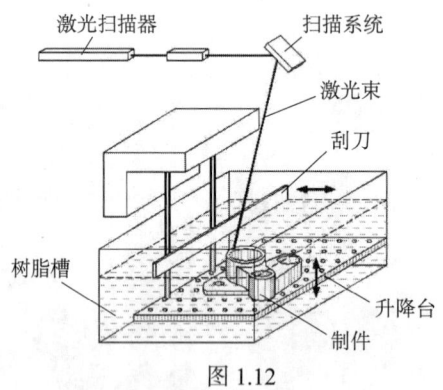

图 1.12

4）SLA 技术所用的耗材

SLA 技术目前可以使用的打印耗材为液态光敏树脂，还可以在光敏树脂中加入其他材料，用制造出的原型代替熔模精密铸造中的蜡模等。

5）SLA 技术的应用范围

SLA 技术主要应用于航空航天、工业制造、生物医学、大众消费、艺术等领域精密复杂结构零件的快速制作，如图 1.13 所示。

 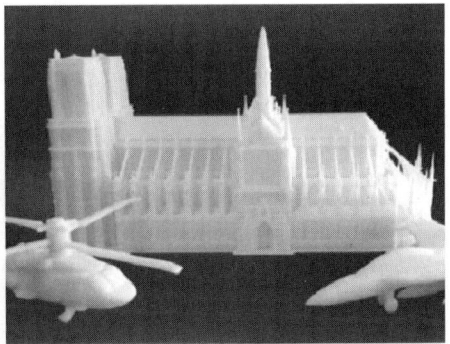

图 1.13

6）SLA技术的优缺点

SLA 技术制件精度高、表面质量好，能制造特别精细的零件；原材料利用率接近 100%。但是设备和材料造价高昂。由于 SLA 系统是要对液体进行操作的精密设备，因而对工作环境要求苛刻，成型件多为树脂类，强度、刚度、耐热性有限，不利于长时间保存。

7）SLA技术的发展趋势

SLA 技术的发展趋势是高速化、节能环保与微型化，不断提高的加工精度使 SLA 向生物、医药、微电子等领域发展。

4. LCD技术

1）LCD技术的概念

LCD 技术是一种采用 405nm 紫外光源或 400～600nm 可见光源，由下向上照射光敏树脂，使光敏树脂逐层固化形成实体的增材制造方法。图 1.14 为 LCD 光固化代表设备。

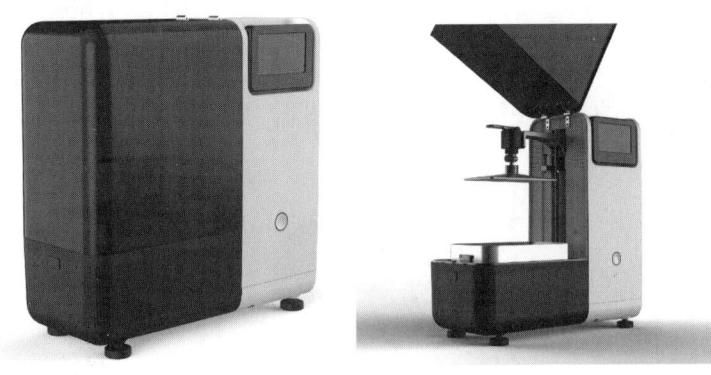

图 1.14

2）LCD技术的历史简介

LCD 掩膜技术从 2013 年就有人开始研制。第一个商用的 LCD 掩膜要追溯到 iBox Nano，其是 2014 年一个较为成功的 kickstarter 众筹项目。iBox Nano 也是迄今为止最轻最小的 3D 打印机，最终由于该打印机成型尺寸太小，售后服务落后，导致口碑下跌，但它为 LCD 光固化技术打开了先河，让很多人认识到了该项技术的优势，并进行研发生产。iBox Nano 如图 1.15 所示。

3）LCD技术的成型过程

LCD 技术利用液晶屏成像原理，在微型计算机及液晶屏驱动电路的驱动下，由计算机程序提供图像信号，在液晶屏上出现白色透光区域与黑色不透光区域。在紫外光源的照射下，液晶屏图像的黑色不透光区域紫外光线被阻挡，该部分树脂仍然保持液态。透光区域对紫外光阻隔减小，紫外光线经过透明薄膜照射到液态光敏树脂，从而按照切片软件预定的形状对产品的每一层进行固化，最终形成实物，如图 1.16 所示。

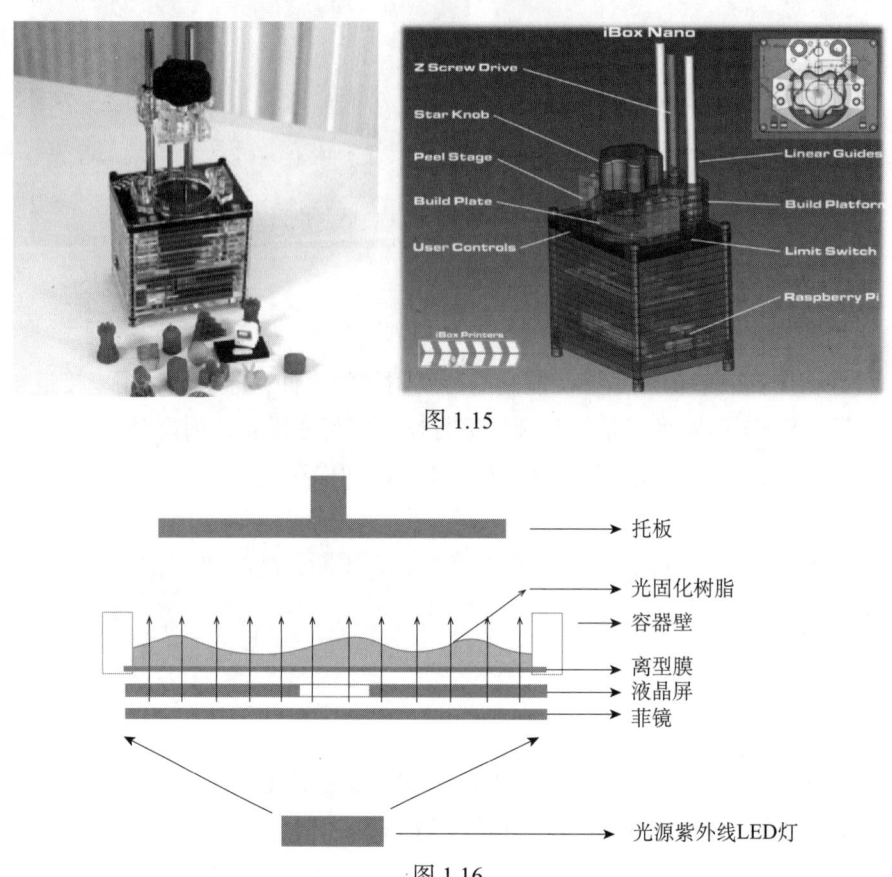

图 1.15

图 1.16

4）LCD 技术所用的耗材

LCD 技术目前可以使用的打印耗材与 SLA 技术相同，为液态光敏树脂，如图 1.17 所示。

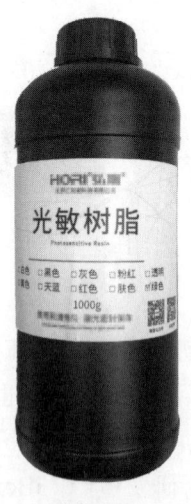

图 1.17

5）LCD 技术的应用范围

LCD 技术可以广泛应用于珠宝首饰、牙科模型、动漫手办、建筑模型等领域的产品设计原型验证和工艺模型的快速制造。另外，由于系统成本低，也被大量应用于教育教学。

6）LCD技术的优缺点

（1）优点

① 打印速度快，尤其批量打印模型时，与FDM技术相比，在速度上有绝对优势。

② 打印精度高，很容易达到平面精度100μs。

③ 价格便宜，设备性价比优势极其突出。

④ 结构系统简单，容易组装和维修。

（2）缺点

① 液晶屏属易耗件，需对405nm紫外光有很好的选择性透过，还要经得住几十瓦405LED灯珠的数小时高强度烘烤，以及散热和耐温性能的考验，因而并非每款液晶屏都能用于LCD光固化3D打印机。

② 由于液晶屏本身的硬件限制，导致LCD光固化很难实现大尺寸打印。

7）LCD技术的发展趋势

在3D打印技术里，相对于已发展十多年的FDM成熟技术和中高端应用优势明显的SLA技术，LCD技术才刚刚开始，成熟度远没有其他技术高，设备类型也屈指可数，但考虑到该技术在几年间突飞猛进的发展，以及其显而易见的技术优势，未来将会在3D打印行业占据重要地位。

5. LOM技术

1）LOM技术的概念

LOM即分层实体制造，又称箔材叠层实体制作（Laminated Object Manufacturing），该技术的基本原理是利用激光或刀具逐层切割薄层纸、塑料薄膜、金属薄板或陶瓷薄片等片材，通过热压或其他形式层层黏结，叠加获得三维实体零件。

2）LOM技术的历史简介

LOM技术由美国Helisys公司的Michael Feygin于1986年研发成功，该公司推出了LOM-1050和LOM-2030两种型号的成型机。对于LOM技术的研究，除了美国的Helisys公司，还有日本的Kira公司、瑞典的Sparx公司、新加坡的Kinersys公司及我国的清华大学、华中理工大学等。

3）LOM技术的成型过程

首先由计算机控制激光或刀具按零件当层轮廓切割薄层材料，切割完一层后，工作台下降一定高度，送料机构将新的一层纸叠加上去，利用热压或其他形式将已切割层黏合在一起，然后进行切割，层层切割、黏合，直至最终成为三维工件。LOM成型工艺示意图如图1.18所示。

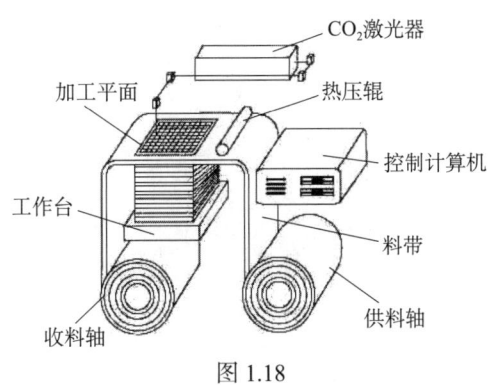

图1.18

4）LOM技术所用的耗材

LOM技术常用的材料有纸、金属箔、塑料膜、陶瓷膜和复合材料等，其中，纸片材料应用最多。

一般要求基体薄片材料抗湿性好,有良好的浸润性与抗拉强度,收缩率小。

5)LOM技术的应用范围

由于分层实体制造在制作中多使用纸材,成本低,而且制造出来的纸质原型具有外在的美感和一些特殊的品质,所以该技术在产品概念设计可视化、造型设计评估、装配检验、熔模铸造型芯、砂型铸造木模、快速制模母模及直接制模等方面得到广泛应用。LOM工艺成型样件如图1.19所示。

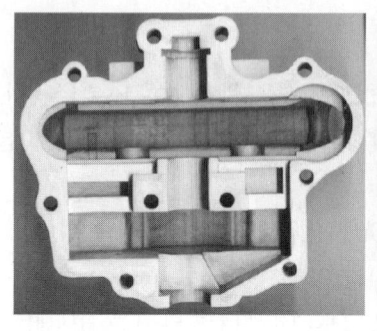
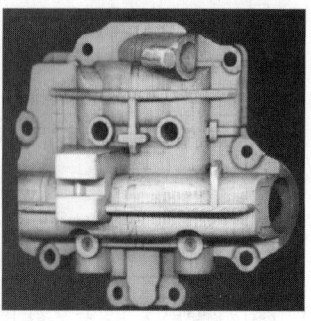

图 1.19

6)LOM技术的优缺点

LOM技术的优点是成型速率高,常用于加工内部结构简单的大型零件,制作成本低;系统使用的是小功率激光或低成本刀具,价格低且使用寿命长,再者成型过程中不存在收缩和翘曲变形,无需支撑等辅助工艺。

其缺点是前、后处理费时费力,不容易制造中空结构件和结构太复杂的零件,而且材料少,每层厚度不可调整,精度有限。

7)LOM技术的发展趋势

LOM技术是根据三维CAD模型每个截面的轮廓线进行打印,由于材料质地局限、加工原型件抗拉性能和弹性不高且易吸湿膨胀,此种技术很难构建形状精细、多曲面的零件,因而发展受限,已经逐步被淘汰。

6. 3DP技术

1)3DP技术的概念

3DP的全称为三维印刷(Three-Dimensional Printing),该技术通过喷头用黏结剂将零件的截面打印在材料粉末上面,或者将成型树脂一层一层喷出,分别固化黏结成型,如图1.20所示。

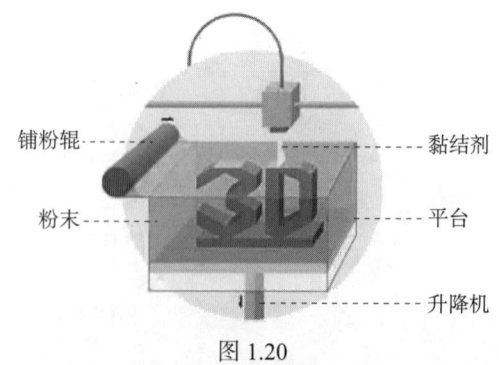

图 1.20

2)3DP技术的历史简介

3DP工艺是美国麻省理工学院Emanual Sachs等人研制的,E.M.Sachs于1989年申请了3DP专利,该专利是非成型材料微滴喷射成型范畴的核心之一。

3）3DP技术的成型过程

3DP技术的具体工艺过程是：喷头在计算机的控制下，按照当前分层截面的信息，在事先铺好的一层粉末材料上，有选择地喷射黏结剂，使部分粉末黏结，形成一层界面薄层；一层成型完成后，工作台下降一个层厚，进行下层铺粉，进而选取喷射黏结剂，成型薄层与已成型零件黏为一体，循环重复，直至零件加工完为止。3DP的成型工艺示意图如图1.21所示。

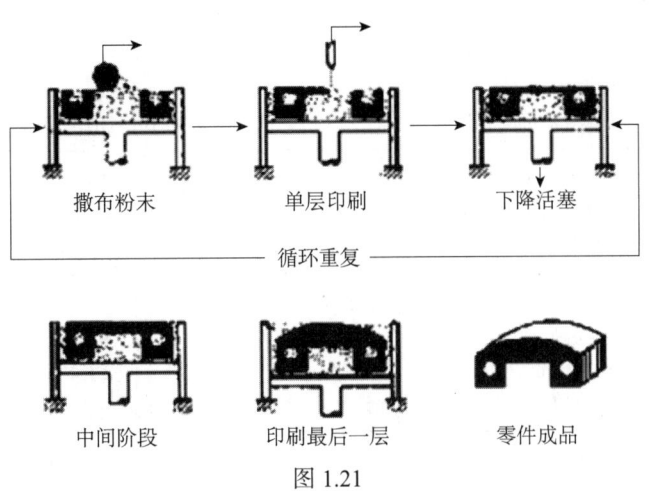

图 1.21

4）3DP技术所需的耗材

3DP技术目前可以使用的打印耗材有石膏粉末、陶瓷粉末、金属粉末、树脂材料等。

5）3DP技术的应用范围

3DP技术广泛应用于制造业、医学、制药、建筑业等领域的产品设计原型验证和工艺模型的快速制造。

6）3DP技术的优缺点

（1）优点

① 成型速度快，材料价格低。

② 可做彩色模型。

③ 适合制造复杂形状的零件。

（2）缺点

① 强度较低，主要用于制作概念性模型。

② 零件易变形甚至出现裂纹。

7）3DP技术的发展前景

3DP技术作为喷射成型技术之一，具有快捷、适用材料广等许多独特的优点。随着制件性能的进一步提高，同时如果能解决表面质量等问题，该技术将在大规模工业生产中得到越来越多的应用。例如，目前3DP技术在有机电子器件、半导体封装、太阳能电池制造上，已经显示出了极具优势的发展前景。

7. 不同3D打印技术之间的对比

目前应用较广的是3DP技术、FDM技术、SLA技术、LCD技术、SLS技术、LOM技术等。虽然成型工艺不同，但3D打印技术的实质就是分层离散，逐层叠加，由快速原型机在 X-Y 平面内通过扫描形式形成工件的截面形状,而在 Z 坐标间断地进行层面厚度的位移,最终形成三维制件。

由于成型工艺不同,所使用材料、成型精度也不同,我们把上述几种工艺与传统加工进行简单对比,见表 1.1 和表 1.2。

表 1.1

打印技术	优　势	劣　势
FDM	(1) 操作环境干净安全,成型速度快 (2) 适用于学校、家庭 (3) 材料利用率高,成本较低	(1) 工件表面较粗糙 (2) 加工过程时间较长 (3) 可选材料种类较少
SLA	(1) 技术成熟度较高 (2) 模型打印精度高,表面质量好 (3) 应用范围较广	(1) 可选择材料种类较少 (2) 制品强度、刚度较低 (3) 设备造价昂贵
LCD	(1) 打印速度快,尤其适合批量打印模型 (2) 打印精度较高 (3) 价格便宜,设备性价比优势极其突出 (4) 结构系统简单,容易组装和维修	(1) LCD 屏属易耗件,可选范围较小 (2) 较难实现大尺寸打印
SLS	(1) 使用成型材料范围广 (2) 成型件性能分布广泛,适用于多种用途 (3) 不需要设计和制造复杂的支撑系统	(1) 工件表面较粗糙 (2) 增强机械性能的后期处理工艺较复杂
LOM	(1) 对实心且较大物体成型速度快 (2) 原型精度高,翘曲变形小 (3) 同一工件可实现多色打印	(1) 能耗高 (2) 材料利用率低 (3) 原型的抗拉强度和弹性不够好 (4) 废料剥离困难,易发生翘曲
3DP	(1) 成型速度快,材料价格低 (2) 在黏结剂中添加颜料,可以制作彩色模型 (3) 成型过程不需要支撑,特别适合做内腔复杂的原型	(1) 工件强度较低 (2) 只能做概念性模型 (3) 模型表面较粗糙

表 1.2

工　艺	SLA	LOM	SLS	FDM
零件精度	较高	中等	中等	较低
表面质量	优良	较差	中等	较差
零件大小	中小	中大	中小	中小
设备费用	较贵	较便宜	较贵	较便宜
材料价格	较贵	较便宜	中等	较贵
材料种类	光敏树脂	纸、塑料、金属薄膜	石蜡、金属、塑料、陶瓷粉末	石蜡、塑料
材料利用率	接近 100%	较差	接近 100%	接近 100%
生产率	高	高	中等	较低

任务1.3　熟悉3D打印的一般流程

【任务引入】

3D打印技术实质是叠层制造，由快速原型机在 X-Y 平面内通过扫描形式形成工件的截面形状，而在 Z 坐标间断地进行层面厚度的位移，最终形成三维制件。那么3D打印制作是如何进行的呢？一般需要哪些制造步骤呢？

【任务分析】

从对前面3D打印技术的了解，我们知道3D打印技术实质是叠层制造，喷嘴在水平面上移动形成截面形状，一层堆完再往高度上移动一层，最终形成三维制件。因而3D打印首先需要三维数字模型（三维CAD模型），一般三维CAD软件建成的模型都有自己的格式，需要进行格式转换，转换成切片软件能识别的 .STL 格式；然后通过切片软件形成截面形状，生成3D打印机能识别的Gcode代码，导入3D打印机进行打印；打印完成后还需要进行后处理。因此，3D打印一般流程如图1.22所示。

【任务实施】

步骤1：构建CAD模型

由图1.22可知，3D打印的第一步是用计算机软件制作3D模型（也称为CAD模型）。CAD模型的构建一般有两种方式，即正向设计和逆向设计。正向设计，从无到有，由设计人员应用各种正向软件来完成设计，获得CAD模型，其一般流程如图1.23所示；逆向设计，从有到有，一般有实物原型，通过扫描仪等数据采集设备，获得点云数据，设计人员把点云数据导入逆向软件进行设计，获得CAD模型，其一般流程如图1.23所示。

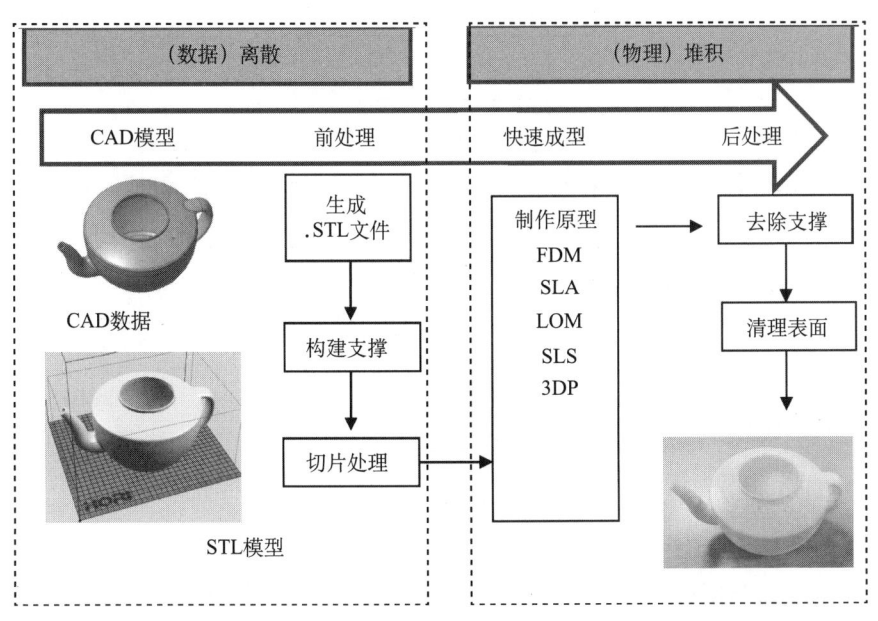

图 1.22

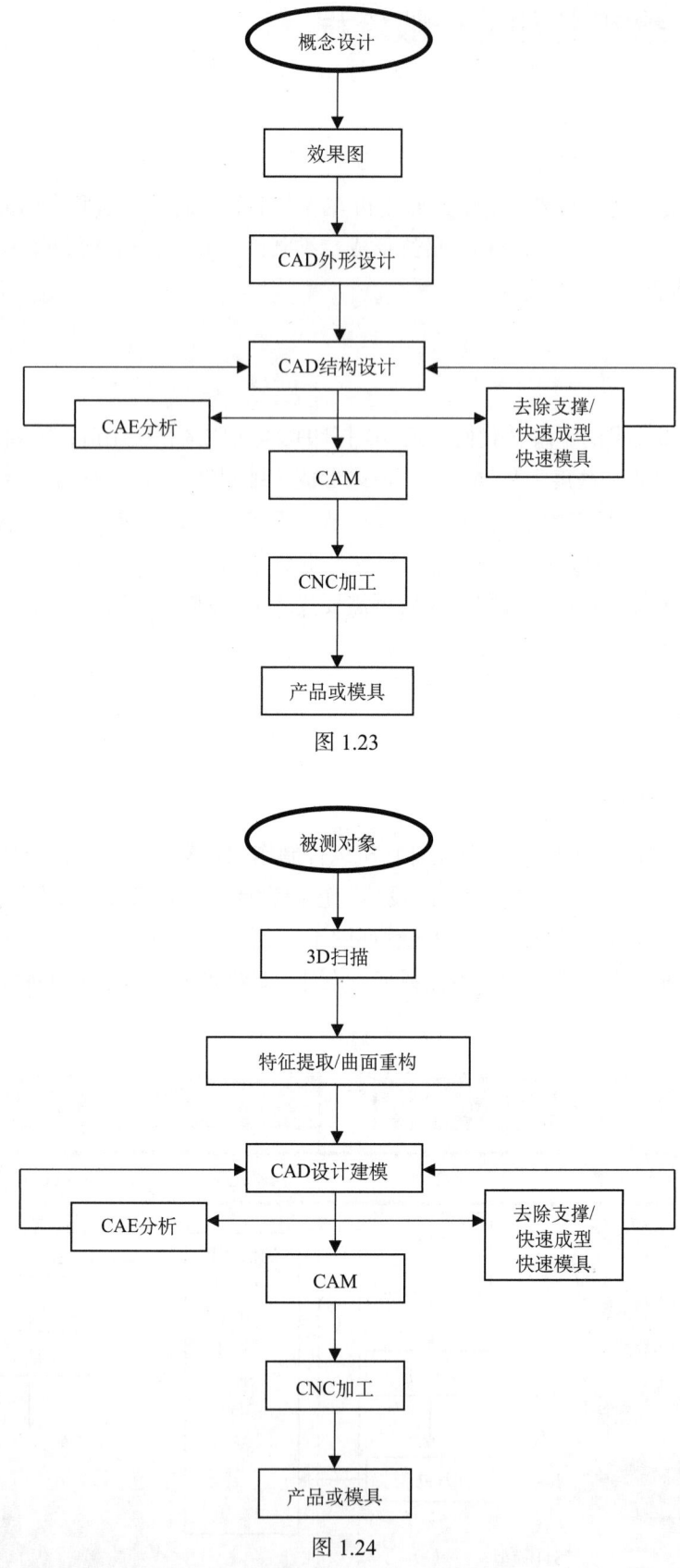

图 1.23

图 1.24

3D 打印技术的实质是层叠制造,喷嘴在水平面上移动形成截面形状,一层堆完,再在高度上移动一层,最终形成三维制件。

步骤2：生成STL格式文件

一般3D打印切片软件能识读的文件是STL格式，如照片的一般格式是.jpg格式，需要各种软件创造的3D模型转换为3D打印切片软件能识读的STL格式文件。

步骤3：构建支撑

3D打印技术的实质是叠层制造，成型时必须从底面（也有顶面）层层累加，对于倒悬空的工件，需要添加支撑支持悬空部分。

步骤4：切片

通过打印切片文件，扫描形式形成3D模型水平面（X-Y平面）内的截面形状。

步骤5：3D打印

通过各种3D打印技术，制成3D模型。

步骤6：去除支撑

根据不同的成型方法，使用相应的方法去除支撑材料。

步骤7：清理表面

通过打磨、抛光等手段清理表面残留材料，形成成品。

项目 2　Creo 5.0 二维草绘

任务2.1　Creo 5.0 应用基础

【任务引入】

Creo 是由美国参数科技公司（Parametric Technology Corporation，PTC）开发的一款主流、全方面的计算机三维辅助设计软件。其在功能强大的 Pro/Engineer 软件的基础上，整合了 CoCreate 和 ProductView 中经过验证的技术，并加以创新和完善。Creo 保留了 Pro/Engineer 的 CAD、CAM、CAE 模块，并且添加了其他重要功能。Creo 集零件设计、产品组合、模具开发、NC 加工、钣金件设计，以及逆向工程、自动测量、机构仿真、应力分析、产品数据库管理等功能于一体，在生产应用中能将设计、制造和工程分析等环节有机结合起来，可以为用户提供一套从概念设计到制造的完整 CAD/CAE/CAM 解决方案。本任务的目的是学习 Creo Parametric 5.0 基础入门操作，完成对软件的工作环境认识和基本操作，包括 Creo Parametric 5.0 界面的认识、定制环境、基本文件操作，以及显示控制等。

【任务分析】

应用 Creo Parametric 5.0 进行数字化三维造型设计时，首先需要对软件用户界面较为熟识，清楚软件用户界面的组成，各区域的功能及包含的主要指令，并且能够完成对 Creo Parametric 5.0 的工作环境设定。能进行基本的文件相关操作，包括新建文件、打开文件、保存文件及副本、关闭文档、设置工作目录等。可以根据自己的习惯定制工具条和命令，提高建模速度。熟悉使用鼠标和键盘进行各种显示视图的快捷操作。

【任务实施】

1.用户操作界面

双击 Creo Parametric 5.0 软件的快捷图标，启动 Creo Parametric 5.0，打开 Creo Parametric 5.0 工作窗口，如图 2.1 所示。在该窗口中可以设置工作目录，定义模型的显示质量、系统颜色及编辑配置文件等。

新建一个文件或打开一个已存在的文件时，可以看到 Creo Parametric 5.0 的用户操作界面。操作界面主要由标题栏、自定义快速访问工具栏、功能区、导航区、快捷工具栏、绘图区及消息显示区等组成，如图 2.2 所示。

项目 2　Creo 5.0 二维草绘

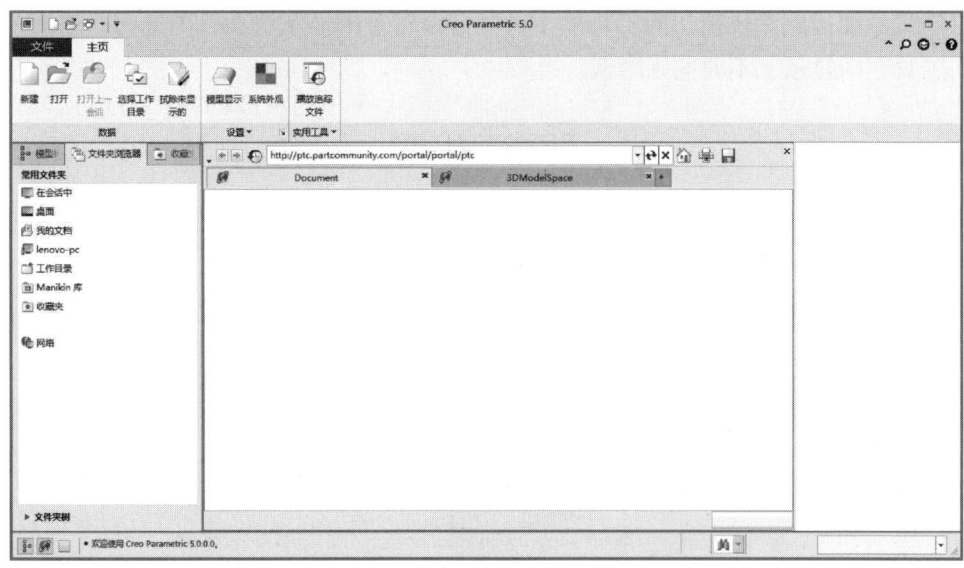

图 2.1

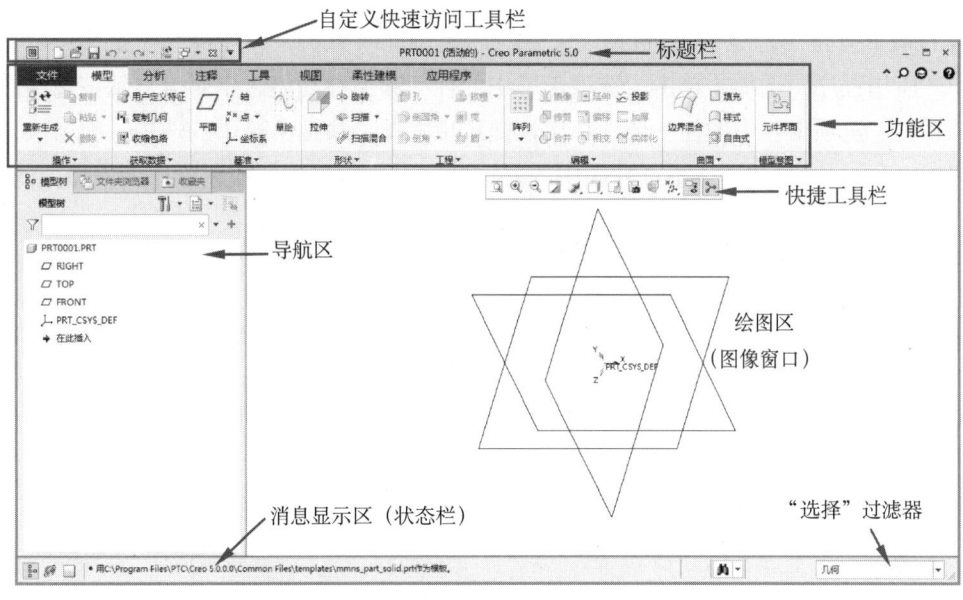

图 2.2

下面分别介绍 Creo Parametric 5.0 模型工作界面的各个组成部分。

1）标题栏

标题栏如图 2.3 所示，用来显示当前活动的工作窗口名称，如果当前没有打开任何工作窗口，则显示系统名称。

图 2.3

2）自定义快速访问工具栏

自定义快速访问工具栏由"新建"命令 、"打开"命令 、"保存"命令 、"撤销"命令 、"重做"命令 、"重新生成"命令 、"窗口"命令 及"关闭"命令 等组成。单击"自定义快速访问工具栏"命令 ，弹出如图 2.4 所示的下拉列表，通过勾选或不选列表中的复

· 19 ·

选框可以自定义添加或删除快速访问工具栏中一些命令符号的显示状态，勾选时，该命令将在自定义快速访问工具栏中显示，不勾选则隐藏。

图 2.4

3）功能区

功能区的最上方是"选项卡"，包括"文件"、"模型"、"分析"、"注释"、"工具"、"视图"、"柔性建模"和"应用程序"选项。单击"选项卡"中的任一项，在功能区中对应显示该选项的各个组的功能面板。右击"选项卡"中的任一项，弹出快捷菜单，单击快捷菜单中的选项，弹出该选项的下拉列表，如图2.5所示，通过勾选或不选列表中的复选框可以自定义添加或删除选项中命令的显示状态。

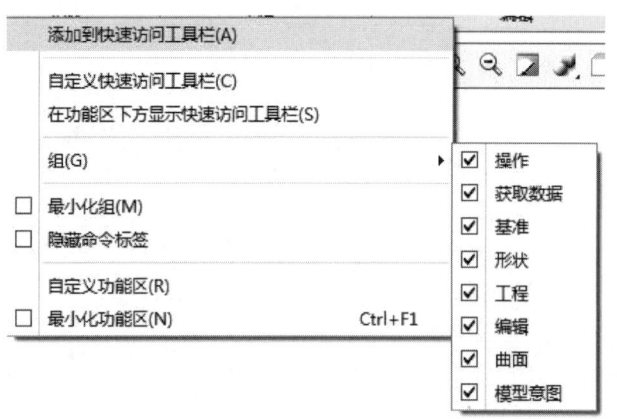

图 2.5

在功能区中选择"选项卡"中某一选项，显示该选项下包含的各个"组"的命令功能。例如，"模型"选项卡下包含"操作"组、"获取数据"组、"基准"组、"形状"组、"工程"组、"编辑"组、"曲面"组和"模型意图"组，其中，"模型意图"组包括"拉伸"、"旋转"、"扫描"、"混合扫描"命令。单击"形状"组，会弹出对应的下拉选项，如图2.6所示。

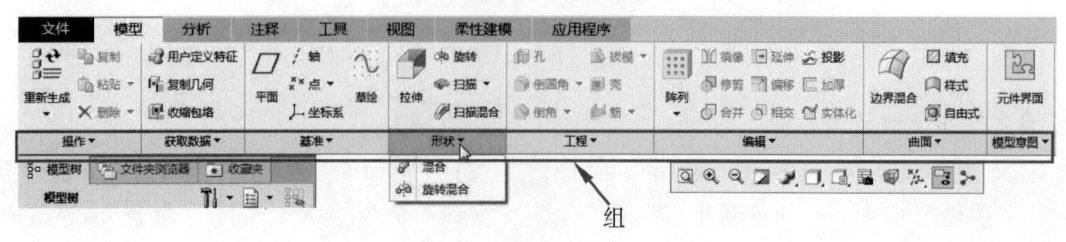

图 2.6

4）快捷工具栏

快捷工具栏位于绘图区的顶部，包括"重新调整"命令图标 、"放大"命令图标 、"缩小"命令图标 等，在这里可以快速调用某些常用命令，右击快捷工具栏中任一命令，弹出如图2.7所示的下拉列表，在列表中可以通过勾选来显示某些命令图标。

5）导航区

导航区有三个选项卡，分别为"模型树"选项卡 、"文件夹浏览器"选项卡 和"收藏夹"选项卡 。

"模型树"选项卡可以按顺序显示创建的特征，如图2.8所示。

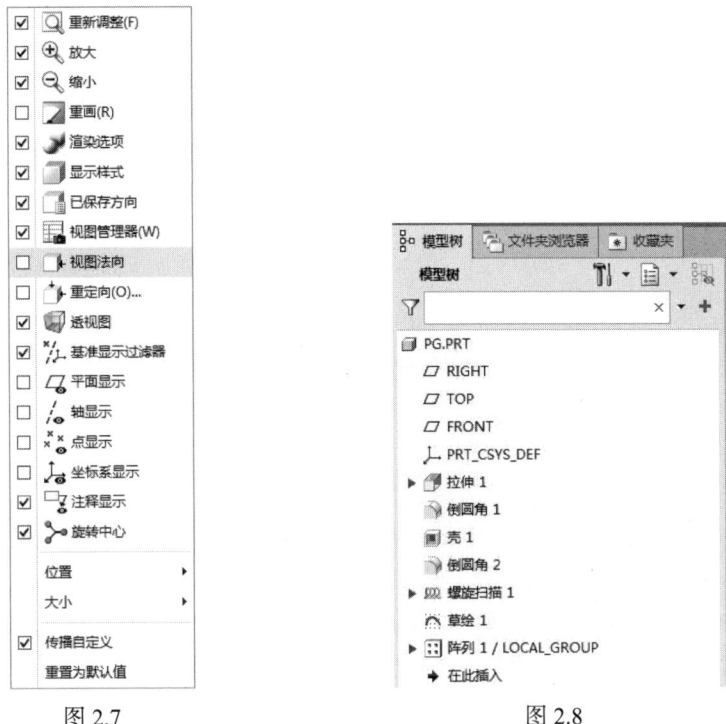

图2.7　　　　　　　　图2.8

"文件夹浏览器"可以浏览计算机上的文件并打开，如图2.9所示。

"收藏夹"可以打开已收藏的网页等，如图2.10所示。

图2.9　　　　　　　　图2.10

6）绘图区

绘图区是绘图模型、图形显示的区域，其可以显示模型的各个状态，以及显示各类基准（基准面、基准轴、基准坐标系等）。同时，在绘图区选中某一特征零件后，通过右击弹出快捷菜单可以对模型进行编辑。

7）"选择"过滤器

单击"选择"过滤器按钮，弹出如图 2.11 所示的"选择"过滤器下拉菜单，此时可以选择过滤器的选项，如"特征"、"几何"等，默认为"几何"。

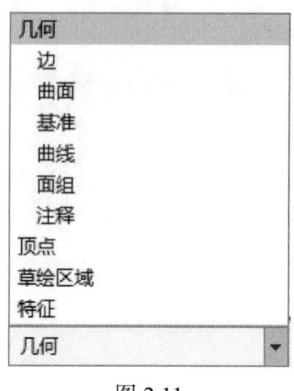

图 2.11

8）消息显示区

对当前窗口进行操作的所有反馈消息都显示在消息显示区，可以告知用户每一步操作的结果。

2. 文件操作

1）新建文件

步骤 1：单击自定义快速访问工具栏中的"新建"图标，或者单击功能区"文件"选项卡下拉菜单中的"新建"命令，打开如图 2.12 所示的"新建"对话框。

步骤 2：在"新建"对话框的"类型"选项组中选择"零件"，并且不勾选"使用默认模板"，在"子类型"中选择"实体"，如图 2.12 所示。可以看到 Creo Parametric 5.0 提供了多种文件类型，默认为"零件"，其"子类型"默认为"实体"；选择类型为"装配"时，其"子类型"默认为"设计"，如图 2.13 所示；选择类型为"制造"时，其"子类型"默认为"NC 装配"，如图 2.14 所示。

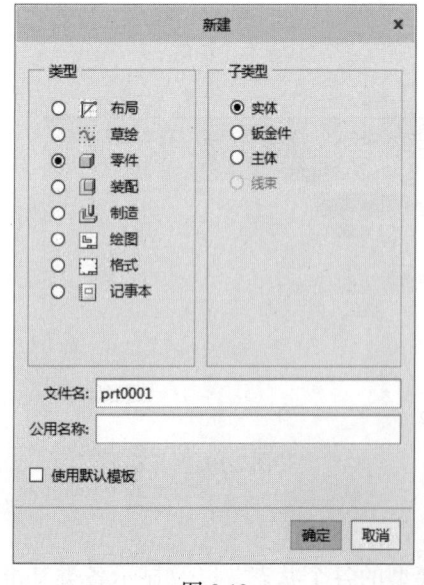

图 2.12

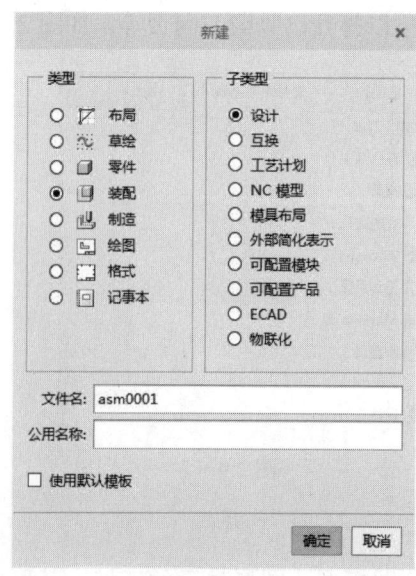

图 2.13

图 2.14

步骤 3：单击"新建"对话框中的"确定"按钮，弹出"新文件选项"对话框。

步骤 4：在"新文件选项"对话框的"模板"下拉选项中选择"mmns_part_solid"（采用的单位制符合公制要求），如图 2.15 所示，单击对话框中的"确定"按钮，进入零件设计模式。

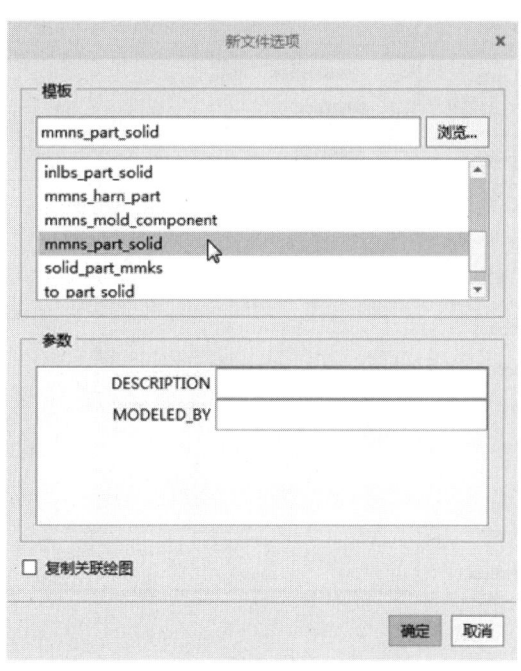

图 2.15

2）打开文件

在自定义快速访问工具栏中单击"打开"图标，或者在功能区的"文件"选项卡下拉菜单栏中选择"打开"命令，打开"文件打开"对话框，选择要打开的文件。在此对话框中，可以选择打开 Creo Parametric 的各种文件，若需要，则可以单击"预览"按钮浏览要打开的模型，如图 2.16 所示，最后单击"打开"按钮。

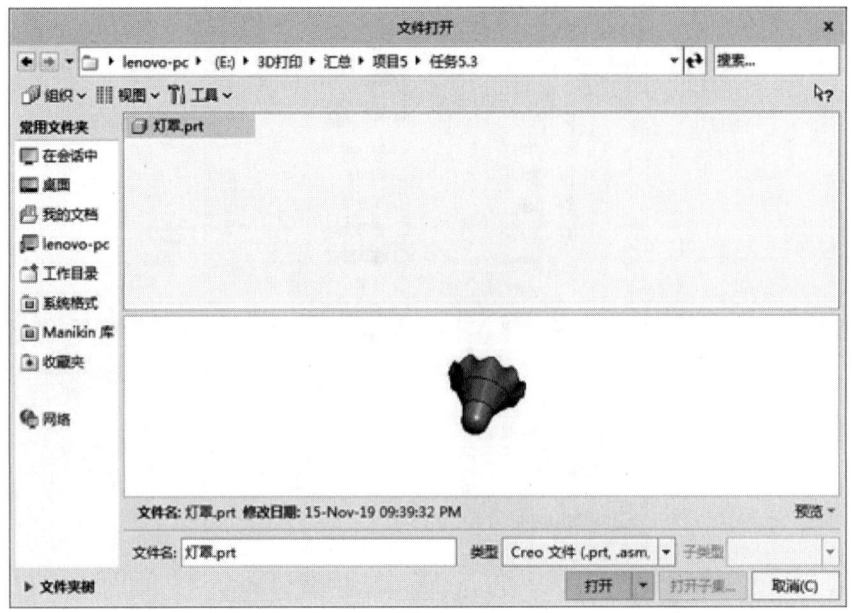

图 2.16

3）保存文件

在功能区打开"文件"选项卡，可以看到与保存文件相关的命令包括"保存"和"另存为"，其中，"另存为"方式也分为"保存副本"、"保存备份"和"镜像零件"，如图 2.17 所示。用户可以根据需要选择所需的保存名单。

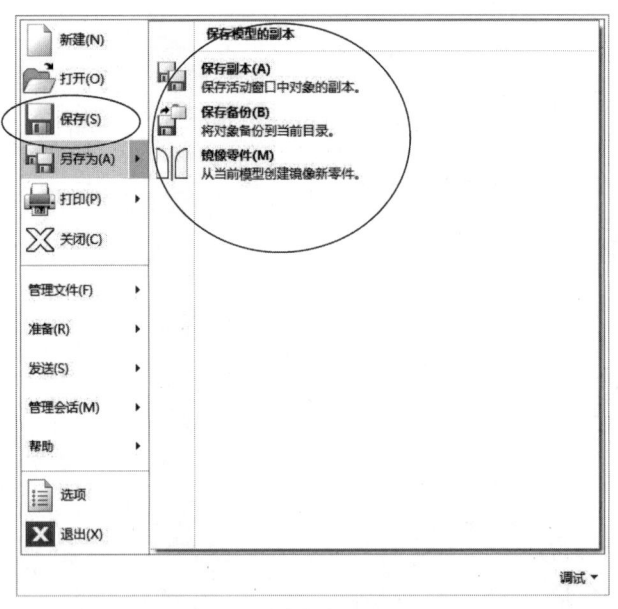

图 2.17

（1）保存：单击自定义快速访问工具栏中的"保存"图标 ■，或者在功能区打开"文件"选项卡下拉菜单栏中的"保存"命令，弹出"保存对象"对话框，如图 2.18 所示，在对话框中可以更改保存路径和文件名。Creo Parametric 5.0 保存文件的方式不是用现有设计环境中的文件覆盖原有的同名文件，而是把此文件名后的数字加"1"。比如，原有的文件名为"HY_1.prt.1"，则再保存该文件时的文件名为"HY_1.prt.2"，打开文件时打开的是最新版本。

（2）另存为："另存为"有"保存副本"、"保存备份"和"镜像文件"3 个选项。

① "保存副本":保存与保存副本效果一样。
② "保存备份":备份文件是把最新的一组文件进行保存,可以更改文件路径。
③ "镜像文件":镜像文件是指把文件镜像到另一个文件或重新创建一个文件。

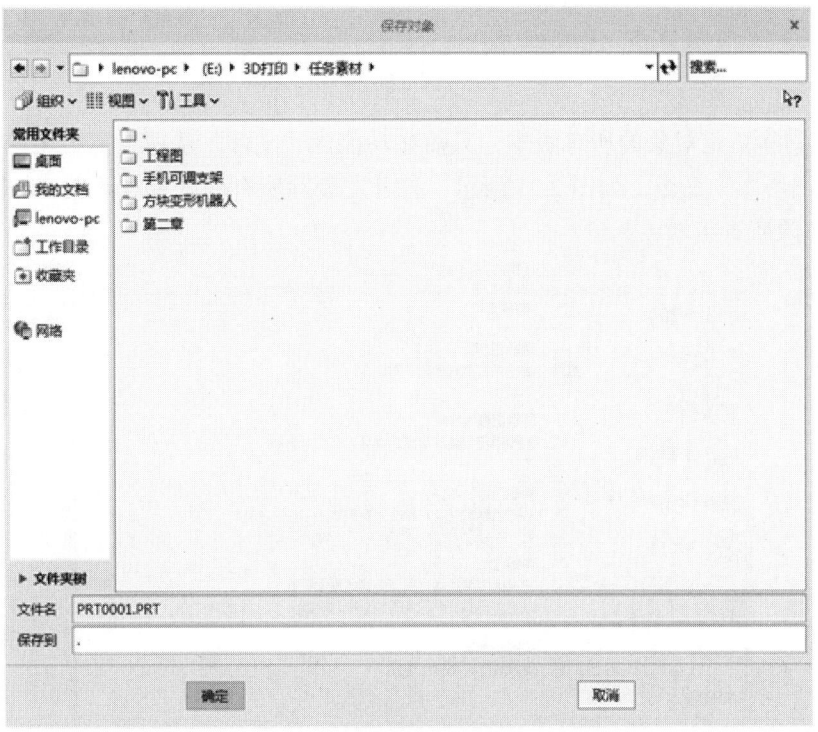

图 2.18

4)删除文件

在功能区"文件"选项卡下拉菜单栏中选择"管理文件"→"删除旧版本"命令,如图 2.19 所示,此时打开"删除旧版本"对话框,如图 2.20 所示,单击"是"按钮,则删除指定对象除最高版本号以外的所有版本。

图 2.19

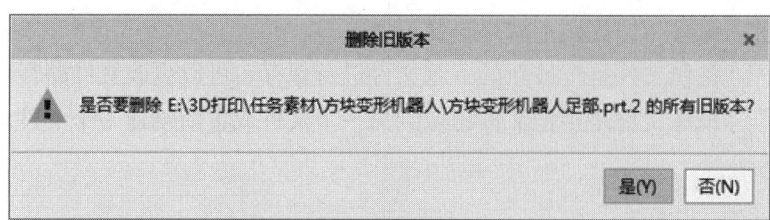

图 2.20

要从磁盘中删除指定对象的所有版本,只需在功能区"文件"选项卡下拉菜单栏中选择"管理文件"→"删除旧版本"命令,如图 2.21 所示,打开"删除所有确认"对话框,如图 2.22 示,单击"是"按钮确认删除所有版本。

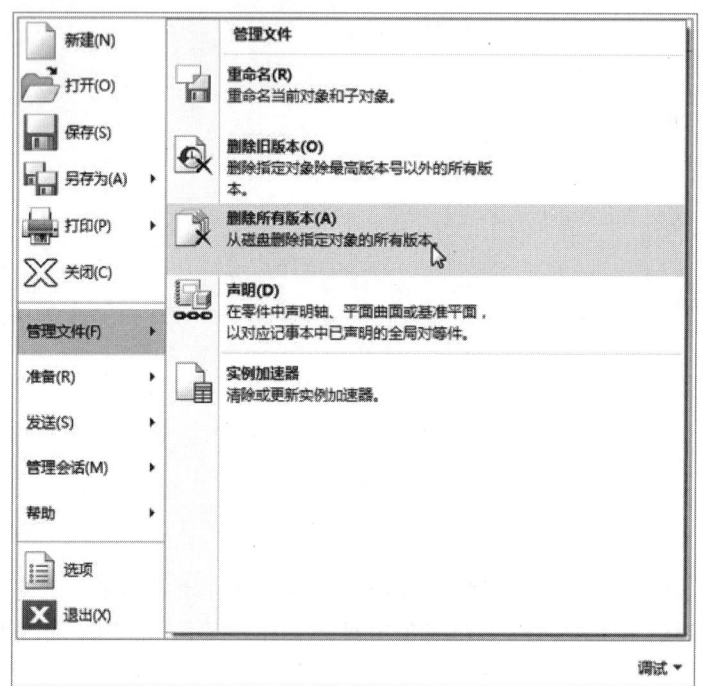

图 2.21

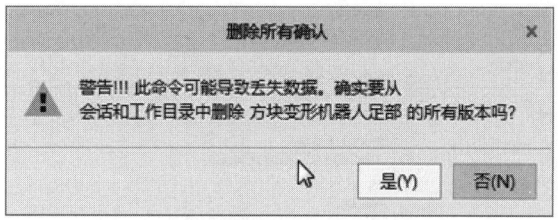

图 2.22

5)管理会话

在功能区"文件"选项卡下拉菜单栏中选择"管理会话"命令,弹出一个二级菜单,如图 2.23 所示。

(1)"拭除当前":拭除进程中的当前版本文件,单击此命令,弹出"拭除确认"对话框,如图 2.24 所示。

(2)"拭除未显示的":拭除进程中除当前版本文件之外的所有同名文件,单击此命令,弹出"拭除未显示的"对话框,如图 2.25 所示。

（3）"选择工作目录"：工作目录是指系统在打开、保存、放置轨迹文件时默认的文件夹。工作目录可以由用户重新设置，具体方法为：单击"管理会话"二级菜单中的"选择工作目录"命令，弹出"选择工作目录"对话框，如图 2.26 所示，在此对话框中可以选择工作目录或新建工作目录。

在 Creo Parametric 5.0 中设置工作目录，有助于管理大量的设计文件，可以大大简化文件的保存、查找等工作。通常，属于同一设计项目的模型文件，可以放置在同一个工作目录下。

图 2.23

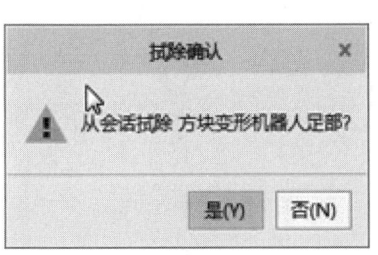

图 2.24

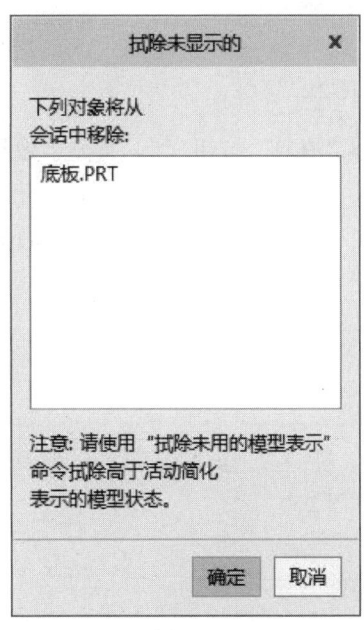

图 2.25

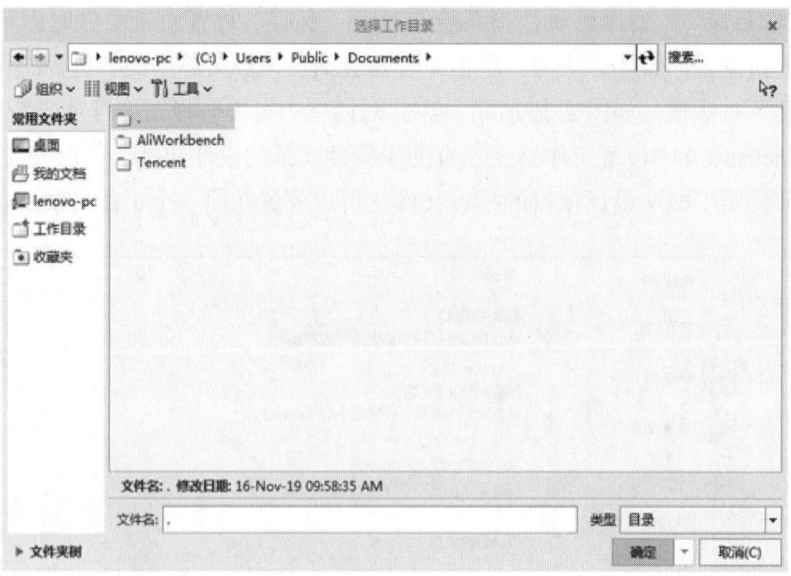

图 2.26

3. 模型显示

Creo Parametric 5.0 提供了六种模型显示方式，分别为"带反射着色"、"带边着色"、"着色"、"消隐"、"隐藏线"和"线框"，相应按钮在绘图区的快捷工具栏中。

显示方式的操作如下：

（1）单击"带反射着色"按钮 ▢，其显示效果如图 2.27 所示。

（2）单击"带边着色"按钮 ▢，其显示效果如图 2.28 所示。

（3）单击"着色"按钮 ▢，其显示效果如图 2.29 所示。

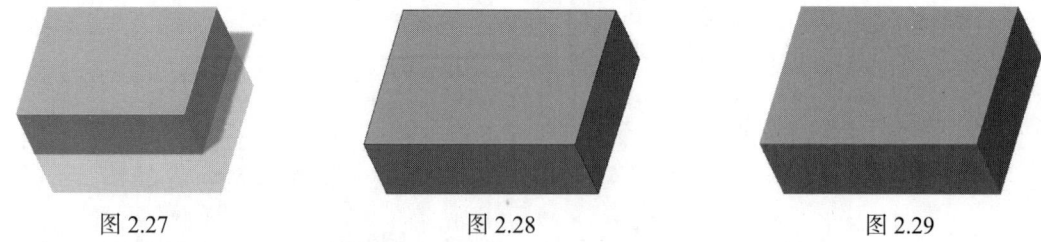

图 2.27　　　　　　　　图 2.28　　　　　　　　图 2.29

（4）单击"消隐"按钮 ▢，其显示效果如图 2.30 所示。

（5）单击"隐藏线"按钮 ▢，其显示效果如图 2.31 所示。

（6）单击"线框"按钮 ▢，其显示效果如图 2.32 所示。

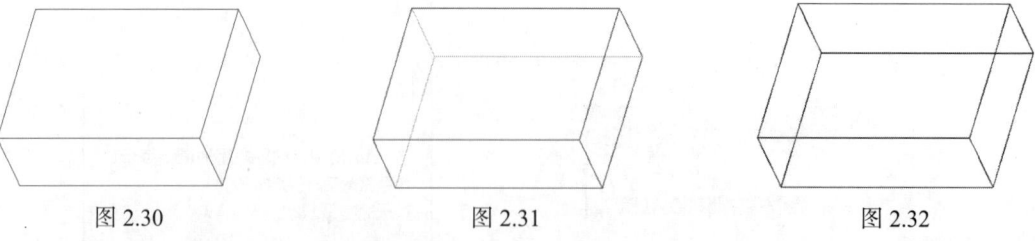

图 2.30　　　　　　　　图 2.31　　　　　　　　图 2.32

4. 快捷操作方法

Creo Parametric 5.0 提供了使用鼠标加键盘的快捷操作方法，通过这些操作方法，用户可以快捷地平移、缩放和旋转设计对象。熟练掌握这些操作方法，可以提高设计效率。

（1）Shift + 单击鼠标中键：以鼠标放置点为中心，平移设计对象。

（2）Alt + 单击鼠标中键：以鼠标放置点为中心，旋转设计对象；再次单击鼠标中键则结束旋转操作。按住鼠标中键并拖动，也可以旋转设计对象。

（3）Ctrl + 单击鼠标中键：以鼠标放置点为中心，缩放设计对象；滚动鼠标中键，也可以缩放设计对象。

任务2.2　五角星草绘图

【任务引入】

五角星由圆和直线组成，本次任务是根据如图 2.33 所示的图纸绘制五角星草图。

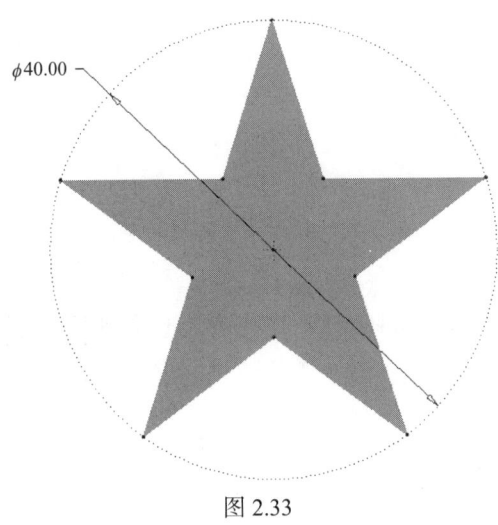

图 2.33

【任务分析】

该任务中五角星的绘制采用 Creo Parametric 5.0 中基本草绘和编辑命令：创建圆、创建直线、约束水平、约束相等和删除段等。

【相关知识】

部分草绘工具栏中的命令按钮说明见表 2.1。

表 2.1

按　　钮	说　　明
⊙	创建圆
∨	创建直线
＋	约束水平
＝	约束相等
⚡	删除段

【任务实施】

1. 新建文件

启动 Creo Parametric 5.0，单击工具栏中的"新建"按钮，弹出"新建"对话框。在"类型"中选择"草绘"，在文件名中输入"wujiaoxing"，单击"确定"按钮，进入 Creo Parametric 5.0 草绘界面。

2. 绘制 φ40 构造圆

步骤 1：单击"草绘"中的"创建圆"按钮，绘制一个圆，修改尺寸为 φ40。

步骤 2：用左键点选圆周，弹出快捷命令选项，单击"切换构造"，如图 2.34 所示。

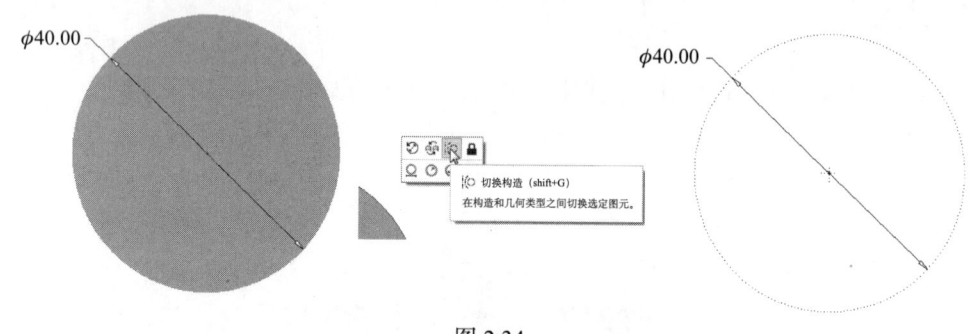

图 2.34

3. 绘制一个任意五角星

单击"草绘"中的"创建直线"按钮，在构造圆上绘制五条首尾相连的直线，形成任意形状大小的五角星，如图 2.35 所示。

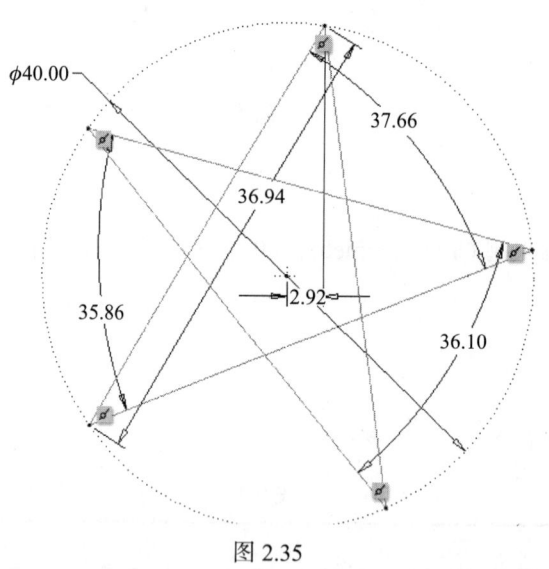

图 2.35

4. 约束五角星水平

单击"草绘"中的"约束水平"按钮，约束五角星其中一条直线水平，如图 2.36 所示。

5. 约束五角星边长相等

单击"草绘"中的"约束相等"按钮，依次点选五角星五条直线约束其长度相等，如图 2.37 所示。

图 2.36

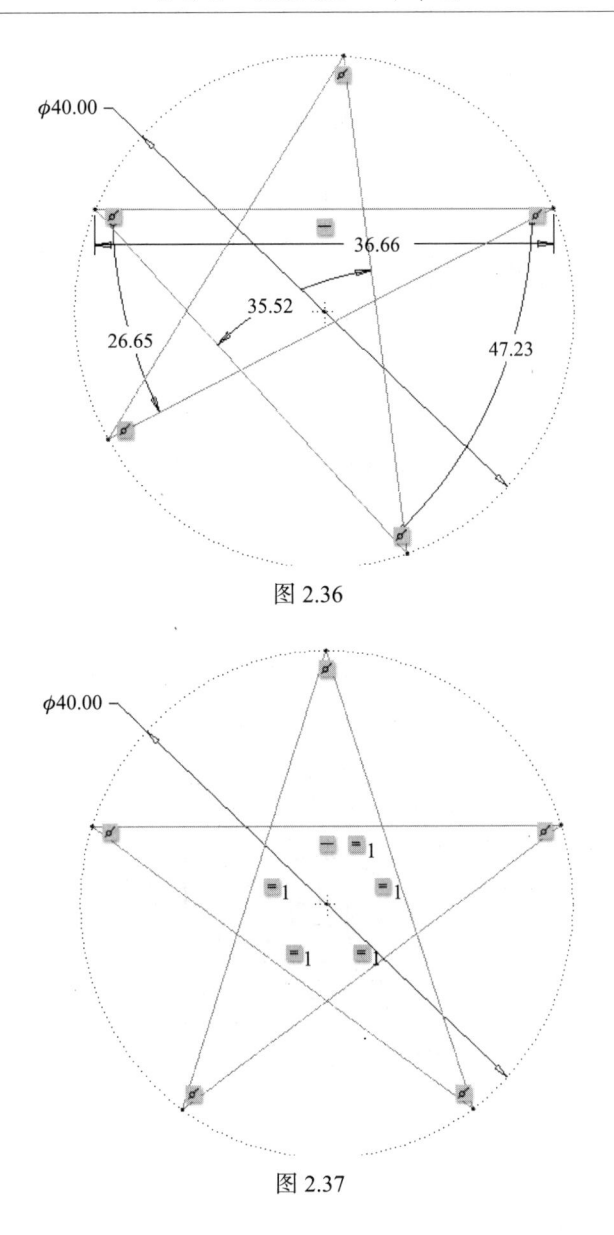

图 2.37

6. 图元修剪

单击"草绘"中的"删除段"按钮，按住鼠标左键，移动鼠标选中将要修剪的线段，如图 2.38 所示。

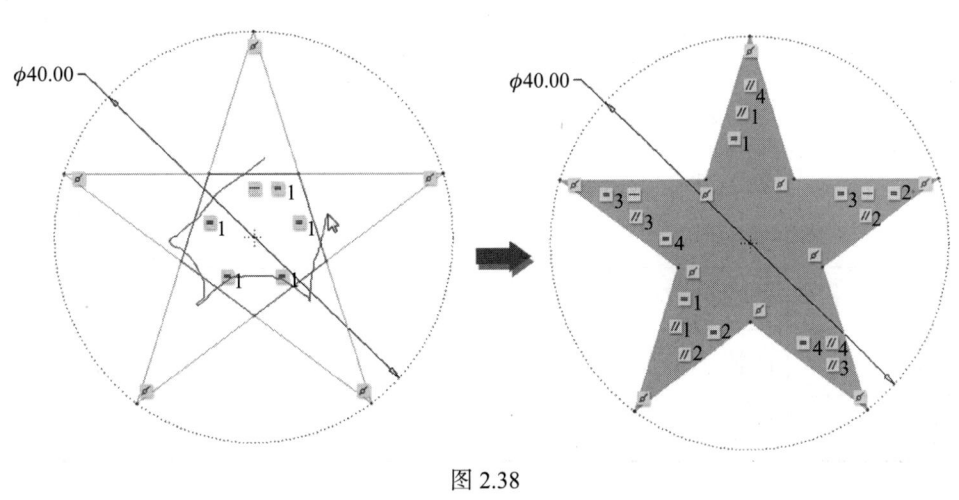

图 2.38

7. 保存文件

单击工具栏中的"文件"按钮，再单击"管理文件"按钮，弹出"删除旧版本"对话框，单击"是"按钮，关闭窗口，保存五角星草绘图。

任务2.3　支座草绘图

【任务引入】

该支座由圆、矩形和直线组成，本任务的目的是通过完成支座的草绘，进而掌握中心线、矩形、创建点、倒圆角、镜像、偏移等命令的使用方法。

【任务分析】

该任务中支座的绘制可采用 Creo Parametric 5.0 中基本草绘和编辑命令：中心线、创建矩形、创建点、倒圆角、镜像、偏移等。

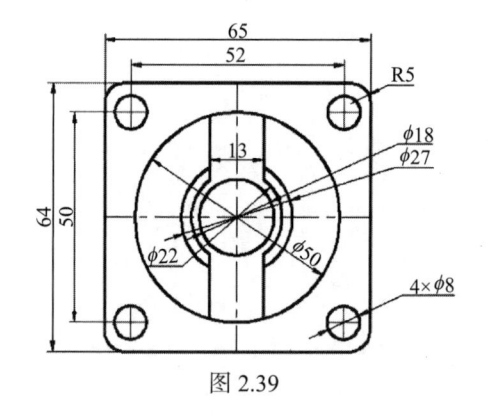

图 2.39

【相关知识】

部分草绘工具栏中的命令按钮说明见表 2.2。

表 2.2

按　　钮	说　　明
	中心线
	创建矩形
	创建点
	倒圆角
	镜像
	偏移

【任务实施】

1. 新建文件

启动 Creo Parametric 5.0，单击工具栏中的"新建"按钮，弹出"新建"对话框。在"类型"中选择"草绘"，在文件名中输入"zhizuo"，单击"确定"按钮，进入 Creo Parametric 5.0 草绘界面。

2. 绘制65×64矩形

步骤1：单击"草绘"中的"中心线"按钮，绘制水平和垂直中心线，如图2.40所示。

步骤2：单击"草绘"中的"创建矩形"按钮，注意，关于中心线左右、上下对称，并修改尺寸为65×64，如图2.41所示。

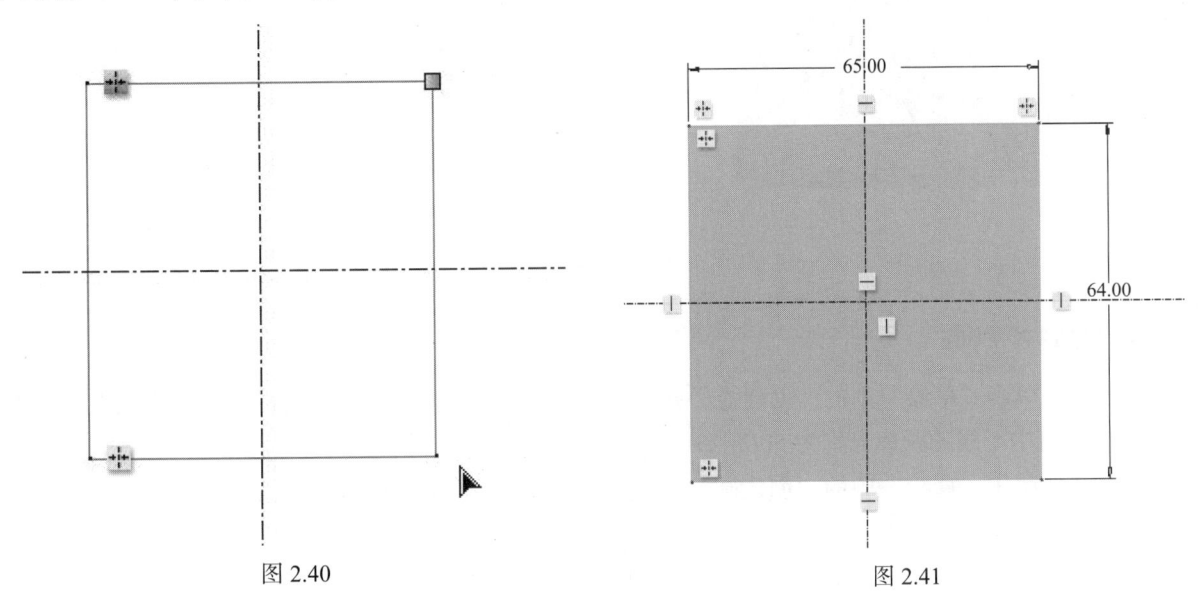

图 2.40

图 2.41

3. 分别绘制 $\phi50$、$\phi27$、$\phi22$、$\phi18$ 圆

步骤1：单击"草绘"中的"圆"按钮，分别绘制4个圆，并修改尺寸为 $\phi50$、$\phi27$、$\phi22$、$\phi18$，如图2.42所示。

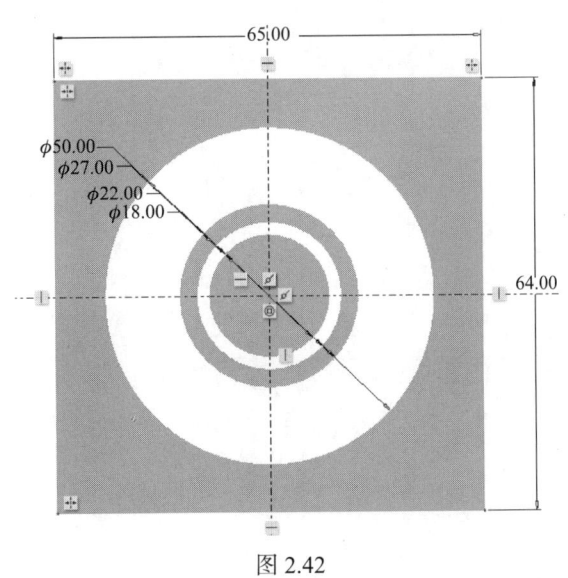

图 2.42

步骤 2：单击"草绘"中的"创建直线"按钮，在左边绘制与垂直中心线距离为 13/2=6.5 的竖直线，再单击"草绘"中的"偏移"按钮，选择所绘制的竖直线，在弹出的对话框中输入数值 -13，单击按钮，使竖直线向右偏移 13mm。最后单击"草绘"中的"删除段"按钮，删除多余线段，效果如图 2.43 所示。

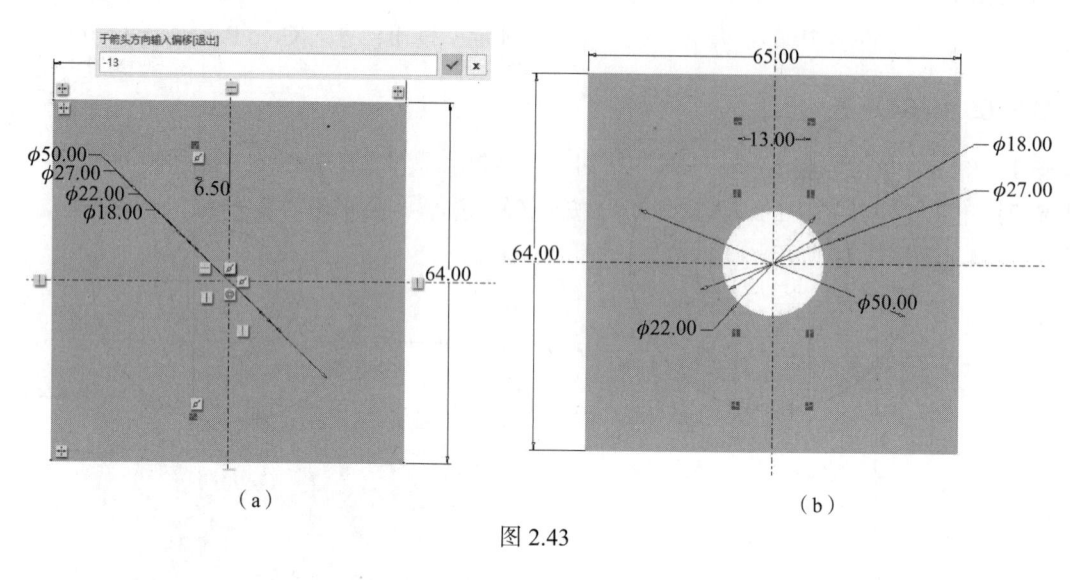

（a）　　　　　　　　　　　　（b）

图 2.43

4. 绘制 4×φ8 圆

步骤 1：单击"草绘"中的"创建点"按钮，移动鼠标单击左上角放置点，并修改点到水平中心线和垂直中心线的距离分别为 50/2=25、52/2=26。

步骤 2：单击"草绘"中的"创建圆"按钮，以步骤 1 中的点为中心，绘制圆，并修改尺寸为 φ8，如图 2.44 所示。

步骤 3：移动鼠标选择 φ8 圆，再单击"编辑"中的"镜像"按钮，选择垂直中心线为对称轴，完成右上角圆角的镜像。按住 Ctrl 键移动鼠标，依次选择上方两个 φ8 圆，再次单击"编辑"中的"镜像"按钮，选择水平中心线为对称轴，完成下方两个 φ8 圆的镜像，如图 2.45 所示。

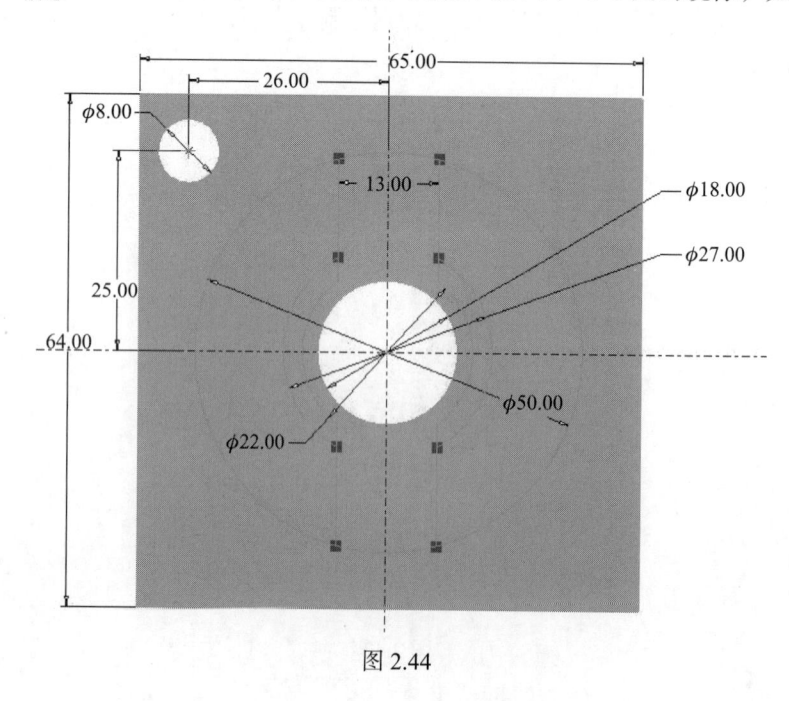

图 2.44

图 2.45

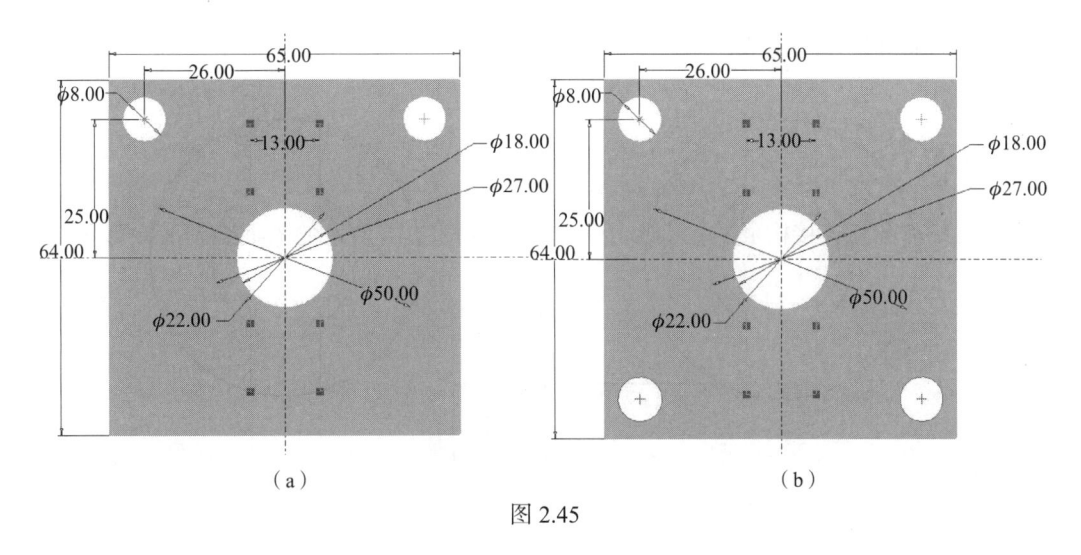

5. 绘制R5圆角

单击"草绘"中 圆角 旁的下三角按钮,在下拉面板中,单击 按钮,分别移动鼠标选择矩形左上角两边,修改圆角尺寸为R5。以同样的方法分别完成其余倒圆角,并单击"约束相等"按钮 ═ ,约束其余圆角尺寸均为R5,如图2.46所示。

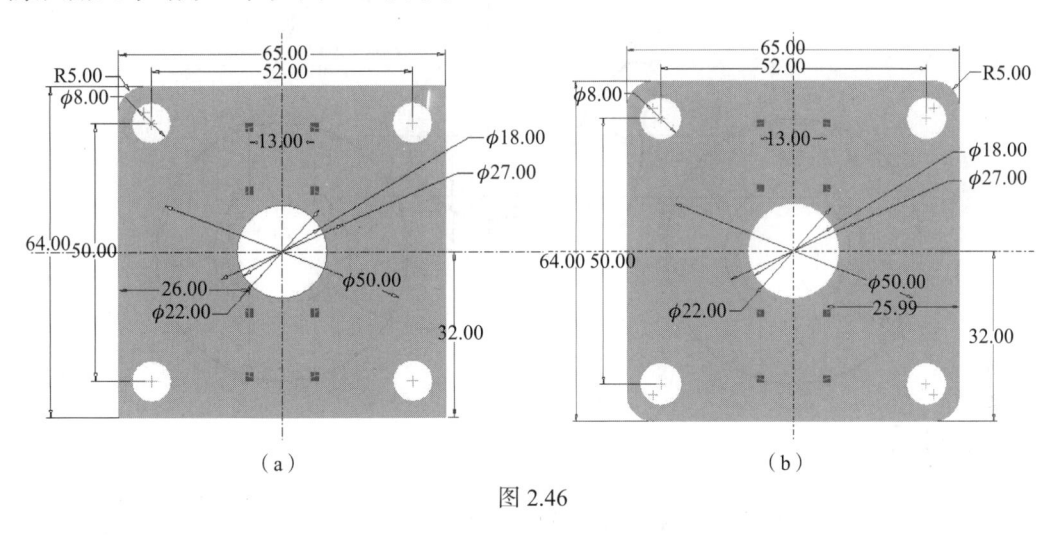

图 2.46

6. 保存文件

单击工具栏中的"文件"按钮,再单击"管理文件"按钮,打开"删除旧版本"对话框,单击"是"按钮,关闭窗口,保存支座草绘图。

课后拓展如图2.47所示。

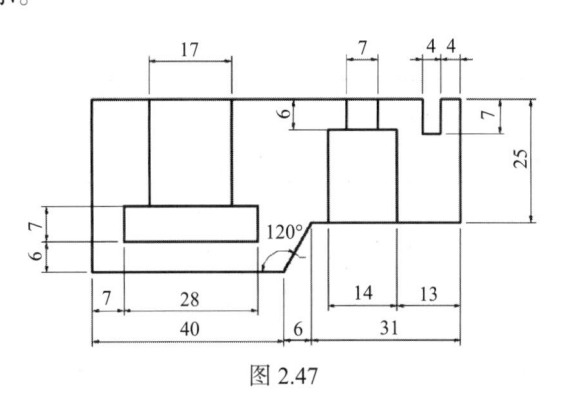

图 2.47

任务2.4 吊钩草绘图

【任务引入】

吊钩是由直线和圆弧连接构成的。本次任务是根据如图 2.48 所示的图纸绘制吊钩草图。

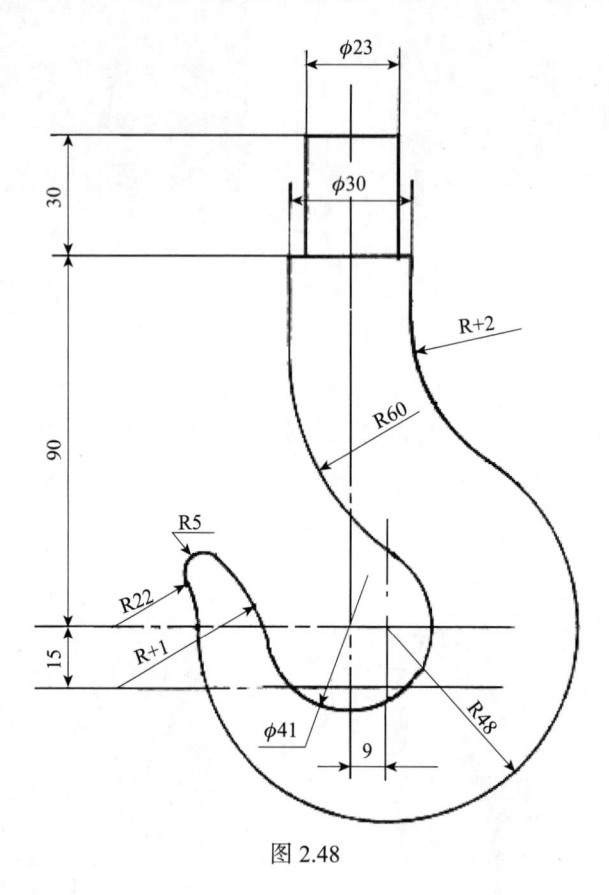

图 2.48

【任务分析】

该任务中吊钩的绘制采用 Creo Parametric 5.0 中基本草绘和编辑命令：创建圆、约束对称、倒圆角、约束相切等。

【相关知识】

部分草绘工具栏中的命令按钮说明见表 2.3。

表 2.3

按　　钮	说　　明
⊙	创建圆
┿	约束对称
∟	倒圆角
♀	约束相切

【任务实施】

1. 新建文件

启动 Creo Parametric 5.0，单击工具栏中的"新建"按钮，弹出"新建"对话框。在"类型"中选择"草绘"，在文件名中输入"diaogou"，单击"确定"按钮，进入 Creo Parametric 5.0 草绘界面。

2. 绘制中心线

步骤1：单击"草绘"中的"中心线"按钮，分别绘制水平和竖直的四条中心线。

步骤2：在尺寸数字上双击鼠标左键，修改水平尺寸为9，修改竖直尺寸为15，如图 2.49 所示。

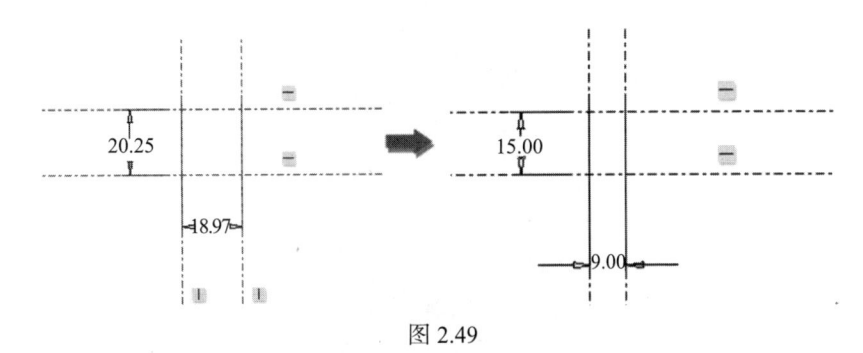

图 2.49

3. 绘制 ϕ41 圆

单击"草绘"中的"创建圆"按钮，以中心线的交点为圆心绘制一个圆。双击圆的直径尺寸，修改圆的直径为 ϕ41，如图 2.50 所示。

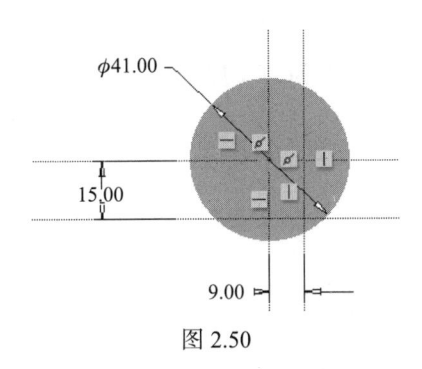

图 2.50

4. 绘制 R48 圆

用同样的方法，绘制 R48 圆，如图 2.51 所示。

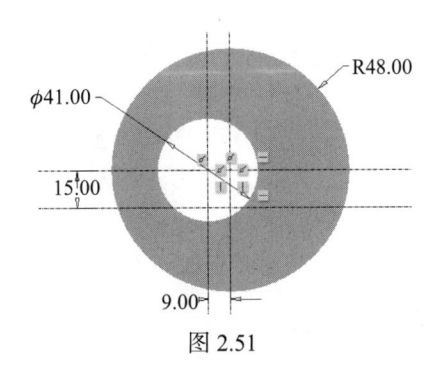

图 2.51

5. 绘制ϕ30水平线段

步骤1：单击"草绘"中的"创建直线"按钮 ∿，绘制水平线，直线与上边水平中心线的距离为90，直线的长度为30。

步骤2：单击"草绘"中的"约束对称"按钮 ↔，点选 ϕ30水平线两端点与左侧竖直中心线约束对称，如图2.52所示。

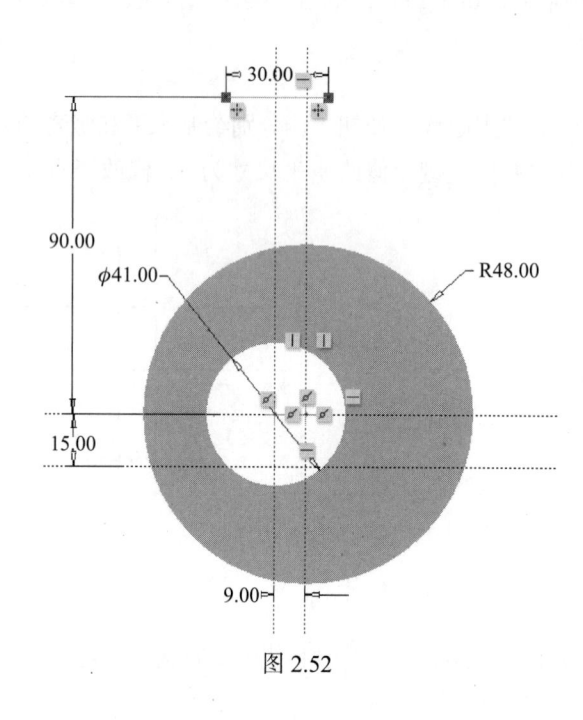

图 2.52

6. 绘制ϕ23水平线段

同样，绘制 ϕ23 的水平直线，与长度为30 的直线距离为30，约束与左侧中心线对称，如图2.53所示。

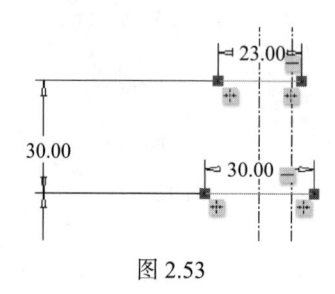

图 2.53

7. 绘制30竖直线段

过 ϕ23 的水平直线的两端点分别绘制两条竖直线，如图2.54所示。

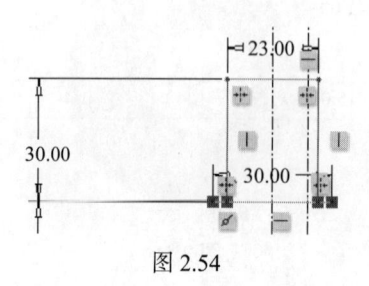

图 2.54

8. 绘制φ30两侧竖直线段

单击"草绘"中的"创建直线"按钮 ，过长度为φ30的水平直线两端点分别绘制两条竖直线，如图2.55所示。

9. 绘制R60倒圆角

单击"草绘"中的"倒圆角"按钮 ，分别点选φ41圆和左侧竖直线段生成倒角圆弧，修改尺寸为R60，如图2.56所示。

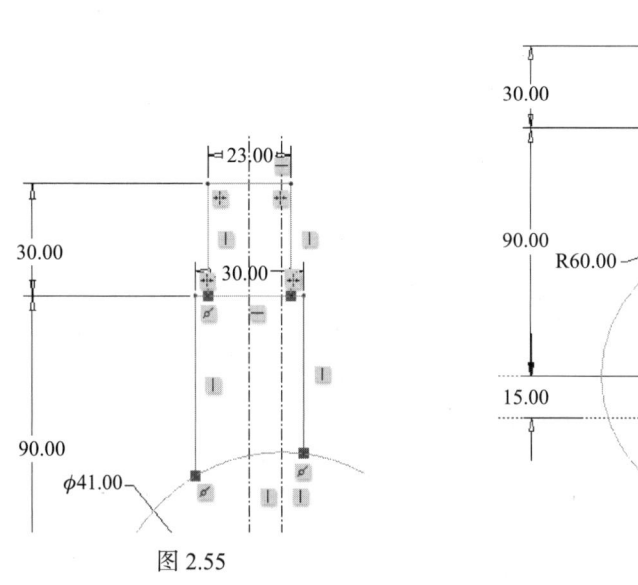

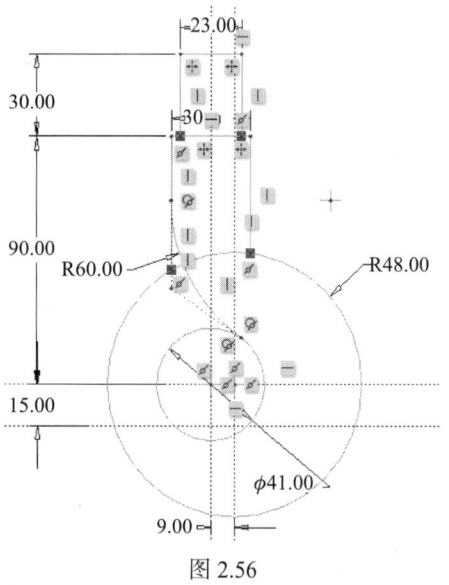

图 2.55

图 2.56

10. 绘制R42倒圆角

用同样的方法，绘制R42倒圆角，如图2.57所示。

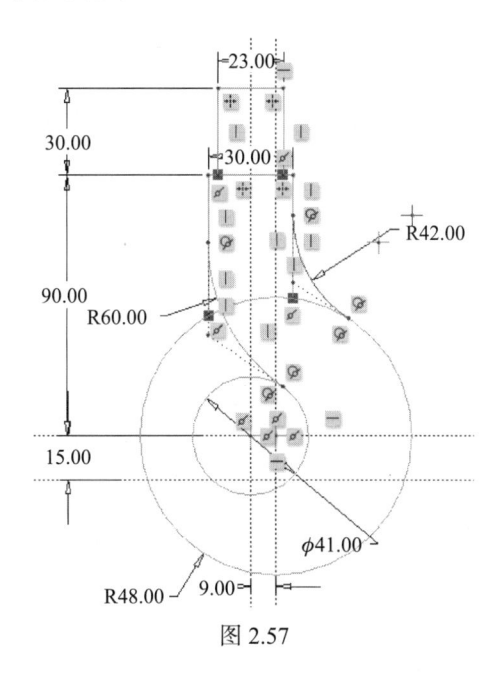

图 2.57

11. 绘制R22圆

步骤1：单击"草绘"中的"创建圆"按钮 ⊙，在水平中心线上绘制圆，修改尺寸为R22。

步骤2：单击"草绘"中的"约束相切"按钮，点选R22和R48约束直线对称，如图2.58所示。

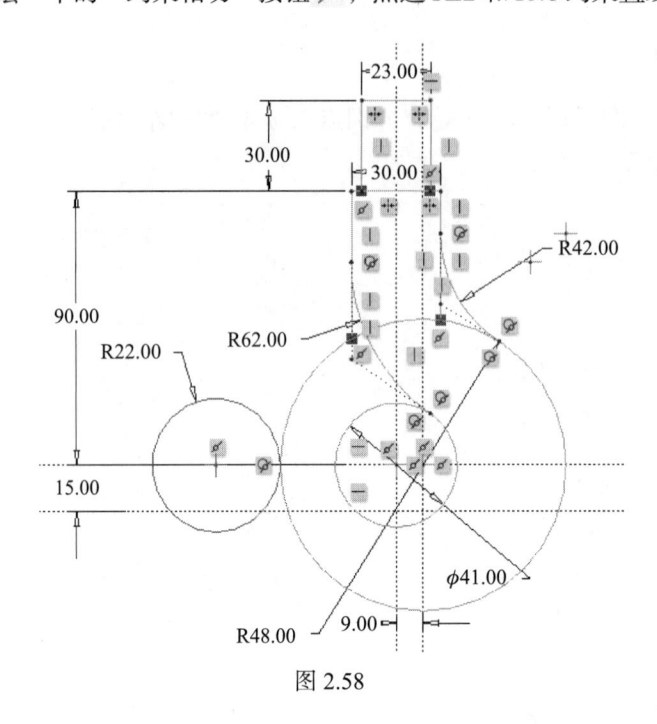

图 2.58

12. 绘制R41圆

用同样的方法，绘制R41圆与 ϕ41圆相切，如图2.59所示。

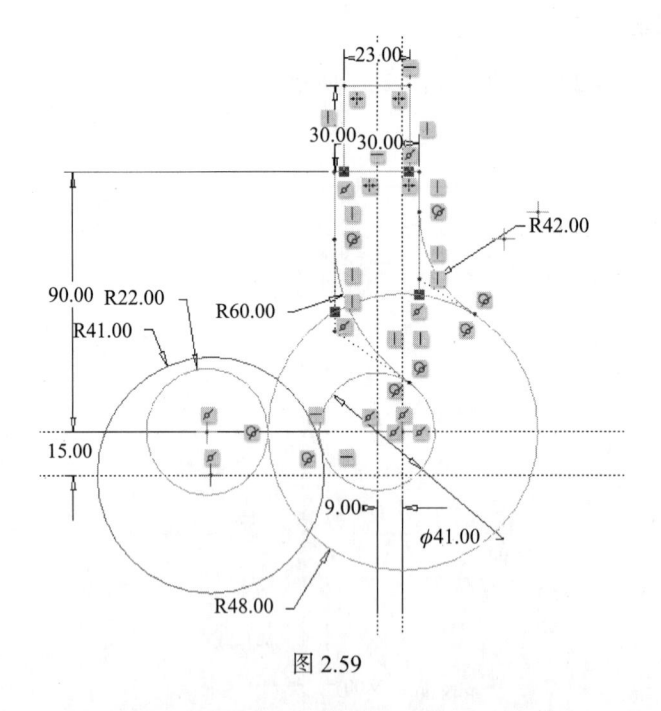

图 2.59

13. 绘制R5切圆

步骤1：单击"草绘"中的"创建圆"按钮 ⊙，在R22圆与R41圆之间绘制圆，修改尺寸为R5。

步骤 2：单击"草绘"中的"约束相切"按钮 ，点选 R5 圆与 R22 圆和 R41 圆约束相切，如图 2.60 所示。

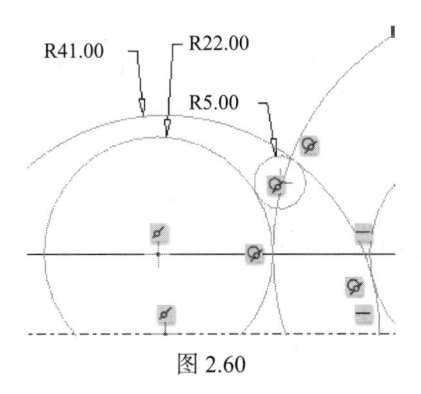

图 2.60

14. 图元修剪

单击"草绘"中的"删除段"按钮 ，删除多余线段，效果如图 2.61 所示。

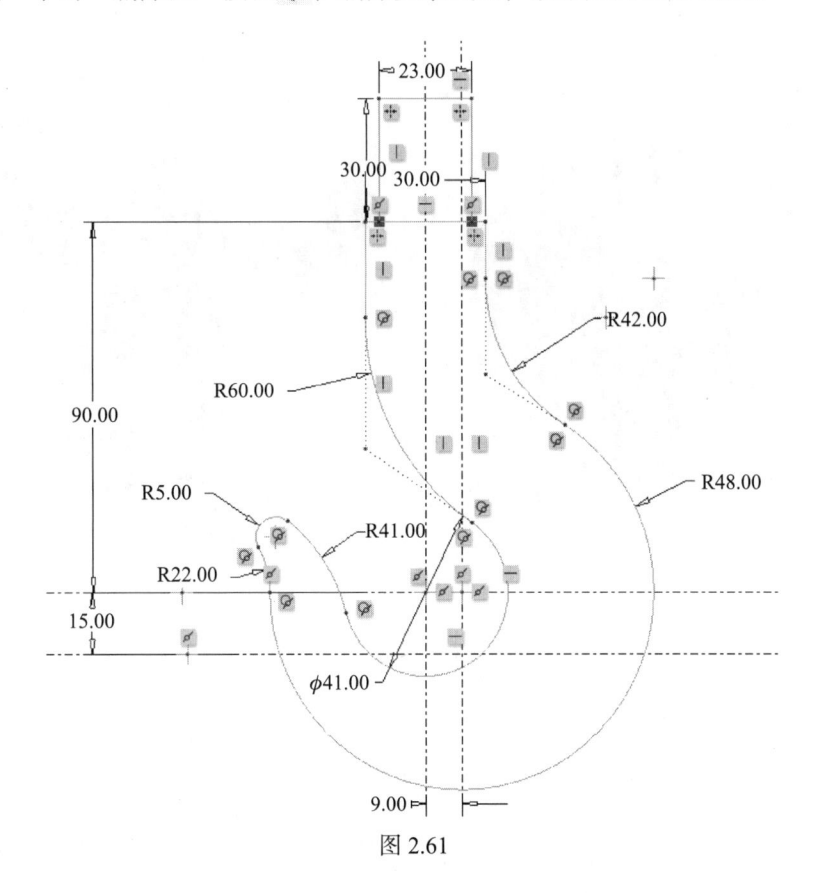

图 2.61

15. 保存文件

单击工具栏中的"文件"按钮，再单击"管理文件"按钮，弹出"删除旧版本"对话框，单击"是"按钮，关闭窗口，保存吊钩草绘图。

项目 3　Creo 5.0 实体建模及产品打印

任务3.1　方块变形机器人建模及打印

【任务引入】

本任务提供一组方块变形机器人的工程图纸，首先根据各个零件图纸进行零件三维建模，然后完成模型的打印及后处理，最后将组成零件装配成整体，获得方块变形机器人模型实物，如图 3.1 所示。

图 3.1

【任务分析】

子任务 1：零件设计建模。方块变形机器人是由 15 个独立零件模块装配组成的。运用形体分析法对各个零件进行分析，大部分零件建模设计可采用 Creo Parametric 5.0 零件设计中的基础特征，如拉伸生产、拉伸切除，以及工程特征，如孔、圆角、倒角等功能来完成建模，创建零件实体。本任务以其中两个较为有代表性的零件：机器人大腿、机器人足部为例，分别用 Creo Parametric 5.0 进行两个零件的建模设计。掌握这两个零件的建模方法后，机器人模型其余组成零件的建模基本能运用相关指令和方法完成（任务中介绍机器人大腿和机器人足部，其余组成零件作为"课后拓展"任务，可根据零件图纸自行进行建模设计，获得其余零件的三维模型）。

子任务 2：完成零件建模后在 Creo Parametric 5.0 中导出快速成型 *.stl 文件，再将 *.stl 文件导入切片软件："Modellight3D 打印系统"进行切片处理后导出生成三维模型的加工 GCode 代码，即 *.gcode 文档。将 *.gcode 文档传输到 3D 打印机打印出模型。

子任务 3：完成方块变形机器人所有组成零件的模型打印后，首先对各个零件做后处理，然后进行装配及修配，获得能活动、变形的方块变形机器人装配整体。

【相关知识】

1. 拉伸特征

拉伸特征是将绘制的截面沿给定方向和给定深度生产的三维特征，适用于构建等截面的实体特征。拉伸特征是最基本和常用的特征造型方法，操作简单方便，在零件设计建模中可以把很多零件看作创建多个拉伸特征相互叠加或切除的结果。

1）拉伸操控面板介绍

单击"模型"选项卡中"形状"组上的"拉伸"按钮，系统打开如图 3.2 所示的"拉伸"操控面板。

图 3.2

"拉伸"操控面板中按钮的功能介绍见表 3.1。

表 3.1

按 钮	说 明	
▢	创建实体	
◻	创建曲面	
止 / 日 / 止	截至方式	盲孔，按输入数字作为指定拉伸深度进行拉伸
		对称，在草绘平面两侧按指定深度值的一半进行拉伸
		沿指定方向拉伸到选定的点、曲线、平面或曲面
↗	变换拉伸特征的拉伸方向	
◿	移除材料	
⊏	加厚草绘	
‖	暂停当前工具	
⊘	无预览	
※	分离	
⁊⁊	连接	
👓	特征预览	
✓	确定并关闭操控面板	
✗	取消当前特征创建或重定义	

单击"拉伸"操控面板中的"放置"、"选项"、"属性"按钮，系统打开拉伸特征的下拉面板，如图 3.3 所示，下拉面板的按钮功能介绍见表 3.2。

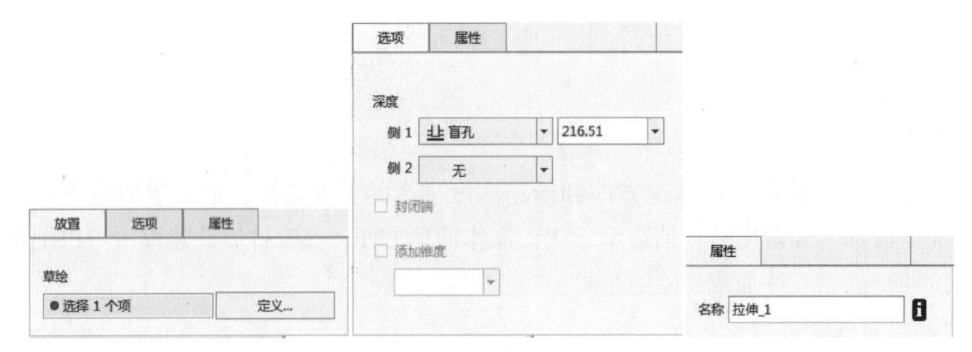

图 3.3

"拉伸"特征下拉面板的按钮功能介绍见表 3.2。

表 3.2

下拉面板	说　　明
放置	使用该下拉面板重定义特征截面。单击"定义"按钮可以创建或更改截面
选项	重定义草绘平面每一侧的特征深度及孔的类型（盲孔、通孔）
	通过勾选"封闭端"复选框用端创建曲面特征
	通过勾选"添加锥度"复选框使拉伸特征拔模
属性	使用该下拉面板可以编辑特征名，并在 Creo 浏览器中打开特征信息

2）创建拉伸特征操作步骤

步骤 1：新建一个"零件"设计环境。单击"模型"选项卡中"形状"组上的"拉伸"按钮，系统弹出"拉伸"操控面板。

步骤 2：单击"放置"按钮，弹出下拉面板，如图 3.4 所示。

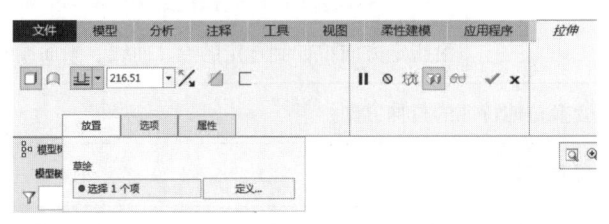

图 3.4

步骤 3：单击下拉面板中的"定义"按钮，弹出"草绘"对话框，在绘图区选中基准平面 TOP 面作为草绘平面，其余选项接受系统默认值，如图 3.5 所示。

步骤 4：单击"草绘"按钮，进入草绘界面，再单击视图控制工具栏中"草绘视图"按钮或"设置"组中"草绘视图"按钮，使草绘平面调整到正视于用户视觉。单击"草绘"组中"拐角矩形"按钮，绘制矩形并修改尺寸，如图 3.6 所示。单击"确定"按钮，退出草绘界面。

步骤 5：单击"拉伸"操控面板上"截至方式"按钮，在下拉选项中选择"对称"按钮，并在文本框中输入拉伸深度值：100。

步骤 6：单击"拉伸"操控面板上的"特征预览"按钮，如图 3.7 所示。用户可以观察当前建模是否符合设计意图，并可以返回模型进行相应修改。单击操控面板上的按钮即回到零件模型，可继续对模型进行修改。单击操控面板上的按钮，关闭操控面板，完成拉伸特征的创建。

图 3.5

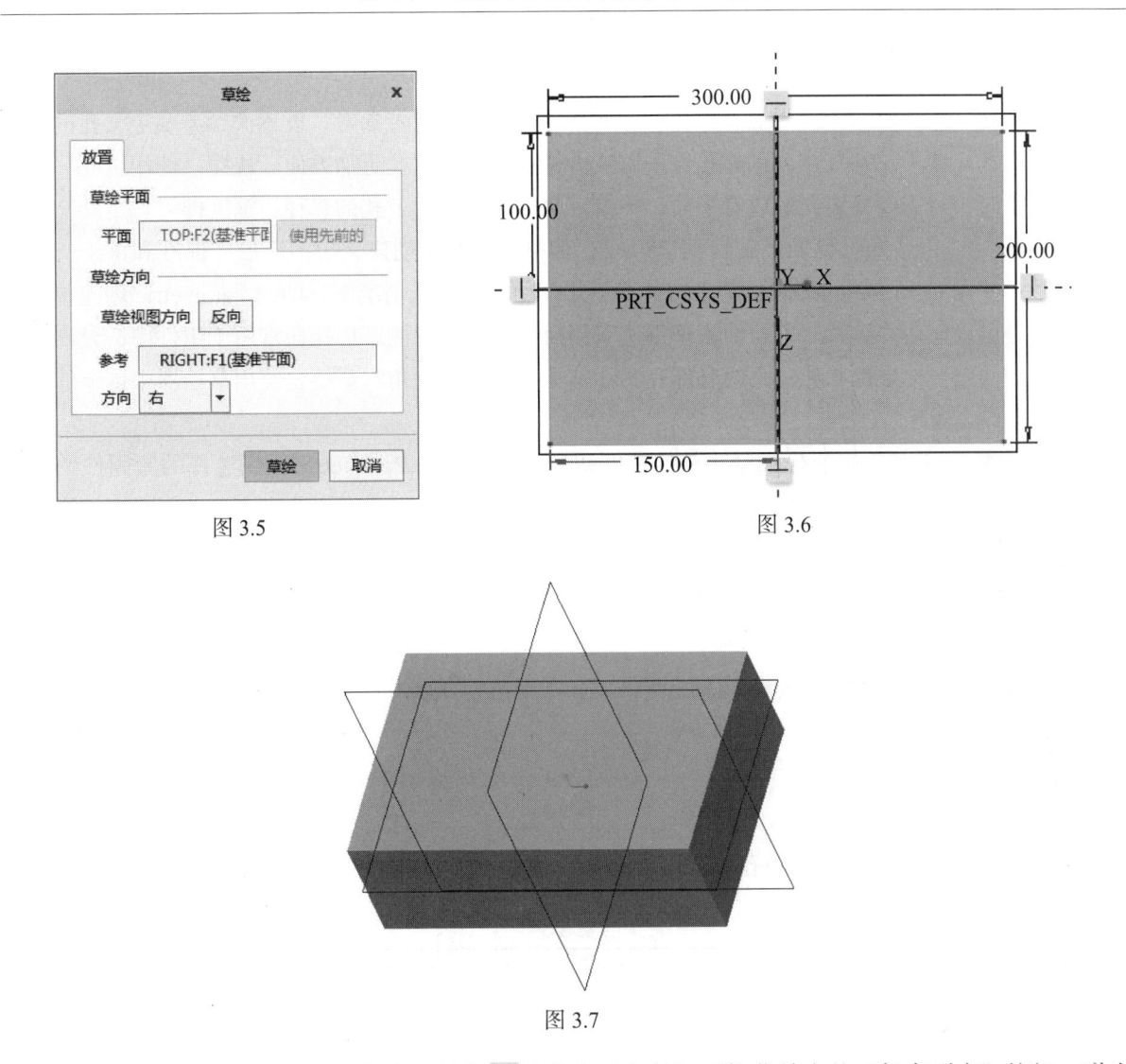

图 3.6

图 3.7

步骤 7：单击工具栏中的"保存"按钮┣或单击"文件"下拉菜单中的"保存副本"按钮，弹出如图 3.8 所示的"保存对象"对话框，将创建拉伸模型保存到计算机某文件夹中，单击"确定"按钮。

图 3.8

2. 孔特征

利用"孔"工具可向模型添加简单孔和标准孔，通过定义放置参考、设置次参考及定义孔的具体特征来添加孔。使用"孔"命令创建孔比采用减少材料方式创建孔更加方便、快捷。使用"孔"命令创建孔特征时，只需要指定孔的放置平面，并给定孔的定位尺寸及孔的直径、深度即可。

简单孔 ⓤ：由带矩形剖面的旋转切口组成。其中，质控的创建又包括矩形、标准和草绘三种方式。矩形：使用 Creo Parametric 预定义的（直）几何功能，默认情况下，Creo Parametric 创建单侧矩形孔，但是可以使用"形状"下拉面板来创建双侧简单直孔。双侧矩形孔通常用于组件中，允许同时格式化孔的两侧。标准形状孔：孔的底部有实际钻孔时的底部倒角。草绘：使用草绘器中创建的草图轮廓生成孔。

标准孔 ：由基于工业标准紧固件的拉伸切口组成。Creo Parametric 提供选择的紧固件的工业标准孔以及螺纹或间隙直径，也可以创建自己的孔图表。注意，对于标准孔，会自动创建螺纹注释。

1）简单孔 ⓤ

简单孔操控面板：单击"模型"选项卡中"工程"组上的"孔"按钮 ，系统打开如图 3.9 所示的孔操控面板。

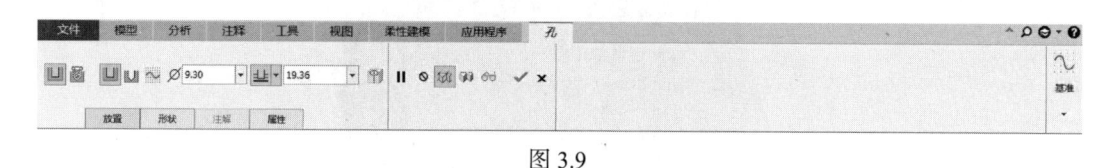

图 3.9

"孔"操控面板中"创建简单孔"按钮功能介绍见表 3.3。

表 3.3

按 钮		说 明	
一级	二级	一级	二级
ⓤ	ⓤ	创建简单孔	使用预定义矩形作为钻孔轮廓
	ⓤ		使用标准孔轮廓作为钻孔轮廓
	▒		使用草绘定义钻孔轮廓
	⌀ 9.30	输入钻孔的直径	
	基	以指定的深度值钻孔	
	◧	以指定深度值的一半在选定平面的两侧进行钻孔	
	基	钻孔至下一曲面	
	基	钻孔至与所有曲面相交	
	基	钻孔至与选定的曲面相交	
	基	钻孔至选定的点、曲线、平面、曲面	
	19.36	输入钻孔的深度值	
	ⓣ	将孔几何表示设置为轻量化开或关	
	▮▮	暂停当前工具的使用	

续表

按　　钮	说　　明
⊘	无预览
◇	分离
⚡	连接
👓	特征预览
✓	确定并关闭操控面板
✗	取消特征创建或重定义

在创建简单孔 U 操控面板中单击"放置"、"形状"、"属性"按钮，系统打开孔特征的下拉面板，如图 3.10 所示。

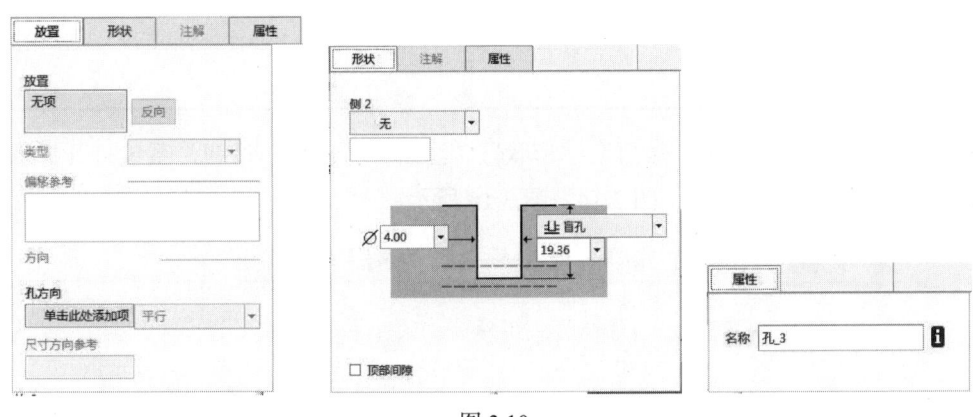

图 3.10

2）标准孔

标准孔操控面板：在孔操控面板中单击"标准孔"按钮，系统打开如图 3.11 所示的标准孔操控面板。

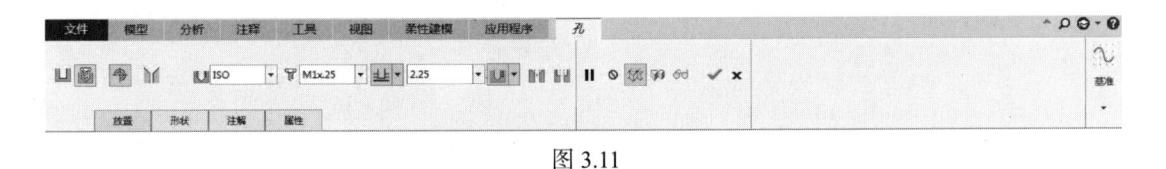

图 3.11

"孔"操控面板中"创建标准孔"按钮功能介绍见表 3.4。

表 3.4

按钮		说明	
一级	二级	一级	二级
标准孔图标	攻丝图标	创建标准孔	添加攻丝
	锥孔图标		创建锥孔
	ISO	螺纹系列下拉列表框，列出可用的孔图表，其中包括螺纹类型/直径信息，初始列出工业标准孔图表包括：ISO、UNC 和 UNF。	

续表

按钮	说明
M1x.25	输入螺纹尺寸。在编辑框中键入值，或拖动直径图柄让系统自动选择最接近的螺纹尺寸。默认情况下，选择列表中第一个值，螺纹尺寸框显示最近使用的螺纹尺寸
	以指定的深度值钻孔
	钻孔至下一曲面
	钻孔至与所有曲面相交
	钻孔至与选定的曲面相交
	钻孔至选定的点、曲线、平面或曲面、面组
	钻孔肩部深度
	钻孔深度
	添加沉头孔
	添加沉孔

在标准孔 操控面板中单击"放置"、"形状"、"注解"、"属性"按钮，系统打开标准孔特征的下拉面板，分别如图 3.12、图 3.13、图 3.14、图 3.15 所示。

图 3.12

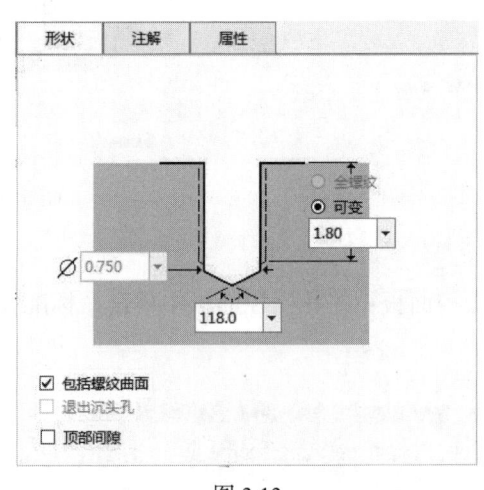

图 3.13

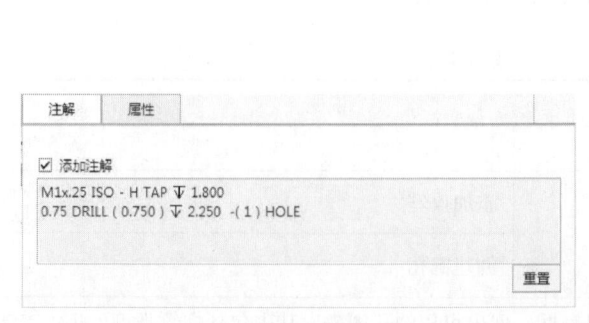

图 3.14

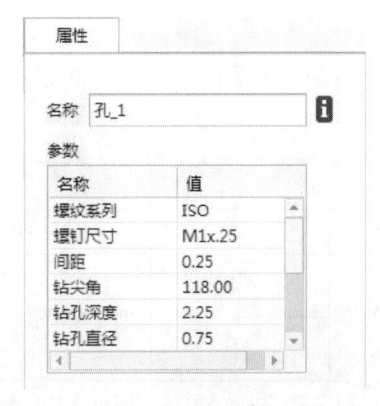

图 3.15

3）创建孔特征操作步骤

（1）创建简单直孔

步骤 1：创建实体模型或打开已创建好的模型文件，如图 3.16 所示，在该模型上创建孔特征。

步骤 2：在功能区"模型"选项卡的"工程"组面板中单击"孔"按钮，打开"孔"操控面板。

步骤 3：在默认状态下，"孔"操控面板上的"创建简单孔"按钮 处于选中状态，同时"使用预定义矩形作为钻孔轮廓"按钮 ，也默认处于选中状态，输入钻孔的直径值为 20，钻孔的深度类型为穿透 ，如图 3.17 所示。

图 3.16

图 3.17

步骤 4：单击如图 3.18 所示的实体表面为指定主放置参考。此时，打开孔操控面板的"放置"下拉面板，可以看到所选参考面出现在"放置"框内，默认放置约束类型选项为"线性"，如图 3.19 所示。

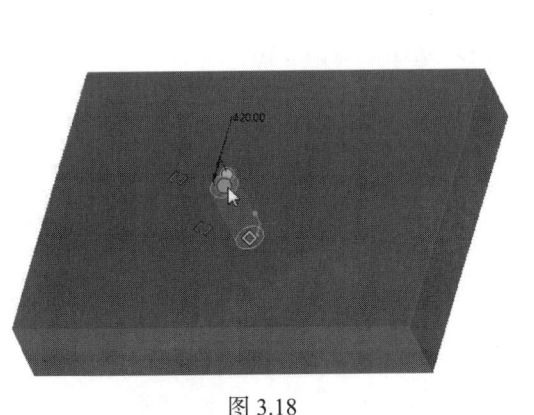

图 3.18

图 3.19

步骤 5：单击"放置"下拉面板的"偏移参考"框，将其激活。接着按住 Ctrl 键分别单击如图 3.20 所示的下方边线和一个侧面作为偏移参考，然后在"偏移参考"框内修改距离参考边的尺寸值，如图 3.21 所示。

步骤 6：单击"完成"按钮，完成简单直孔的创建，如图 3.22 所示。

图 3.20

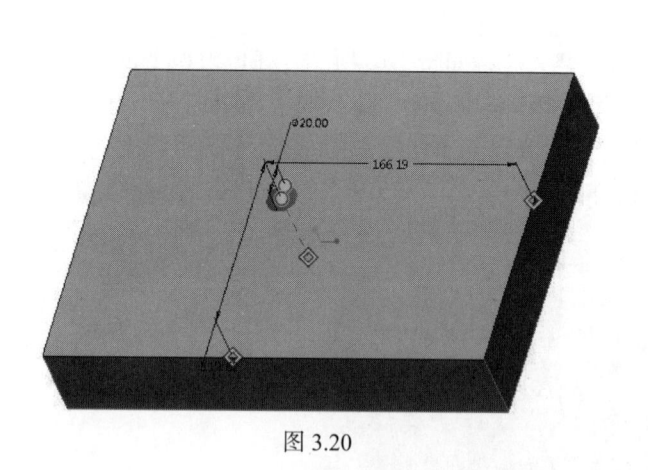

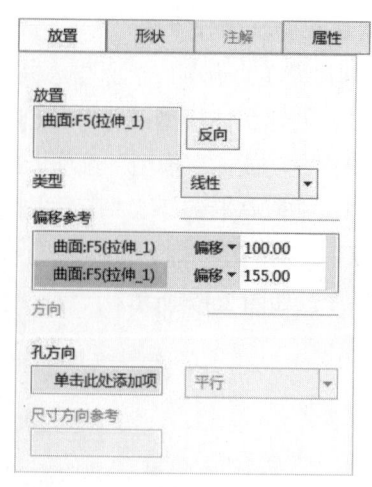

图 3.21

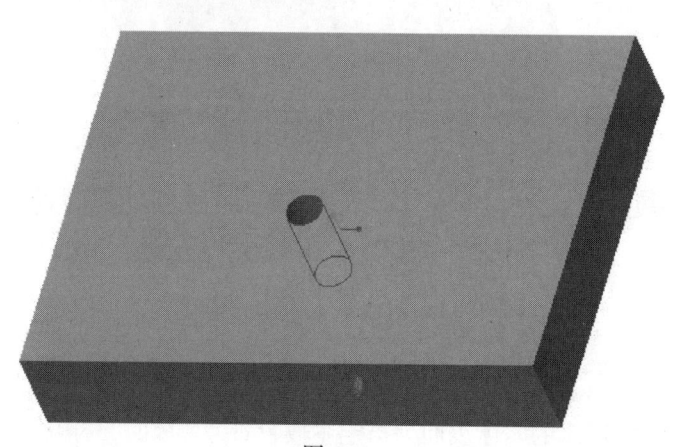

图 3.22

（2）创建草绘孔

步骤 1：在功能区"模型"选项卡的"工程"组面板中单击"孔"按钮，打开孔操控面板。

步骤 2：在孔操控面板中单击"使用草绘定义钻孔轮廓"按钮，此时"孔"操控面板上出现的按钮如图 3.23 所示。

步骤 3：在"孔"操控面板上单击"激活草绘器以创建截面"按钮。

步骤 4：绘制如图 3.24 所示孔的截面形状，包括一条定义孔轴线的中心线。

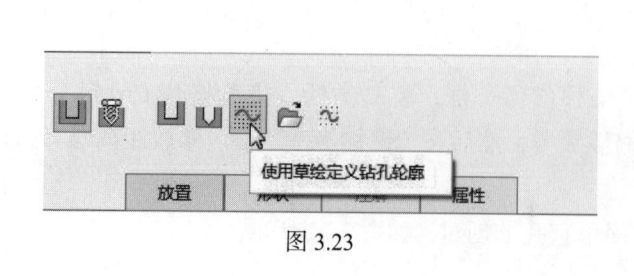

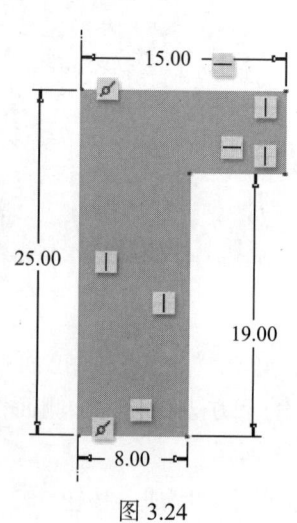

图 3.23

图 3.24

步骤 5：单击"完成"按钮✔，完成草绘并退出草绘模式。

步骤 6：指定孔特征的主放置参考，如图 3.25 所示，放置约束类型选项为"线性"。

步骤 7：单击"放置"下拉面板的"偏移参考"框，将其激活。接着按住 Ctrl 键分别单击下方边线和右侧面作为偏移参考，然后在"偏移参考"框内修改距离参考对象的相应尺寸值，如图 3.26 所示。

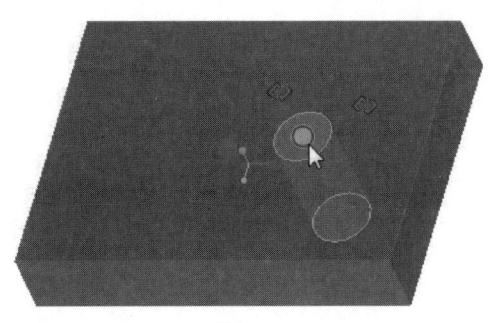

图 3.25

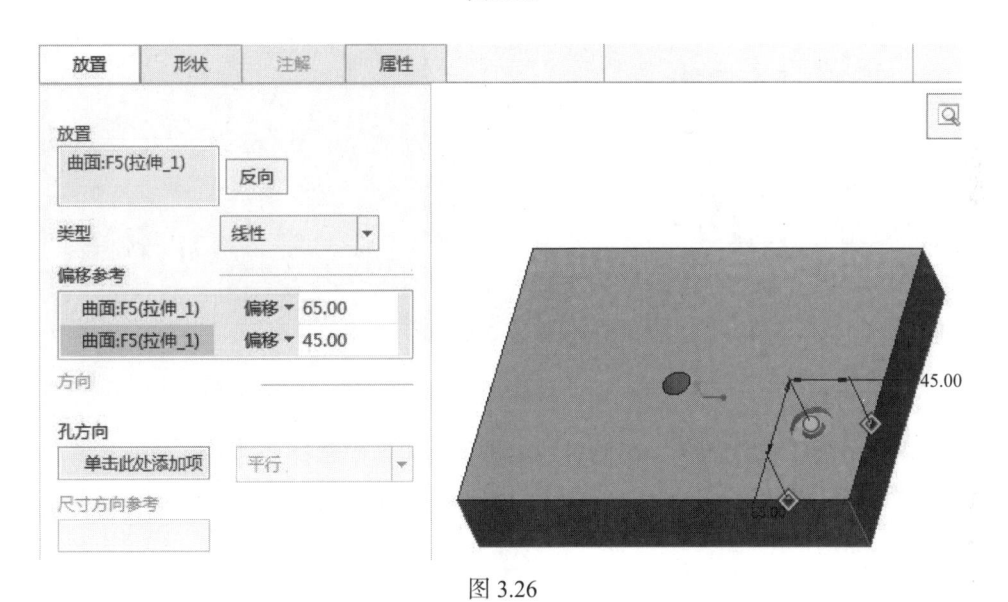

图 3.26

步骤 8：单击"完成"按钮✔，完成草绘孔的创建，如图 3.27 所示。

图 3.27

（3）创建标准螺纹孔

步骤 1：在功能区"模型"选项卡的"工程"组面板中单击"孔"按钮，打开"孔"操控面板。

步骤 2：在"孔"操控面板上单击"创建标准孔"按钮。

步骤 3：设置标准孔的螺纹类型为 ISO，在 下拉列表中选择 "M25×1.5" 选项，设置螺纹深度类型为 "穿透 "，其他按钮选中状态如图 3.28 所示。

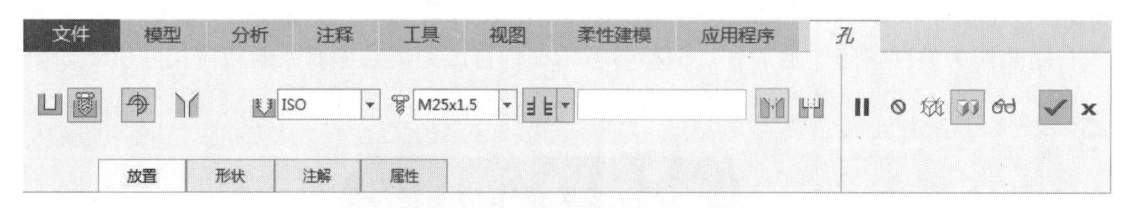

图 3.28

步骤 4：在 "孔" 操控面板上，单击 "形状" 选项按钮，打开 "形状" 下拉面板，可以查看和定义该标准孔的具体形状，选择 "全螺纹" 单选按钮，如图 3.29 所示。

步骤 5：单击图 3.30 所示模型上表面，定义主放置参考。

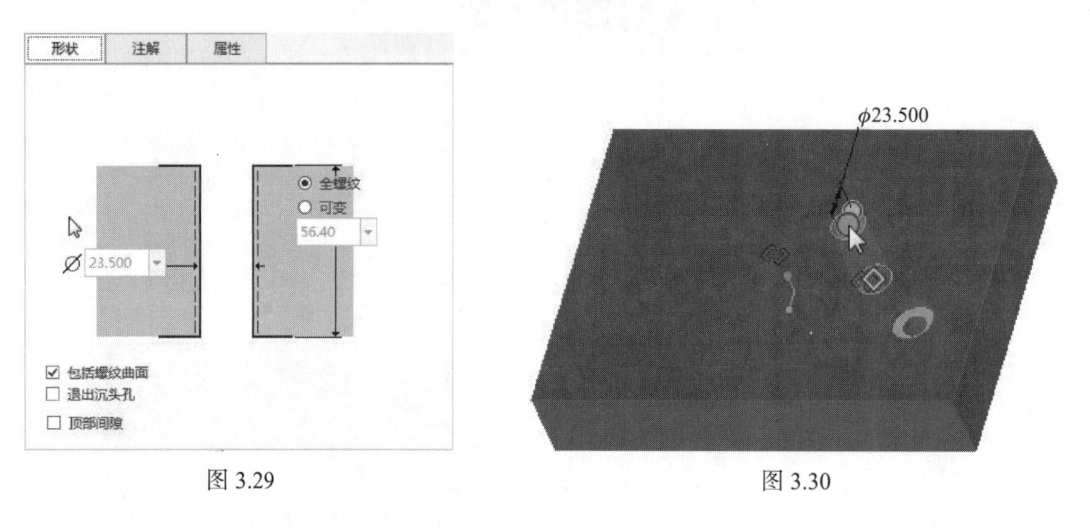

图 3.29

图 3.30

步骤 6：打开 "放置" 下拉面板，在放置约束类型列表框中选择 "径向" 选项，然后激活 "偏移参考" 框，选择草绘孔的轴线，按住 Ctrl 键选择 RIGHT 基准平面，然后在 "偏移参考" 框中设置相应的尺寸值，如图 3.31 所示。

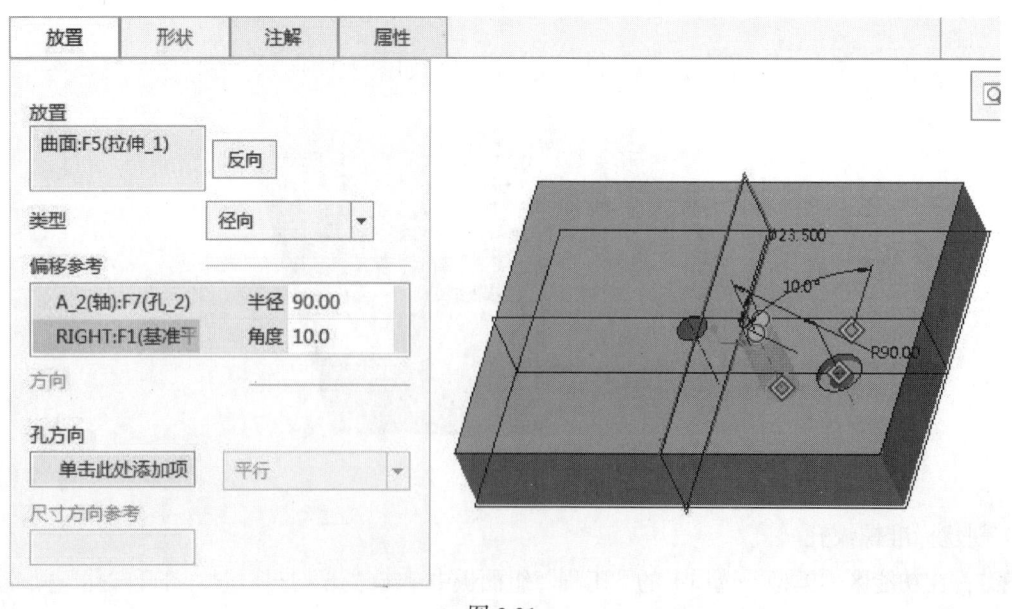

图 3.31

步骤 7：单击"孔"操控面板的"完成"按钮 ✓，完成标准螺纹孔的创建，如图 3.32 所示。

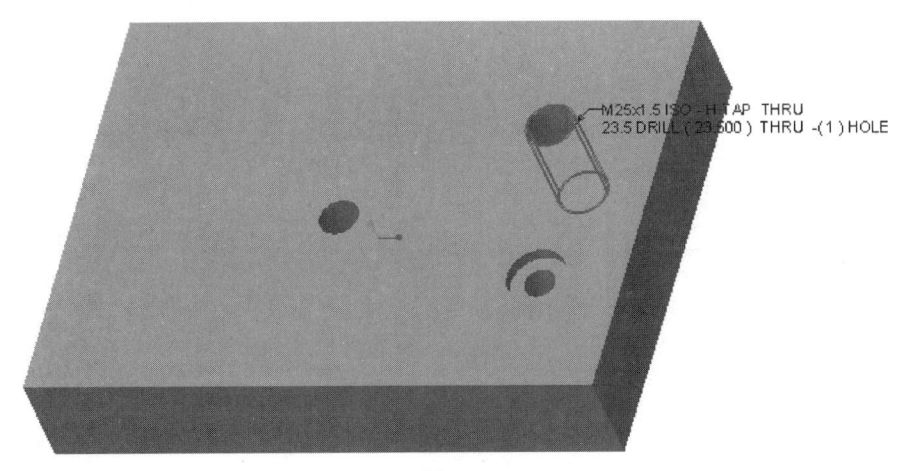

图 3.32

3. 倒圆角特征

在一些零件设计中，尤其是在塑料制品零件设计中，经常会用到倒圆角。倒圆角的特征是在相邻的面之间形成光滑曲面。

在功能区"模型"选择卡的"工程"组中单击倒圆角按钮 ，打开如图 3.33 所示的操控面板。

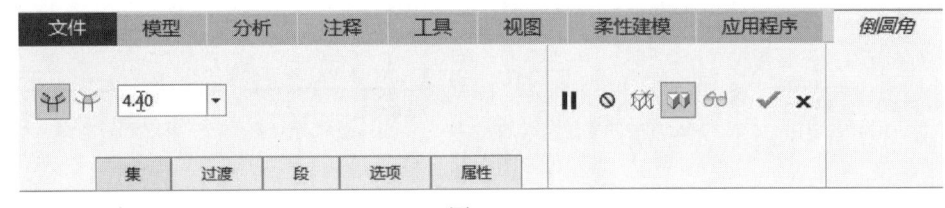

图 3.33

1）"倒圆角"操控面板上的部分工具按钮和下拉面板

 （切换至集模式）：用于激活"集（设置）"模式，以处理倒圆角集，这里需要知道倒圆角段由唯一属性、几何参考及一个或多个半径或弦组成。系统默认选择此选项。

 （切换至过渡模式）：用于激活"过渡"模式。允许定义倒圆角特征的指定过渡。

"集"下拉面板：主要用来选择和设置圆角生成方式及圆角的其他相关参数等。

"过渡"下拉面板：要使用此面板，必须激活"过渡"模式。此面板用来修改过渡类型和指定相关参考等。

"段"下拉面板：主要用来执行倒圆角段管理。可查看倒圆角特征的全部倒圆角集，以及查看当前倒圆角集中的全部倒圆角段，修建、延伸或排除这些倒圆角段，并处理放置模糊问题。

"选项"下拉面板：主要用于设置圆角的连接类型为实体或曲面。

"属性"下拉面板：在"名称"文本框中显示当前倒圆角特征的名称，也可更改该特征名称。单击按钮 ，可以在 Creo Parametric 浏览器中查阅详细的倒圆角特征信息。

2）"集"下拉面板上各组成部分的功能含义

"倒圆角"操控面板的"集"下滑面板，如图 3.34 所示。

集列表：用来显示当前的所有倒圆角集，并可以添加新的倒圆角集或删除当前的倒圆角集。

参考框：用来显示倒圆角集所选取的有效参考，可以添加或移除参考。

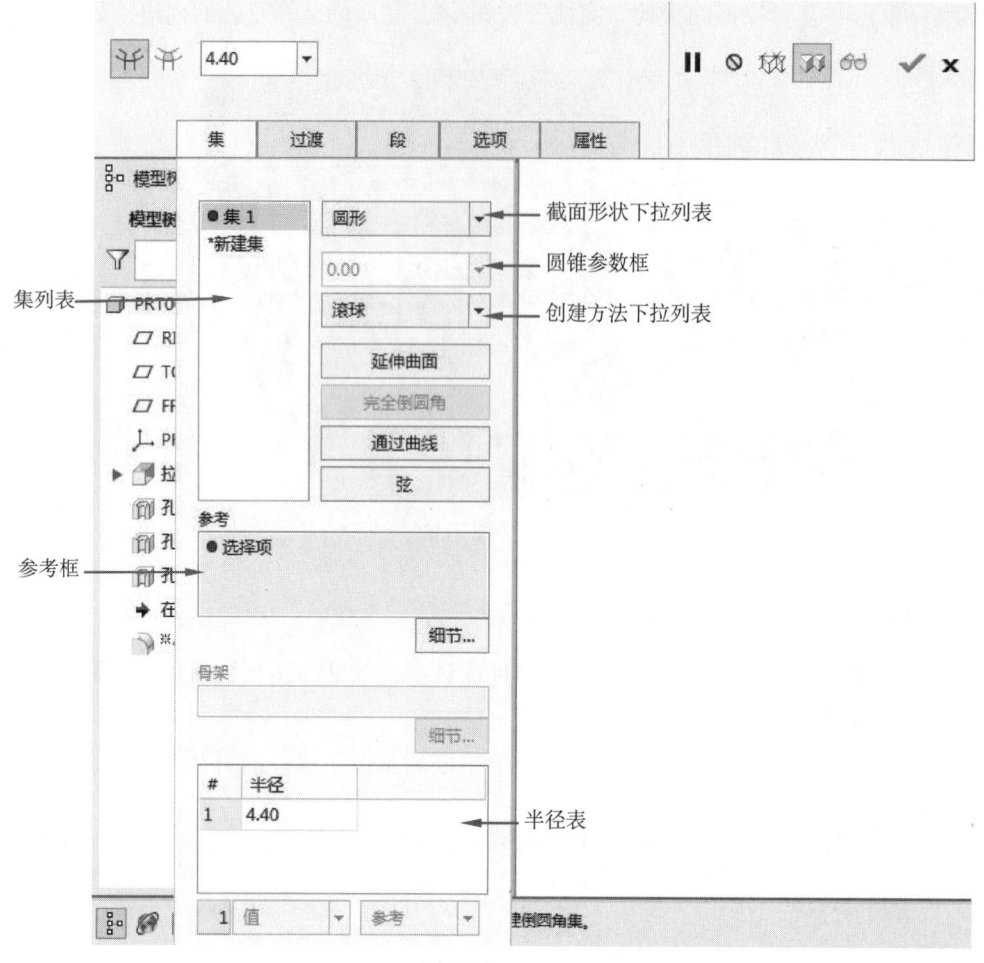

图 3.34

半径表：用来定义活动倒圆角集的半径距离和控制点位置，右击该表并在弹出的快捷菜单中选择"添加半径"命令，可以创建可变倒圆角的特征。对于"完全"倒圆角或由曲线驱动的倒圆角（通过曲线），该半径表不可用。

截面形状下拉列表：用来控制活动倒圆角集的截面形状，如"圆形"、"圆锥"和"D1×D2 圆锥"，其中，圆形为默认的截面形状。

圆锥参数框：用来定义圆锥截面的锐度，默认值为 0.05。仅当选取了"圆锥"、"D1×D2 圆锥"截面形状时，此框才可用。

创建方法下拉列表：用来定义活动倒圆角集的创建方法，可供选择的方法选项有"滚球"和"垂直于骨架"两种。选择前者时，以滚球方法创建倒圆角特征，即通过沿曲面滚动球体进行创建，滚动式球体与曲面保持自然相切；选择后者时，使用垂直与骨架的方法创建倒圆角特征，即通过扫描垂直于指定骨架的弧或圆锥剖面进行创建。

"延伸曲面"按钮：延伸接触曲面时展开倒圆角，注意只用于边倒圆角。

"完全倒圆角"按钮：将活动倒角集转换为完全倒圆角，或允许使用第三个曲面来驱动曲面到曲面完全倒圆角。例如，在同一倒圆角集中选择两个平行的有效参考，单击"完全倒圆角"按钮，可以创建完全倒圆角特征。

"通过曲线"按钮：可以使用选定的曲线来定义倒圆角半径，创建由曲线驱动的特殊倒圆角特征。

"弦"按钮：可以以恒定的弦长创建倒圆角。

倒圆角可分为恒定半径倒圆角、可变半径倒圆角和完全倒圆角等几类，如图 3.35 所示。

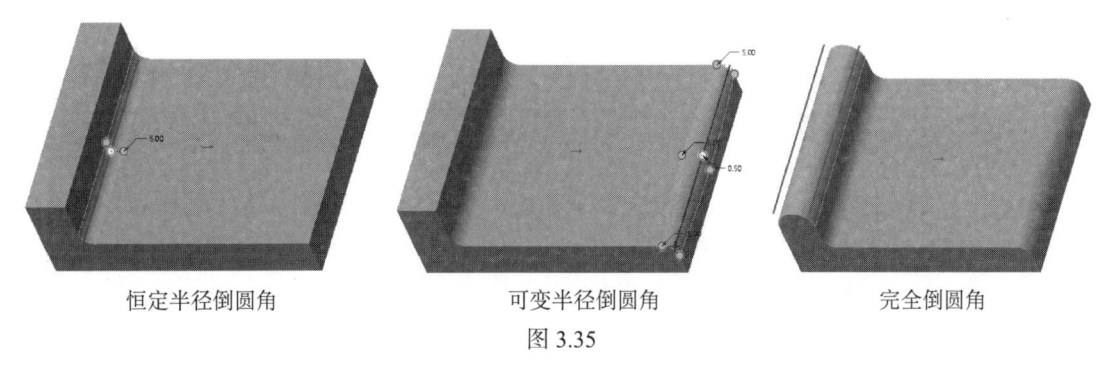

恒定半径倒圆角　　　　　　　可变半径倒圆角　　　　　　　完全倒圆角

图 3.35

3）创建恒定倒圆角特征

步骤 1：单击功能区"模型"选项卡"工程"组中的"倒圆角"按钮，打开"倒圆角"操控面板。

步骤 2：在"倒圆角"操控面板上输入当前倒圆角集的圆角半径为 5，如图 3.36 所示。

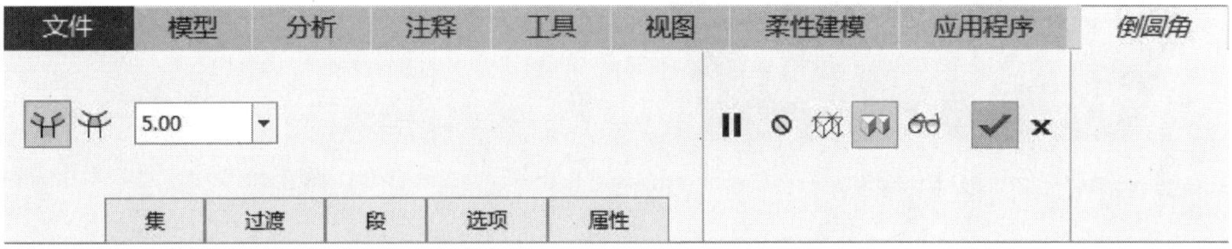

图 3.36

步骤 3：在实体模型中选择要倒圆角的一条边，如图 3.37 所示。

步骤 4：单击"完成"按钮，即可完成恒定半径值的倒圆角特征创建，倒圆角结果如图 3.38 所示。

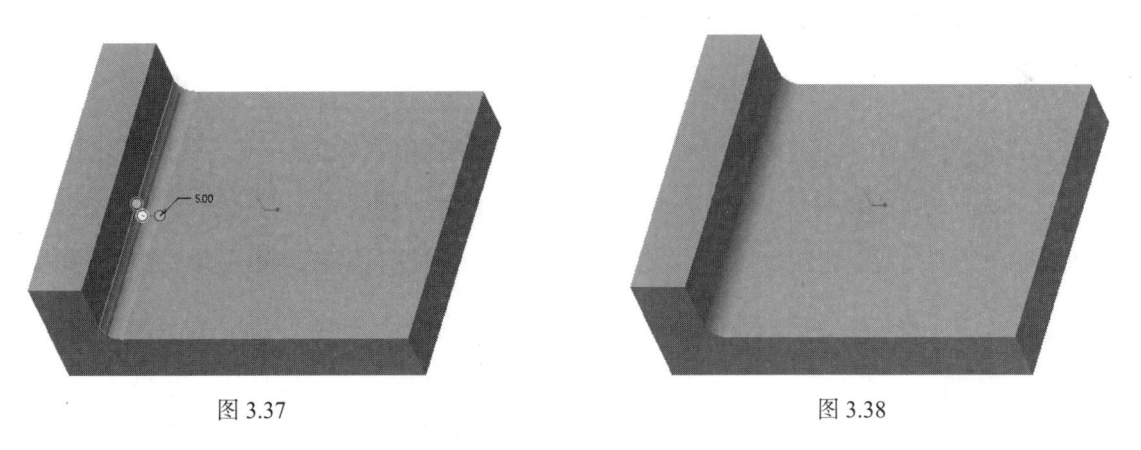

图 3.37　　　　　　　　　　　　　　　　　　图 3.38

4）创建可变半径倒圆角特征

步骤 1：单击功能区"模型"选项卡"工程"组中的"倒圆角"按钮，打开"倒圆角"操控面板。

步骤 2：在模型中选择如图 3.39 所示为倒圆角参考，选定的参考会出现在"集"下拉面板的"参考"框中。

步骤 3：在"集"下拉面板上，将鼠标指针置于半径表中，单击鼠标右键，弹出一个快捷菜单，如图 3.40 所示，选择"添加半径"命令，即可添加一个半径控制点。

图 3.39　　　　　　　　　　　　　　图 3.40

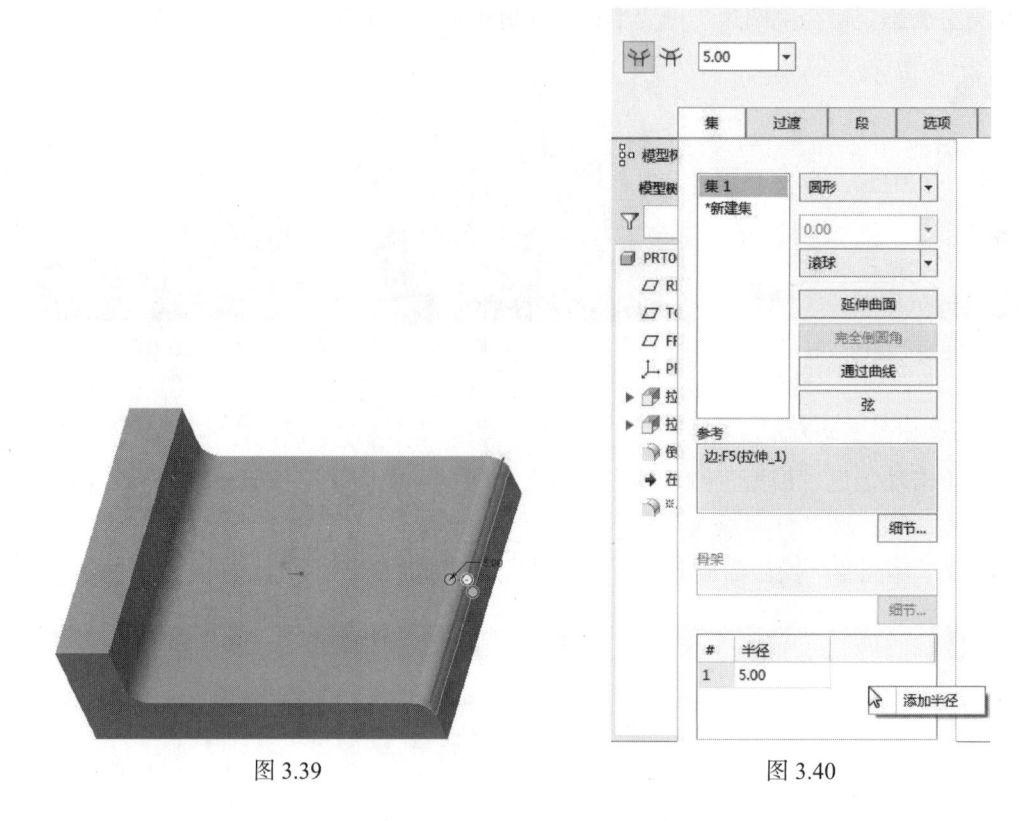

步骤 4：使用同样步骤在上述相同边上再添加一个半径值，然后在半径值表中修改半径值，如图 3.41 所示（新添加的半径值，可以设置其半径值控制点在所需要的位置上）。

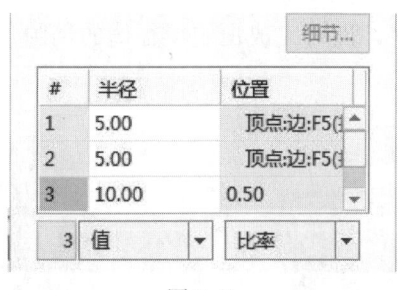

图 3.41

步骤 5：单击"完成"按钮 ✓，即可完成可变半径值的倒圆角特征创建，倒圆角结果如图 3.42 所示。

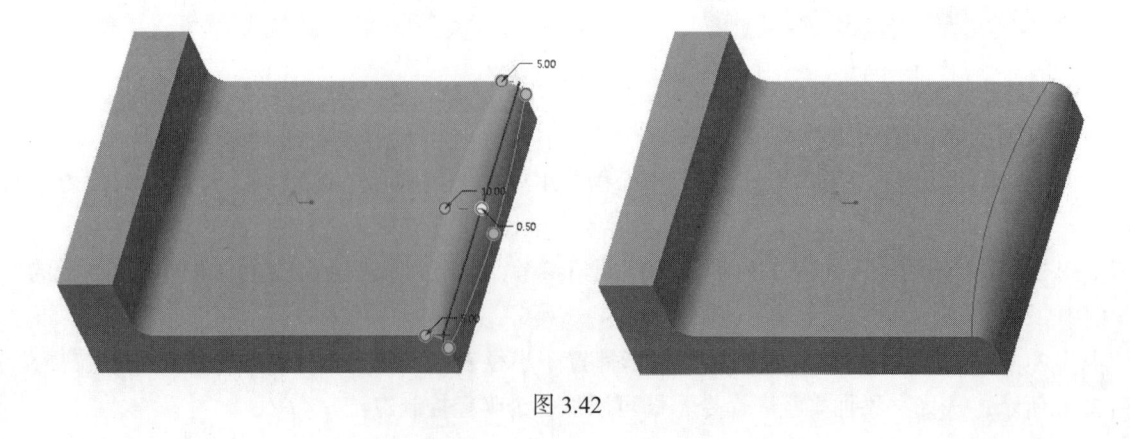

图 3.42

5）创建完全倒圆角特征

步骤 1：单击功能区"模型"选项卡"工程"组中的"倒圆角"按钮，打开"倒圆角"操控面板。

步骤 2：在模型中选择如图 3.43 所示的参考，按住 Ctrl 键，同时选择另一个边参考。

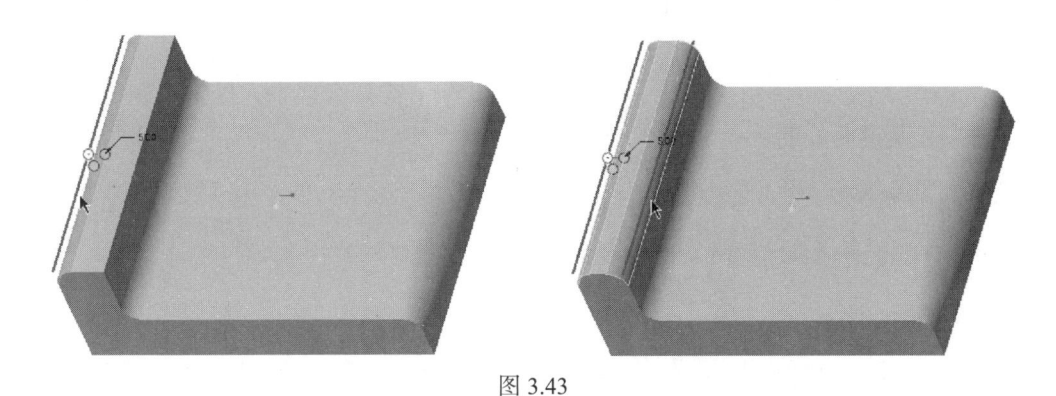

图 3.43

步骤 3：打开"倒圆角"操控面板的"集"下拉面板，单击"完全倒圆角"按钮，如图 3.44 所示。

步骤 4：单击"完成"按钮✔，即可完成完全倒圆角特征创建，倒圆角结果如图 3.45 所示。

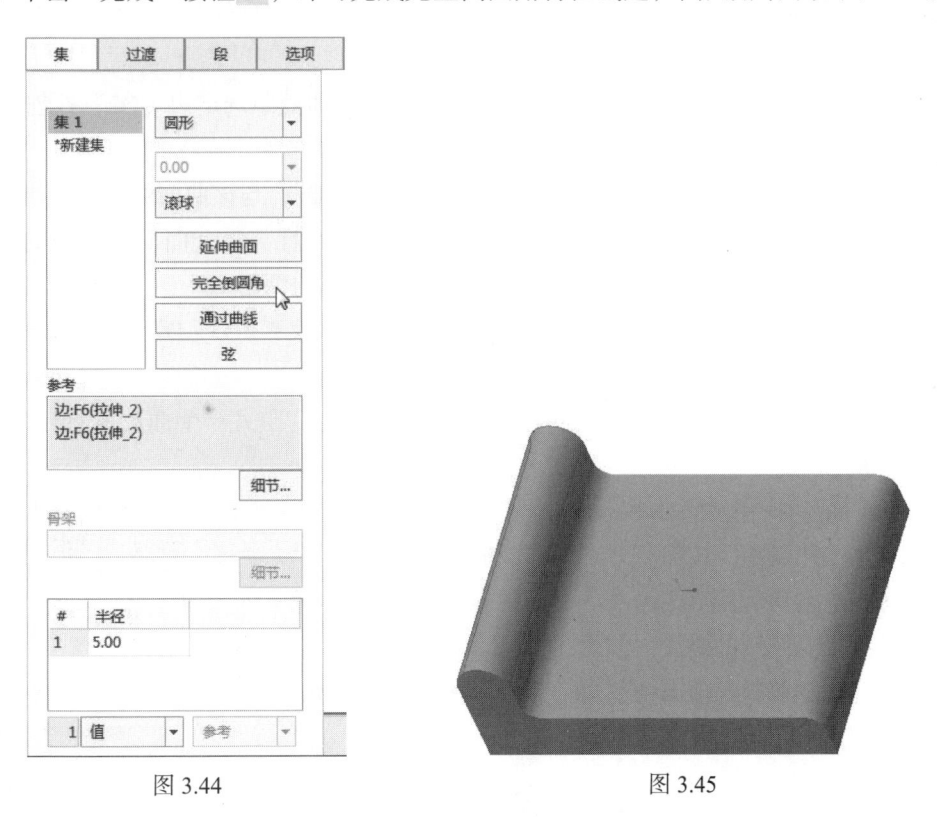

图 3.44   图 3.45

4. 倒角特征

倒角特征在机械零件中较为常见，倒角包括边倒角特征和拐角倒角特征两种。

1）边倒角特征

在功能区"模型"选择卡的"工程"组中，单击"边倒角"按钮，打开如图 3.46 所示的边倒角"操控面板。

图 3.46

在如图 3.47 所示的"边倒角"选项卡的"标注形式"下拉列表框中，提供了倒角集多种边倒角的当前标注选项，其说明如下。

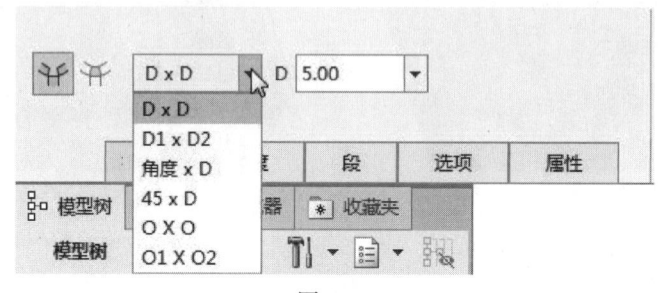

图 3.47

D×D：表示在各曲面上与边相距"D"处创建倒角。通常此选项为默认选项。需要在"D"文本框中指定 D 值。

D1×D2：表示在一个曲面距选定边"D1"处、在另一个曲面距选定边"D2"处创建倒角。需要分别指定 D1 和 D2 的值。

角度 ×D：表示创建的倒角距相邻曲面的选定边距离为"D"，与该曲面的夹角为指定角度。

45×D：表示创建一个倒角，它与两个曲面都成 45°角，且与每个曲面上的边的距离为"D"。注意：此选项仅适用于使用 90°曲面和"相切距离"方法创建的倒角。

O×O：表示在沿每个曲面上的边偏移"O"处创建倒角。仅当"D×D"不适用时，系统才会默认选择此选项。

O1×O2：表示在一个曲面距选定边的偏移距离"O1"处、在另一个曲面距选定边的偏移距离"O2"处创建倒角。

创建边倒角特征的操作步骤如下：

步骤 1：单击"边倒角"按钮 ，打开"边倒角"操控面板。

步骤 2：选择边倒角标注形式为 45×D，在"D"文本框中输入 5。

步骤 3：选择需要倒角的棱线，如图 3.48 所示。

步骤 4：在"边倒角"选项卡中单击"完成"按钮 ，倒角结果如图 3.49 所示。

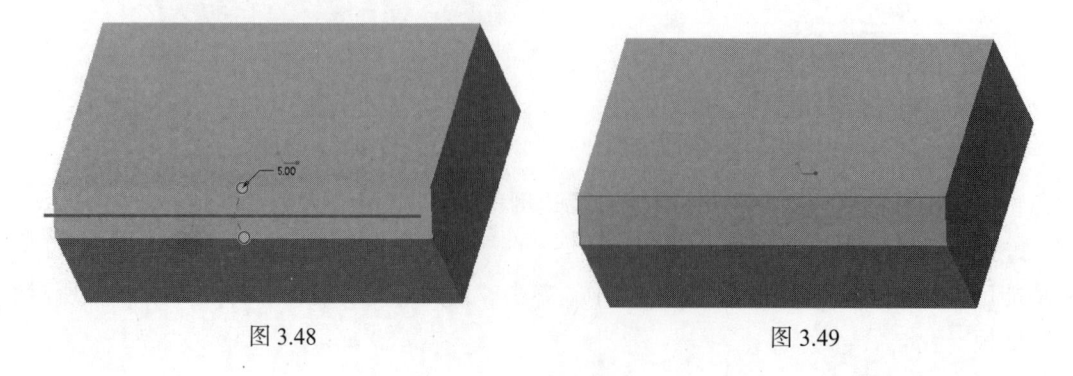

图 3.48　　　　　　　　　　图 3.49

2）拐角倒角特征

拐角倒角的特点是从零件的拐角处移除材料，以在共有该拐角的三个原曲面之间创建斜角曲面。创建拐角倒角时，可以选择由三条边定义的定点，接着沿每个倒角方向的边设置长度值。

创建拐角倒角特征操作步骤如下：

步骤1：以上面边倒角完成的模型为例。在功能区"模型"选项卡的"工程"组中单击"拐角倒角"按钮，打开"拐角倒角"操控面板，如图3.50所示。

图3.50

步骤2：选择要进行倒角的顶点。在本例中选择如图3.51所示的点。

步骤3：分别沿各个倒角方向的边设置相应的倒角长度值，如图3.52所示。

图3.51

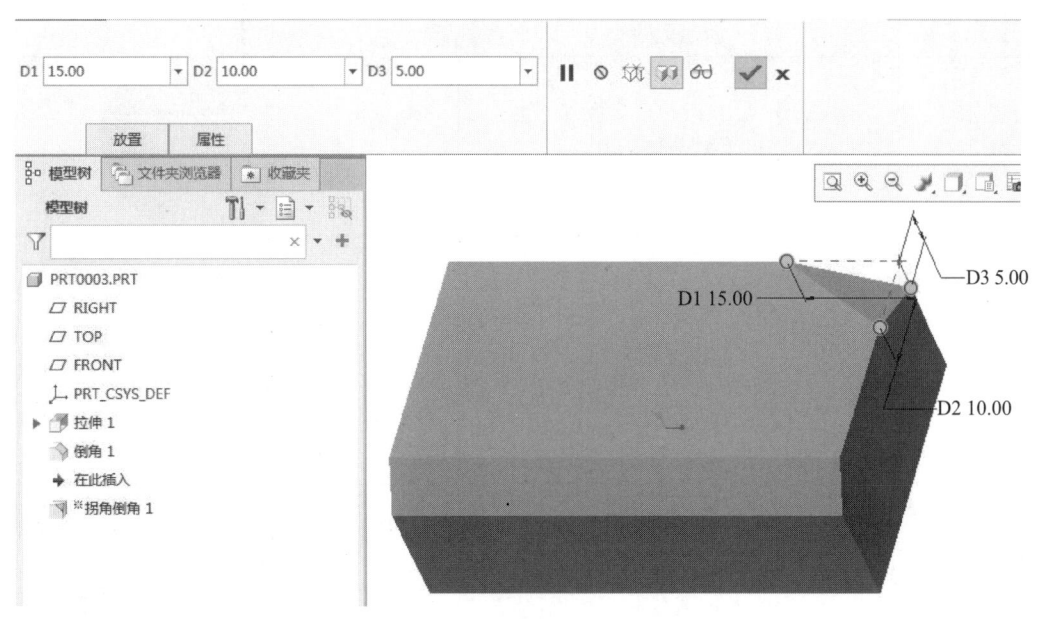

图3.52

步骤4：在"拐角倒角"操控面板中单击"完成"按钮。

【任务实施】

本任务以方块变形机器人中两个较有代表性的组成元件——手臂和足部的建模为例，介绍创建模型的基础特征和功能特征。其他的组成元件可按照图纸参照上述两个组件方法进行建模，完成所有零件的建模后，整体打印，最后装配组成方块变形机器人作品。

1. 方块变形机器人大腿建模

方块变形机器人组件——"大腿"部分的零件图如图 3.53 所示，该组件的建模过程主要应用拉伸特征，然后进行倒角和孔特征两项工程特征的操作。创建模型的步骤见表 3.5。

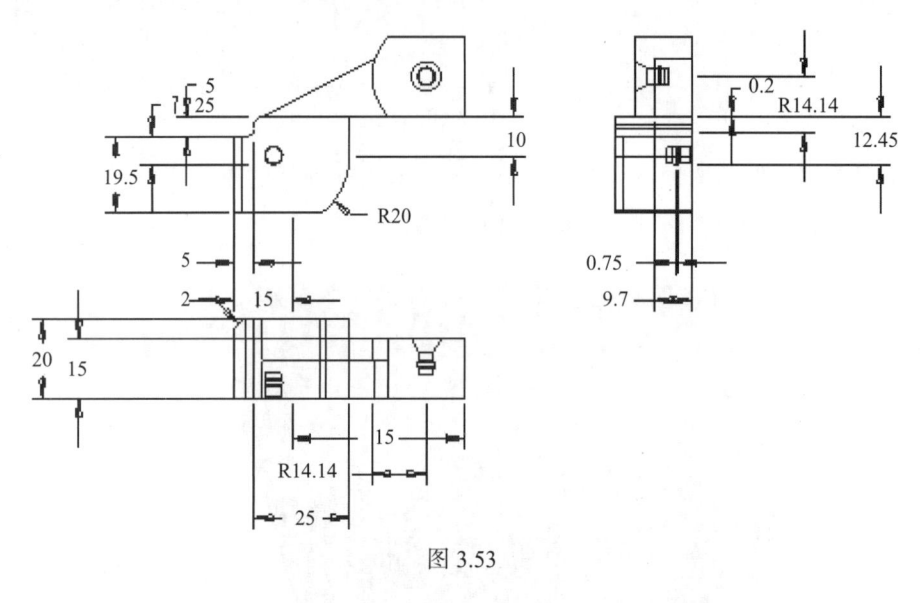

图 3.53

表 3.5

步 骤	创 建 内 容	模 型
1	新建文件	—
2	创建实体 1	
3	创建实体 2	
4	创建连接板	

续表

步　　骤	创建内容	模　型
5	创建孔 1	
6	创建孔 2	
7	保存模型	—

1）新建文件

启动 Creo Parametric 5.0，单击工具栏中的"新建"按钮，弹出"新建"对话框。在"类型"中选择"零件"，在文件名中输入"方块变形机器人手臂"，取消勾选"使用默认模块"，单击"确定"按钮。弹出"新文件选项"对话框，选择公制模板"mmns_part_solid"，然后单击"确定"按钮，进入 Creo Parametric 5.0 实体建模界面。

2）创建实体1

步骤1：单击"模型"选项卡"形状"组中的"拉伸"按钮，打开"拉伸"操控面板，再单击"放置"按钮，在打开的下拉面板中单击"定义"按钮，弹出"草绘"对话框，在绘图区选中基准平面——TOP 面作为草绘平面，其余选项为系统默认值，单击"草绘"按钮，进入草绘界面。再单击视图控制工具栏中的"草绘视图"按钮，使草绘平面调整到正视于用户的视角。

步骤2：单击"草绘"组中的"拐角矩形"按钮、"直线"按钮和"偏移"按钮，以及"编辑"组中的"删除段"按钮，绘制拉伸实体 1 草图的形状及尺寸，如图 3.54 所示为拉伸实体 1 截面草图，单击"确定"按钮，退出草绘界面。

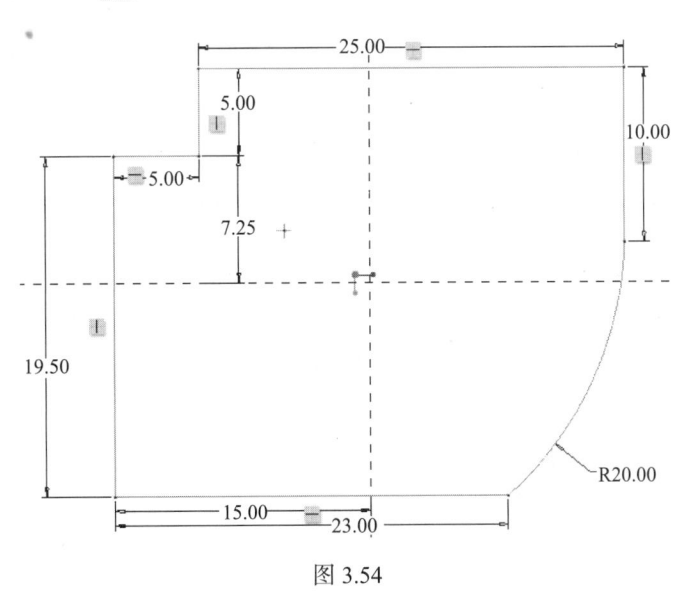

图 3.54

步骤 3：在"拉伸"操控面板中的拉伸深度值框中输入 20.0，单击"确定"按钮✓，完成拉伸实体 1 的创建。再单击视图控制工具栏中的"选择视图方向"按钮，在下拉选项中选择"标准方向"，拉伸实体 1 如图 3.55 所示。

步骤 4：倒圆角

单击"模型"选项卡中"工程"组上的"倒圆角"按钮，打开"倒圆角"操控面板，如图 3.56 所示。

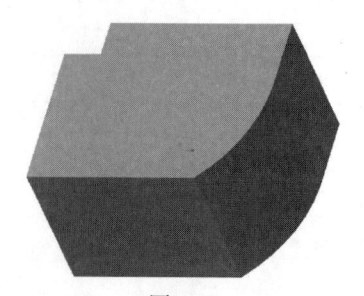

图 3.55

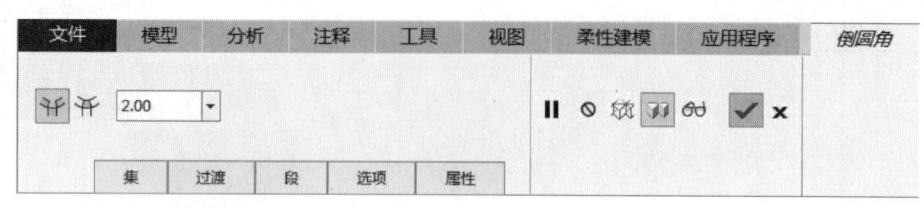

图 3.56

在绘图区中选择拉伸实体 1 上需要倒圆角处的边线，如图 3.57 所示。

在"倒圆角"操控面板中的圆角半径尺寸框中输入 2.0，单击"确定"按钮✓，完成圆角的创建，如图 3.58 所示。

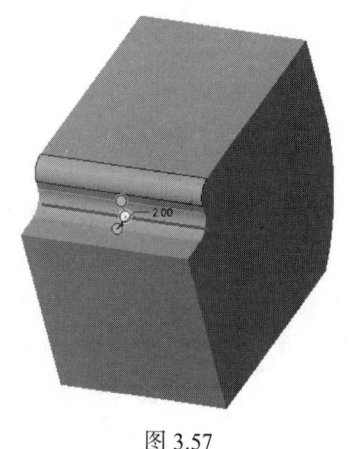

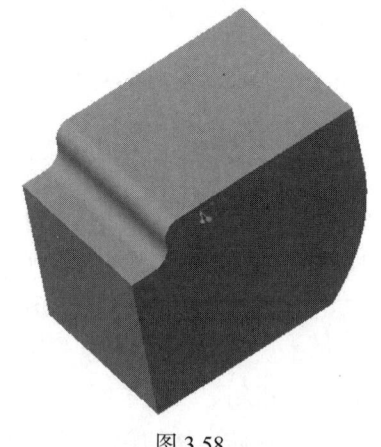

图 3.57

图 3.58

步骤 5：边倒角

单击"模型"选项卡中"工程"组上的"边倒角"按钮，打开"边倒角"操控面板，如图 3.59 所示。

图 3.59

在绘图区选择拉伸实体上需要倒角的边线，如图 3.60 所示。

在操控面板中选择倒角方式为"D×D"，输入倒角尺寸：2.0，单击"确定"按钮✓，完成倒角操作，如图 3.61 所示。

图 3.60　　　　　　　　　　　　　　　图 3.61

3）创建实体2

步骤1：单击"模型"选项卡"形状"组中"拉伸"按钮，打开"拉伸"操控面板，再单击"放置"按钮，在打开的下拉面板中单击"定义"按钮，弹出"草绘"对话框，在绘图区选中基准平面——TOP 面作为草绘平面，其余选项为系统默认值，单击"草绘"按钮，进入草绘界面。再单击视图控制工具栏中的"草绘视图"按钮，使草绘平面调整到正视于用户的视角。

步骤2：单击"草绘"组中的"拐角矩形"按钮绘制矩形，并修改尺寸，如图 3.62 所示。单击"确定"按钮，完成拉伸实体 2 截面草图，退出草绘界面。

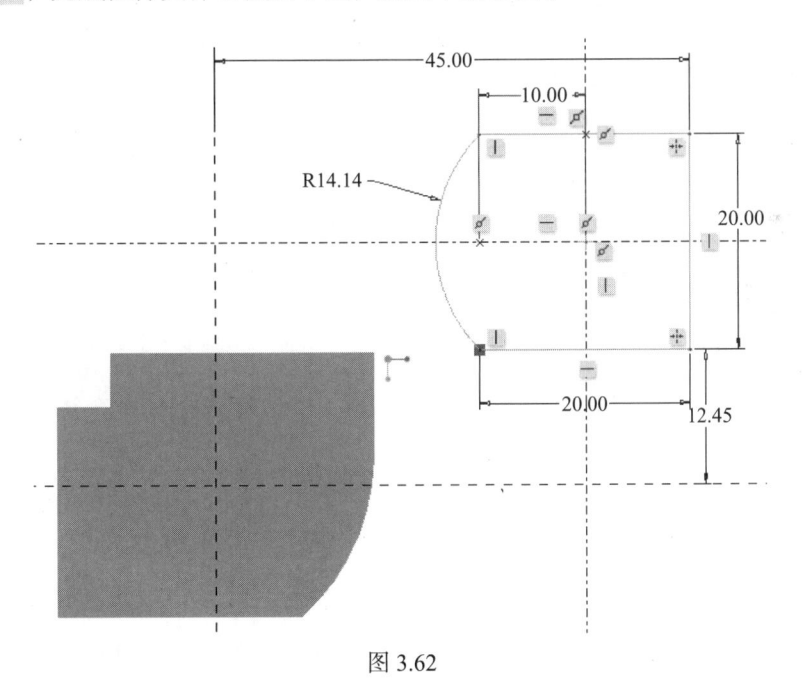

图 3.62

步骤3：在"拉伸"操控面板中的拉伸深度值框中输入 15.0，单击"确定"按钮，完成拉伸实体 2 的创建。单击视图控制工具栏中的"选择视图方向"按钮，在下拉选项中选择"标准方向"，拉伸实体 2 如图 3.63 所示。

步骤4：边倒角

单击"模型"选项卡中"工程"组上的"边倒角"按钮，打开"边倒角"操控面板，如图 3.64 所示。

图 3.63

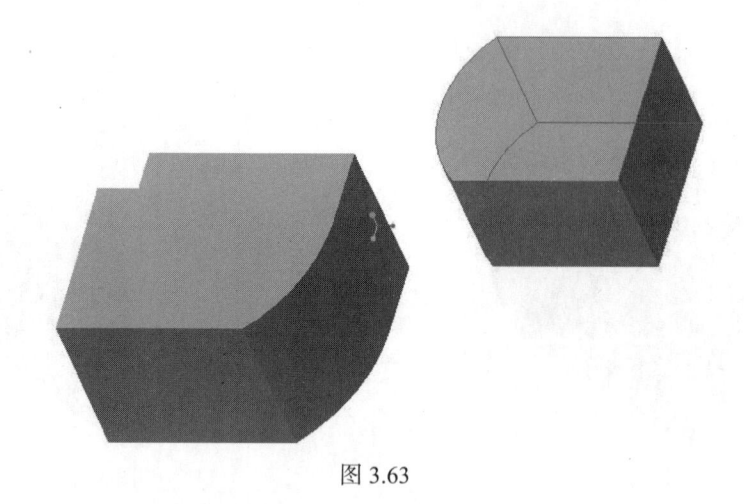

图 3.64

在绘图区选择拉伸实体上需要倒角的边线，如图 3.65 所示。

在操控面板中选择倒角方式为"D×D"，输入倒角尺寸：2.0，单击"确定"按钮✓，完成倒角操作。拉伸实体 2 创建完成，如图 3.66 所示。

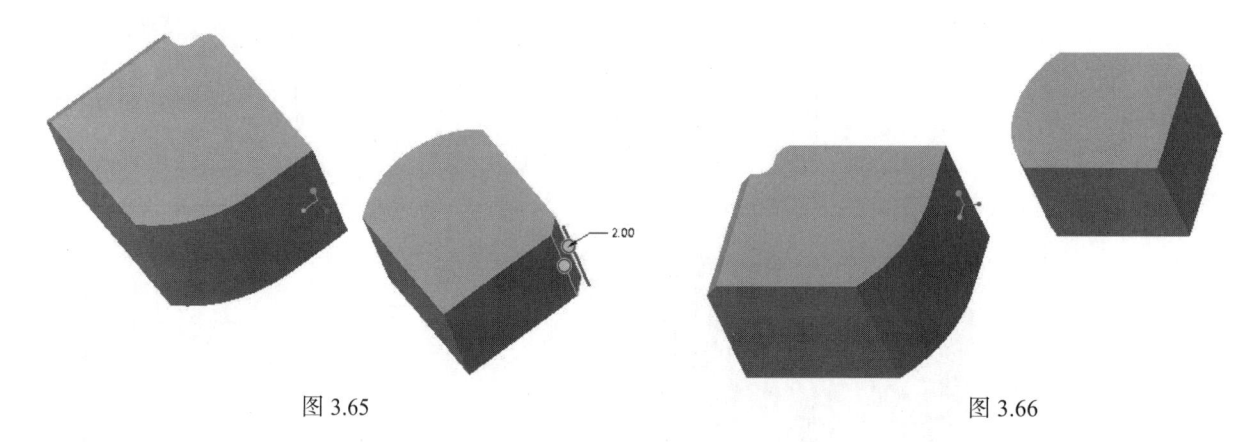

图 3.65　　　　图 3.66

4）创建连接板

步骤 1：单击"模型"选项卡"形状"组中的"拉伸"按钮，打开"拉伸"操控面板，再单击"放置"按钮，在打开的下拉面板中单击"定义"按钮，弹出"草绘"对话框，在绘图区选中基准平面——TOP 面作为草绘平面，其余选项为系统默认值，单击"草绘"按钮，进入草绘界面。再单击视图控制工具栏中的"草绘视图"按钮，使草绘平面调整到正视于用户的视角。

步骤 2：单击"草绘"组中的"直线"按钮和"圆形"按钮，以及"编辑"组中的"旋转调整"按钮和"删除段"按钮，绘制拉伸实体 1 和拉伸实体 2 之间的连接板草图的形状及修改尺寸，如图 3.67 所示，完成连接板的截面草图。单击"确定"按钮✓，退出草绘界面。

步骤 3：在"拉伸"操控面板中的拉伸深度值框中输入 9.7，单击"确定"按钮✓，完成拉伸实体连接板的创建，如图 3.68 所示。

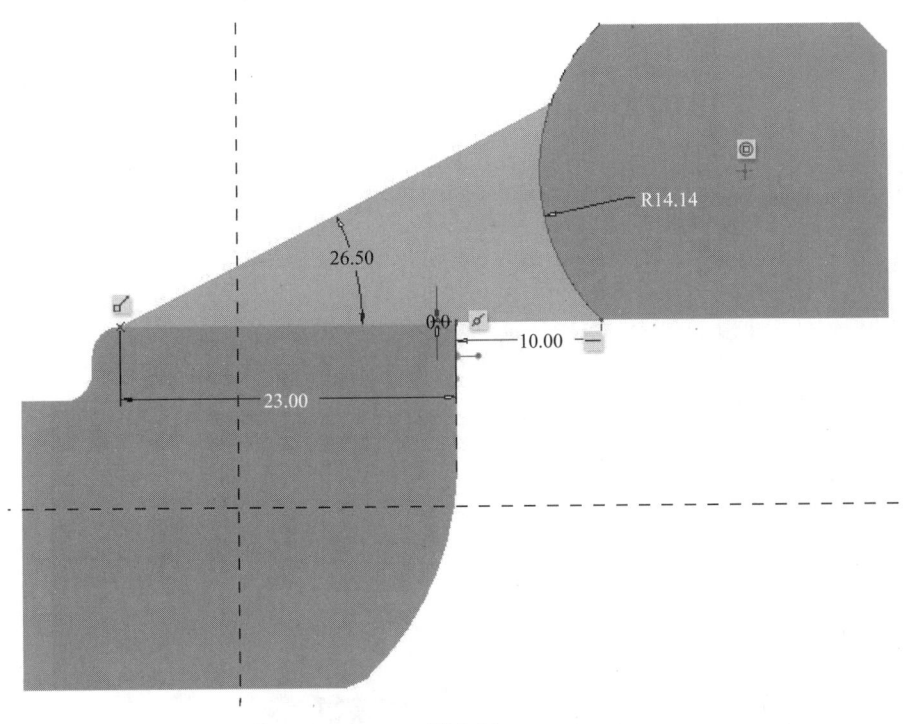

图 3.67

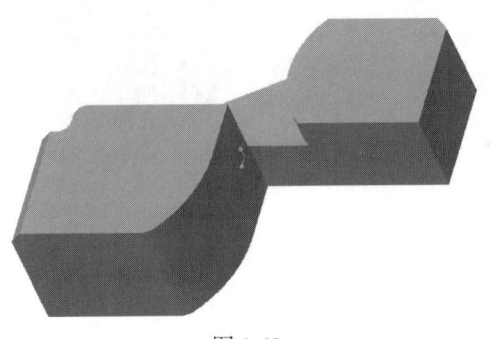

图 3.68

5）创建孔1

步骤1：单击"模型"选项卡"工程"组中的"孔"按钮，系统打开"孔"操控面板，再单击操控面板上的"草绘"按钮，使用草绘定义孔的轮廓，接着单击"激活草绘器以创建截面"按钮，如图3.69所示，系统进入草绘孔界面。

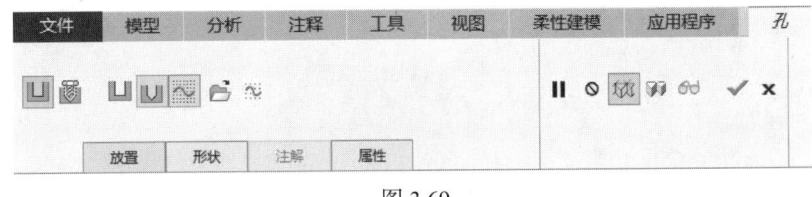

图 3.69

步骤2：在草绘孔界面中绘制如图3.70所示孔的旋转截面，然后单击"确定"按钮，退出草图绘制界面。

步骤3：在"孔"操控面板上单击"放置"按钮，打开放置下拉面板。在绘图区中单击选中实体1的底面放置孔，即实体1底面为孔定义主放置参考，如图3.71所示。单击"放置"下拉面板"偏移参考"选项框将其激活，接着按住Ctrl键分别单击实体1在视图中的前面和右侧面作为偏移参考，然后在"偏移参考"框内修改两个参考对象的偏移距离值分别为 10、14.7，如图 3.72 所示。

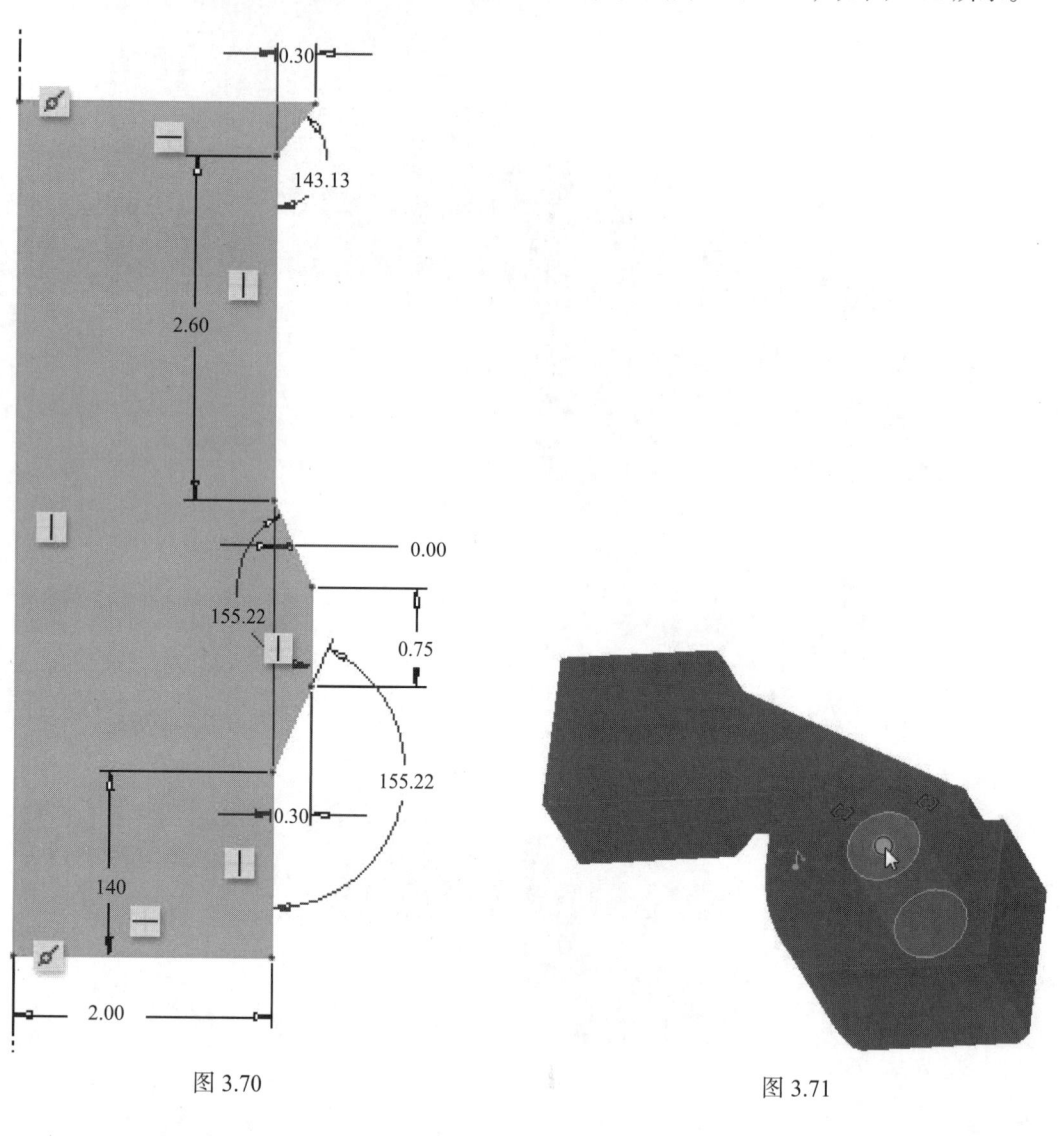

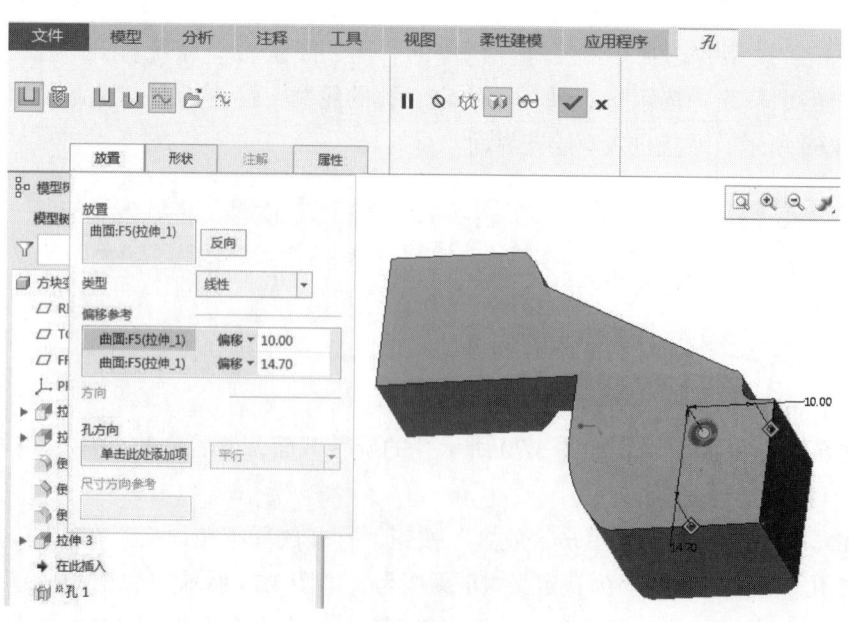

图 3.70

图 3.71

图 3.72

步骤4：单击"确定"按钮✔，完成孔1的创建操作，结果如图3.73所示。

6）创建孔2

步骤1：单击"模型"选项卡"工程"组中的"孔"按钮，打开"孔"操控面板，单击操控面板上的"草绘"按钮，使用草绘定义孔的轮廓，再单击"激活草绘器以创建截面"按钮，如图3.74所示，系统进入草绘孔界面。

步骤2：在草绘孔界面中绘制如图3.75所示孔的旋转截面，然后单击"确定"按钮✔，退出草图绘制界面。

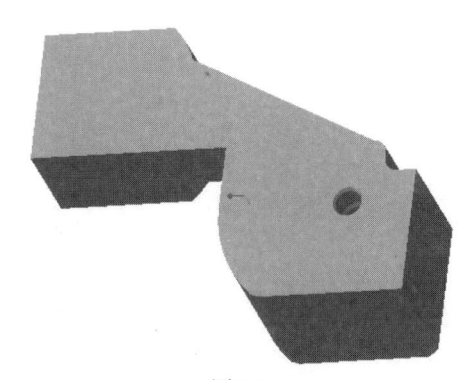

图3.73

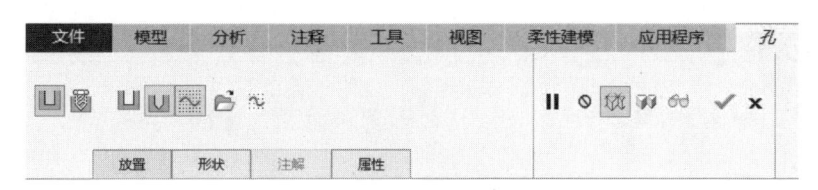

图3.74

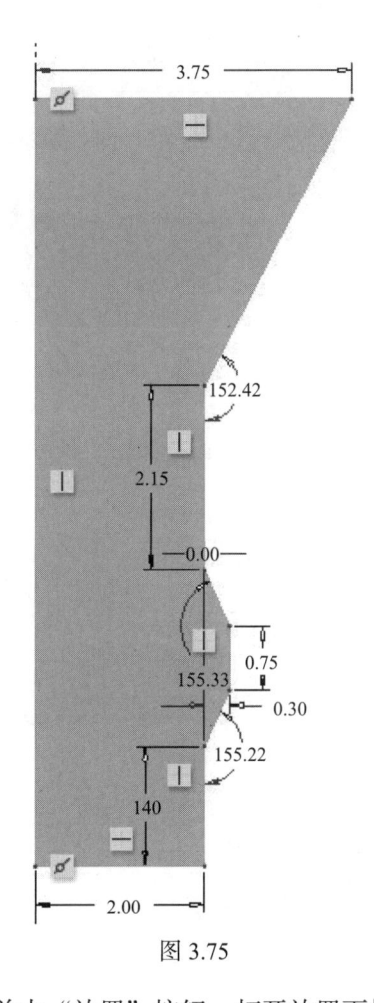

图3.75

步骤3：在"孔"操控面板上单击"放置"按钮，打开放置下拉面板。在绘图区中单击选中实体2的顶面放置孔，即实体2的顶面为孔定义主放置参考，如图3.76所示。单击"放置"下拉面板"偏移参考"选项框将其激活，接着按住Ctrl键分别单击实体2的前面和右侧面作为偏移参考，然后在"偏移参考"框内修改两个偏移参考对象的偏移距离值均为10，如图3.77所示。

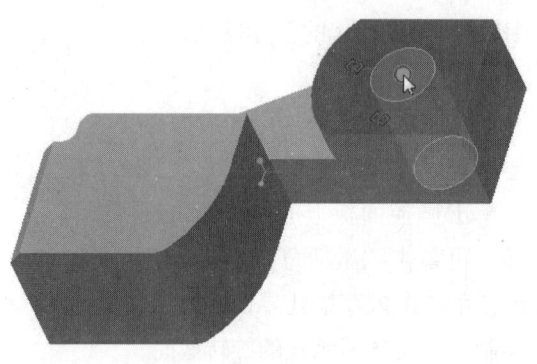

图 3.76

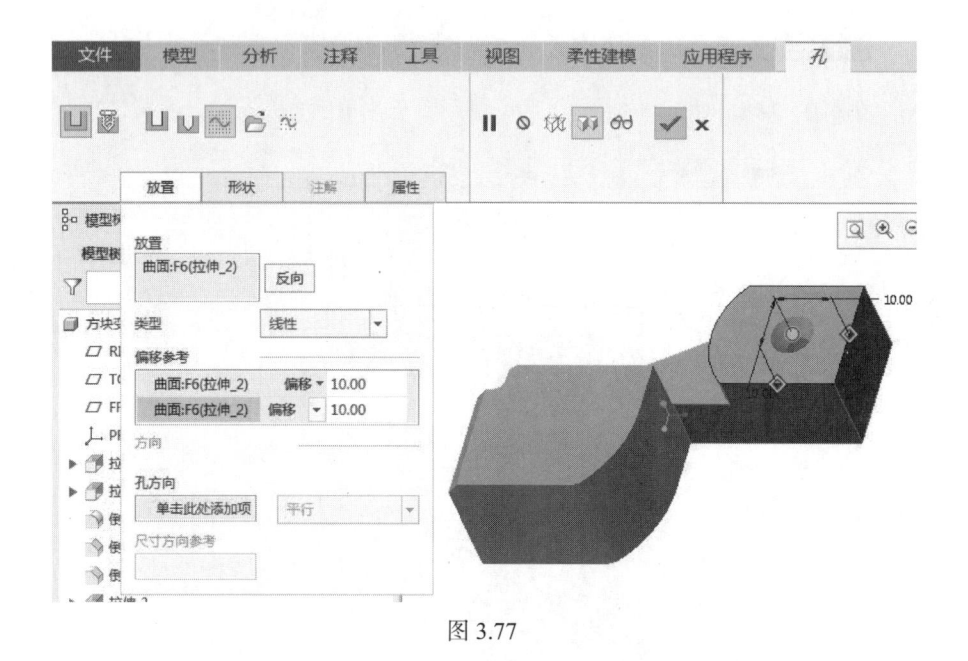

图 3.77

步骤 4：单击"确定"按钮✓，完成孔 2 的创建操作，结果如图 3.78 所示。

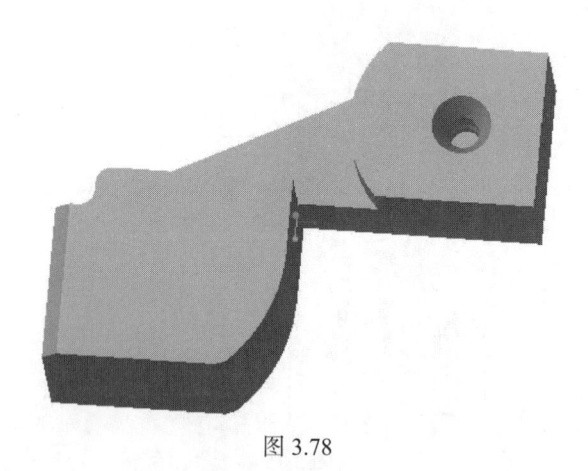

图 3.78

7）保存文件

完成方块变形机器人大腿模型创建的所有操作，所获得的零件实体如图 3.79 所示。单击工具栏中的"文件"按钮，再单击"管理文件"按钮，系统打开"删除旧版本"对话框，然后单击"是"按钮，关闭窗口，保存方块变形机器人大腿模型。

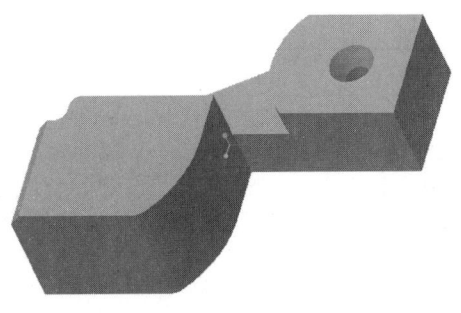

图 3.79

2. 方块变形机器人足部建模

方块变形机器人组件——足部的零件图如图 3.80 所示，在创建该组件的建模过程中主要应用到拉伸生成和拉伸减料的基础特征，同时需要进行倒角、倒圆角，以及孔特征的操作，创建模型的步骤见表 3.6。

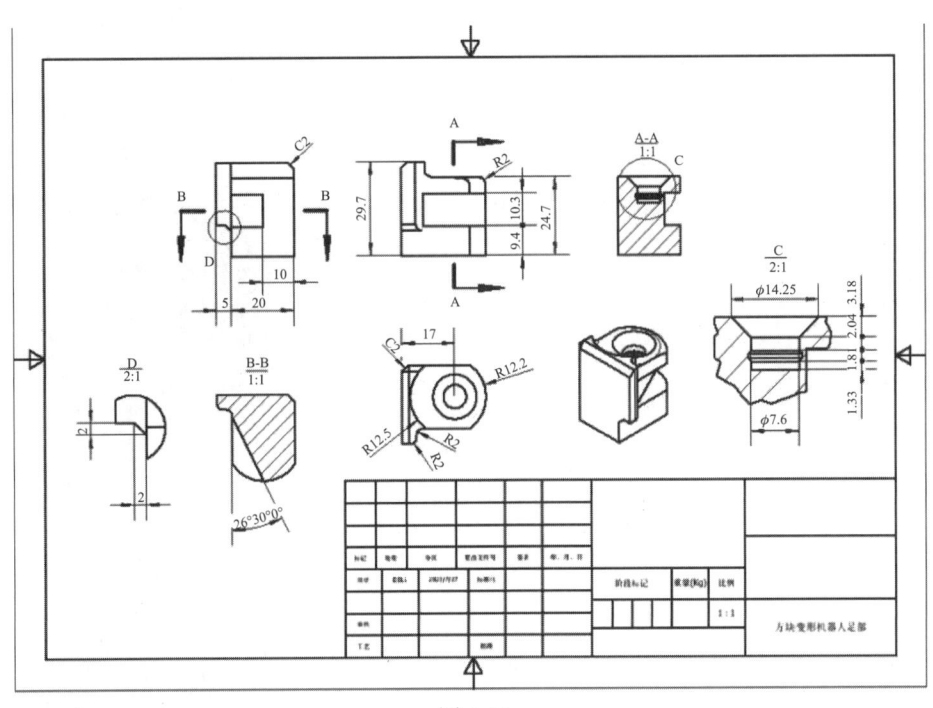

图 3.80

表 3.6

步 骤	创 建 内 容	模 型
1	新建文件	—
2	创建基本体	

续表

步 骤	创建内容	模 型
3	拉伸减料生成顶面	
4	拉伸减料生成中部斜槽	
5	拉伸减料生成下部切口	
6	创建中间孔	
7	倒圆角	

续表

步骤	创建内容	模型
8	边倒角	
9	拐角倒角	
10	保存文件	

1）新建文件

启动 Creo Parametric 5.0，单击工具栏中的"新建"按钮，弹出"新建"对话框。在"类型"中选择"零件"，在文件名中输入"方块变形机器人足部"，取消勾选"使用默认模块"，单击"确定"按钮。弹出"新文件选项"对话框，选择公制模板"mmns_part_solid"，然后单击"确定"按钮，进入 Creo Parametric 5.0 实体建模界面。

2）创建基本体

步骤 1：单击"模型"选项卡"形状"组中的"拉伸"按钮，打开"拉伸"操控面板，单击"放置"按钮，在打开的下拉面板中单击"定义"按钮，弹出"草绘"对话框，在绘图区选中基准平面——TOP 面作为草绘平面，其余选项为系统默认值，单击"草绘"按钮，进入草绘界面。再单击视图控制工具栏中的"草绘视图"按钮，使草绘平面调整到正视于用户的视角。

步骤 2：单击"草绘"组中的"拐角矩形"按钮、"直线"按钮和"偏移"按钮，以及"编辑"组中的"删除段"按钮，绘制足部基本体草图的形状及尺寸，如图 3.81 所示，单击"确定"按钮，退出草绘界面。

步骤 3：在"拉伸"操控面板中的拉伸深度值框中输入 30.0，单击"确定"按钮，完成足部基本体的创建。单击视图控制工具栏中的"选择视图方向"按钮，在下拉选项中选择"标准方向"，足部基本体形状如图 3.82 所示。

图 3.81　　　　　　　　　　　　　　图 3.82

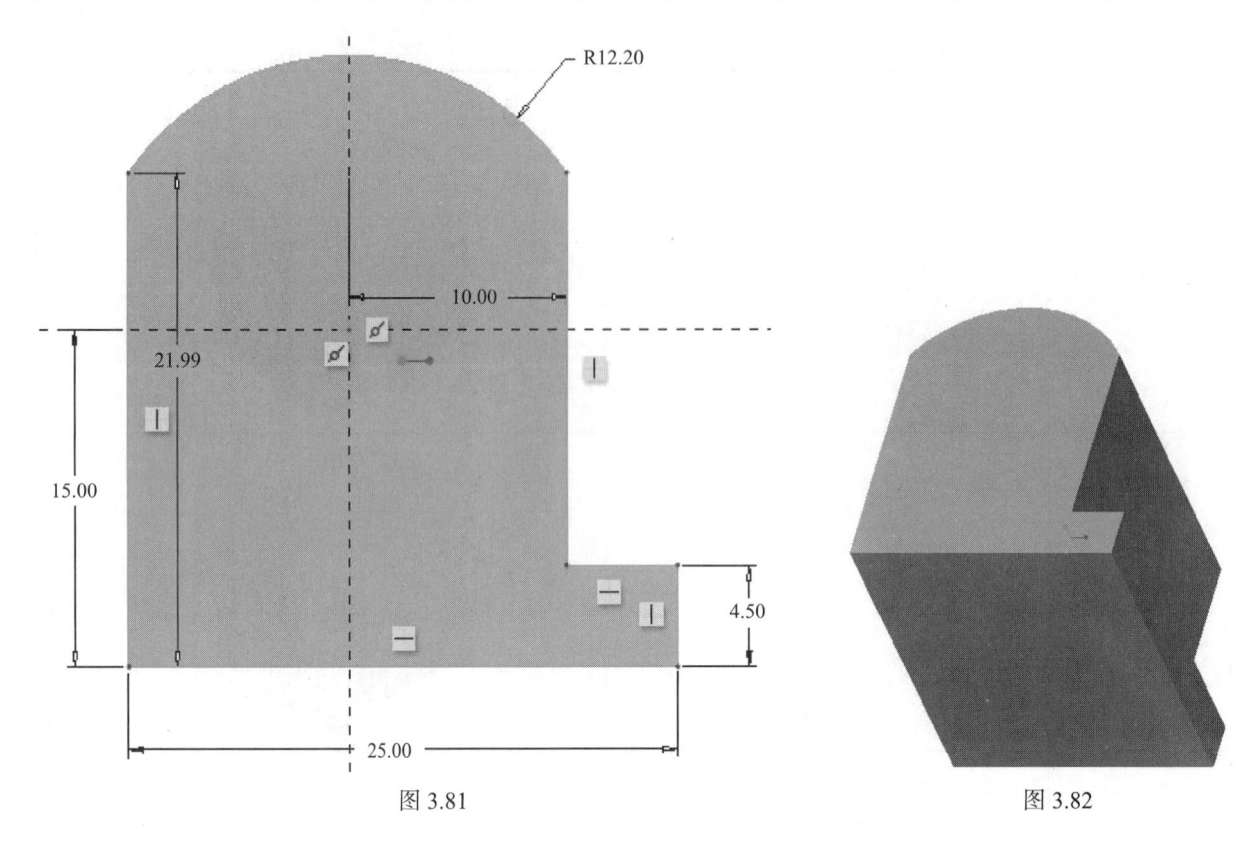

3）拉伸减料生成顶面

步骤 1：单击"模型"选项卡"形状"组中的"拉伸"按钮，打开"拉伸"操控面板，单击"放置"按钮，在打开的下拉面板中单击"定义"按钮，弹出"草绘"对话框，在绘图区选中基本体顶面作为草绘平面，如图 3.83 所示，其余选项为系统默认值，单击"草绘"按钮，进入草绘界面。再单击视图控制工具栏中的"草绘视图"按钮，使草绘平面调整到正视于用户的视角。

步骤 2：单击"草绘"组中的"圆心和点"按钮 绘制圆形，形状及尺寸如图 3.84 所示。完成拉伸减料截面草图的绘制，单击"确定"按钮，退出草绘界面。

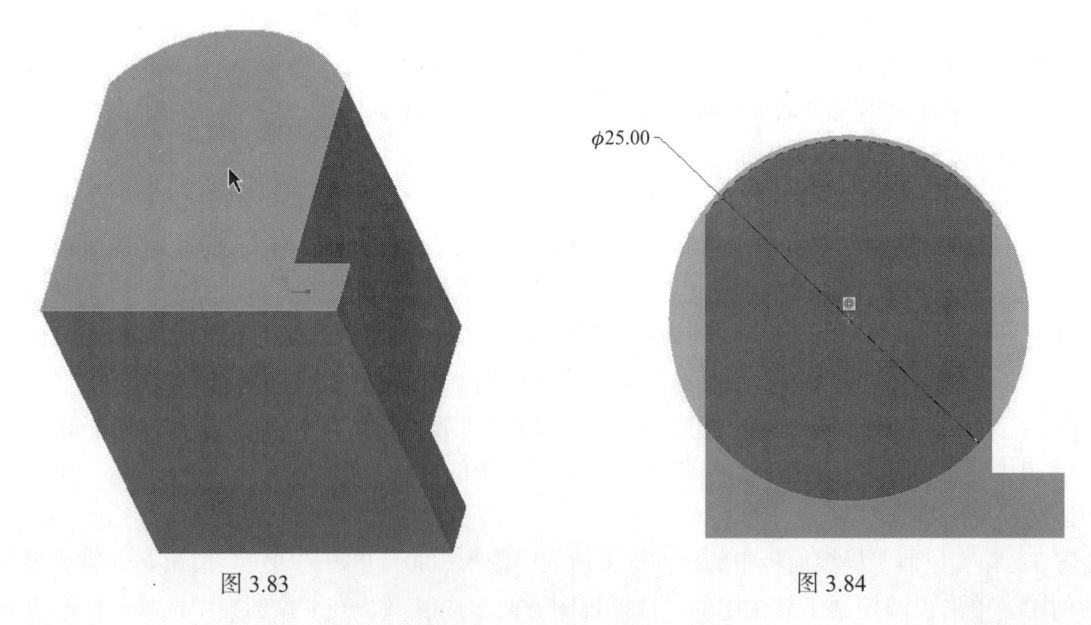

图 3.83　　　　　　　　　　　　　　图 3.84

步骤 3：在"拉伸"操控面板中的拉伸深度值框中输入 5.0，单击"改变方向"按钮，再单击

"移除材料"按钮,如图 3.85 所示,最后单击"确定"按钮,完成拉伸减料创建顶面。单击视图控制工具栏中的"选择视图方向"按钮,在下拉选项中选择"标准方向",完成拉伸减料生成顶面,如图 3.86 所示。

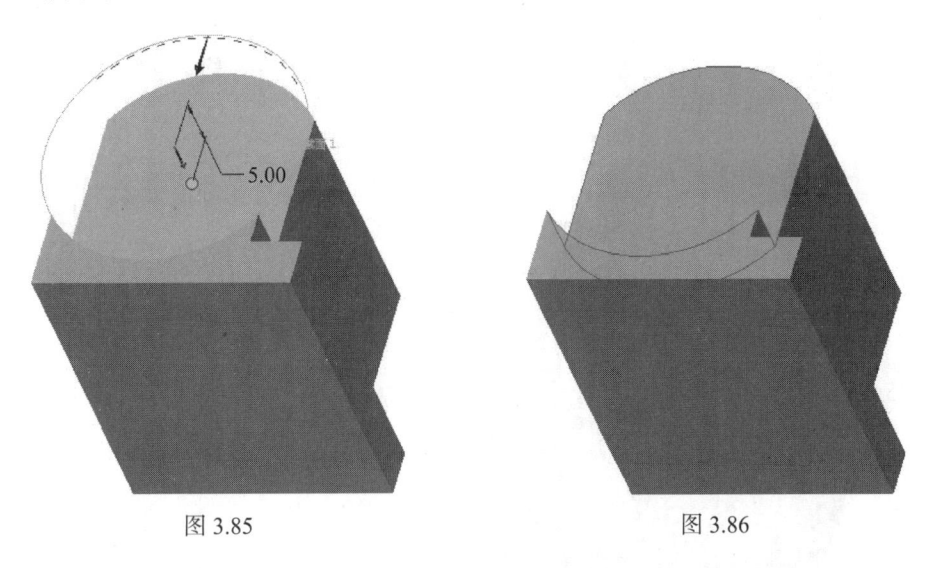

图 3.85

图 3.86

4) 拉伸减料生成中部斜槽

步骤1:单击"模型"选项卡"基准"组中的"平面"按钮,弹出"基准平面"对话框。在绘图区选中基准平面——TOP 面作为新建基准平面参考,在"基准平面"对话框中"偏移"下方的"平移"中输入 9.4,如图 3.87 所示,单击"基准平面"对话框中的"确定"按钮,完成新基准平面的创建。

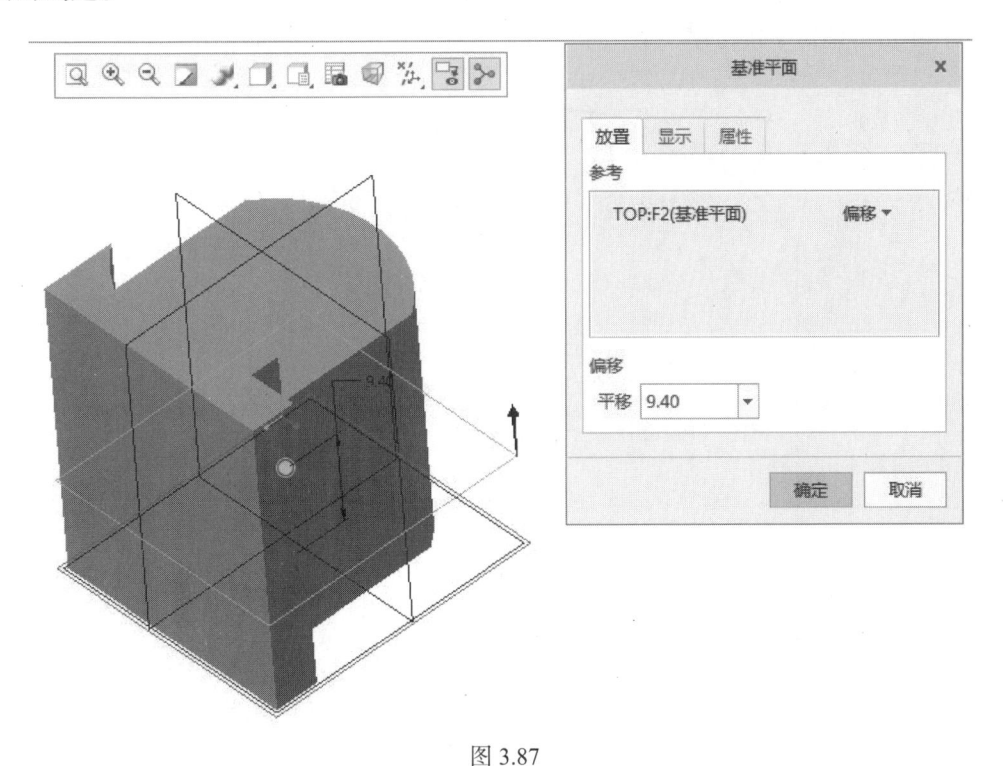

图 3.87

步骤2:单击"模型"选项卡"形状"组中的"拉伸"按钮,打开"拉伸"操控面板,单击"放置"按钮,在打开的下拉面板中单击"定义"按钮,弹出"草绘"对话框,在绘图区选中上一步新建的基准平面作为草绘平面，如图 3.88 所示，其余选项为系统默认值，单击"草绘"按钮，进入草绘界面。再单击视图控制工具栏中的"草绘视图"按钮 ，使草绘平面调整到正视于用户的视角。

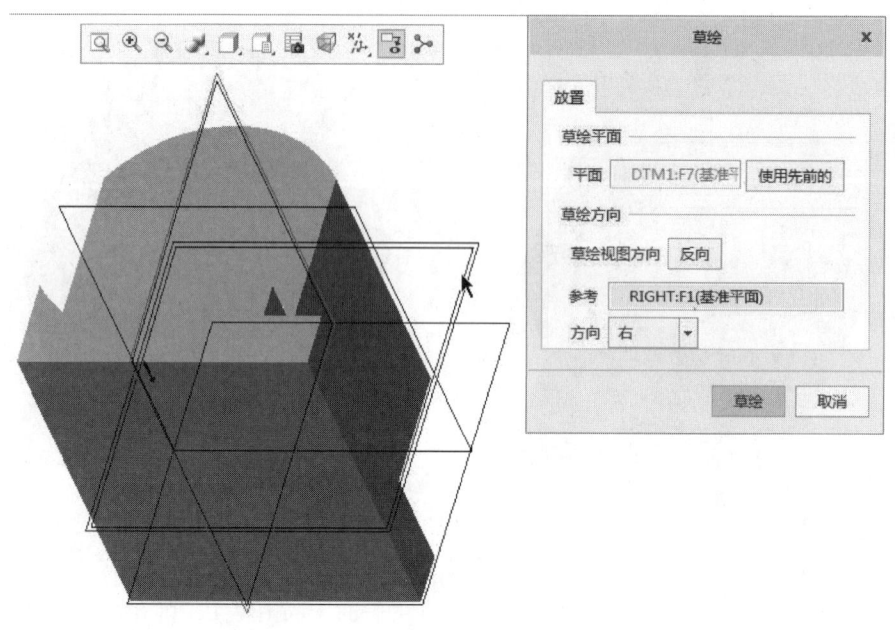

图 3.88

步骤 3：使用"草绘"组中的"圆心和点"按钮 、"直线"按钮 绘制斜槽截面草图形状，并使用"编辑"组中的"删除段"按钮 对图形进行编辑修改，得到斜槽截面草图的形状及尺寸，如图 3.89 所示，单击"确定"按钮 ，退出草绘界面，完成中部斜槽截面草图的绘制。

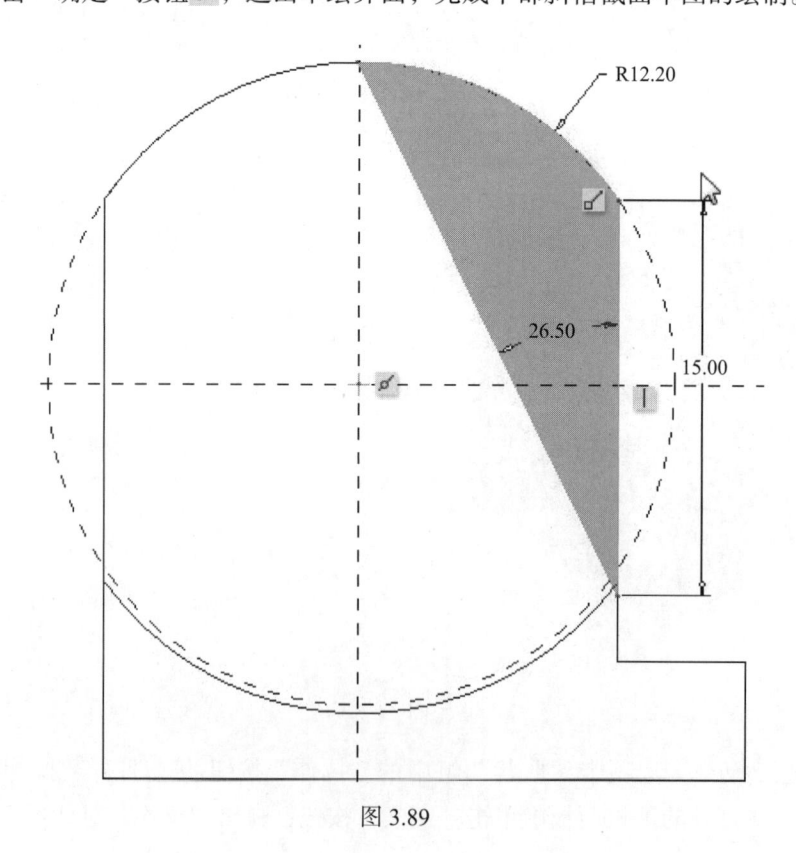

图 3.89

步骤4：在"拉伸"操控面板中的拉伸深度值框中输入 10.3，默认已选择"移除材料"按钮，如图 3.90 所示，单击"确定"按钮，完成拉伸减料创建中部斜槽。单击视图控制工具栏中的"选择视图方向"按钮，在下拉选项中选择"标准方向"，如图 3.91 所示。

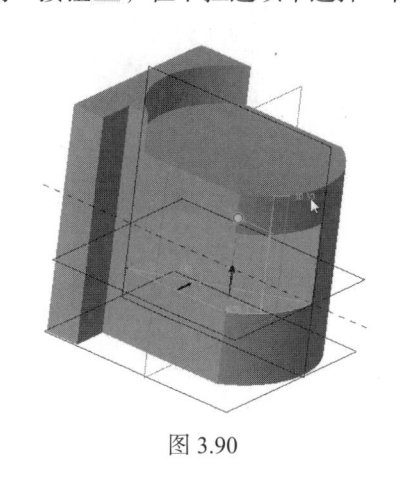

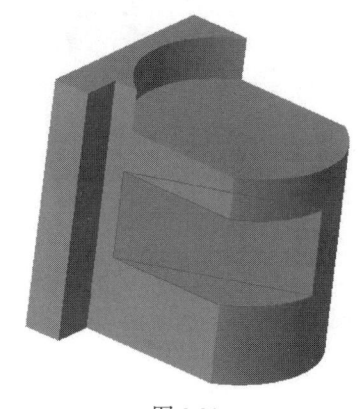

图 3.90

图 3.91

5）拉伸减料生成下部切口

步骤1：单击"模型"选项卡"形状"组中的"拉伸"按钮，打开"拉伸"操控面板，单击"放置"按钮，在打开的下拉面板中单击"定义"按钮，弹出"草绘"对话框，在绘图区选中模型后面作为草绘平面，如图 3.92 所示，其余选项为系统默认值，单击"草绘"按钮，进入草绘界面。再单击视图控制工具栏中的"草绘视图"按钮，使草绘平面调整到正视于用户的视角。

步骤2：单击"草绘"组中的"直线"按钮，绘制左下角切口截面草图，修改尺寸至如图 3.93 所示，单击"确定"按钮，完成草图绘制并退出草绘界面。

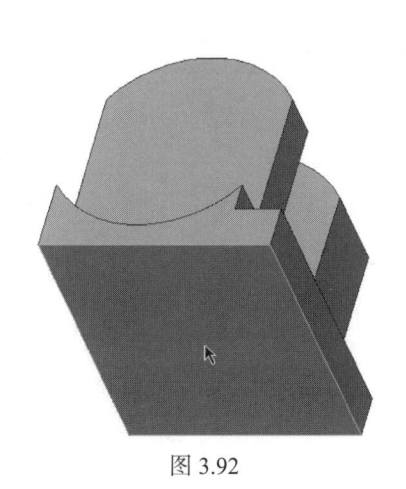

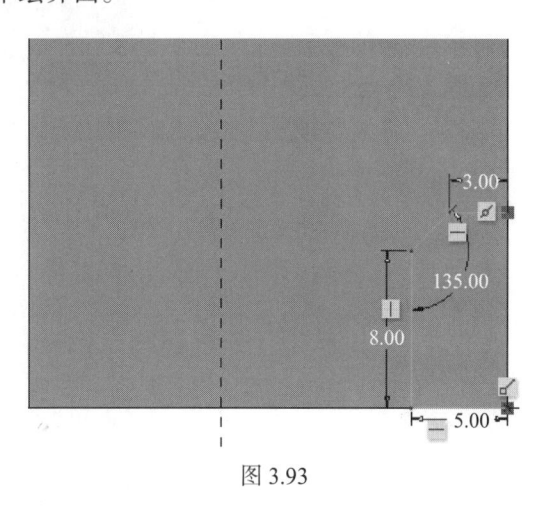

图 3.92

图 3.93

步骤3：在"拉伸"操控面板中将拉伸类型更改为"拉伸至与所有曲面相交"选项，系统默认已选中"移除材料"按钮，拉伸减料效果预览如图 3.94 所示，最后单击"确定"按钮，完成拉伸减料生成下部切口。单击视图控制工具栏中的"选择视图方向"按钮，在下拉选项中选择"标准方向"，模型如图 3.95 所示。

6）创建中间孔

步骤1：单击"模型"选项卡"工程"组中的"孔"按钮，系统打开"孔"操控面板，再单击操控面板上的"草绘"按钮，使用草绘定义孔的轮廓，接着单击"激活草绘器以创建截面"按钮，如图 3.96 所示，系统进入草绘孔界面。

· 75 ·

图 3.94　　　　　　　　　　　　　图 3.95

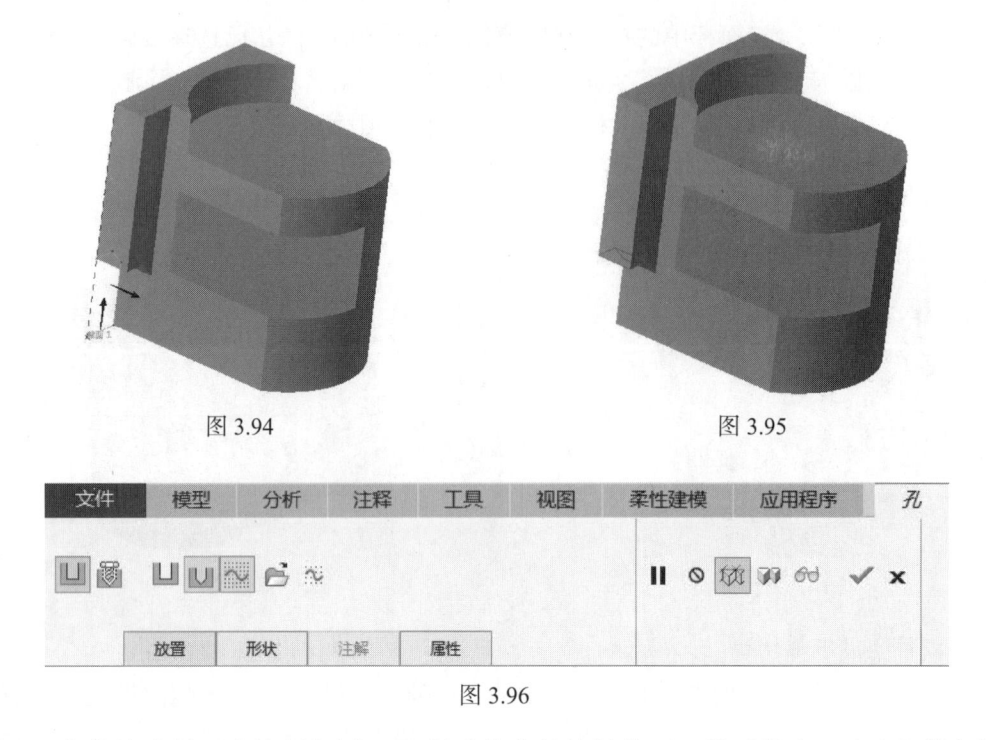

图 3.96

步骤 2：在草绘孔界面中绘制如图 3.97 所示的孔的旋转截面，然后单击"确定"按钮 ✓，退出草图绘制界面。

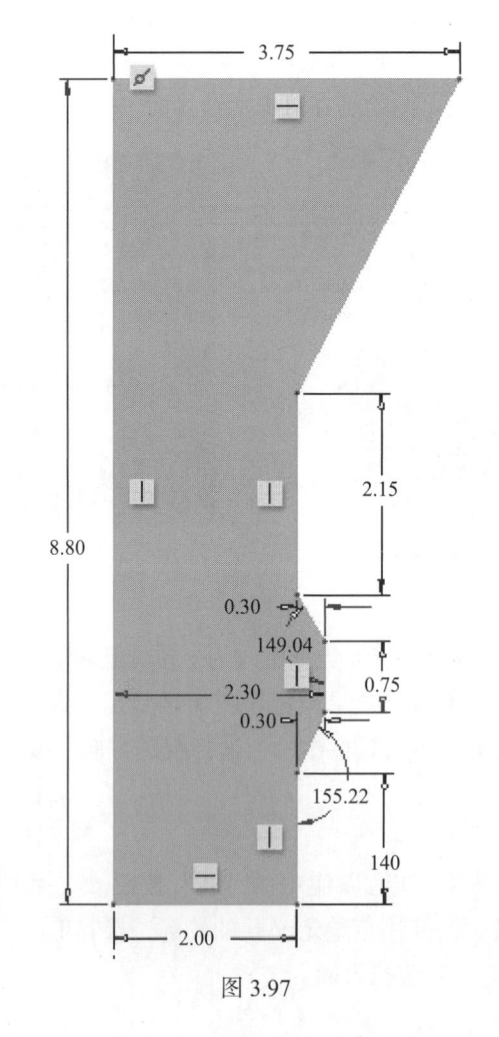

图 3.97

步骤3：在"孔"操控面板上单击"放置"按钮，打开"放置"下拉面板。在绘图区中单击选中模型的顶面放置孔，即模型顶面为孔定义主放置参考。单击"放置"下拉面板中的"偏移参考"选项框将其激活，接着按住 Ctrl 键分别单击模型后面和左侧面作为偏移参考，然后在"偏移参考"框内修改两个距离参考对象的相应尺寸值，如图 3.98 所示。

步骤4：单击"确定"按钮✓，完成孔的创建操作，显示结果如图 3.99 所示。

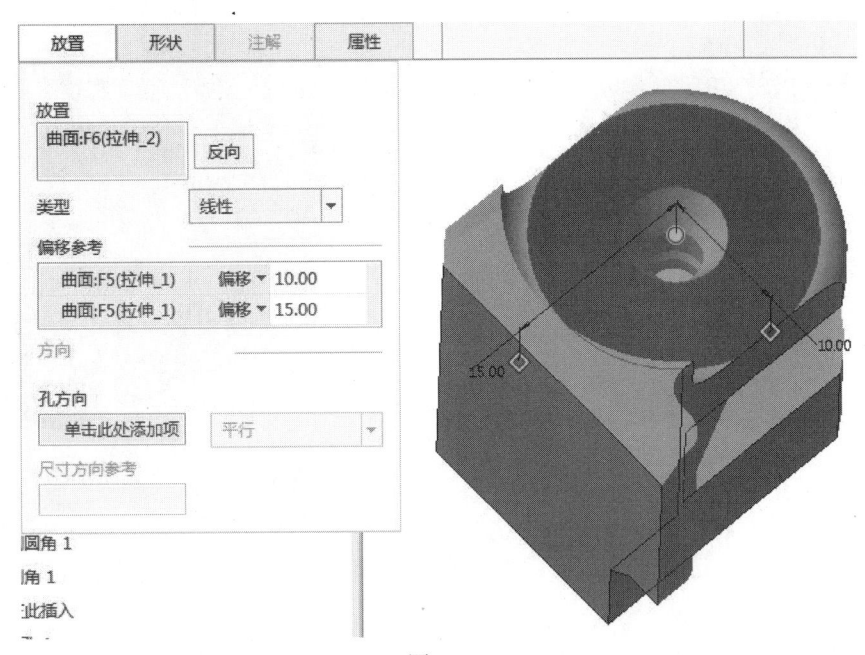

图 3.98

图 3.99

7）倒圆角

步骤1：单击"模型"选项卡"工程"组中的"倒圆角"按钮，打开"倒圆角"操控面板，在圆角半径尺寸框中输入倒圆角半径值 2，如图 3.100 所示。

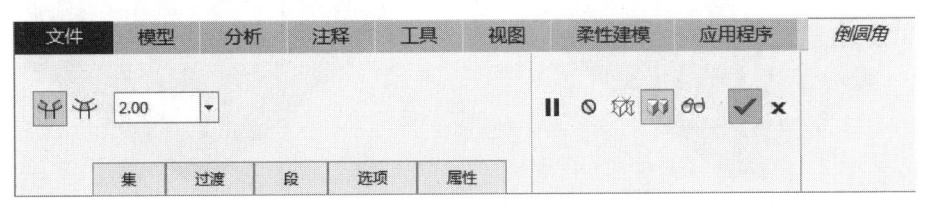

图 3.100

步骤 2：在绘图区的模型上依次单击选中 4 处需要倒圆角处的边线，倒圆角预览效果如图 3.101 所示。

步骤 3：单击"倒圆角"操控面板中的"确定"按钮✓，完成圆角的创建，如图 3.102 所示。

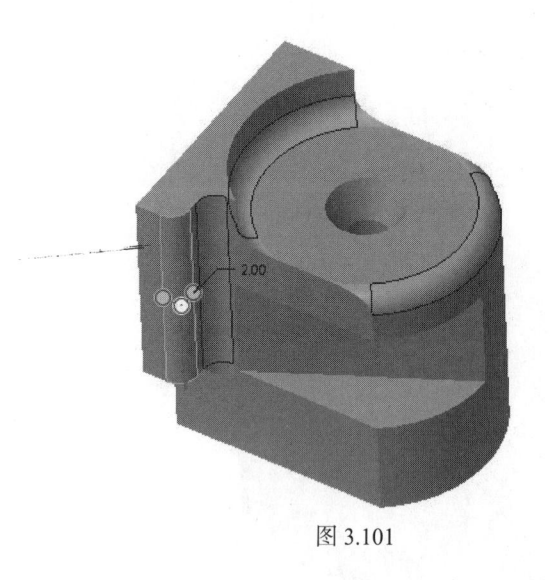

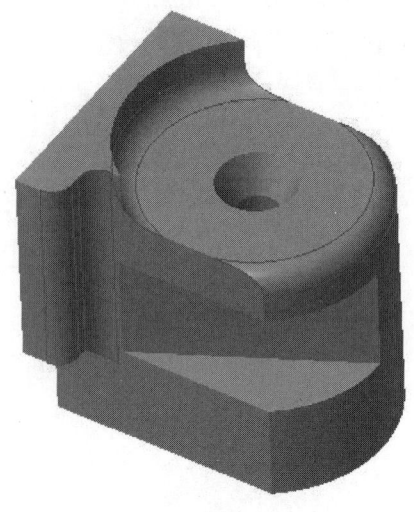

图 3.101　　　　　　　　　　图 3.102

8）边倒角

步骤 1：单击"模型"选项卡"工程"组中的"边倒角"按钮，打开"边倒角"操控面板，如图 3.103 所示。

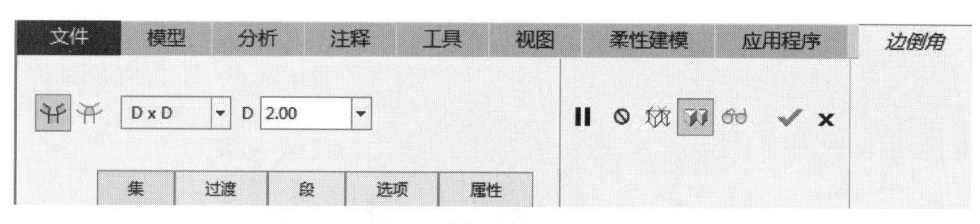

图 3.103

步骤 2：选择边倒角标注形式为 D×D，在"D"文本框中输入 2。

步骤 3：在模型上依次单击选中需要倒角的三条相交棱线，如图 3.104 所示。

步骤 4：在"边倒角"选项卡中单击"完成"按钮✓，倒角结果如图 3.105 所示。

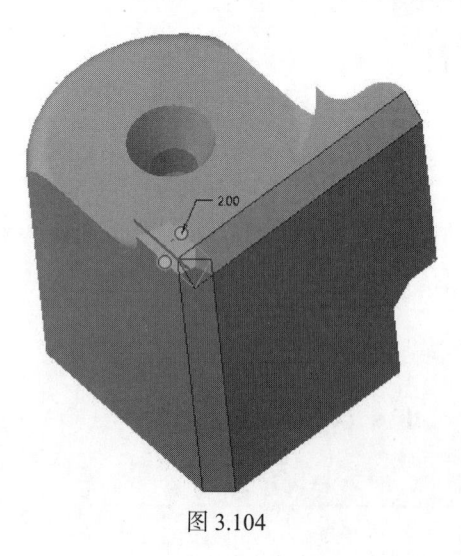

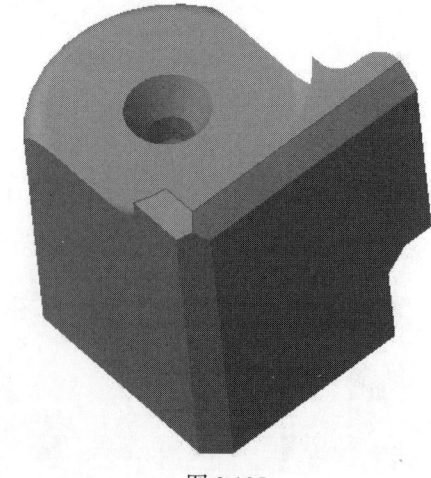

图 3.104　　　　　　　　　　图 3.105

9)拐角倒角

步骤 1：单击"模型"选项卡"工程"组中的"拐角倒角"按钮，打开"拐角倒角"操控面板，如图 3.106 所示。

图 3.106

步骤 2：在绘图区中单击选中上一步骤完成的倒角顶点，如图 3.107 所示。

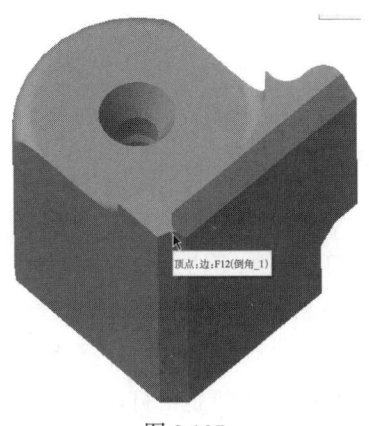

图 3.107

步骤 3：在"拐角倒角"操控面板上分别输入第一方向的倒角长度值 D1：1.73，第二方向的倒角长度值 D2：1.73，第三方向的倒角长度值 D3：1.73，即三个方向的倒角长度值均为 1.73，拐角倒角显示预览如图 3.108 所示。

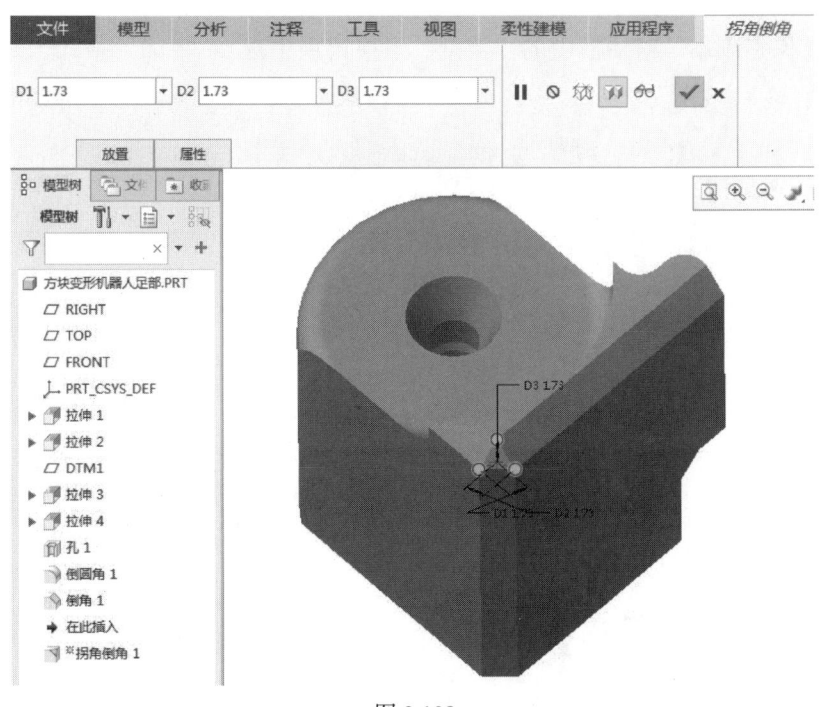

图 3.108

步骤4：在"拐角倒角"操控面板中单击"完成"按钮☑，完成拐角倒角的创建，如图3.109所示。

10）保存文件

完成方块变形机器人足部模型创建的所有操作，所获得的零件实体如图3.110所示。单击工具栏中的"文件"按钮，再单击"管理文件"按钮，系统打开"删除旧版本"对话框，单击"是"按钮，然后关闭窗口，保存方块变形机器人足部模型。

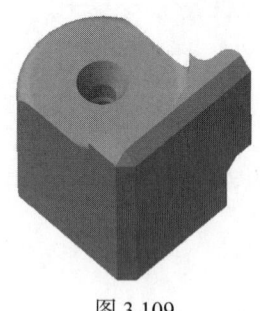

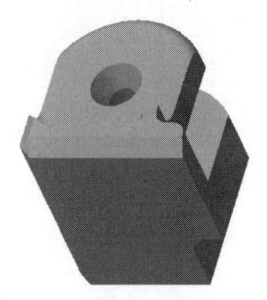

图 3.109　　　　　　　　　　　图 3.110

3. 方块变形机器人的模型打印

模型打印采用 Modellight 3D 打印系统（切片软件）和 FDM（Fused Deposition Modeling，熔融沉积快速成型）3D 打印机。Modellight3D 打印系统（切片软件）拥有简单便捷的操作界面，可适用于不同快速成型设备（3D 打印机）。Modellight 3D 打印系统可以接受 *.obj、*.stl、*.amf、*.bmp 等多种 3D 模型格式，其中，*.stl 为最常用的模型格式。Modellight 可根据所导入的 *.stl 模型格式文件对模型进行切片，从而生成整个三维模型的 GCode 代码，方便脱机打印，所导出的文件扩展名为".gcode"，所生成的代码文件适用于打印方式为丝状材料选择性熔覆（FDM），打印材料为工程塑料，常用的工程塑料有 PLA 和 ABS 两种。

1）将模型导出为快速成型*.stl文件

步骤 1：在 Creo Parametric 5.0 软件界面单击"文件"→"另存为"→"保存副本"命令，弹出"保存副本"对话框。

步骤 2：在"保存副本"对话框中的"类型"下拉选项中选择"*.stl"格式，并输入新文件名，如图 3.111 所示。

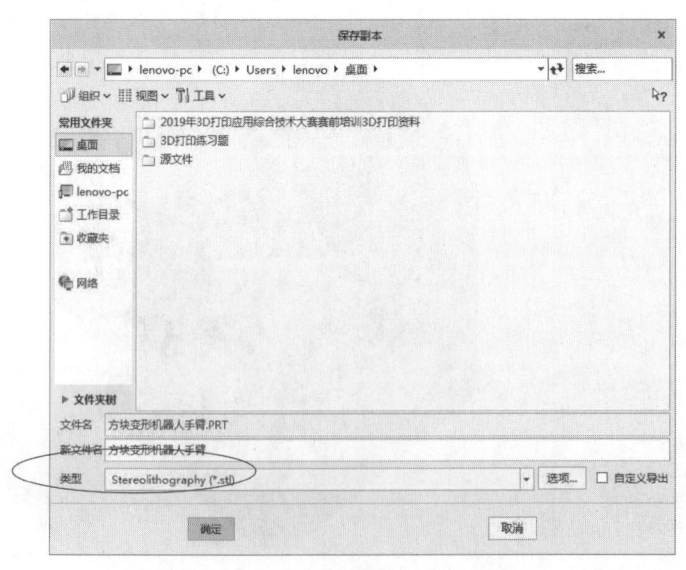

图 3.111

步骤 3：单击"保存副本"对话框中的"确定"按钮，完成输出 *.stl 文件的设置。

2）切片软件的具体操作步骤

步骤 1：双击桌面上的 Modellight 图标，打开 Modellight3D 打印系统，如图 3.112 所示。

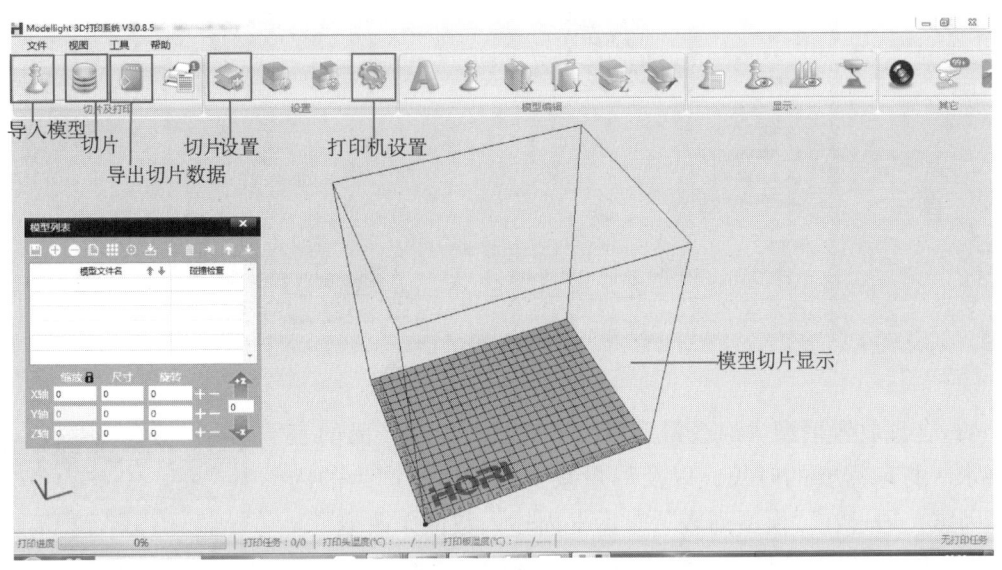

图 3.112

步骤 2：在导入模型前，首先需要根据模型大小及 3D 打印机的参数进行软件的参数设置。根据 3D 打印机的型号设置机器类型，在 Modellight 3D 打印系统界面单击工具栏中的"工厂模式设置"图标，弹出"工厂模式设置"对话框，在该对话框内的"打印机设置"选项选择。品牌：弘瑞 3D 打印机；原理：熔融沉积；型号：E3。如图 3.113 所示，本书均以选用熔融沉积式弘瑞 E3 3D 打印机为例，具体说明 3D 打印机软件的参数设定。

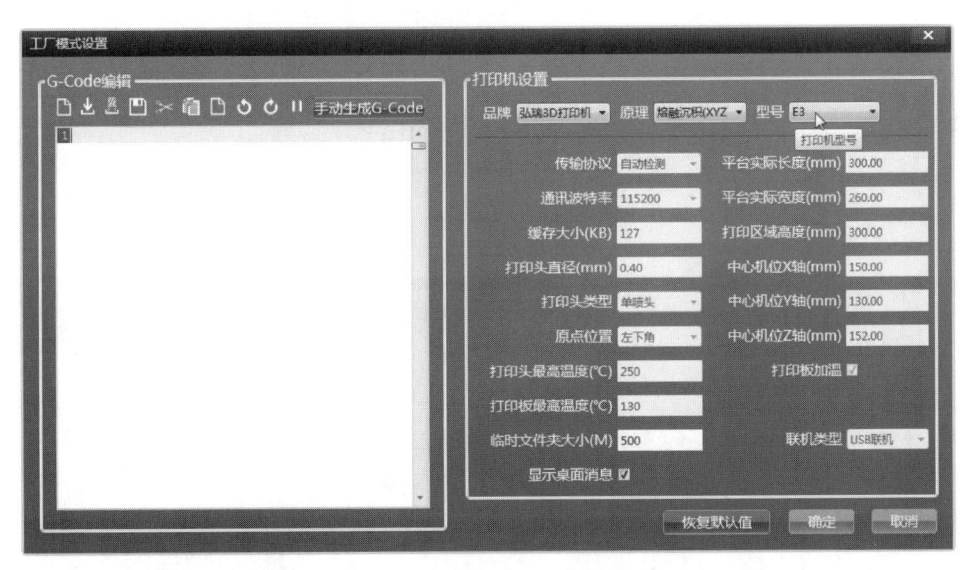

图 3.113

步骤 3：导入 *.stl 模型。单击 Modellight 3D 打印系统工具栏上的"加载模型"图标，或单击快捷工具栏中的"文件"→"添加模型"，在弹出的"Open Files"对话框中选择要打开的模型，如图 3.114 所示，再单击"打开"按钮打开模型文件，也可以直接将要加载的模型拖放进 Modellight 3D 打印系统界面内。

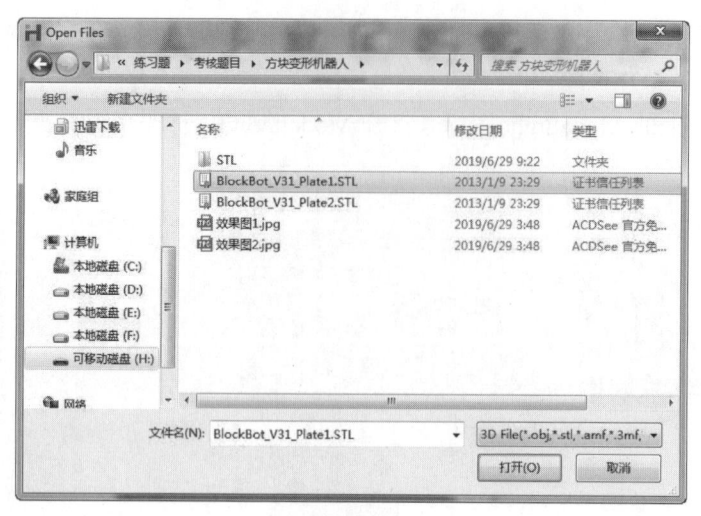

图 3.114

步骤 4：合理放置模型。加载模型后，考虑到所打印产品的表面质量要求、打印需要的时长，以及尽量减少打印时所产生的内部支撑等因素，通过在"模型列表"对话框内输入数值来改变"X轴"、"Y轴"和"Z轴"的尺寸、旋转角度，如图 3.115 所示。又或者单击 Modellight 3D 打印系统界面左下方"旋转"图标按钮，如图 3.116 所示，调整好模型放置方式，合理放置模型，方块变形机器人各组成零件的模型放置如图 3.117 和图 3.118 所示（除了任务中介绍机器人的手臂和足部，其余零件根据"课后拓展"任务图纸进行建模可获得）。

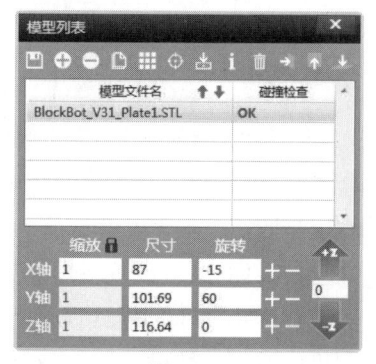

图 3.115

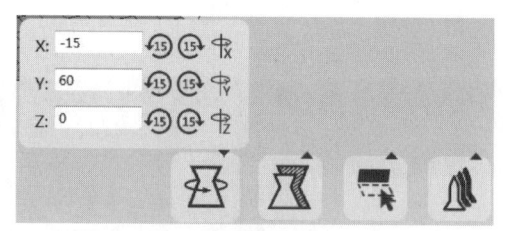

图 3.116

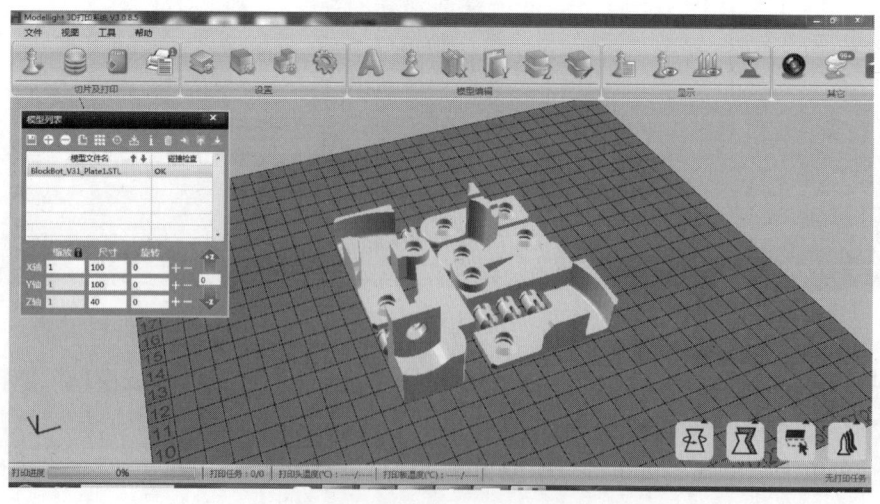

图 3.117

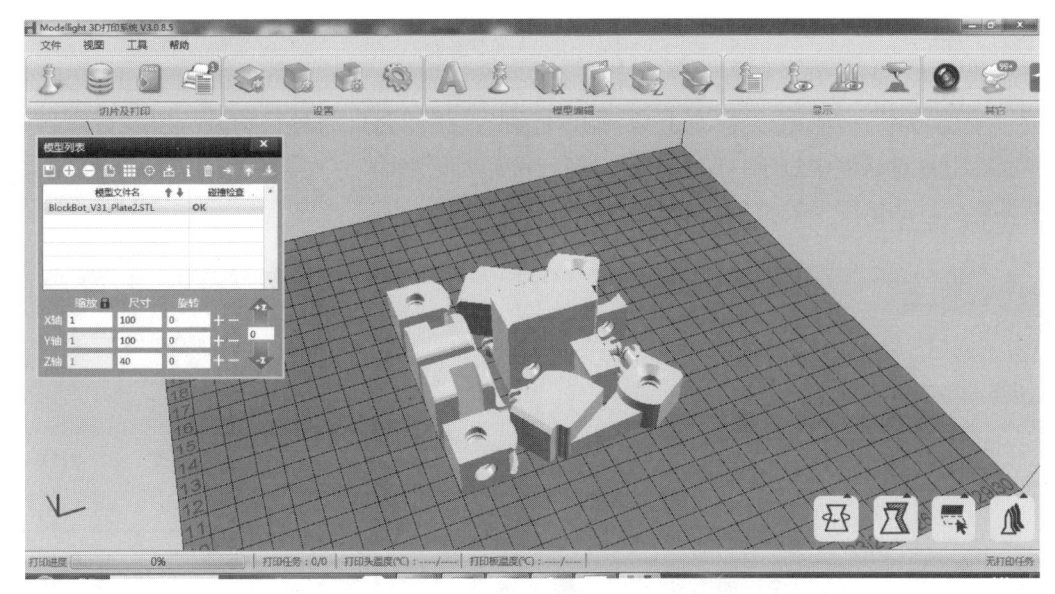

项目 3　Creo 5.0 实体建模及产品打印

图 3.118

步骤 5：打印参数基本设置。单击 Modellight 3D 打印系统界面工具栏中的"切片设置"图标，弹出"切片设置"对话框，如图 3.119 所示。"切片设置"对话框分为"基本设置"、"高级设置"、"手动支撑设置"、"照片打印设置"和"回抽设置"五个主要大项。其中，对产品的打印质量、打印时间及表面质量等影响较大的参数包括：

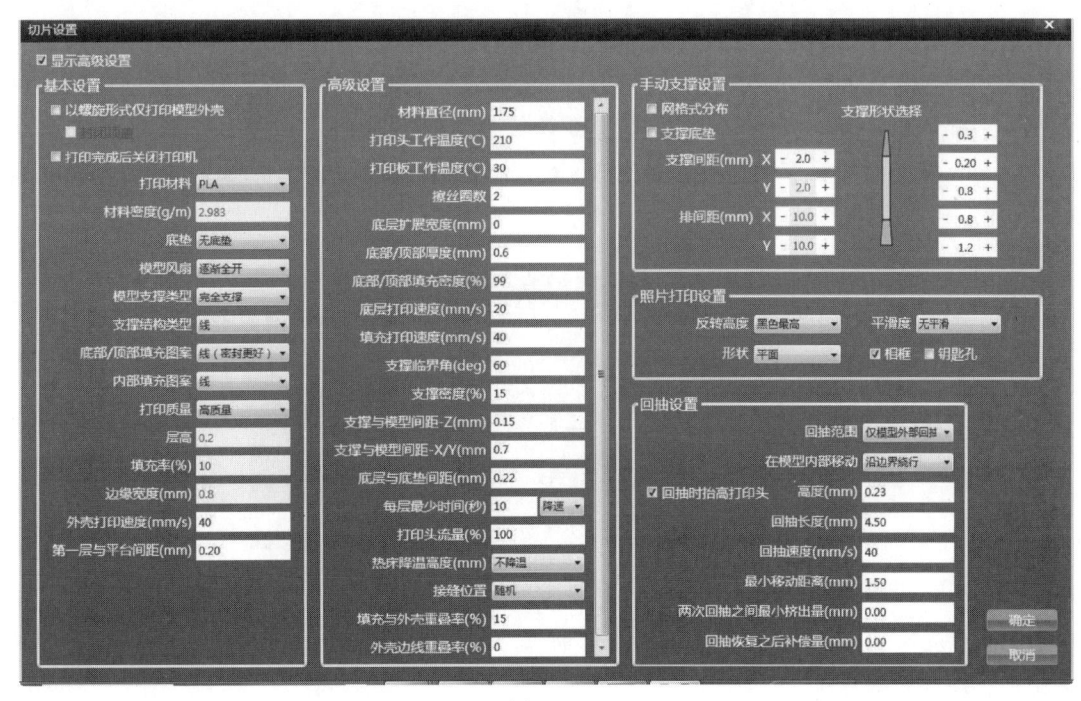

图 3.119

①基本设置："模型支撑类型"、"支撑结构类型"、"层高"、"填充率"、"边缘宽度"、"外壳打印速度"等。

②高级设置："底部/顶部厚度"、"底层打印速度"、"支撑临界角"和"支撑与模型间距 -Z"等。

打印参数的具体设定需要根据打印模型的形状结构、使用功能要求、打印时间等进行综合考虑，合理搭配设置。

3）切片处理

模型加载完毕，调整好放置方式，在完成打印参数设置后，单击 Modellight 3D 打印系统界面工具栏中的"分层切片"图标，在右上角弹出对话框，软件会自动进行切片分层及计算打印时间。在软件界面右上角对话框中显示打印需要的时间，按住对话框内"分层预览"按键做上下滑动，可以观察模型各层的打印情况（模拟），如图 3.120 所示。

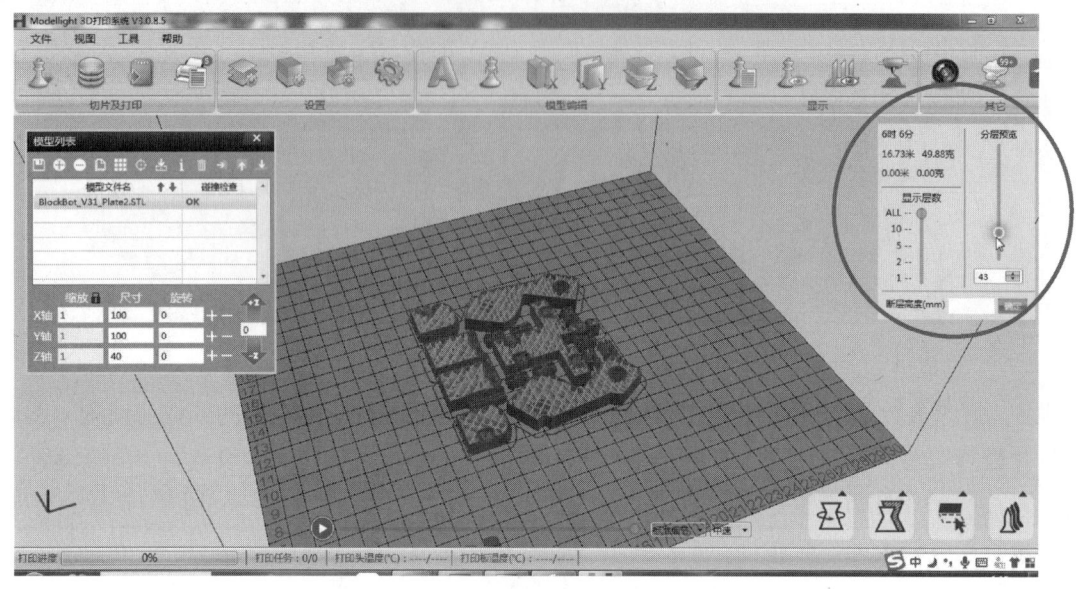

图 3.120

4）生成机器码 *.gcode。单击 Modellight 3D 打印系统界面工具栏中的"导出切片数据"图标，弹出"保存"对话框，选择要保存的"文件路径"，如图 3.121 所示，单击"确定"按钮，生成 *.gcode。*.gcode 就是打印模型的文档，将 *.gcode 文件复制到 SD 卡后，把 SD 卡插入相应机器即可实现脱机打印。

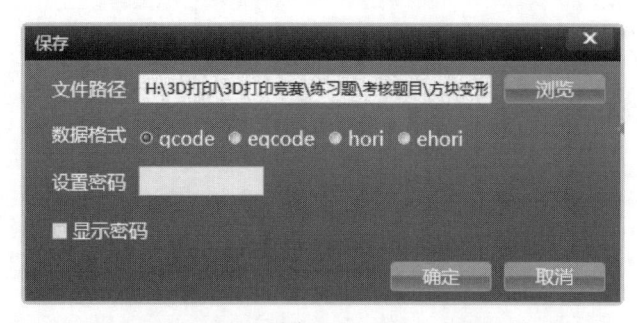

图 3.121

5）将 SD 卡放入 3D 打印机，然后打开机器电源，在打印机操控面板上选中上一步骤生成的模型 *.gcode 文件，即可开始打印。

4. 方块变形机器人模型打印后处理

（1）取出模型。打印完毕后，将打印平台降至零位，使用撬棒或铲子等工具将模型底部与平台底板撬开分离，取出模型，注意不要损坏模型比较薄弱的地方。

（2）去除支撑。使用刀片、斜口剪、尖嘴钳等工具，将模型在打印过程中生成的支撑去除。

（3）打磨模型。使用砂纸、锉刀等工具，对模型进行必要的打磨及清洁，完成方块变形机器人的打印，把组成零件整体装配起来，结果如图 3.122 所示。

图 3.122

【课后拓展】

根据方块变形机器人其余各组件的零件图，进行零件设计建模及模型打印，与前面完成的建模零件一起装配成方块变形机器人整体。

（1）方块变形机器人上臂零件图如图 3.123 所示。

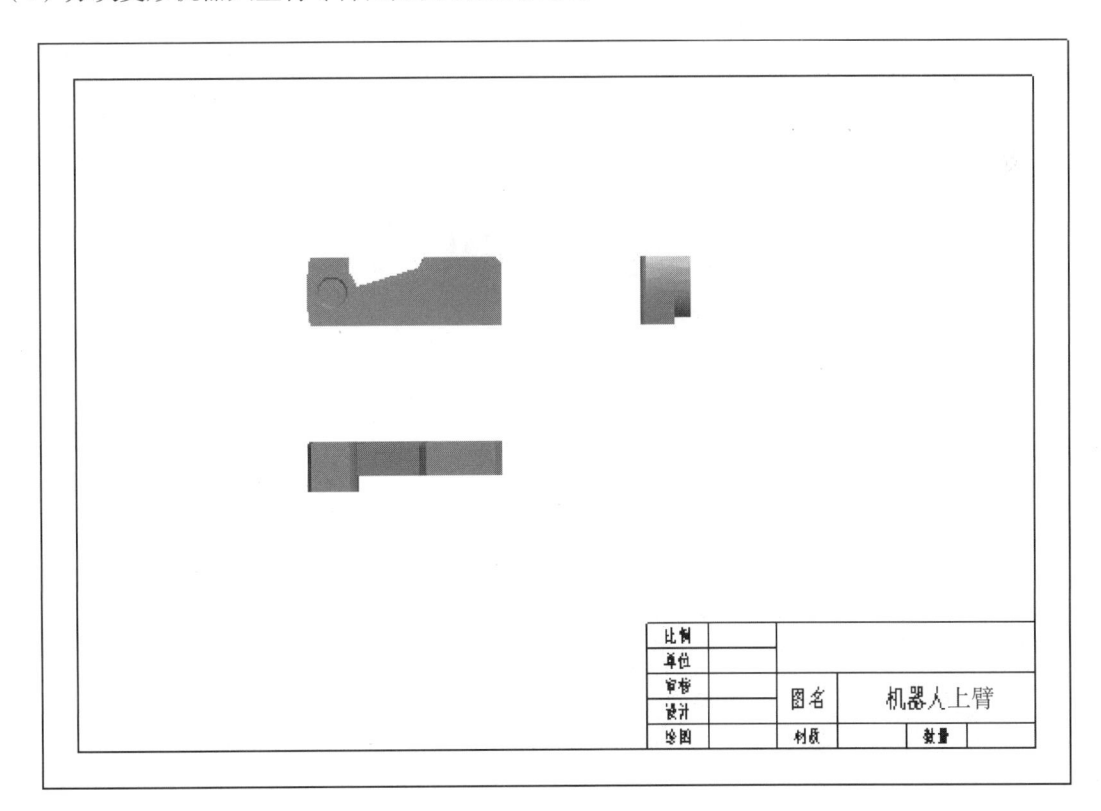

图 3.123

（2）方块变形机器人躯干零件图如图 3.124 所示。

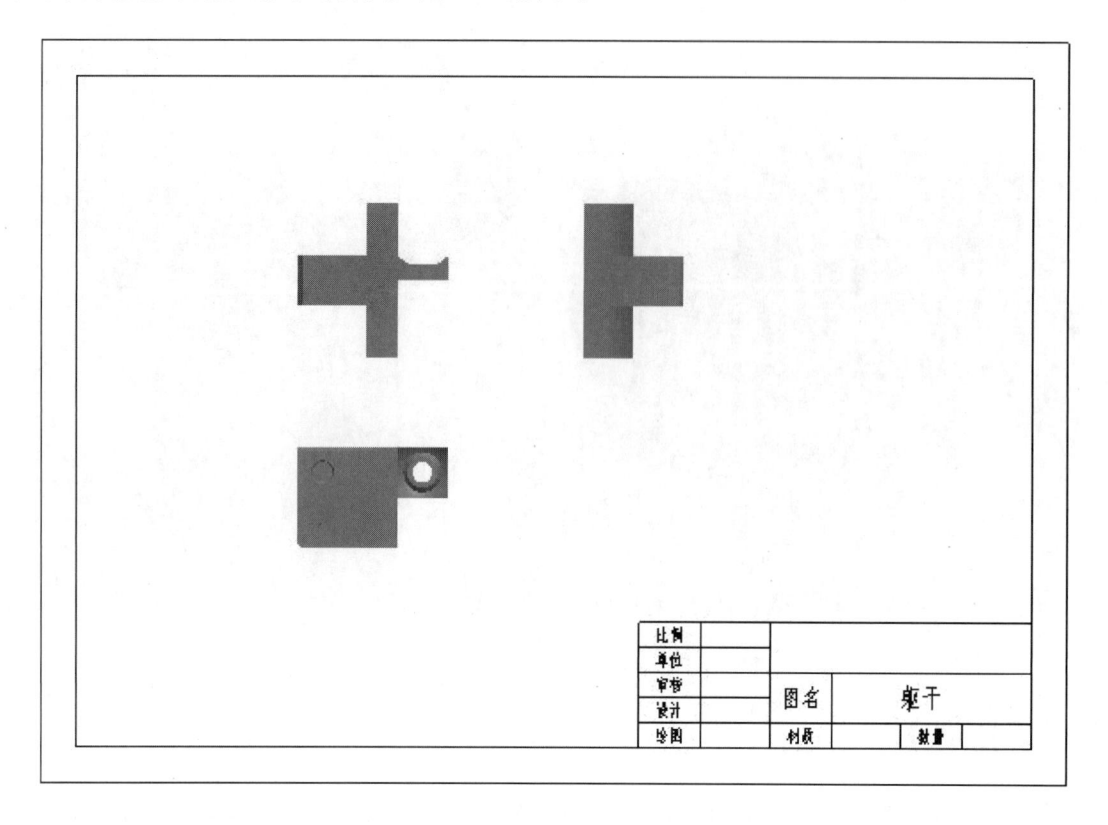

图 3.124

（3）方块变形机器人下臂零件图如图 3.125 所示。

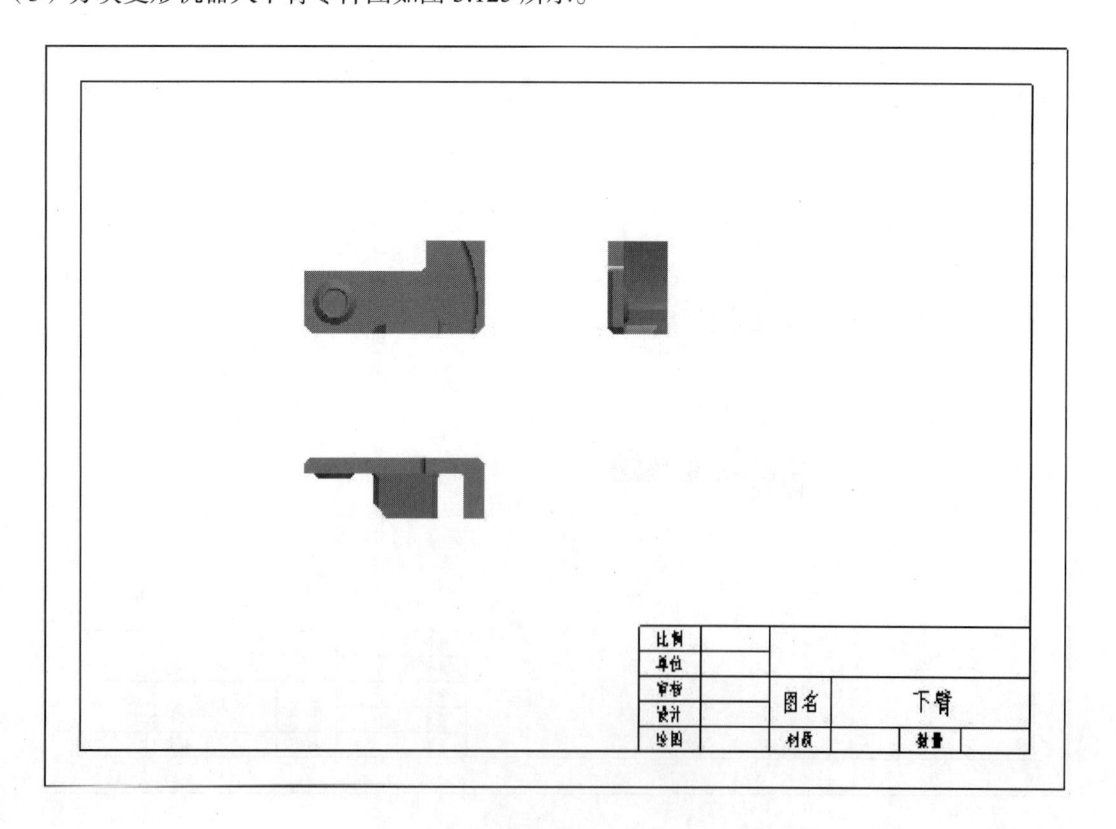

图 3.125

（4）方块变形机器人头部图如图 3.126 所示。

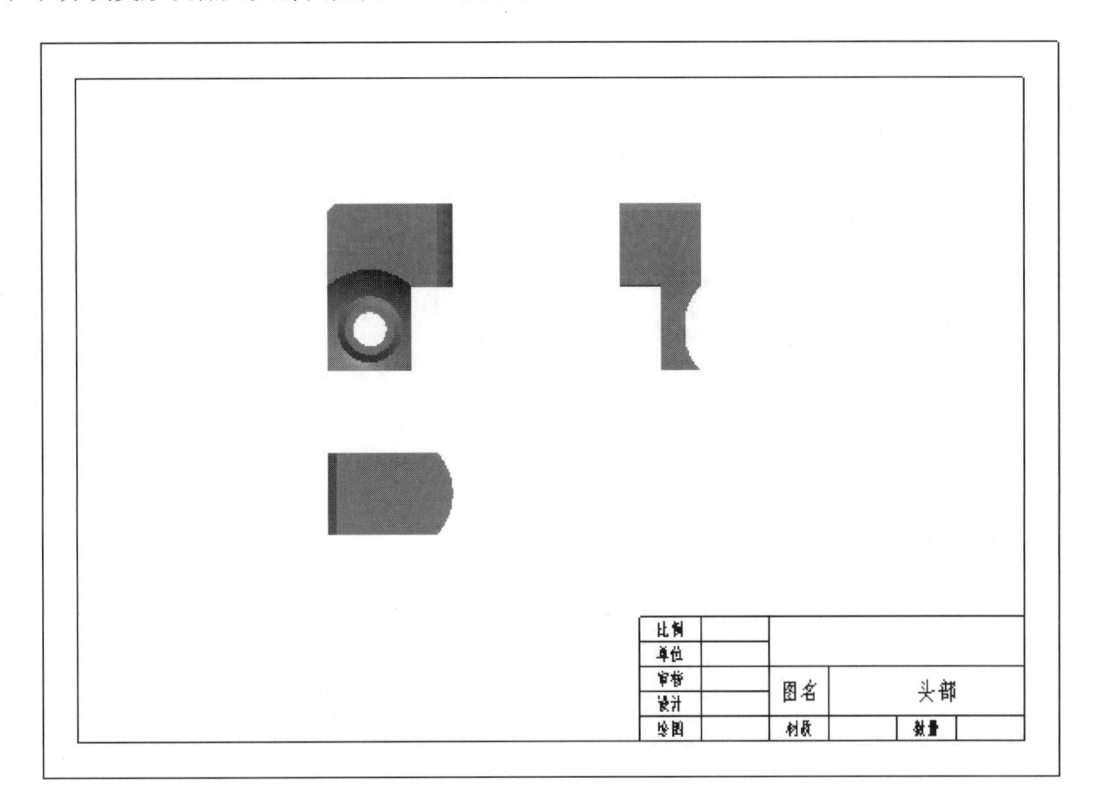

图 3.126

（5）方块变形机器人连接销图如图 3.127 所示。

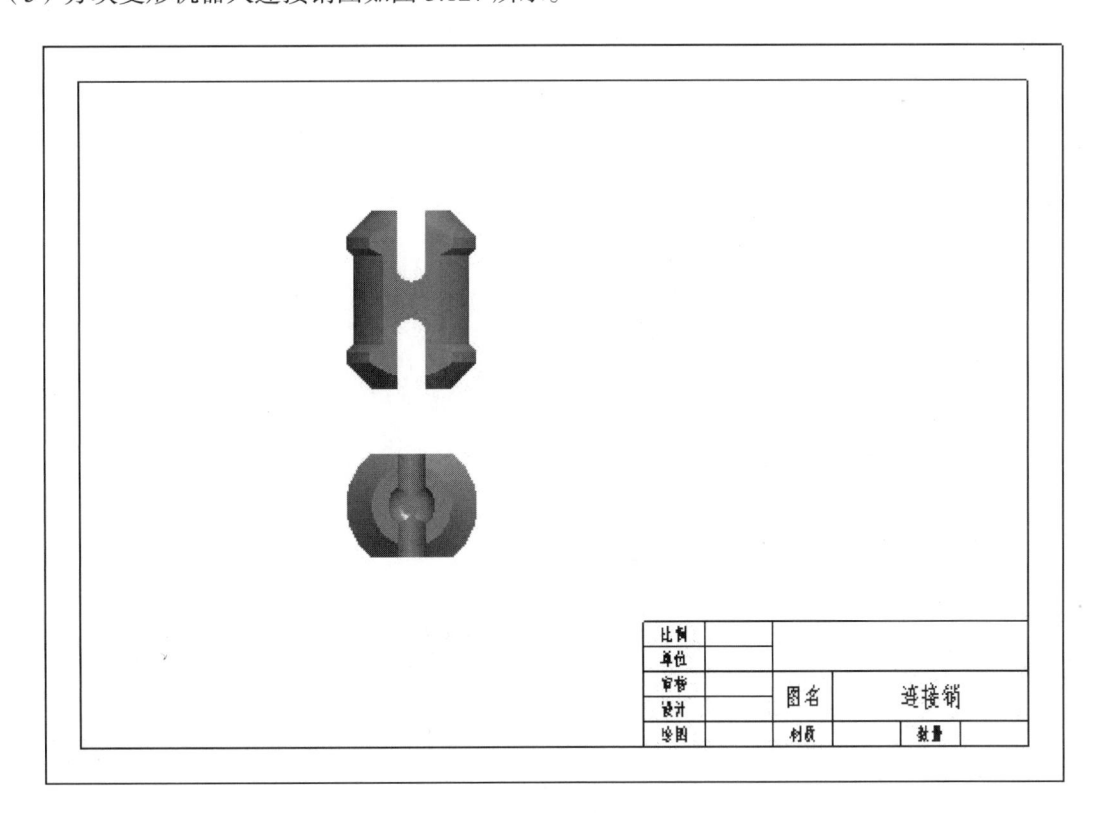

图 3.127

(6) 方块变形机器人小腿图如图 3.128 所示。

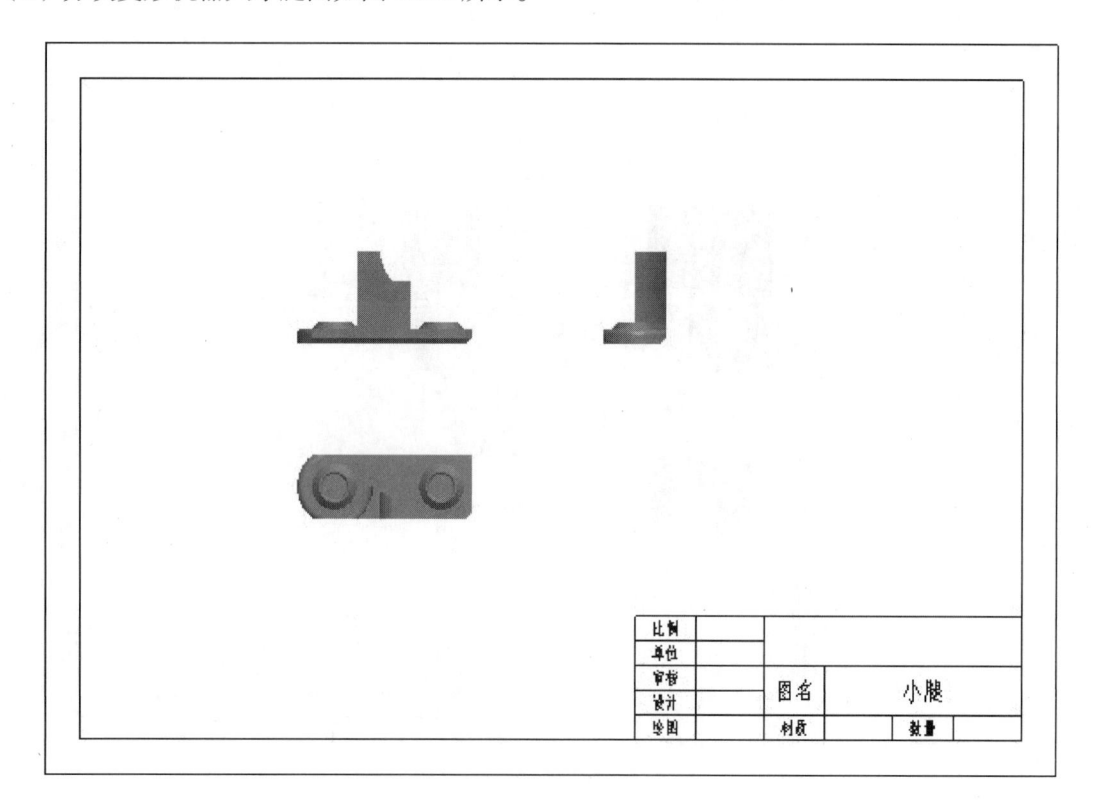

图 3.128

(7) 方块变形机器人肩膀图如图 3.129 所示。

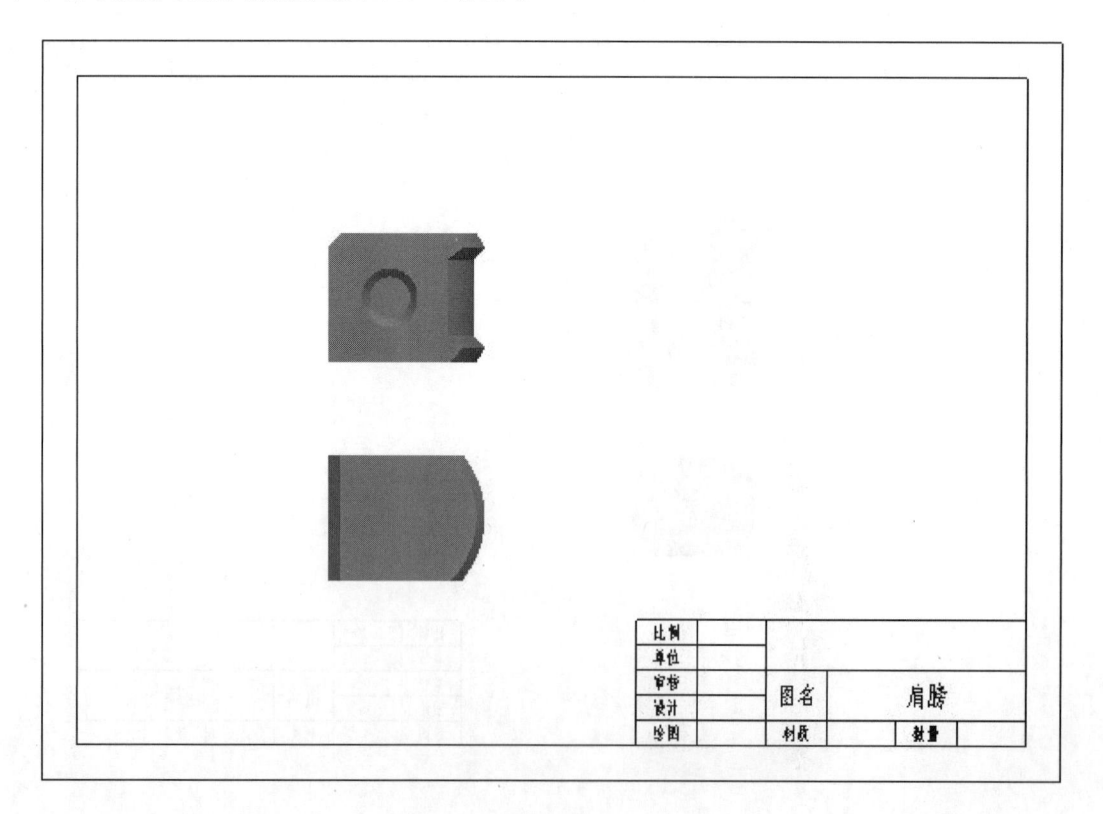

图 3.129

任务3.2　可乐瓶建模及打印

【任务引入】

很多小孩子都喜欢喝可乐,然而装可乐的瓶子究竟是如何做出来的呢?本任务结合实际,利用 Creo Parametric 5.0 软件进行零件三维建模,然后进行打印及后处理,最后得到可乐瓶及瓶盖模型实物,如图 3.130 所示。

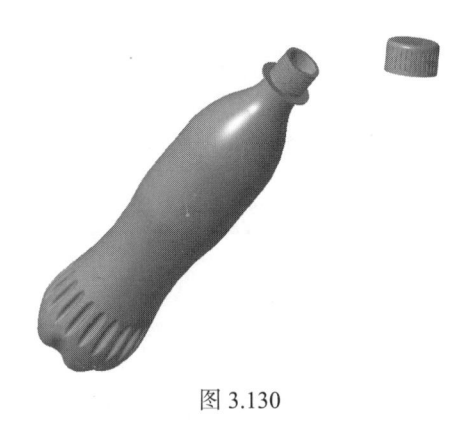

图 3.130

【任务分析】

可乐瓶和瓶盖模型设计可采用 Creo Parametric 5.0 零件设计中的基础特征:实体拉伸、倒圆角、壳、螺旋扫描、草绘、阵列、旋转等功能来实现建模创建零件实体。完成零件建模后将零件模型导入切片软件(如应用 HORI 3DPrinterSoftware 切片)进行切片处理获得 STL 文件,然后传输到 3D 打印机打印出模型。

【相关知识】

1. 壳

壳是指一个物体沿着一个平面抽空,留下具有一定厚度的壳体。

单击"模型"选项卡中"工程"组上的"壳"按钮 ▣,系统打开如图 3.131 所示的"壳"操控面板。

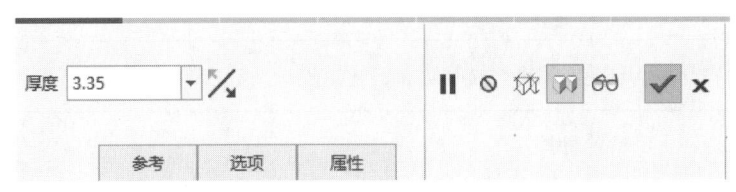

图 3.131

"壳"操控面板中按钮的功能介绍见表 3.7。

表 3.7

按　钮	说　明
↗↙	变换方向
‖	暂停当前工具
⊘	无预览
▽	分离
▼	连接
👓	特征预览
✓	确定并关闭操控面板
✕	取消当前特征创建或重定义

2. 螺旋扫描

螺旋扫描是指沿着草绘轨迹进行扫描形成一个实体。

单击"模型"选项卡中"形状"组上"扫描"按钮 下拉的"螺旋扫描"按钮，系统打开如图 3.132 所示的"螺旋扫描"操控面板。

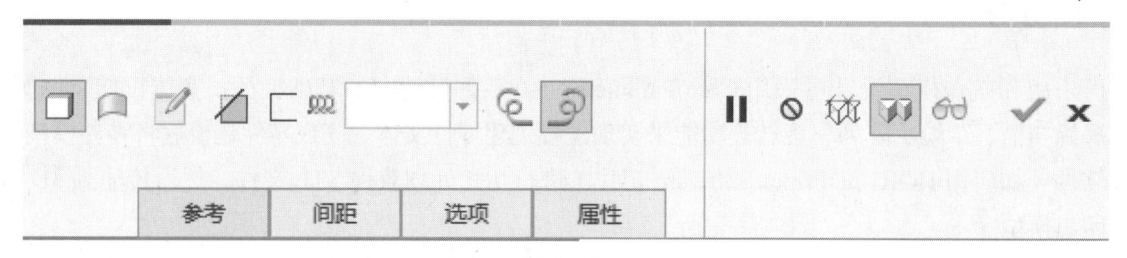

图 3.132

"螺旋扫描"操控面板中按钮的功能介绍见表 3.8。

表 3.8

按　钮	说　明
▢	扫描为实体
⌒	扫描为曲面
✎	创建或编辑扫描截面
⌀	移除材料
⊏	创建薄板特征

续表

按　钮	说　明
｜	输入间距值
｜	按照左手定则
｜	按照右手定则
｜｜	暂停当前工具
⊘	无预览
｜	分离
｜	连接
👓	特征预览
✓	确定并关闭操控面板
✗	取消当前特征创建或重定义

3. 阵列

阵列是指以已经建好的模型围着某一轴、尺寸或方向进行批量复制粘贴。

单击"模型"选项卡中"编辑"组上的"阵列"按钮 ▦，系统打开如图 3.133 所示的"阵列"操控面板。

图 3.133

"阵列"操控面板中按钮的功能介绍见表 3.9。

表 3.9

按　钮	说　明
轴 ▼	阵列中心
｜	反向阵列的角度方向
｜	设置阵列的角度范围
｜｜	暂停当前工具
⊘	无预览

续表

按 钮	说 明
⋈	分离
⋈	连接
👓	特征预览
✓	确定并关闭操控面板
✗	取消当前特征创建或重定义

4. 旋转

旋转是指封闭的图元以一条中心线为旋转中心旋转后形成旋转体。

单击"模型"选项卡中"形状"组上的"旋转"按钮 ⊙⊙，系统打开如图 3.134 所示的"旋转"操控面板。

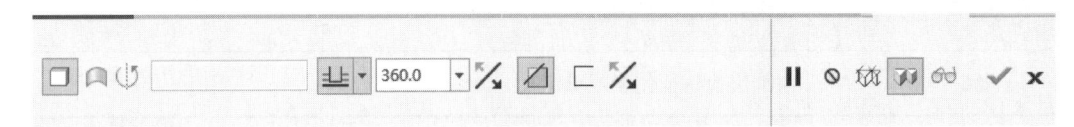

图 3.134

"旋转"操控面板中按钮的功能介绍见表 3.10。

表 3.10

按 钮	说 明
□	作为实体旋转
⌂	作为曲面旋转
⊥ ▼	从草绘平面以指定的角度值旋转
⤢	将旋转的角度方向更改为草绘的另一侧
⊘	移除材料
⌐	加厚草绘
⤢	将移除材料的方向更改为草绘的另一侧
‖	暂停当前工具
⊘	无预览

续表

按　　钮	说　　明
〖图标〗	分离
〖图标〗	连接
〖图标〗	特征预览
〖图标〗	确定并关闭操控面板
✕	取消当前特征创建或重定义

【任务实施】

1. 瓶盖和可乐瓶的建模

可乐瓶和瓶盖如图3.135所示，此零件是一个壳体零件，可以用旋转生成。在此例中将学习旋转、倒圆角、阵列、螺旋扫描和抽壳的建立方法。

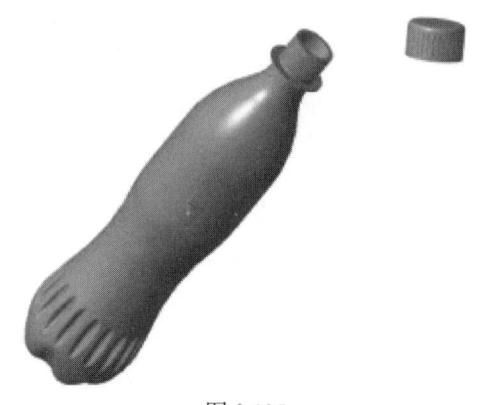

图 3.135

1）瓶盖的绘制步骤

瓶盖的绘制步骤见表3.11。

表 3.11

步　　骤	创 建 内 容	模　　型
1	新建文件	—
2	建立瓶盖主体	〖建模截图〗

续表

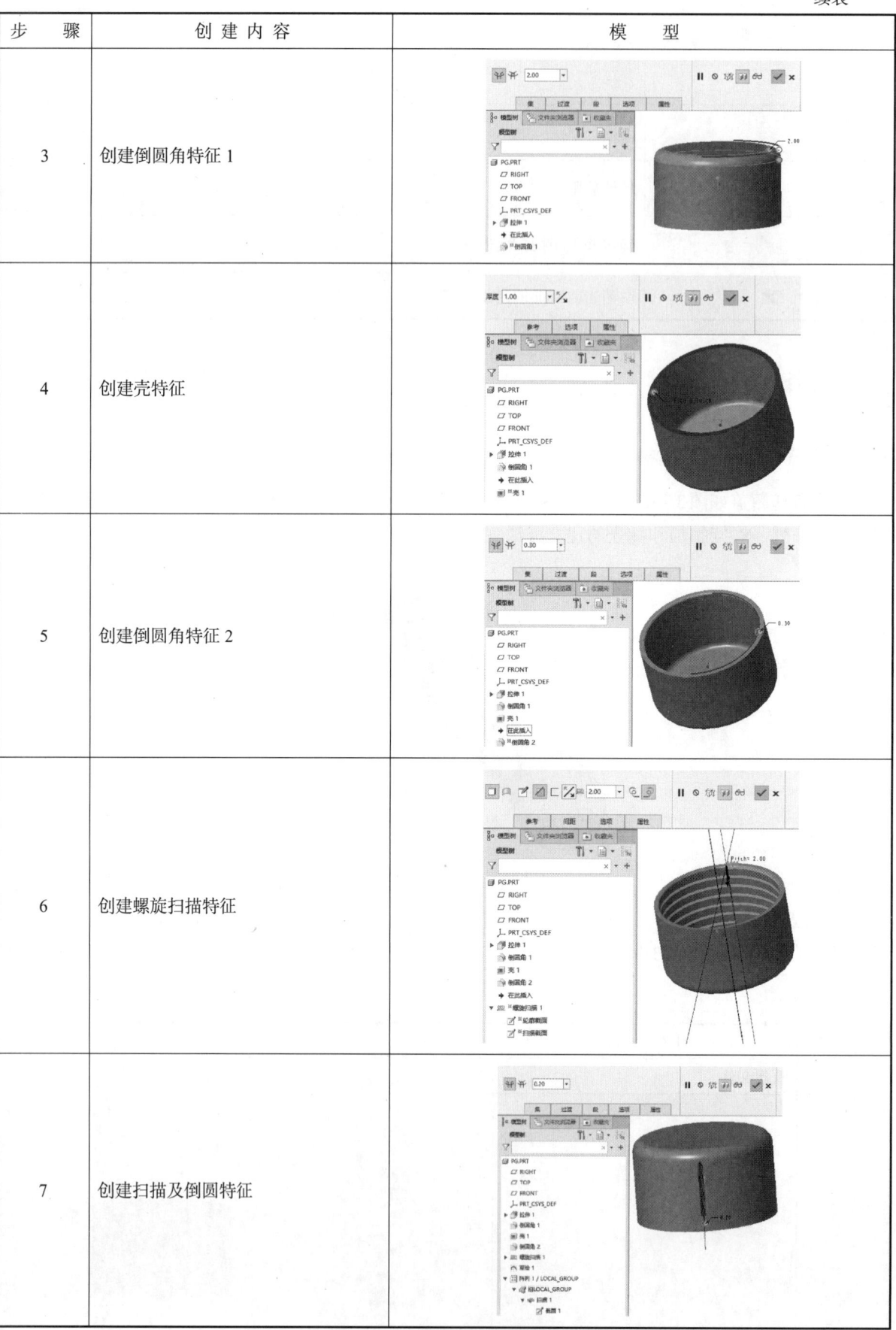

步骤	创建内容	模型
3	创建倒圆角特征 1	
4	创建壳特征	
5	创建倒圆角特征 2	
6	创建螺旋扫描特征	
7	创建扫描及倒圆特征	

续表

步骤	创建内容	模型
8	创建阵列特征	
9	保存模型	

(1) 新建文件。

打开 Creo Parametric5.0，单击菜单栏中的"新建"命令，在"类型"选项组中选择"零件"按钮，在子类项中选择"实体"按钮，在"文件名"处输入"PG"，把"使用默认模板"的勾去掉，单击"确定"按钮。

在模板中选中"mmns_part_solid"，然后单击"确定"按钮，创建一个新的零件文件。

(2) 建立瓶盖主体。

步骤 1：单击"模型"工具栏中的"拉伸"按钮，在"拉伸"操控面板中选择"立体拉伸"，接着依次单击"放置"按钮 放置 、→"定义"按钮 定义... 。

步骤 2：选取"FRONT"平面为草绘平面，"RIGHT"平面为参考平面，参考方向选择"右"，单击"草绘"按钮，进入草绘环境。

步骤 3：依次单击"草绘"工具栏中的"草绘视图"按钮 草绘视图，单击"草绘"面板上的"中心线"按钮 中心线，在草绘环境中绘制两条相互垂直的中心线，并绘制如图 3.136 所示的图元，并修改圆的尺寸值为 26。

图 3.136

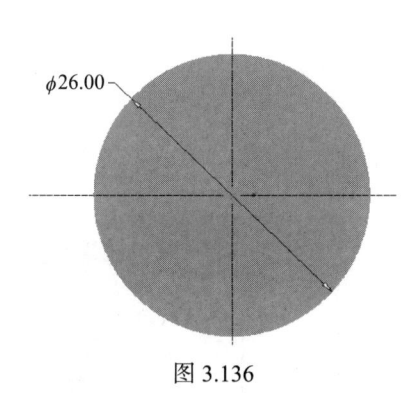

步骤 4：单击"确定"按钮 ✓ 退出草绘环境，在拉伸操控面板中输入深度"15"，按 Enter 键，单击"确定"按钮，生成拉伸特征，如图 3.137 所示。

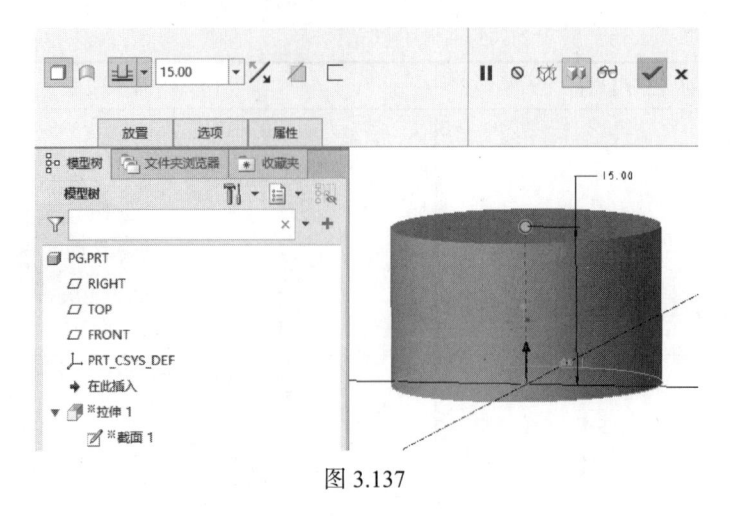

图 3.137

（3）创建倒圆角特征 1。

单击"模型"功能区"工程"面板上的"倒圆角"按钮 倒圆角，修改倒圆角值为"2"，然后单击需要倒圆角的位置，如图 3.138 所示。

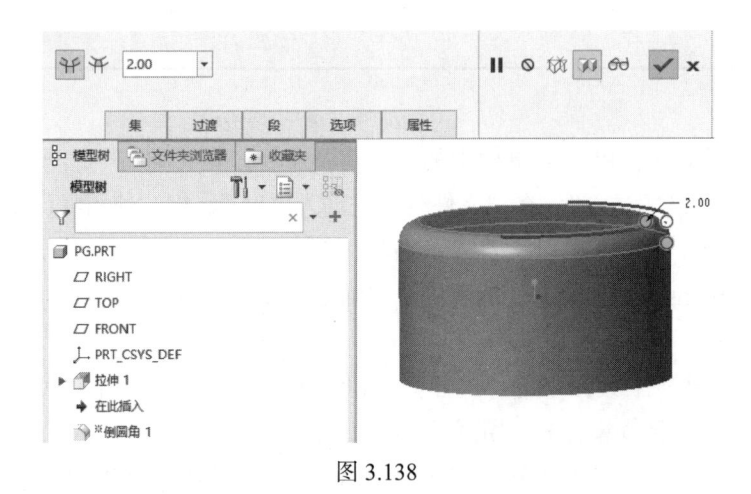

图 3.138

（4）创建壳特征。

步骤 1：单击"模型"功能区"工程"面板上的"壳"按钮 壳，打开"壳"操控面板。

步骤 2：单击"确定"按钮，选择圆柱未倒圆的一面为开口面，在"壳"操控面板中的"厚度"框中输入"1"，单击"确定"按钮，生成等壁壳特征，如图 3.139 所示。

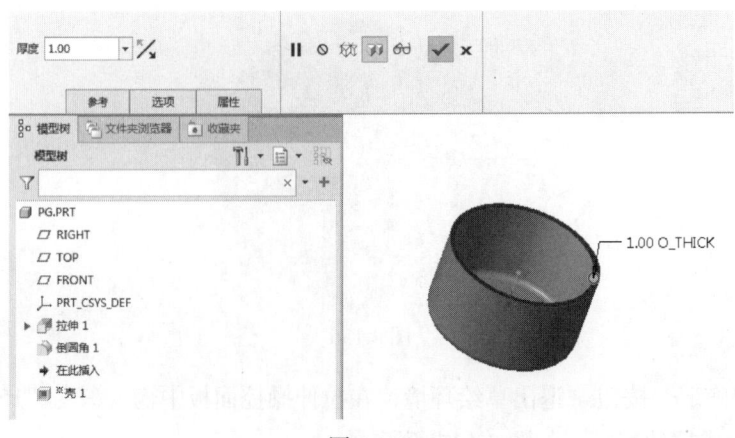

图 3.139

（5）创建倒圆角特征2。

单击"模型"功能区"工程"面板上的"倒圆角"按钮 倒圆角，修改倒圆角值为"0.3"，然后单击需要倒圆角的位置，单击"确定"按钮 ✓，生成如图3.140所示的倒圆角特征。

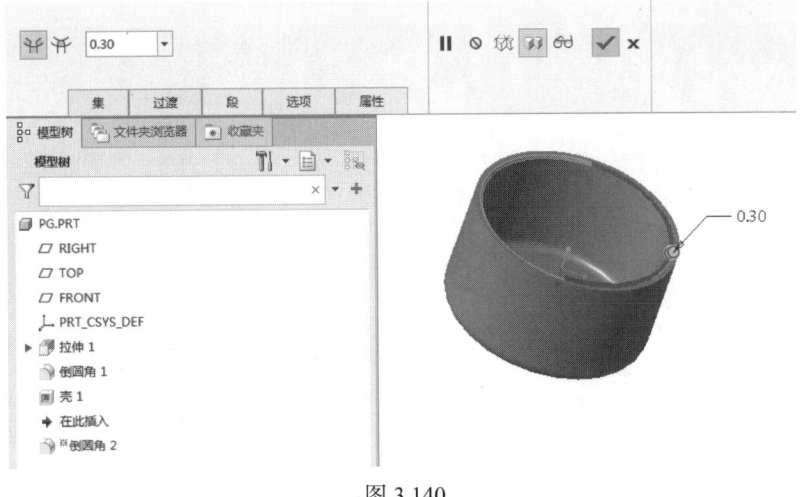

图 3.140

（6）创建螺旋扫描特征。

步骤1：单击"模型"功能区"形状"面板上"扫描"下的"螺旋扫描"按钮，再单击"放置"→"定义"按钮，弹出草绘对话框，选择"TOP：F2（基准平面）"作为草绘平面，系统默认将"RIGHT：F1（基准平面）"作为参考平面，方向选择"左"。

步骤2：单击"草绘"对话框中的"草绘"按钮进入草绘环境，再单击"草绘视图"按钮 草绘视图，使草绘平面与屏幕平行。

步骤3：单击"草绘"面板上的"中心线"按钮 中心线，在草绘环境中绘制两条互相垂直的中心线，并绘制如图3.141所示的图元。

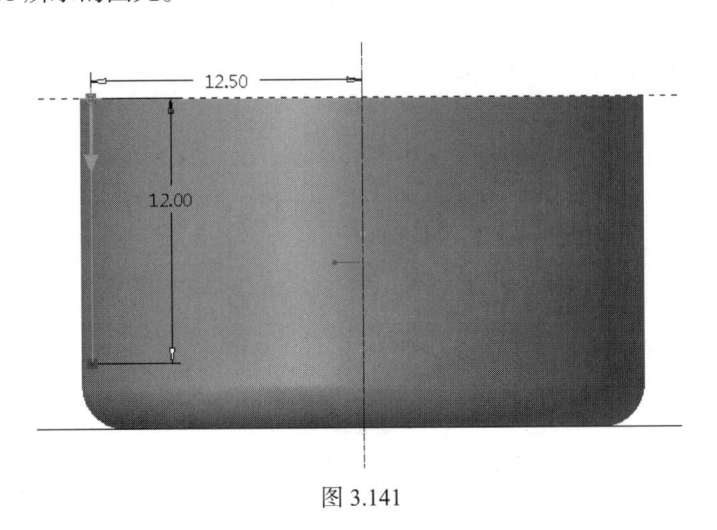

图 3.141

步骤4：单击"确定"按钮 ✓，选择单击"创建或编辑扫描截面"按钮，如图3.142所示。

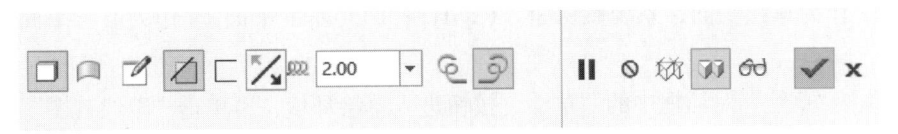

图 3.142

步骤 5：单击"草绘"面板上的"中心线"按钮 中心线，在草绘环境中绘制一条垂直中心线，并绘制如图 3.143 所示的三角形图元。

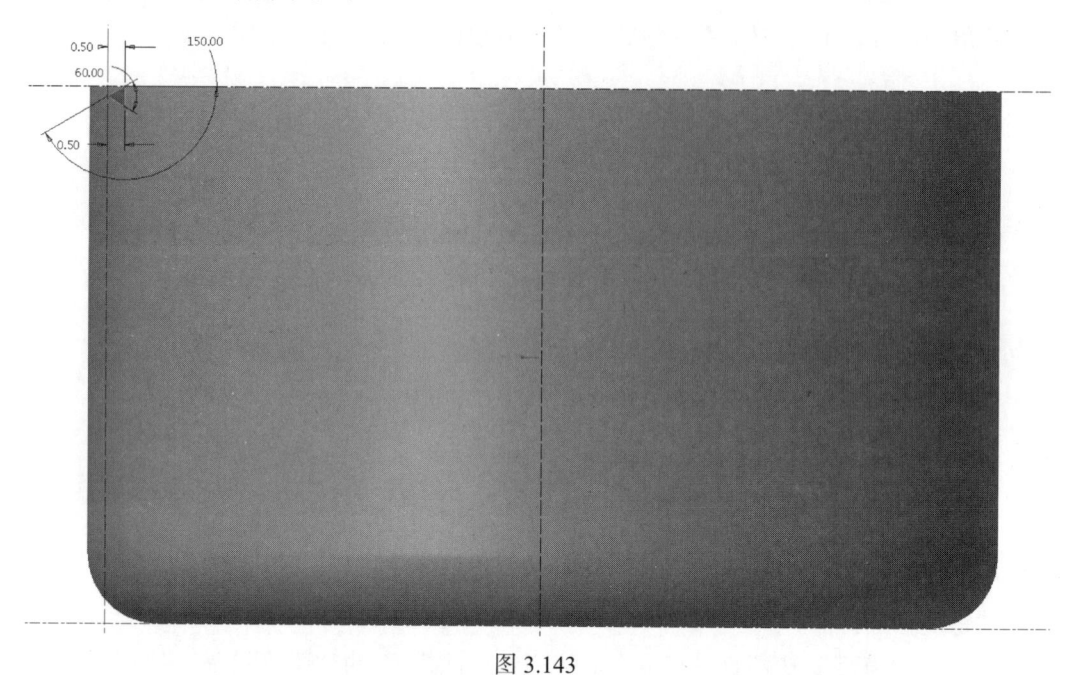

图 3.143

步骤 6：单击"确定"按钮，在"螺旋扫描"面板上单击"移除材料"按钮，修改螺距值为"2"，选择"右旋"按钮，如图 3.144 所示。

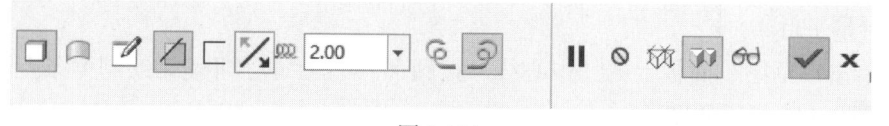

图 3.144

步骤 7：单击"确定"按钮，生成如图 3.145 所示的螺旋扫描特征。

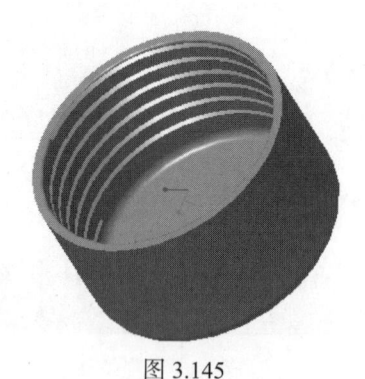

图 3.145

（7）创建扫描及倒圆特征。

步骤 1：单击"模型"功能区"基准"面板上的"草绘"按钮，弹出草绘对话框，选择"FRONT：F3（基准平面）"作为草绘平面，系统默认将"RIGHT：F1（基准平面）"作为参考平面，参考方向选择"右"。

步骤 2：单击"草绘"对话框中的"草绘"按钮进入草绘环境，再单击"草绘视图"按钮 草绘视图，使草绘平面与屏幕平行。

步骤3：单击"草绘"面板上的"中心线"按钮 中心线，在草绘环境中绘制两条中心线，并绘制如图 3.146 所示的图元，单击"确定"按钮 ✓。

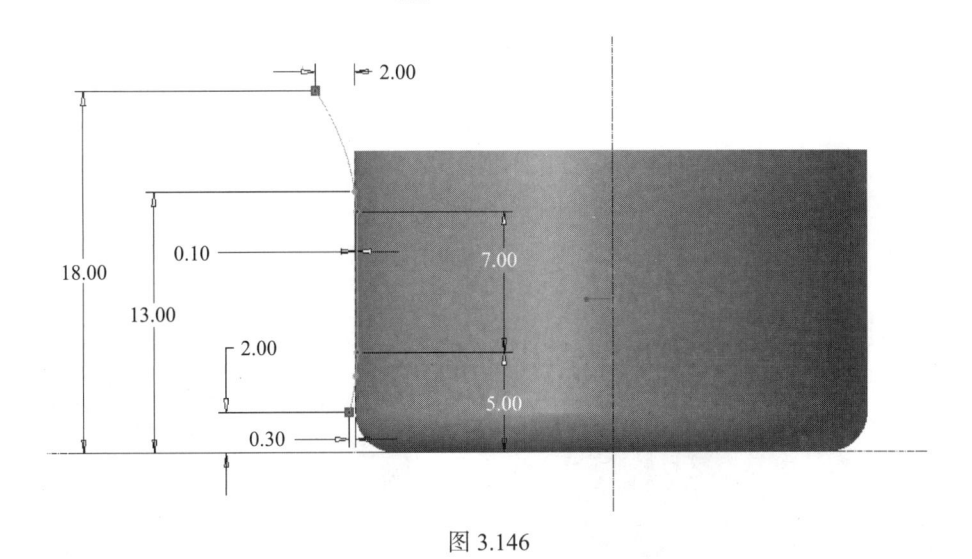

图 3.146

步骤4：单击"模型"功能区"形状"面板上的"扫描"按钮 扫描，在"扫描"面板上单击"创建或编辑扫描截面"按钮，如图 3.147 所示。

图 3.147

步骤5：单击"草绘视图"按钮 草绘视图，绘制如图 3.148 所示的图元。

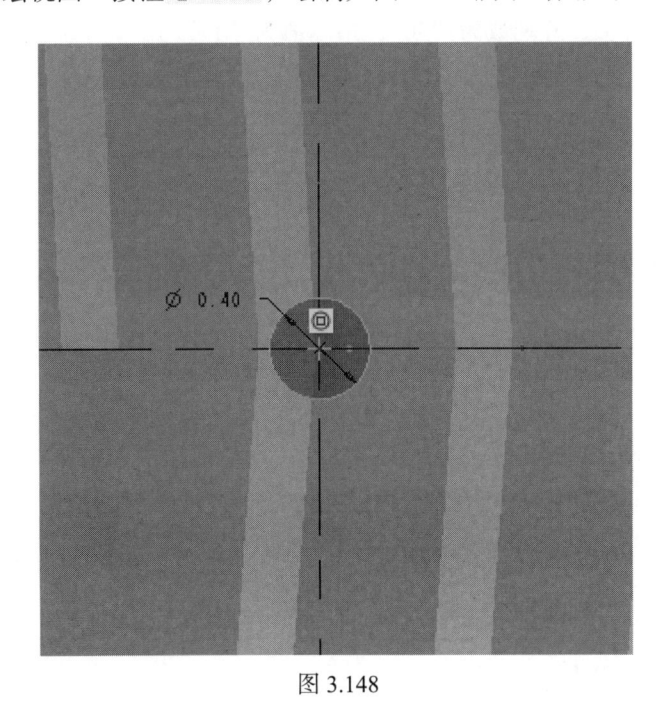

图 3.148

步骤6：单击"移除材料"按钮，然后单击"确定"按钮 ✓，如图 3.149 所示。

图 3.149

步骤 7：单击"模型"功能区中"工程"面板上的"倒圆角"按钮 ，修改倒圆角值为"0.2"，然后单击需要倒圆角的位置，得到如图 3.150 所示的模型特征。

步骤 8：单击"确定"按钮 ，生成如图 3.151 所示的扫描和倒圆角特征。

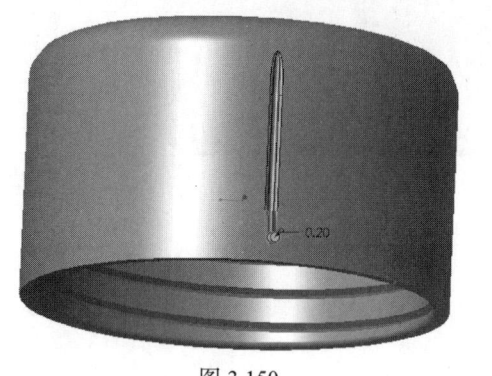

图 3.150 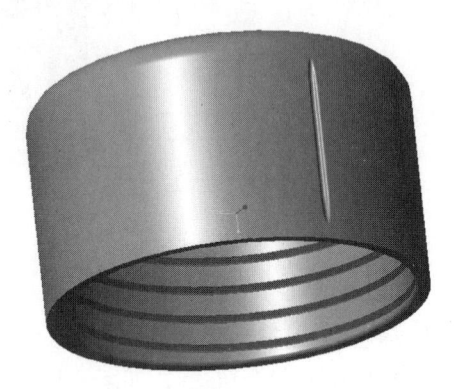　　　　　图 3.151

（8）创建阵列特征。

步骤 1：按住 Ctrl 键，单击"模型树"浏览器中的"扫描 1"和"倒圆角 3"，然后放开 Ctrl 键，再单击"创建局部组"按钮 。

步骤 2：单击"模型树"浏览器中的"组 LOCAL_GROUP"→"阵列"按钮 。

步骤 3：在图 3.152 所示的"阵列"操控面板中，单击"尺寸"按钮，在下拉面板中选择"轴"，并选择"Z"轴为阵列中心轴，阵列数为"30"，角度值为"12"。

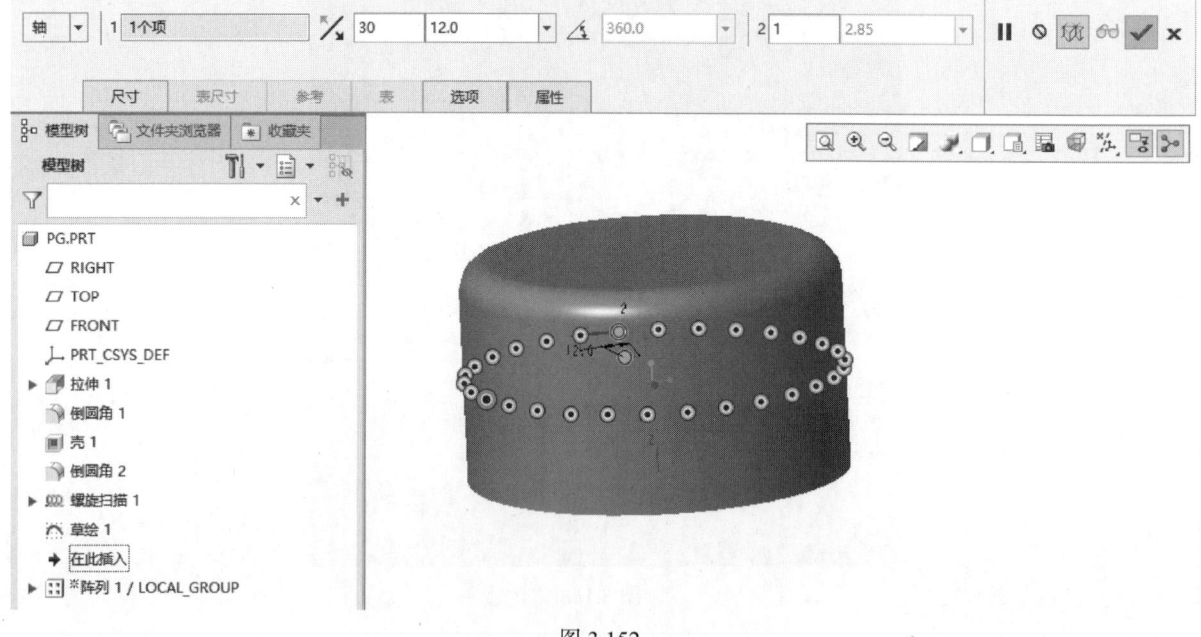

图 3.152

步骤4：单击"确定"按钮✓，生成轴阵列，如图3.153所示。

（9）保存模型。

完成瓶盖模型创建的所有操作。单击工具栏中的"文件"按钮，再单击"管理文件"按钮，系统打开"删除旧版本"对话框，单击"是"按钮，关闭窗口，保存瓶盖模型。

图 3.153

2）可乐瓶的绘制步骤

可乐瓶的绘制步骤见表3.12。

表 3.12

步　骤	创 建 内 容	模　　型
1	新建文件	—
2	建立瓶子主体	
3	创建倒圆角特征	

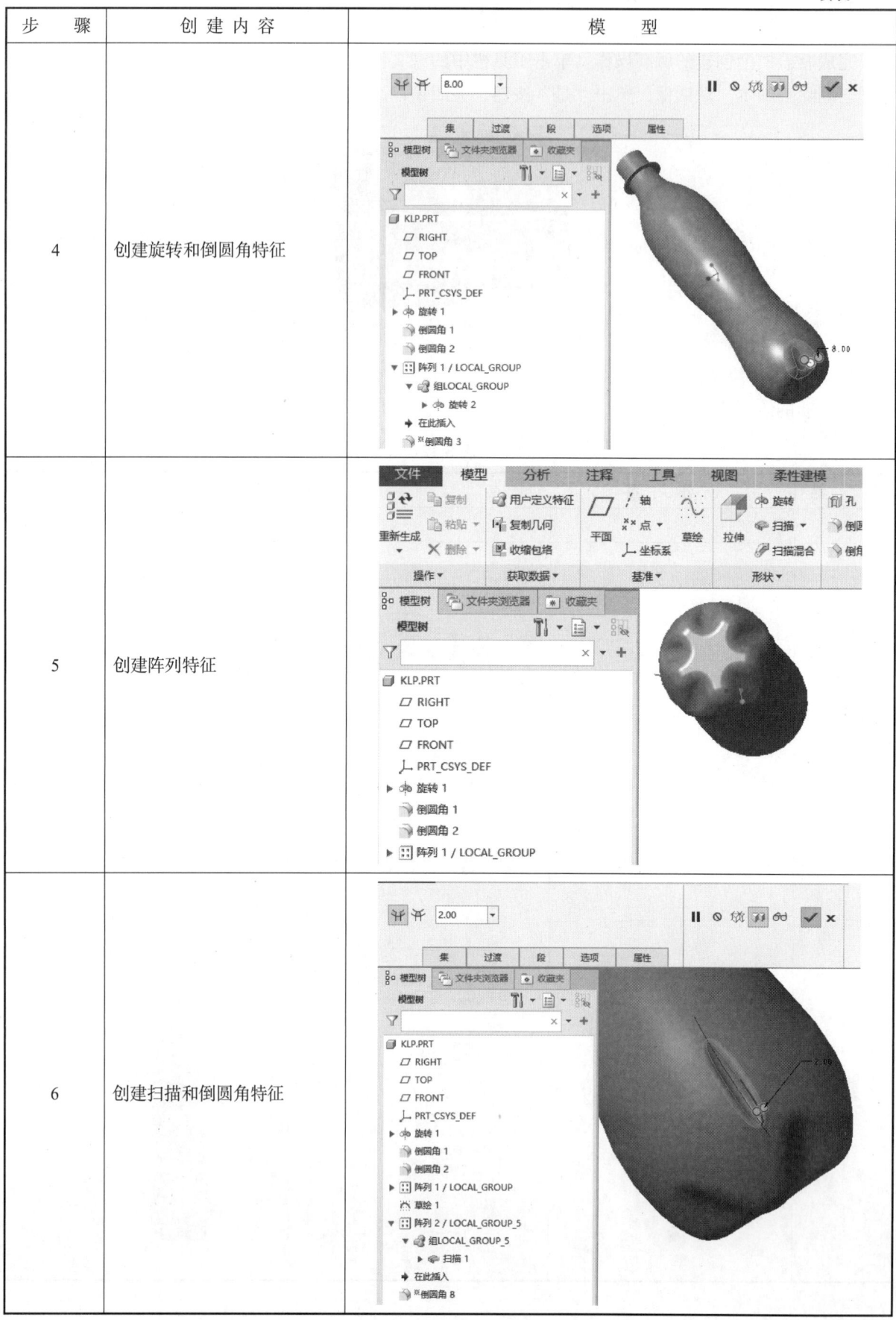

续表

步骤	创建内容	模型
4	创建旋转和倒圆角特征	
5	创建阵列特征	
6	创建扫描和倒圆角特征	

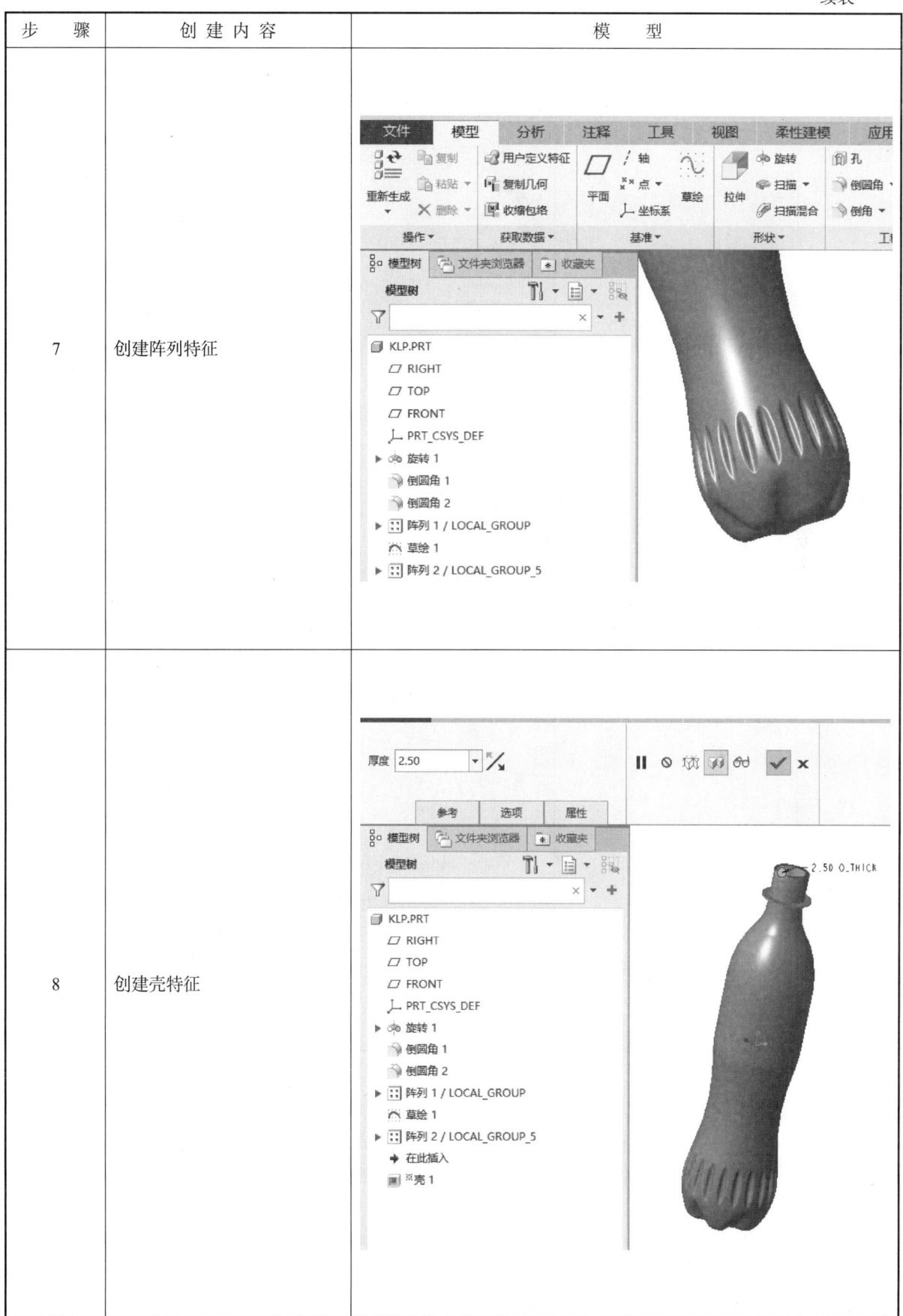

续表

步骤	创建内容	模型
7	创建阵列特征	
8	创建壳特征	

续表

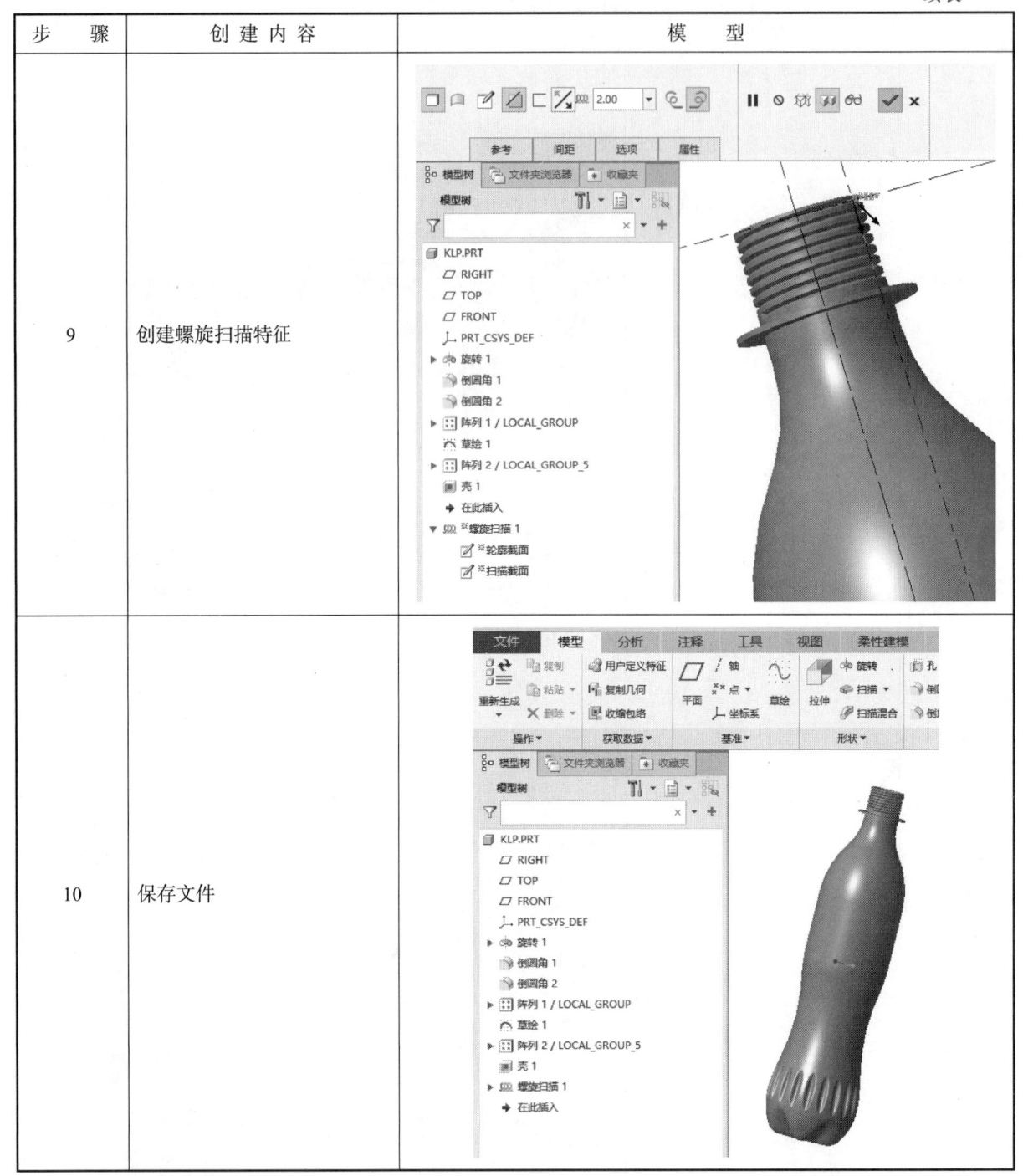

步　骤	创 建 内 容	模　型
9	创建螺旋扫描特征	
10	保存文件	

（1）新建文件。

打开 Creo Parametric5.0.0.0，单击菜单栏中的"新建"命令，在"类型"选项组中选"零件"按钮，在子类项中选"实体"按钮，在"文件名"处输入"KLP"，把"使用默认模板"的勾去掉，单击"确定"按钮。

在模板中选中"mmns_part_solid"，然后单击"确定"按钮，创建一个新的零件文件。

（2）建立瓶子主体。

步骤1：单击"模型"功能区中"形状"面板上的"旋转" 旋转 按钮，弹出"旋转"操控面板。

步骤 2：单击"放置"按钮后，再单击"定义"按钮，弹出"草绘"对话框，选择"FRONT"基准平面作为草绘平面，系统默认将"RIGHT"基准平面作为参考平面。

步骤 3：单击"草绘"对话框中的"草绘"按钮进入草绘环境，再单击"草绘视图"按钮 草绘视图，使草绘平面与屏幕平行。

步骤 4：单击"草绘"面板上的"中心线"按钮 中心线，在草绘环境中绘制两条相互垂直的中心线，并绘制如图 3.154 所示的图元。

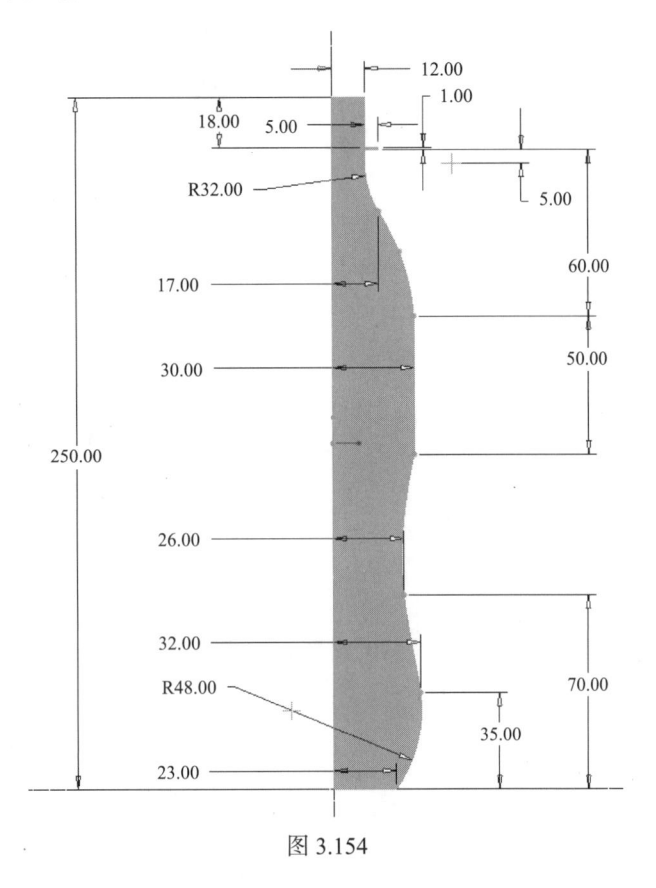

图 3.154

步骤 5：单击"确定"按钮 ✓，退出草绘环境，以绘制的中心线为旋转轴，系统显示一个旋转 360° 的旋转特征，特征预览效果如图 3.155 所示。

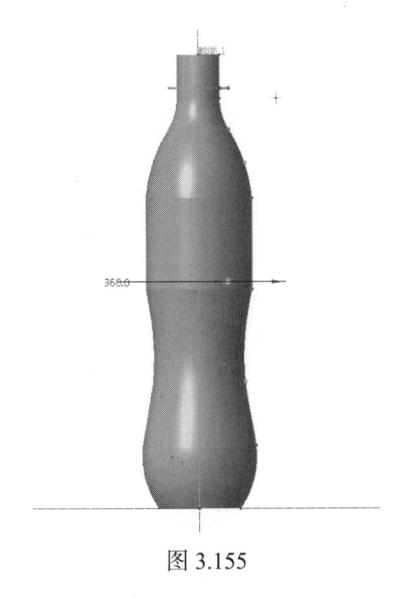

图 3.155

（3）创建倒圆角特征。

步骤1：单击"模型"功能区中"工程"面板上的"倒圆角"按钮 倒圆角，如图3.156所示，修改倒圆角值为"50"，然后单击需要倒圆角的位置。

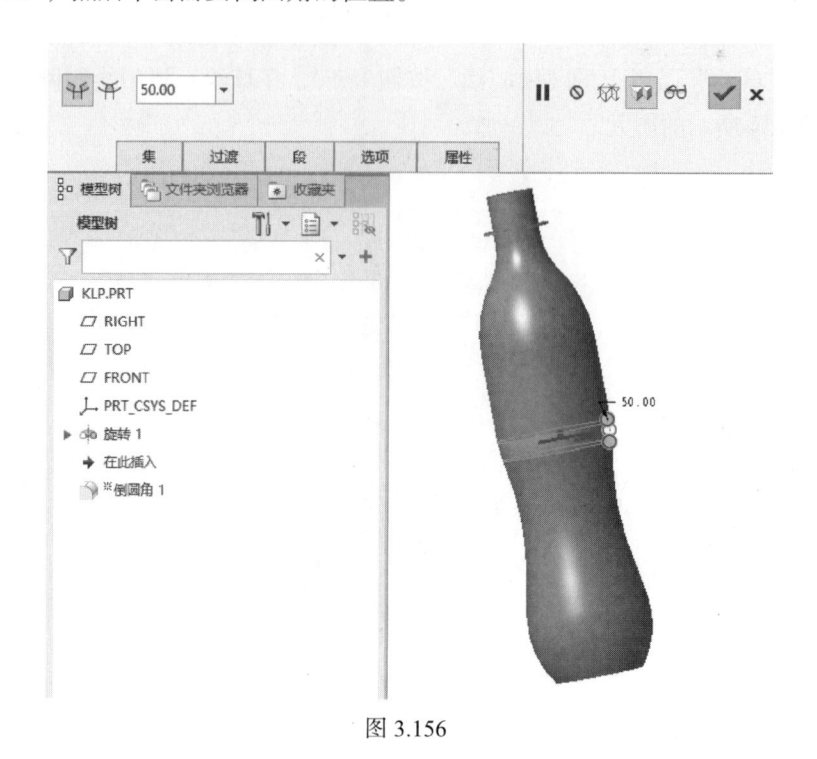

图3.156

步骤2：重复步骤1，修改倒圆角值为"10"，然后单击需要倒圆角的位置，如图3.157所示。

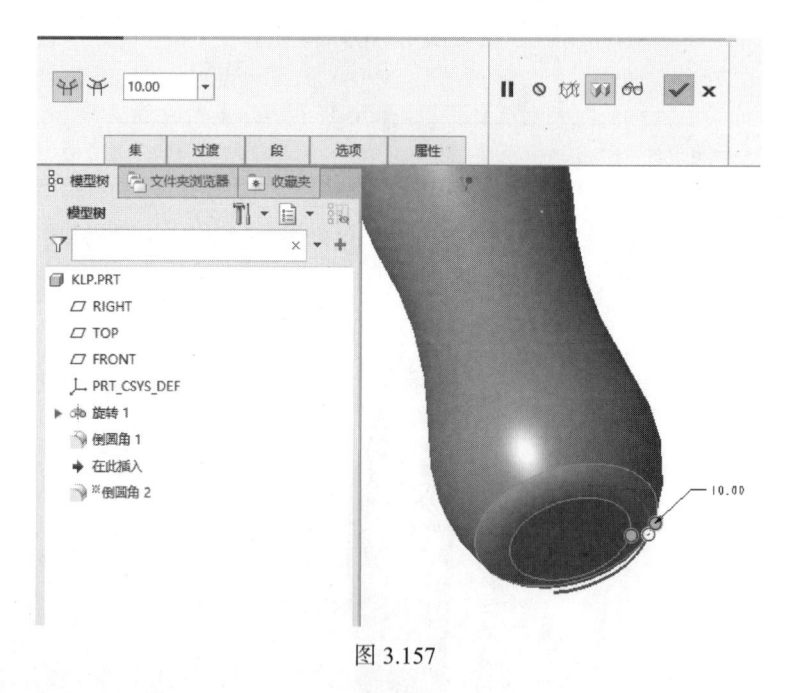

图3.157

（4）创建旋转和倒圆角特征。

步骤1：单击"模型"功能区中"形状"面板上的"旋转" 旋转 按钮，单击"放置"→"定义"按钮，弹出"草绘"对话框，选择"RIGHT"基准平面作为草绘平面，系统默认将"FRONT：F2（基准平面）"作为参考平面。

步骤2：单击"草绘"对话框中的"草绘"按钮进入草绘环境，单击"草绘视图"按钮 草绘视图，使草绘平面与屏幕平行。

步骤3：单击"草绘"面板上的"中心线"按钮 中心线，在草绘环境中绘制一条与水平面成45°的中心线，并绘制如图3.158示的图元。

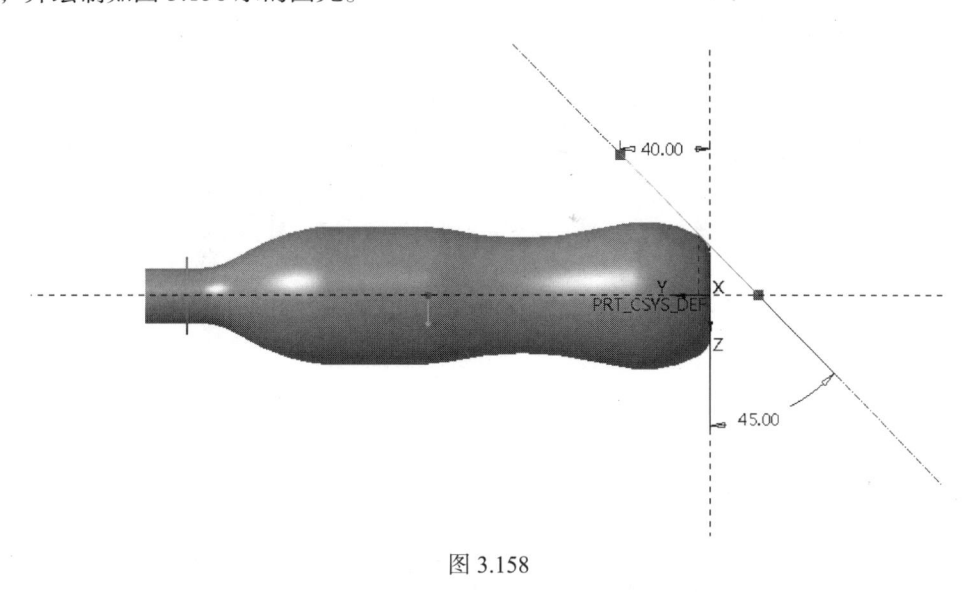

图3.158

步骤4：单击"草绘"面板上的"偏移"按钮 偏移，输入偏移值为"-6"，然后绘制封闭的图元，如图3.159所示。

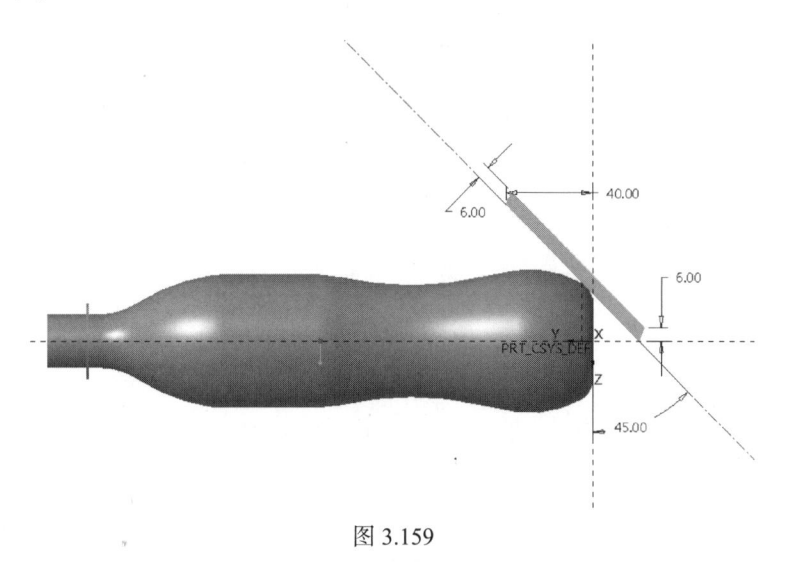

图3.159

步骤5：单击"确定"按钮，得到如图3.160所示的"旋转"操控面板，再单击"去除材料"按钮，最后单击"确定"按钮。

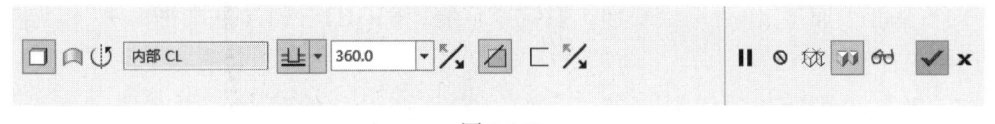

图3.160

步骤6：单击"模型"功能区中"工程"面板上的"倒圆角"按钮 倒圆角，如图3.161所示，修改倒圆角值为"8"，然后单击需要倒圆角的位置。

图 3.161

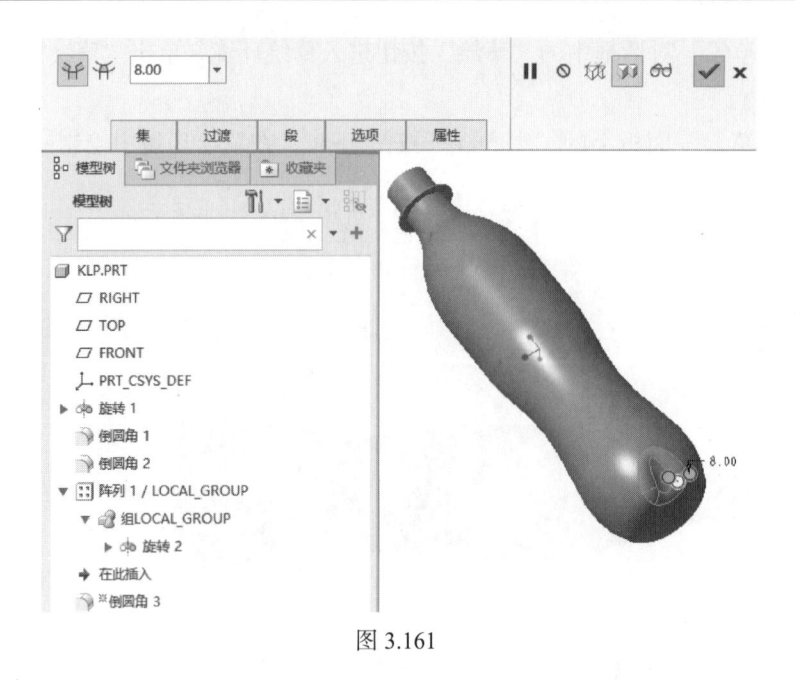

步骤 7：单击"确定"按钮 ✓，生成如图 3.162 所示的倒圆角特征。

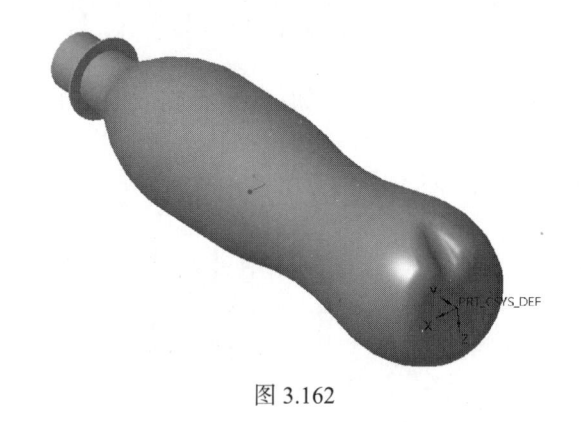

图 3.162

（5）创建阵列特征。

步骤 1：按住 Ctrl 键，单击"模型树"浏览器中的"旋转 2"和"倒圆角 3"，放开 Ctrl 键，单击"创建局部组"按钮 。

步骤 2：单击"模型树"浏览器中的"组 LOCAL_GROUP"→"阵列"按钮 。

步骤 3：在图 3.163 所示的"阵列"操控面板中，单击"尺寸"按钮，在下拉面板中选择"轴"，选择"Y"轴为阵列中心轴，阵列数为"5"，角度值为"72.0"。

步骤 4：单击"阵列"操控面板中的"确定"按钮 ✓，生成轴阵列，如图 3.164 所示。

（6）创建扫描和倒圆角特征。

步骤 1：单击"模型"功能区中"基准"面板上的"草绘"按钮 ，弹出"草绘"对话框，选择"FRONT：F3（基准平面）"作为草绘平面，系统默认将"RIGHT：F1（基准平面）"作为参考平面，参考方向选择"右"。

步骤 2：单击"草绘"对话框中的"草绘"按钮进入草绘环境，再单击"草绘视图"按钮 ，使草绘平面与屏幕平行。

步骤 3：单击"草绘"面板上的"中心线"按钮 ，在草绘环境中绘制两条中心线，并绘制如图 3.165 所示的图元，单击"确定"按钮 ✓。

• 108 •

图 3.163

图 3.164

图 3.165

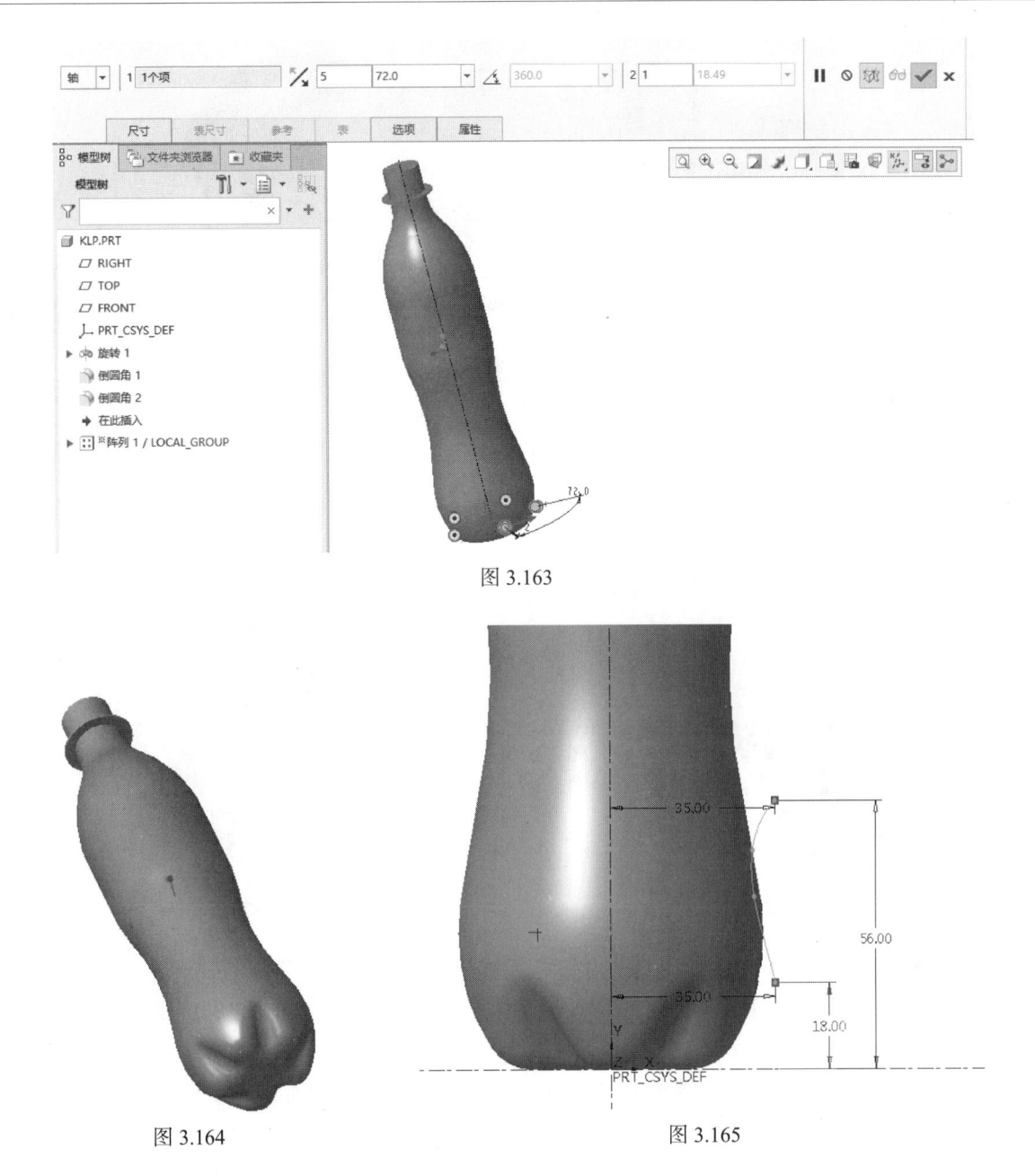

步骤 4：单击"模型"功能区中"形状"面板上的"扫描"按钮 扫描，再在"扫描"面板上单击"创建或编辑扫描截面"按钮，如图 3.166 所示。

图 3.166

步骤 5：单击"草绘视图"按钮 草绘视图，绘制如图 3.167 所示的图元。

步骤 6：单击"移除材料"按钮，再单击"确定"按钮，如图 3.168 所示。

步骤 7：单击"模型"功能区中"工程"面板上的"倒圆角"按钮 倒圆角，修改倒圆角值为"2"，然后单击需要倒圆角的位置，如图 3.169 所示。

步骤 8：单击"确定"按钮，生成如图 3.170 所示的扫描和倒圆角特征。

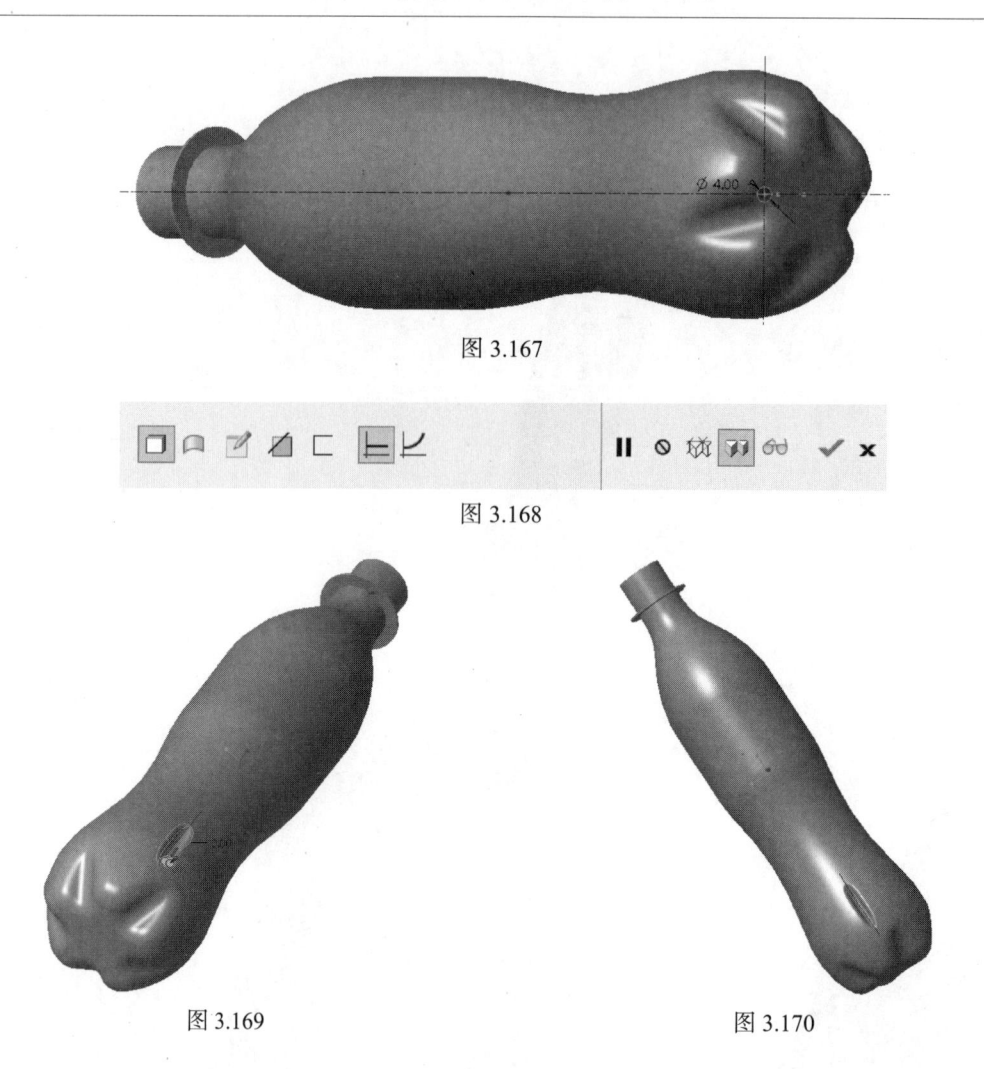

图 3.167

图 3.168

图 3.169　　　　　　　　　　　图 3.170

（7）创建阵列特征。

步骤 1：按住 Ctrl 键，单击"模型树"浏览器中的"扫描 1"和"倒圆角 8"，放开 Ctrl 键，单击"创建局部组"按钮。

步骤 2：单击"模型树"浏览器中的"组 LOCAL_GROUP5"，再单击"阵列"按钮。

步骤 3：在"阵列"操控面板中单击"尺寸"按钮，在下拉面板中旋转"轴"，选择"Y"轴为阵列中心轴，阵列数为"20"，角度值为"18"，单击"确定"按钮，生成轴阵列，如图 3.171 所示。

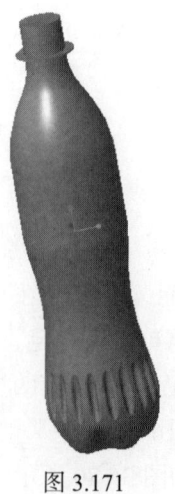

图 3.171

(8)创建壳特征。

步骤1：单击"模型"功能区中"工程"面板上的"壳"按钮 ▣壳，打开如图3.172所示的"壳"操控面板。

图 3.172

步骤2：选择瓶子顶面为壳特征的开口面，在"壳"操控面板中的"厚度"框输入"2.5"，单击"确定"按钮✓，生成如图3.173所示的等壁壳特征。

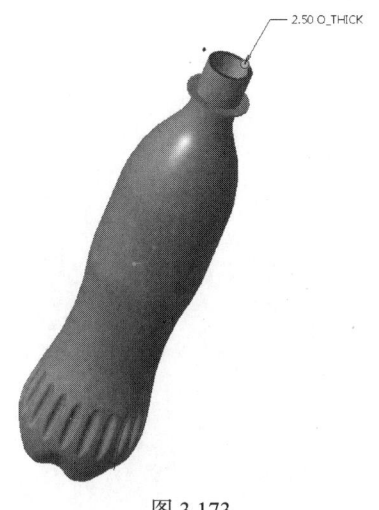

图 3.173

(9)创建螺旋扫描特征。

步骤1：单击"模型"功能区中"形状"面板上"扫描"下拉菜单的"螺旋扫描"按钮，单击"放置"→"定义"按钮，弹出"草绘"对话框，选择"RIGHT：F1（基准平面）"作为草绘平面，系统默认将"FRONT：F3（基准平面）"作为参考平面，方向选择"左"。

步骤2：单击"草绘"对话框中的"草绘"按钮进入草绘环境，再单击"草绘视图"按钮 草绘视图，使草绘平面与屏幕平行。

步骤3：单击"草绘"面板上的"中心线"按钮 中心线，在草绘环境中绘制两条互相垂直的中心线，并绘制如图3.174所示的图元。

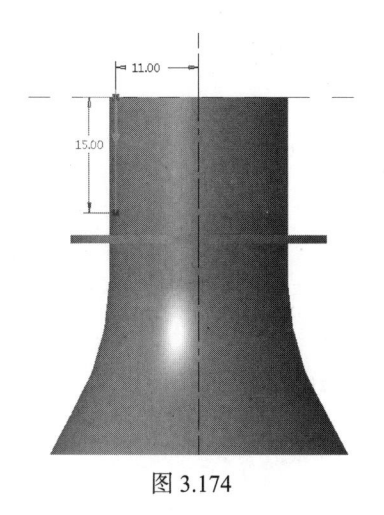

图 3.174

步骤 4：单击"确定"按钮 ✓，选择单击"创建或编辑扫描截面"按钮 ☑，如图 3.175 所示。

图 3.175

步骤 5：单击"草绘"面板上的"中心线"按钮 中心线，在草绘环境中绘制一条垂直中心线，并绘制三角形图元，如图 3.176 所示。

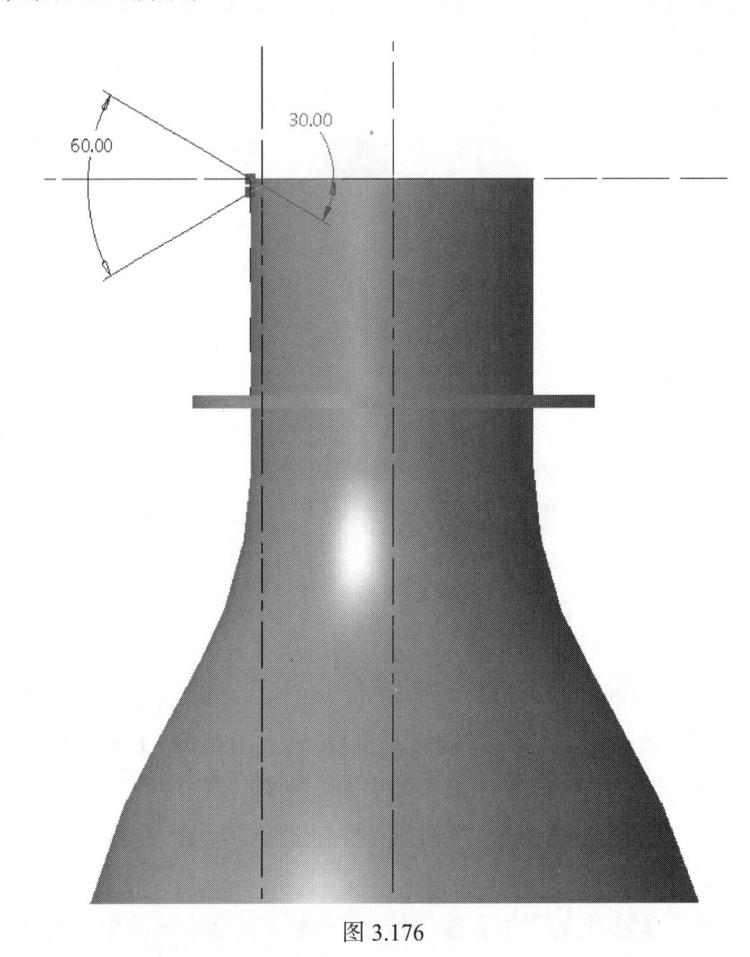

图 3.176

步骤 6：单击"确定"按钮，在"螺旋扫描"面板上单击"移除材料"按钮 ☑，修改螺距值为"2" 2.00，选择"右旋" ⟲，如图 3.177 所示。

图 3.177

步骤 7：单击"确定"按钮 ✓，生成如图 3.178 所示的螺旋扫描特征。

（10）保存文件。

完成瓶盖模型创建的所有操作，获得零件实体如图 3.179 所示。单击工具栏中的"文件"按钮，再单击"管理文件"按钮，系统打开"删除旧版本"对话框，单击"是"按钮，关闭窗口，保存瓶盖模型。

图 3.178　　　　　　　　　　　　　　图 3.179

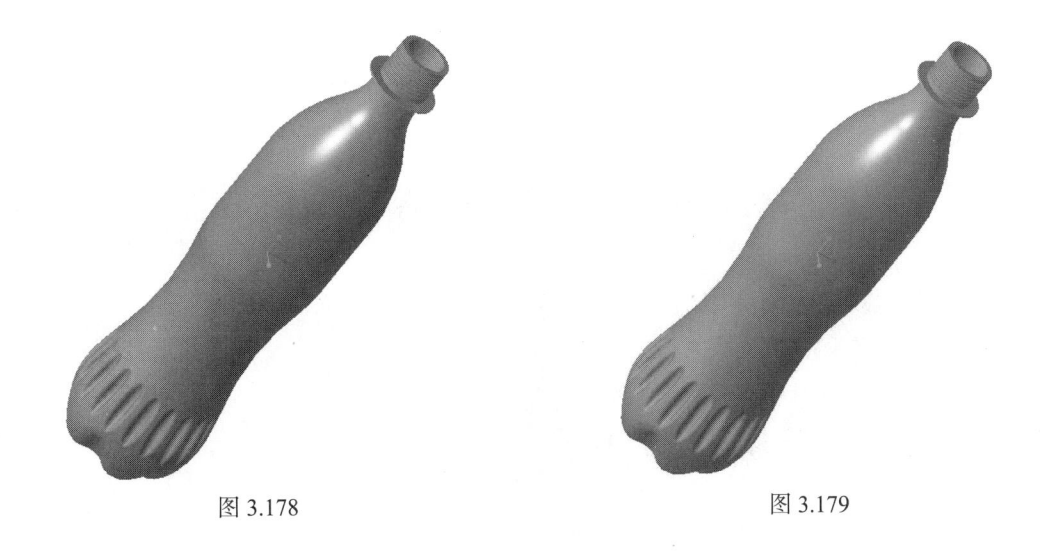

2. 可乐瓶和瓶盖模型的打印

（1）将模型导出为快速成型 *.stl 文件。

（2）切片处理，将可乐瓶和瓶盖模型文件加载到 Modellight 3D 打印系统，如图 3.180 所示。参考项目 3 任务 3.1 中"3. 方块变形机器人模型打印"的切片软件具体操作步骤，对加载的可调手机支架进行合理放置，以及设置好各项打印参数。

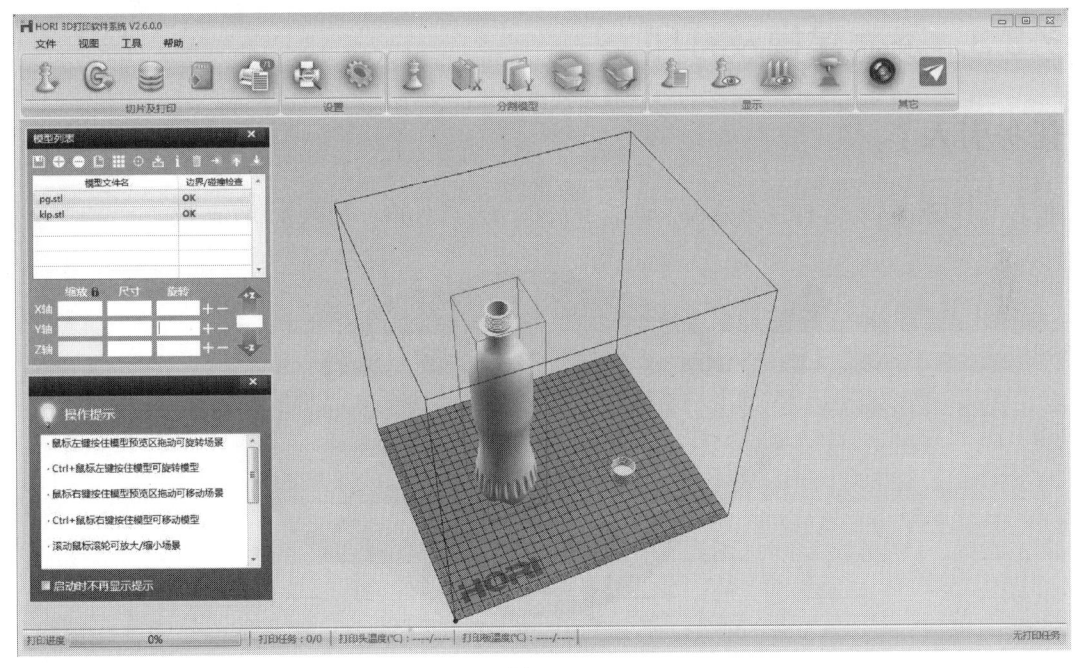

图 3.180

（3）参照任务 3.1 "打印模型"，在 Modellight 3D 打印系统导出切片数据，生成机器码保存 *.gcode 文档。将 *.gcode 文件复制到 SD 卡，然后把 SD 卡插入相应机器即可实现脱机打印。

3. 可乐瓶和瓶盖模型的打印后处理

（1）取出模型。打印完毕后，将打印平台降至零位，使用撬棒或铲子等工具将模型底部与平台底板撬开分离，取出模型，注意不要损坏模型比较薄弱的地方。

（2）去除支撑。使用刀片、斜口剪、尖嘴钳等工具，将模型在打印过程中生成的支撑去除。

（3）打磨模型。使用砂纸、锉刀等工具，对模型进行必要的打磨及清洁，完成可乐瓶模型的打印，如图3.181所示。

图 3.181

任务3.3 茶壶建模及打印

【任务引入】

根据各零件图纸进行零件三维建模，然后进行打印及后处理，如图3.182所示。

图 3.182

【任务分析】

茶壶由壶身和壶盖两部分装配组成，前面章节我们已经学习了零件设计中的基础特征操作：扫描、扫描混合、旋转、倒圆角、薄壳等功能来建模创建零件实体。前面章节已对旋转、倒圆角、薄壳知识点讲解完毕，此章节主要对扫描、扫描混合知识点进行讲解。完成壶身和壶盖零件建模后将零件模型导入3D打印切片软件进行处理，获得STL文件，传输到3D打印机分别打印出两个模型。

【相关知识】

1. 扫描特征

扫描特征是将创面沿着指定的轨迹线扫描而生成的一类实体特征。要创建扫描特征，需要定义一个扫描剖面和扫描轨迹。在定义扫描轨迹时，需要注意扫描轨迹自身不相交，扫描轨迹中的圆弧或曲线半径不宜太小。

1）"扫描"操控面板

单击"模型"选项卡中"形状"组上的"扫描"按钮，系统打开如图 3.183 所示的"拉伸"操控面板。

图 3.183

"扫描"操控面板中的按钮功能介绍见表 3.13。

表 3.13

按 钮	说　明
□	创建实体
⌒	创建曲面
✎	创建或编辑扫描截面
⊥	沿扫描进行草绘时，截面保持不变（默认）
⌐	截面可根据参数或沿扫描
◪	移除材料
⌐	加创建薄板特征

2）下拉面板

单击"拉伸"操控面板中的"放置"按钮，系统打开"拉伸"特征的下拉面板，如图 3.184 所示。下拉面板中的按钮功能介绍见表 3.14。

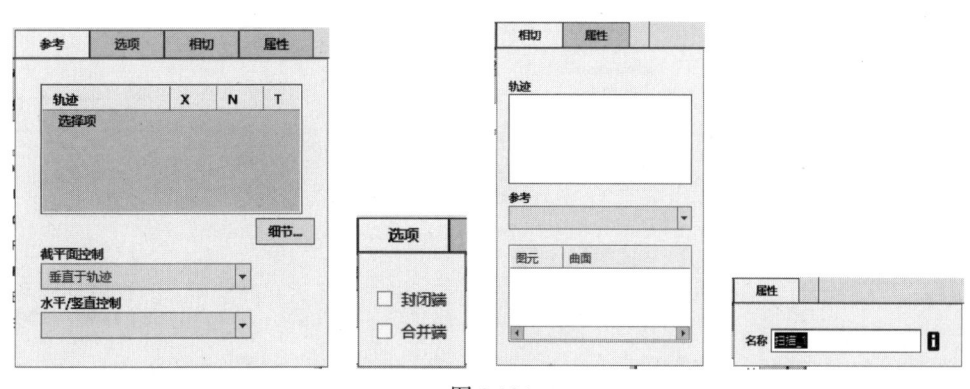

图 3.184

表 3.14

按 钮	说 明
参考	选择或修改构图基准面。单击"细节"按钮可以创建或更改截面
选项	通过勾选"封闭端"复选框创建终止曲面
	通过勾选"合并端"复选框将轨迹两端的几何与零件合并
属性	同以上章节

2. 扫描混合特征

创建具有扫描混合几何的板段或曲面。在扫描混合段不是第一段时，使用此工具创建一个实体切口。通过草绘一个轨迹和在该轨迹的指定段顶点或基准点上混合的多个截面，创建扫描混合几何。可通过指定绕 z 轴的旋转角度确定截面方向。

1）"扫描"混合操控板

单击"模型"选项卡中"形状"组上"扫描混合"按钮，系统打开如 3.185 所示的"拉伸"控制面板。

图 3.185

"扫描混合"控制面板中的按钮功能介绍见表 3.15。

表 3.15

按 钮	说 明
	创建实体
	创建曲面
	移除材料
	加创建薄板特征

2）下拉面板

单击"拉伸混合"系统打开"拉伸混合"特征的下拉面板，如图 3.186 所示。下拉面板中的按钮功能介绍见表 3.16。

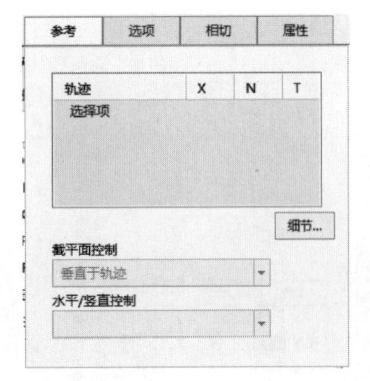

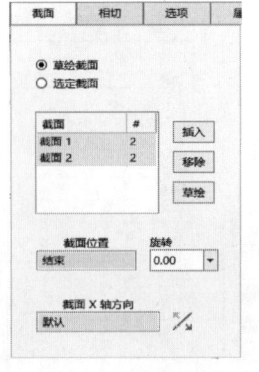

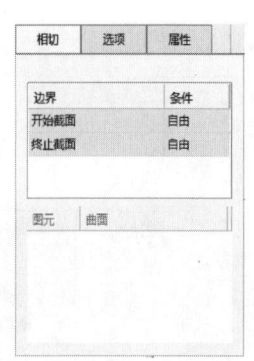

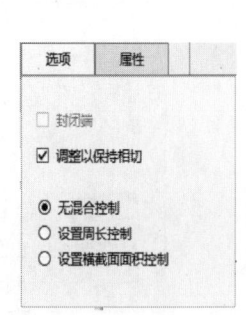

图 3.186

表 3.16

按 钮	说 明
参考	选择或修改构图基准面。单击"细节"按钮可以创建或更改截面
截面	草绘/选定截面。插入或移除截面。截面开始/结束旋转角度
相切	开始/终止截面边界设置。下拉菜单可以选择"自由""相切""垂直"
选项	无混合控制：默认
	设置周长控制：设置为在截面之间，使混合周长发生线性变化。可勾选通过混合中心创建曲线
	设置横截面面积控制：设置为指定扫描混合特定位置的横截面面积
属性	同以上章节

【任务实施】

1. 茶壶建模

创建茶壶零件图如图 3.187 所示。该零件模型主要利用旋转特征，进行扫描、扫描混合两项工程特征操作。创建模型的步骤见表 3.17。

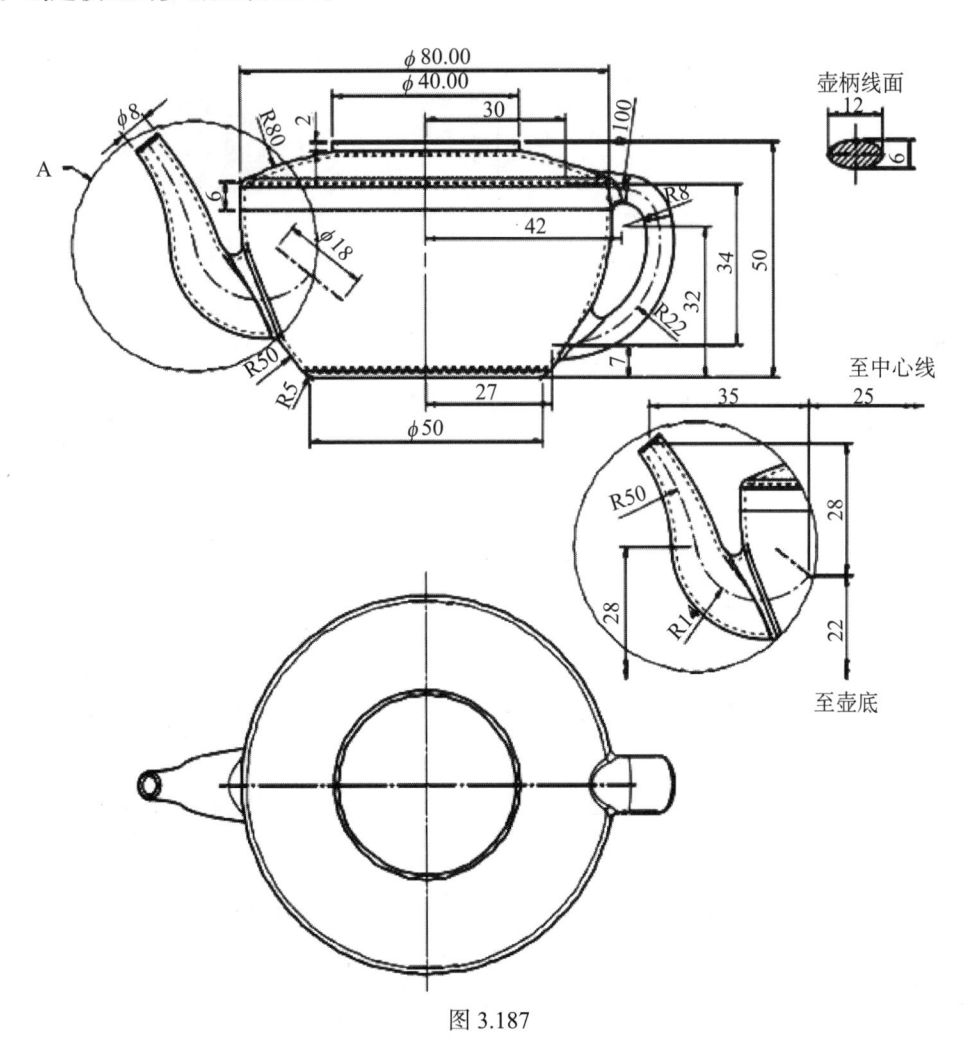

图 3.187

表 3.17

步骤	创建内容	模型
1	新建文档	—
2	创建旋转实体 1	
3	创建扫描实体 2	
4	创建扫描混合实体 3	
5	创建倒圆角 R5	
6	创建倒圆角 R2	
7	创建倒圆角 R2	
8	创建薄壳	
9	创建拉伸除料	
10	创建倒圆角 R0.5	
11	保存模型	

（1）新建文件。

单击工具栏中的"新建"按钮，弹出"新建"对话框。在"类型"中选择"零件"，在文件名中输入"茶壶"，取消勾选"使用默认模块"，单击"确定"按钮，弹出"新文件选项"对话框，然后单击"确定"按钮，进入 Creo Parametric 5.0 实体建模界面。

(2) 创建旋转实体 1。

步骤 1：单击"模型"选项卡中"形状"组的"旋转"按钮，打开"旋转"操控面板，单击"放置"按钮，在打开的下拉面板中单击"定义"按钮，弹出"草绘"对话框，在绘图区选中基准平面 FRONT 面作为草绘平面，其余选项为系统默认值，单击"草绘"按钮，进入草绘界面。再单击视图控制工具栏中的"草绘视图"按钮，使草绘平面调整到正视于用户的视角。

步骤 2：草绘如图 3.188 所示。完成旋转实体 1 截面草图，单击"确定"按钮，退出草绘界面。

步骤 3：在"旋转"控制面板中的旋转角度数值框中输入 360，单击"确定"按钮，完成旋转实体 1 的创建。单击视图控制工具栏中的"选择视图方向"按钮，在下拉选项中选择"标准方向"，拉伸实体 1 如图 3.188 所示。

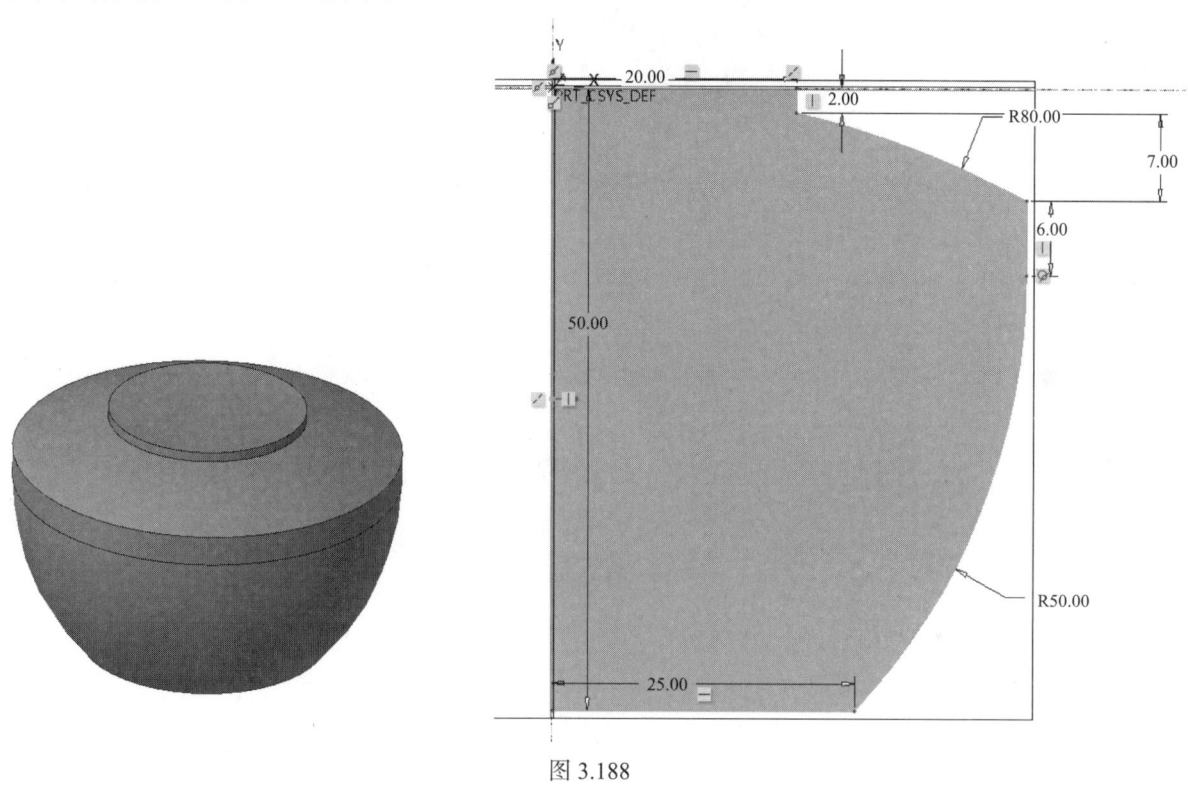

图 3.188

(3) 创建扫描实体 2。

步骤 1：如图 3.189 所示，绘制中心线、$\phi 16$ 圆弧。

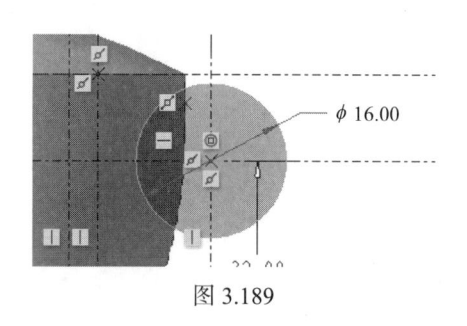

图 3.189

小提示：单击"中心线"按钮，使用中心线进行定位，确定圆弧的起点和终点，以及部分圆弧圆心的定位尺寸，可以减少约束重复，以及在设置定形尺寸过程中，避免出现设置失败。

步骤 2：绘制切弧 R50。已知条件：切弧上一点经过茶壶中心轴偏移 30mm，与实体 1 的边缘相交于一点。如图 3.190 所示。与 φ16 圆弧相切。

步骤 3：绘制切弧 R22。已知条件：切弧上一点经过实体 1 边缘偏移 32mm，茶壶中心轴偏移 27mm。与 φ16 圆弧相切，两内切弧圆心距为 28，绘制 R28 圆弧，R22 圆心必经过此弧。最后约束尺寸如图 3.191 所示。

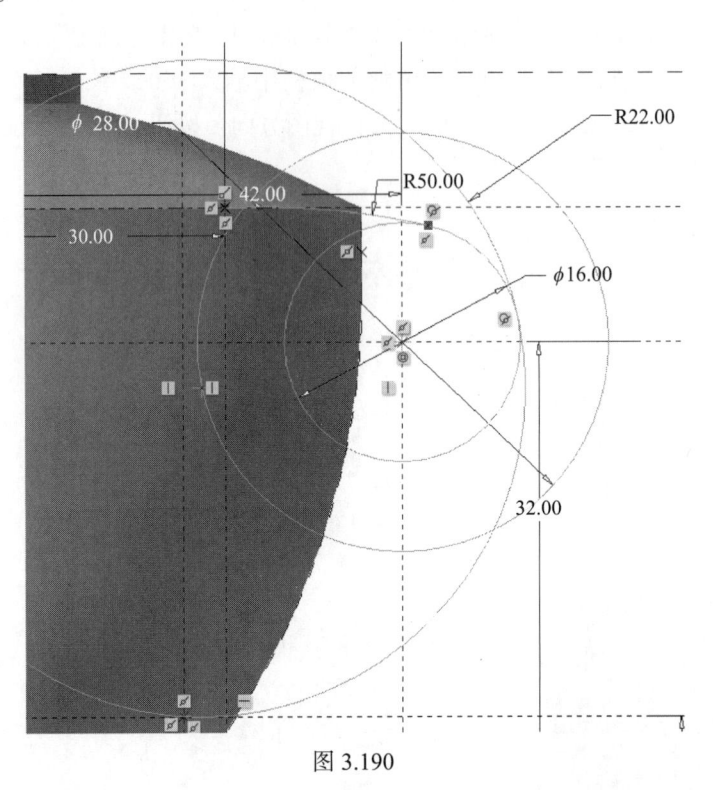

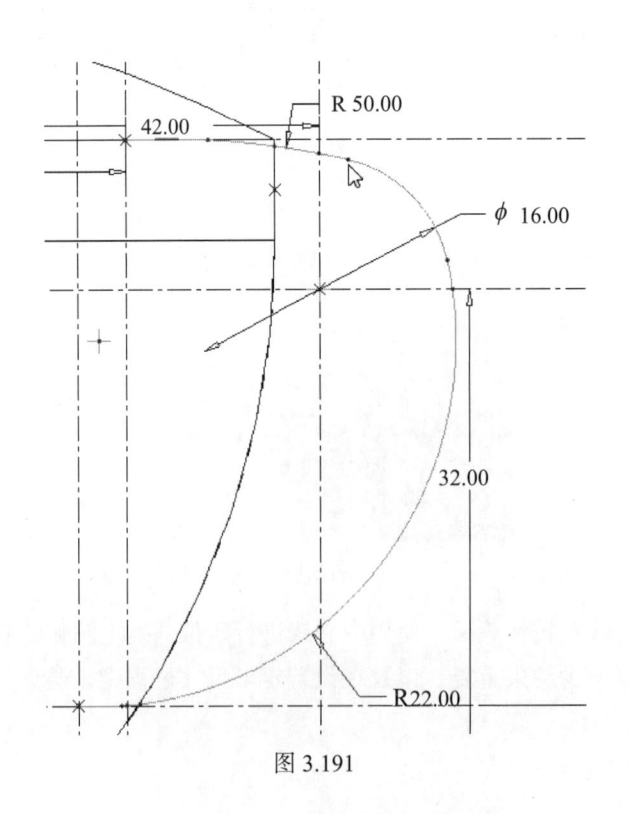

图 3.190

图 3.191

步骤 4：完成扫描实体 2 的轨迹草图，如图 3.192 所示，单击"确定"按钮✓，退出草绘。

单击刚绘制轨迹的下端点，进入截面绘制界面。在下拉菜单中单击"截面"，可随时修改和设置截面的各项参数。如图 3.193 所示。

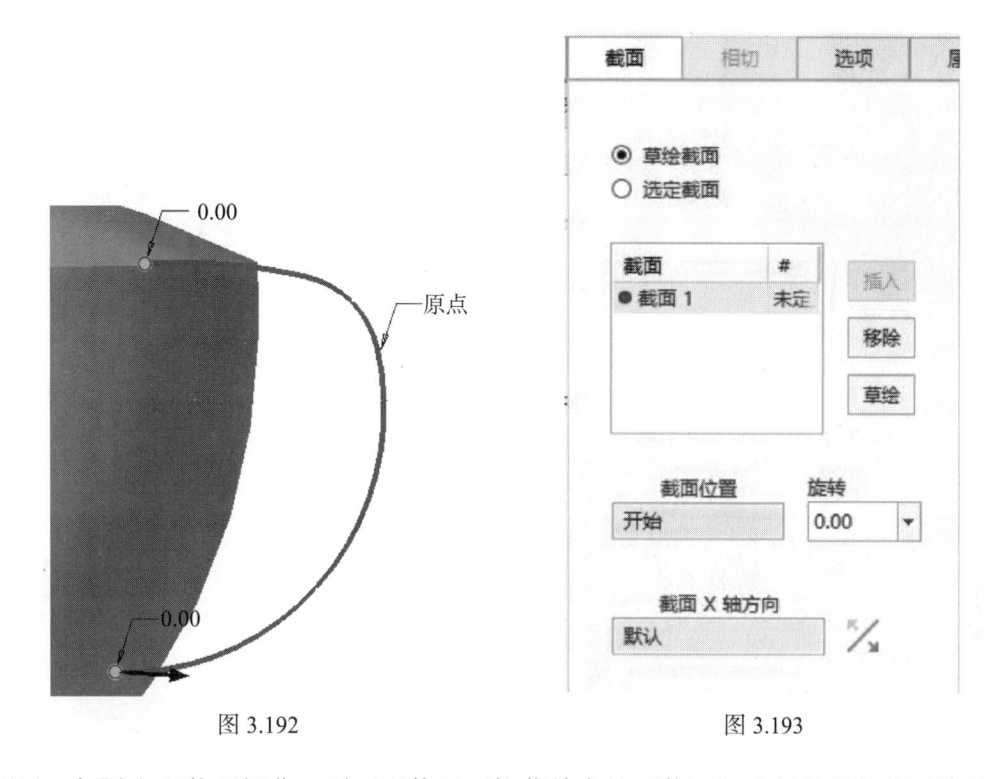

图 3.192　　　　　　　　图 3.193

小提示：如果出现截面扭曲，则可以使用下拉菜单中的"截面"选项卡进行截面旋转，从而控制扫描截面的起点位置。

步骤 5：单击"截面"选项卡中的"草绘"按钮，打开"截面草绘"操控面板，使用椭圆命令进行绘制。如图 3.194 所示。

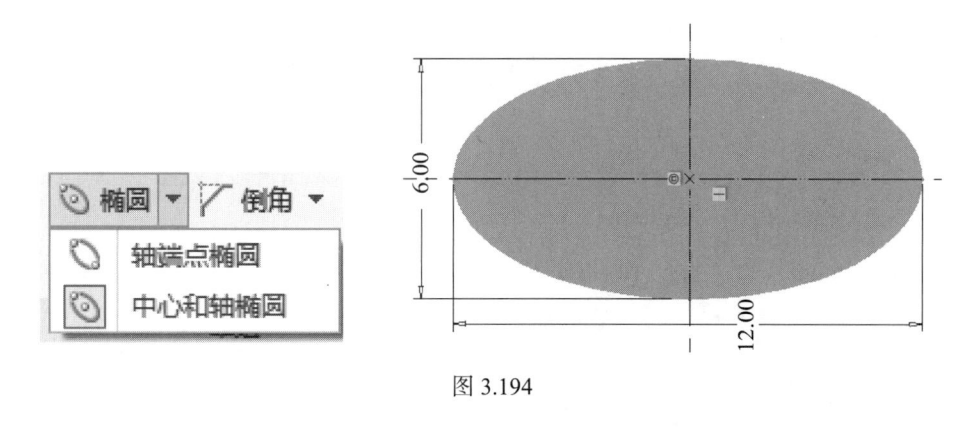

图 3.194

单击"确定"按钮✓，退出草绘，如图 3.195 所示。

（4）创建扫描混合实体 3。

步骤 1：如图 3.196 所示，绘制定位中心线。

图 3.195　　　　　　　　　　　　　图 3.196

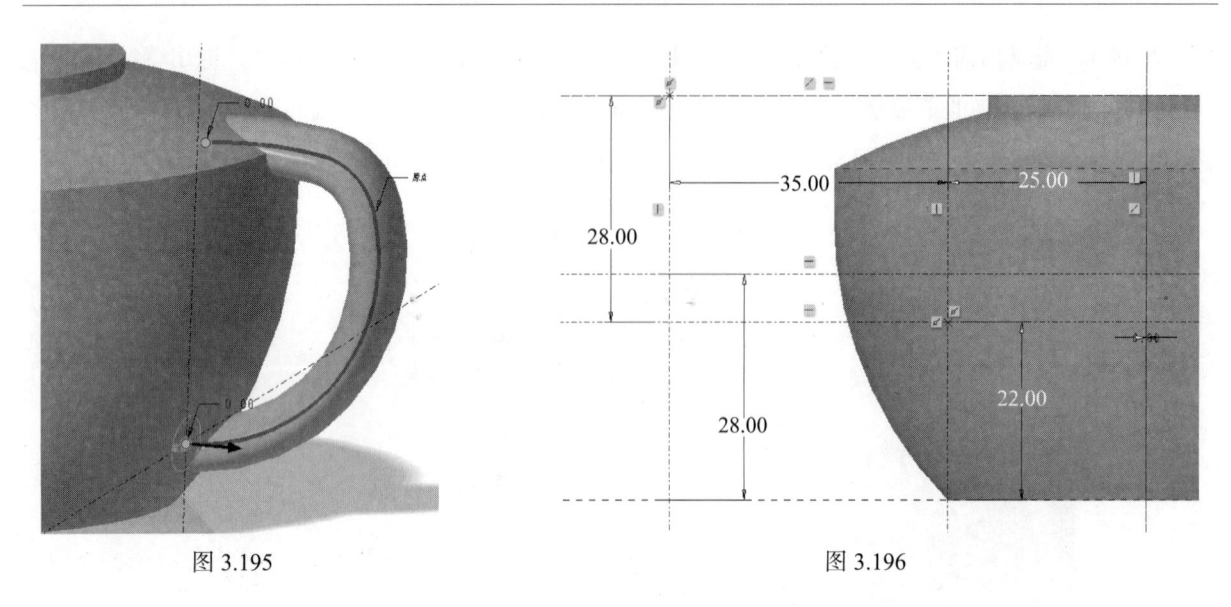

步骤 2：绘制圆弧 R50，如图 3.197 所示；切弧 R22，如图 3.198 所示。

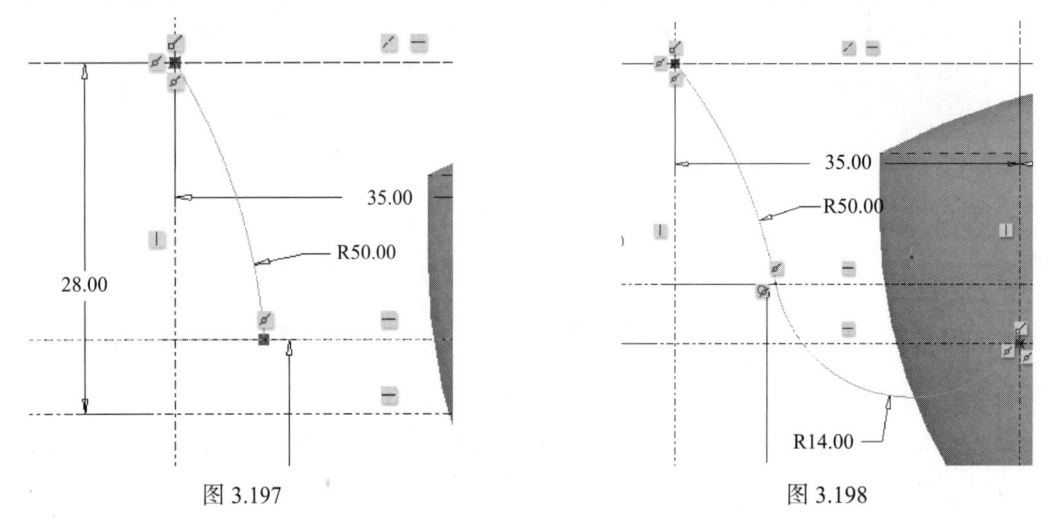

图 3.197　　　　　　　　　　　　　图 3.198

步骤 3：完成扫描实体 2 的轨迹草图，如图 3.199 所示，单击"确定"按钮✓，退出草绘。

单击"截面"菜单，进入截面设置界面。截面为 2 个，先选择截面 1，单击"草绘"按钮，如图 3.200 所示。

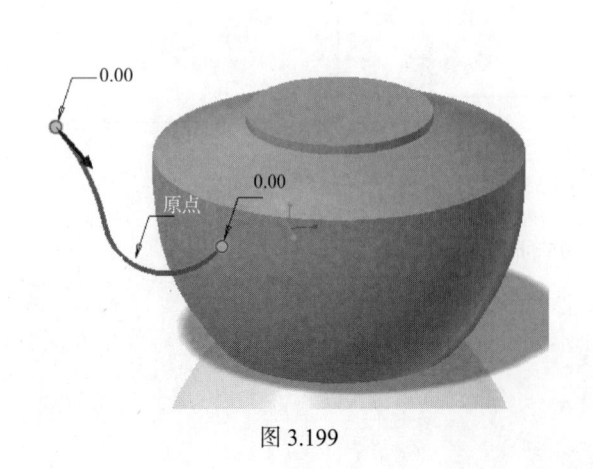

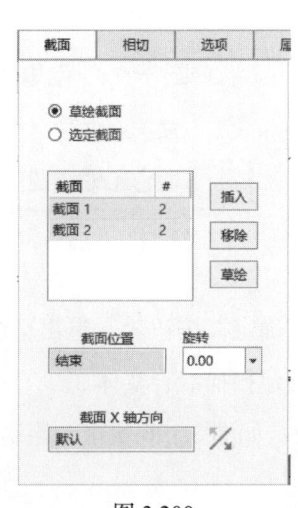

图 3.199　　　　　　　　　　　　　图 3.200

步骤 4：使用圆命令绘制"截面 1"，单击"确定"按钮✓，退出草绘，如图 3.201 所示。单击截面设置界面，选择"截面 2"，单击"草绘"按钮，如图 3.202 所示。

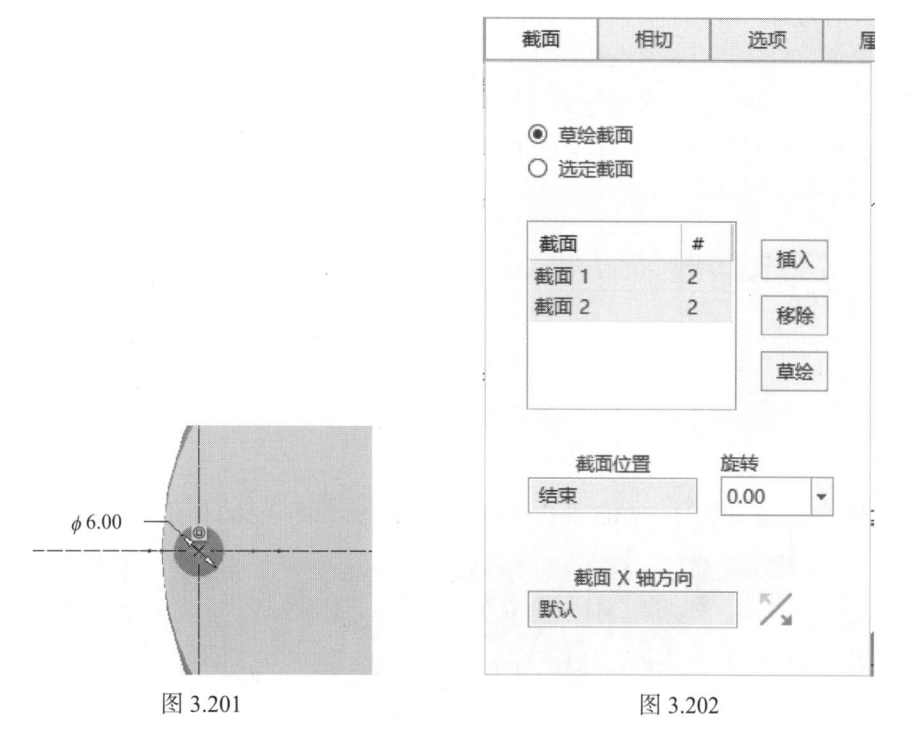

图 3.201

图 3.202

步骤 5：使用圆命令绘制"截面 2"，单击"确定"按钮✓，退出草绘，如图 3.203 所示。扫描混合实体 3 如图 3.204 所示。

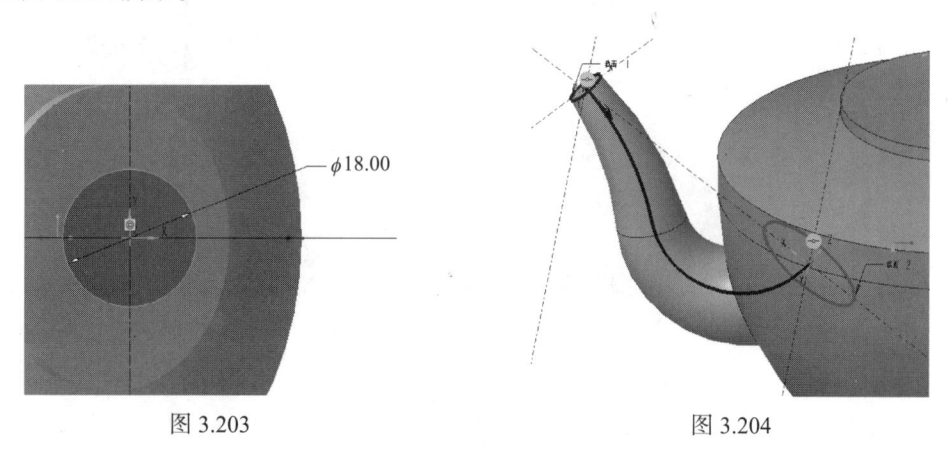

图 3.203

图 3.204

扫描混合完毕后，茶壶外形绘制基本成型，如图 3.205 所示。

图 3.205

（5）创建倒圆角 R5。

小提示：根据作者的绘图经验总结，实体倒圆弧有以下 3 个顺序原则：

① 先倒大的圆弧，再倒小的圆弧。

② 先倒简单的圆弧，再倒复杂的圆弧。

③ 当倒圆弧失败的时候，可调整倒圆弧的次序，并查找失败原因。

单击"模型"选项卡中"工程"组上的"倒圆角"按钮 ，打开"倒圆角"操控面板，如图 3.206 所示。

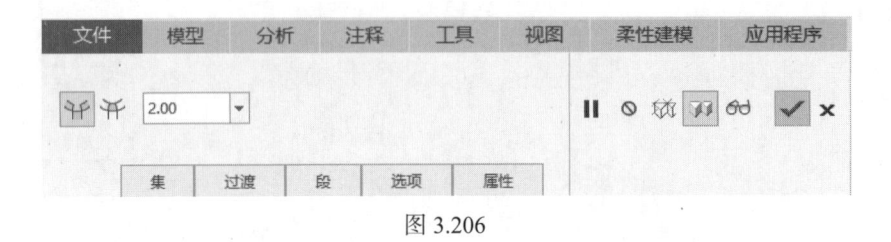

图 3.206

在绘图区中选择旋转实体 1 的底部边线进行倒圆角，如图 3.207 所示。

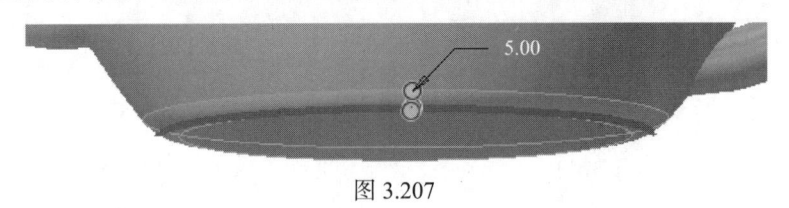

图 3.207

在"倒圆角"操控面板中的圆角半径尺寸框中输入 5.0，单击"确定"按钮，完成圆角的创建。

（6）创建倒圆角 R2（先倒简单圆弧）。

参考（4），选择旋转实体 1 的上边界，如图 3.208 所示，在圆角半径中输入 2.0，单击"确定"按钮。

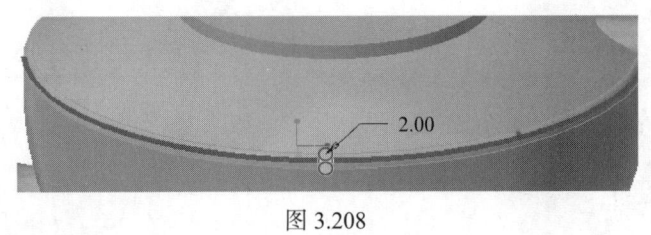

图 3.208

（7）创建倒圆角 R2（再倒复杂圆弧）。

参考（4），选择旋转实体 1、扫描实体 2、扫描混合实体 3 相交的边界，如图 3.209 所示，在圆角半径中输入 2.0，单击"确定"按钮。

图 3.209

(8)创建薄壳。

单击"模型"选项卡中"工程"组上的"薄壳"按钮,打开"薄壳"操控面板,如图 3.210 所示。

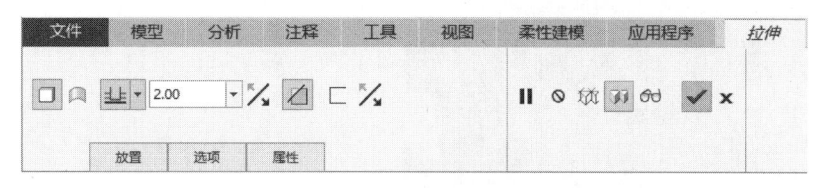

图 3.210

步骤 1:在绘图区选择茶壶嘴,即扫描混合实体 3 的"截面 1"作为薄壳开放面,如图 3.211 所示。

步骤 2:在薄壳尺寸中输入 2.00,单击"确定"按钮。完成薄壳的创建。

显示薄壳内部:单击快捷工具栏"显示样式"中的"隐藏线",可显示薄壳的内部形状,如图 3.212 所示。

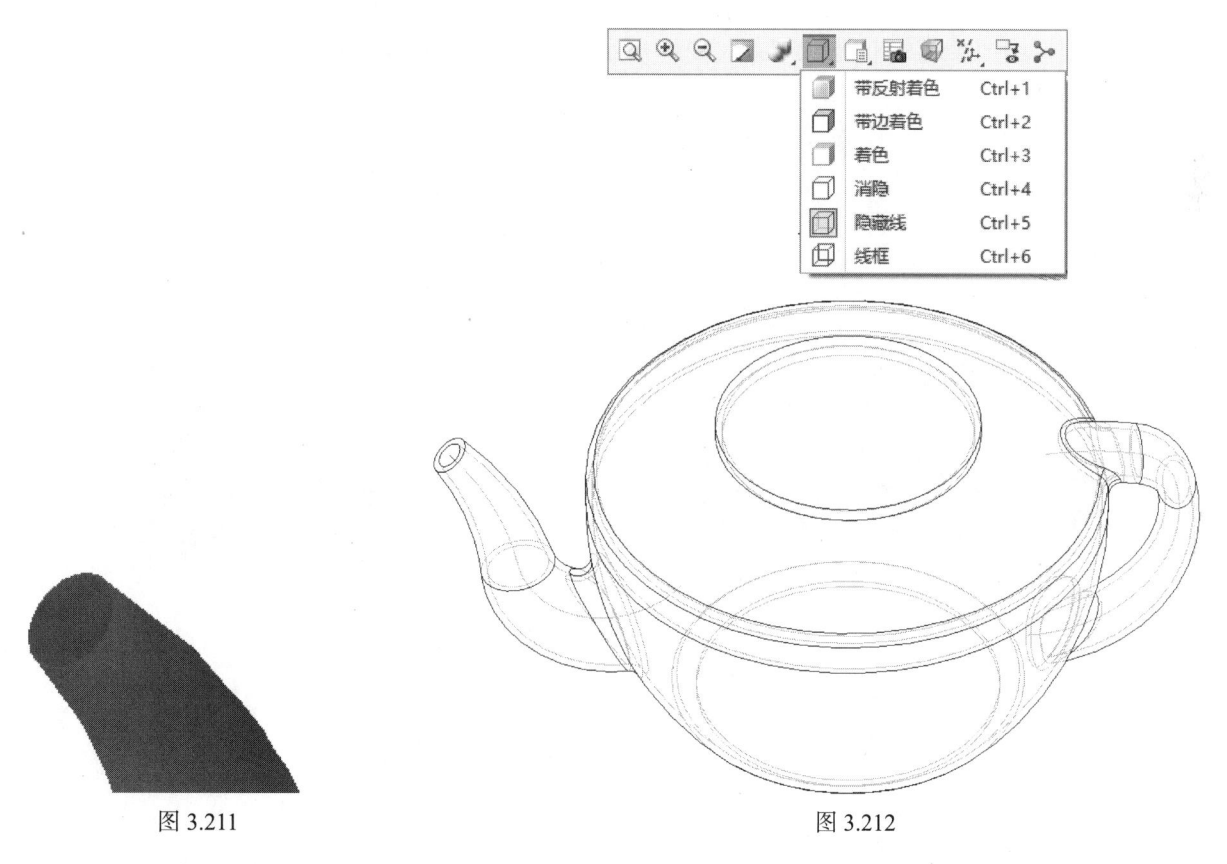

图 3.211

图 3.212

(9)创建拉伸除料。

因(7),只能选择薄壳的 1 个面作为开放面,壶口处还需要进行拉伸除料。

步骤 1:单击"模型"选项卡"形状"组中的"拉伸"按钮,进入"草绘"对话框,在绘图区选中茶壶壶口的实体面作为草绘平面,其余选项为系统默认值,单击"草绘"按钮,进入草绘界面,如图 3.213 所示。

步骤 2:单击"草绘"组中的"圆弧"按钮,绘制圆弧,鼠标自动捕捉旋转实体 1 的壶口边缘,建立第一条圆弧;继续使用"圆弧"命令绘制第二条圆弧 $\phi 19$,如图 3.214 所示。删除第一条圆弧,单击"确定"按钮,完成拉伸截面草图,退出草绘界面。

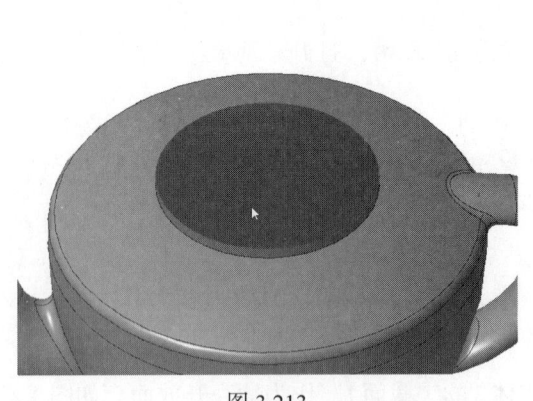

图 3.213 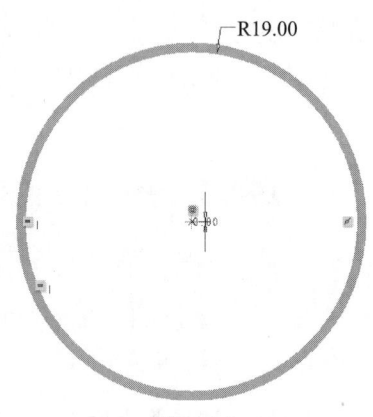　　　　　　　　　　　　　图 3.214

步骤 3：在"拉伸"控制面板中的拉伸深度值框输入 2.00，方向朝茶壶内腔，选择"移除材料"按钮，单击"确定"按钮，完成拉伸除料的创建。如图 3.215 和图 3.216 所示。

（10）创建倒圆角 R0.5。

参考（4），选择壶嘴的上边界，如图 3.217 所示，在圆角半径中输入 0.5，单击"确定"按钮。

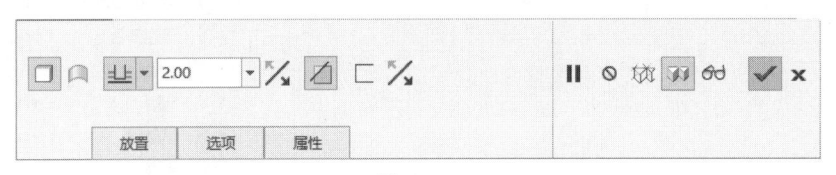

图 3.215

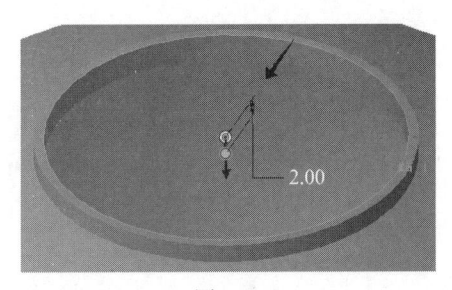

图 3.216 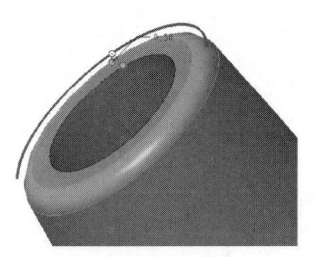　　　　　　　　　　　　　图 3.217

（11）保存模型。

完成茶壶模型创建的所有操作，所获得的零件实体如图 3.218 所示。单击工具栏中的"文件"按钮，再单击"管理文件"按钮，系统打开"删除旧版本"对话框，单击"是"按钮，然后关闭对话框，保存茶壶模型。

2. 茶壶模型打印

（1）将模型导出为快速成型 *.stl 文件。

（2）切片处理，将可调手机支架模型文件加载到 Modellight 3D 打印系统，如图 3.219 所示。参照任务 3.1 中 3. 方块变形机器人的模型打印的具体操作步骤，对加载的可调手机支架进行合理放置，并且设置好各项打印参数。

（3）参照任务 3.1 中 3. 方块变形机器人的模型打

图 3.218

印，在 Modellight 3D 打印系统导出切片数据，生成机器码保存 *.gcode 文件。将 *.gcode 文件复制到 SD 卡，然后把 SD 卡插入相应的机器即可实现脱机打印。

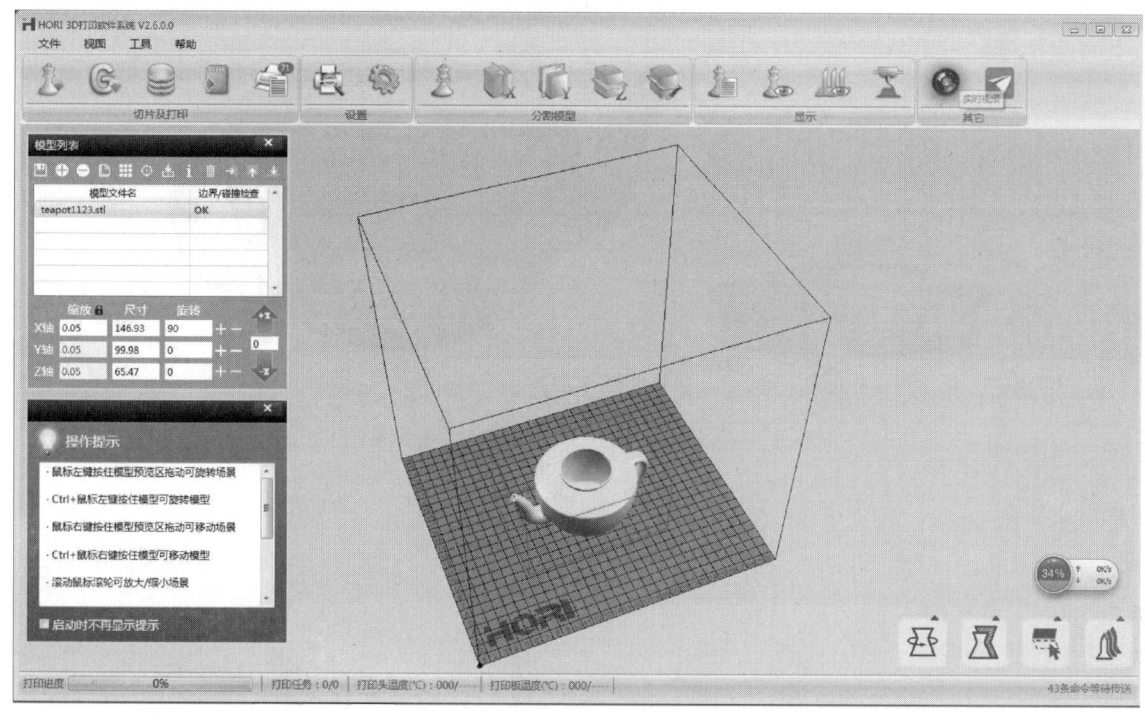

图 3.219

3. 茶壶模型打印后处理

（1）取出模型。打印完毕后，将打印平台降至零位，使用撬棒或铲子等工具将模型底部与平台底板撬开分离，取出模型，注意不要损坏模型比较薄弱的地方。

（2）去除支撑。使用刀片、斜口剪、尖嘴钳等工具，将模型在打印过程中生成的支撑去除。

（3）打磨模型。使用砂纸、锉刀等工具，对模型进行必要的打磨及清洁，完成茶壶模型的打印，如图 3.220 所示。

图 3.220

【课后拓展】

请根据茶壶造型文件，设计一个壶盖，并使用装配模块进行零件装配。效果如图 3.221 所示。

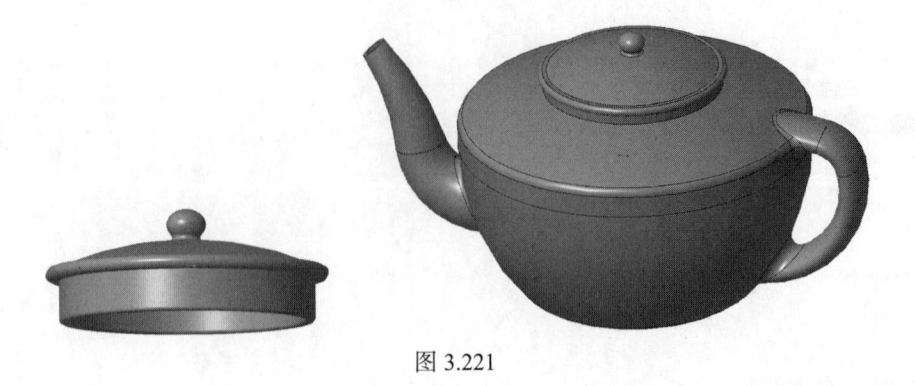

图 3.221

项目 4　Creo 5.0 装配设计及产品打印

任务4.1　可调手机支架建模及打印

【任务引入】

手机支架是目前常见的实用性手机配件，在日常生活中使用频率很高，设计巧妙、携带方便的手机支架会给用户带来良好的使用体验。本任务要求根据可调手机支架各组件的零件图纸进行零件设计建模，然后根据如图 4.1 所示可调手机支架装配图所确定的组件之间的装配关系，利用 Creo Parametric 5.0 提供的装配设计模块，创建可调手机支架的装配体模型，最后采用整体一次打印，对打印模型进行处理后获得可调手机支架，如图 4.2 所示。

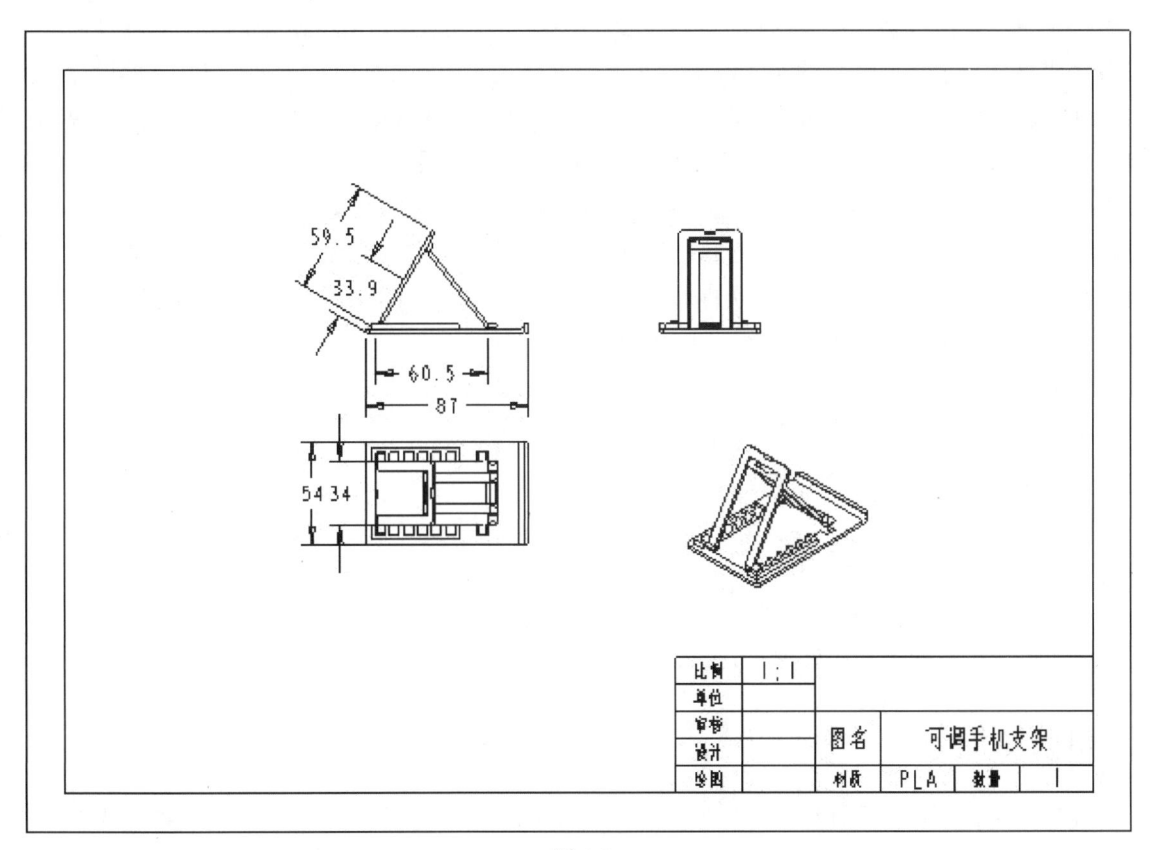

图 4.1

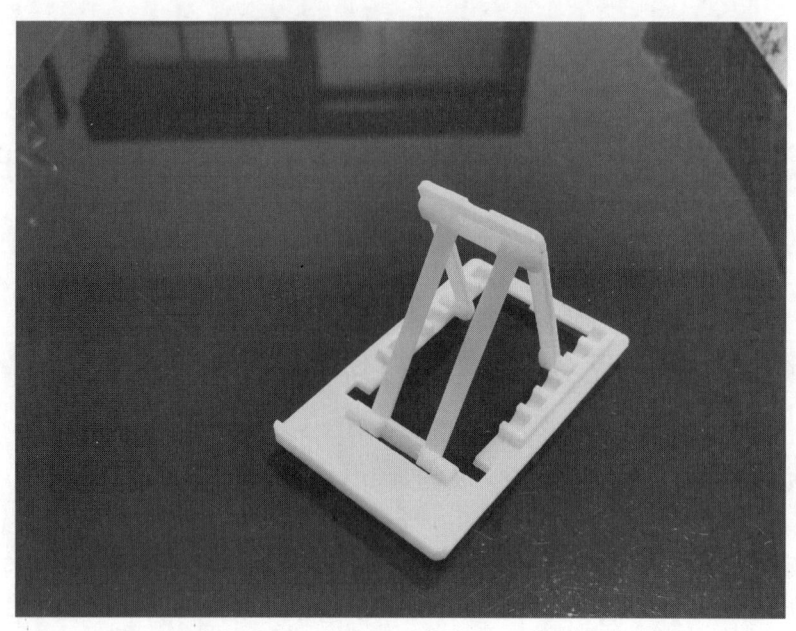

图 4.2

【任务分析】

可调手机支架由底板、支架组件 1 和支架组件 2 组成，分别用 Creo Parametric 5.0 软件依次创建出可调手机支架三个组成零件的实体模型，其建模过程主要用到 Creo Parametric 5.0 零件设计中的拉伸、拉伸切除、圆角、倒角、镜像和阵列等功能，利用 Creo Parametric 5.0 软件中的装配模块功能将可调手机支架所包含的三个零件按该产品各零件之间的装配关系进行装配组合，从而完成可调手机支架装配体模型。将装配体模型导出为快速成型 *.stl 文件，然后把 *.stl 文件导入切片软件，"Modellight 3D 打印系统"进行切片处理获得 *.gcode 打印模型文档，最后传输到 3D 打印机打印出模型。该可调手机支架装配体可在 3D 打印机上一次性将整体模型打印出来，打印结束后对产品做去除毛刺、支撑及打磨等后处理，便可获得能活动的可调手机支架。

内容分布：

（1）底板建模。

（2）支架组件 1 建模。

（3）支架组件 2 建模。

（4）创建可调手机支架装配体。

（5）可调手机支架模型打印。

（6）可调手机支架模型后处理。

【相关知识】

完成产品的若干零件设计后，可以使用 Creo Parametric 5.0 提供的装配设计模块将这些零件组合成一个装配体。进行装配设计时，可以采用两种方式在装配组件中装配元件：约束装配（使用自定义放置定义集进行装配）与连接装配（使用预定义约束集进行装配）。其中，连接装配适用于装配进来的元件与装配体之间具有相对运动的场合；反之则适宜采用约束装配。需根据具体设计要求灵活运用。

1.约束装配

约束装配指定了一个元件模型相对于主体模型的放置方式和偏距等。自定义的约束集含有零或多个约束（封装元件可能没有约束）。在自定义的约束集中可以随意添加或删除约束，并无任何预定义的约束。

Creo Parametric 5.0 的约束装配包括"自动""距离""角度偏移""平行""重合""法向""共面""居中""相切""固定"和"默认"。这些放置约束类型选项可以在"元件放置"选项卡的下拉列表中选择，如图 4.3 所示。

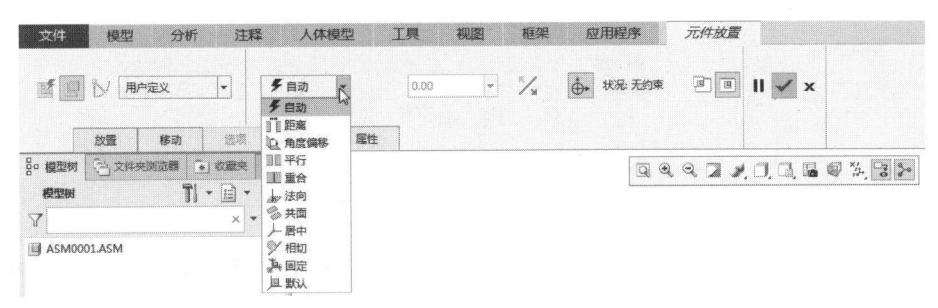

图 4.3

放置约束类型选项的图标及功能见表 4.1。

表 4.1

序 号	约束类型	图 标	功 能
1	自动	自动	选择元件参考，然后选择对应的装配参考，系统将自动分配一种最合适两个参考的约束方式，还可以修改变更所选择的元件参考与装配参考
2	距离		装配参考与元件参考之间设定某一偏移距离
3	角度偏移		以设定的某一角度将元件定位到装配参考
4	平行		将元件参考定向为与装配参考平行
5	重合		将元件参考定向为与装配参考重合
6	法向（垂直）		将元件参考定向为与装配参考垂直
7	共面		将元件参考定向为与装配参考共面
8	居中		居中元件参考和装配参考
9	相切		定位两种不同类型的参考，使其彼此相对，接触点为切点
10	固定		将被移动或封装的元件固定到当前位置
11	默认		用默认的装配坐标系对齐元件坐标系

在 Creo parametric 5.0 中，每次只能添加一个约束。完成一个自定义放置约束后，若要添加新的约束，则可在"元件放置"选项卡上单击"放置"选择标签，即可打开"放置"下拉面板，可以看到当前定义的放置约束集，如图 4.4 所示。选择"新建约束"选项，可以新建一个约束，并根据需要可以选择放置约束类型和所需的约束参考等。

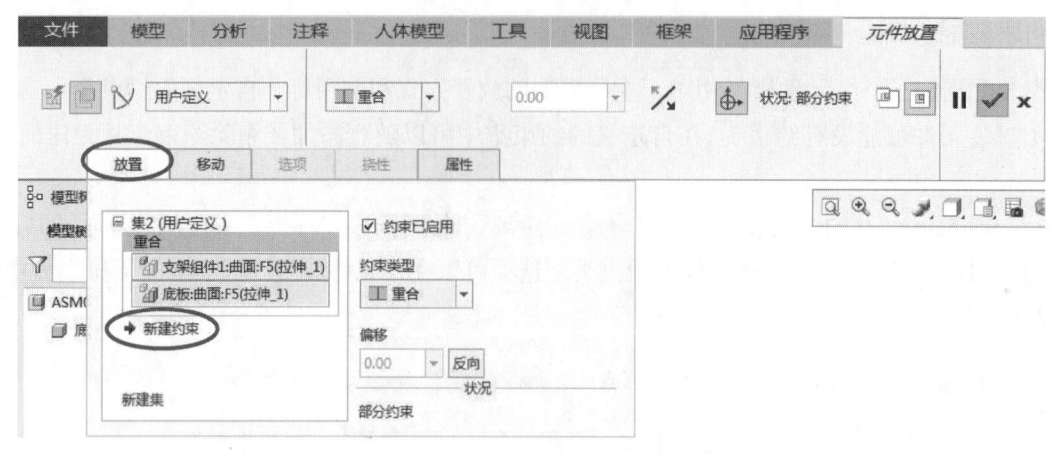

图 4.4

2.连接装配

在进行产品装配时，需要了解要装配进来的零件或部件相对于装配体而言是活动件还是固定件。如果是固定件，则采用普通方式定义若干个放置约束关系来完成组合；如果是活动件，即对于具有一定自由度的零件或部件，则多考虑采用连接装配方式。

连接装配相当于一种提供特定自由度的预定义约束集，根据所选连接装配类型定义相应的约束以限制元件、组件的某些自由度，因此连接装配相当于是某一类型的预定义约束集，包含相应预定义数目的约束。连接装配的类型选择主要包括"用户定义""刚性""销""滑块""圆柱""平面""球""焊缝""轴承""常规""6DOF""万向"和"槽"等选项。连接装配（预定义约束集）的图标及功能见表4.2。

表 4.2

序号	连接装配	图标	功能
1	用户定义	—	创建一个用户定义的约束集
2	刚性		在装配中不允许任何移动
3	销		包含旋转移动轴和平移约束
4	滑块		包含平移移动轴和旋转约束
5	圆柱		包含360°旋转移动轴和平移移动
6	平面		包含平面约束，允许沿着参考平面旋转和平移
7	球		包含用于360°移动的点对其约束
8	焊缝		选择一个坐标系，并设定一个偏移值，将元件"焊接"在相对于装配的某个固定位置上
9	轴承		包含点对其约束，允许沿直线轨迹进行旋转
10	常规		创建有两个约束的用户定义集
11	6DOF		选择一个坐标系，并设定一个偏移值，允许元件在各个方向上移动
12	万向		包含零件上坐标系的装配图中的坐标系，允许绕枢轴按各个方向旋转
13	槽		包含点对齐约束，允许沿一条非直线轨迹旋转

在功能区"模型"选择卡的"元件"面板中单击"组装"按钮，打开"打开"对话框，选择要装配到组件的元件，再单击"打开"按钮，打开"元件放置"选项卡，如图4.5所示，在"预定义集"的下拉列表中选择所需的连接装配类型，然后分别定义相应的约束集。

图4.5

例如，在元件放置的"预定义集"下拉列表中选择"滑块"选项，然后分别定义"轴对齐"约束参考和"旋转"约束参考，可以在"放置"面板上查看这些定义，如图4.6所示。

图4.6

3. 元件装配的一般步骤

在 Creo Parametric 中，主要有自底向上（Down-Top）装配设计和自顶而下（Top-Down）装配设计两种思路。其中，自底向上装配设计是将已经设计好的元件按照一定的装配方式添加到装配体中，首先规划装配体组件框架结构，并参考装配体其他元件对当前新元件进行设计，可以在装配模式下新建和修改元件等。

自顶而上装配设计的操作步骤如下。

（1）新建一个装配文件（组件文件）。

（2）在功能区的"模型"选项卡的"元件"面板中单击"组装"按钮，打开如图4.7所示的"打开"对话框，选择配套资源项目4任务4.1文件夹中的"底板.PRT"文件，单击"打开"按钮。

（3）在功能区出现如图4.8所示的"元件放置"操控面板。在该选项卡上，根据实际情况选择约束类型或连接类型，并指定所需的参考及参数等。

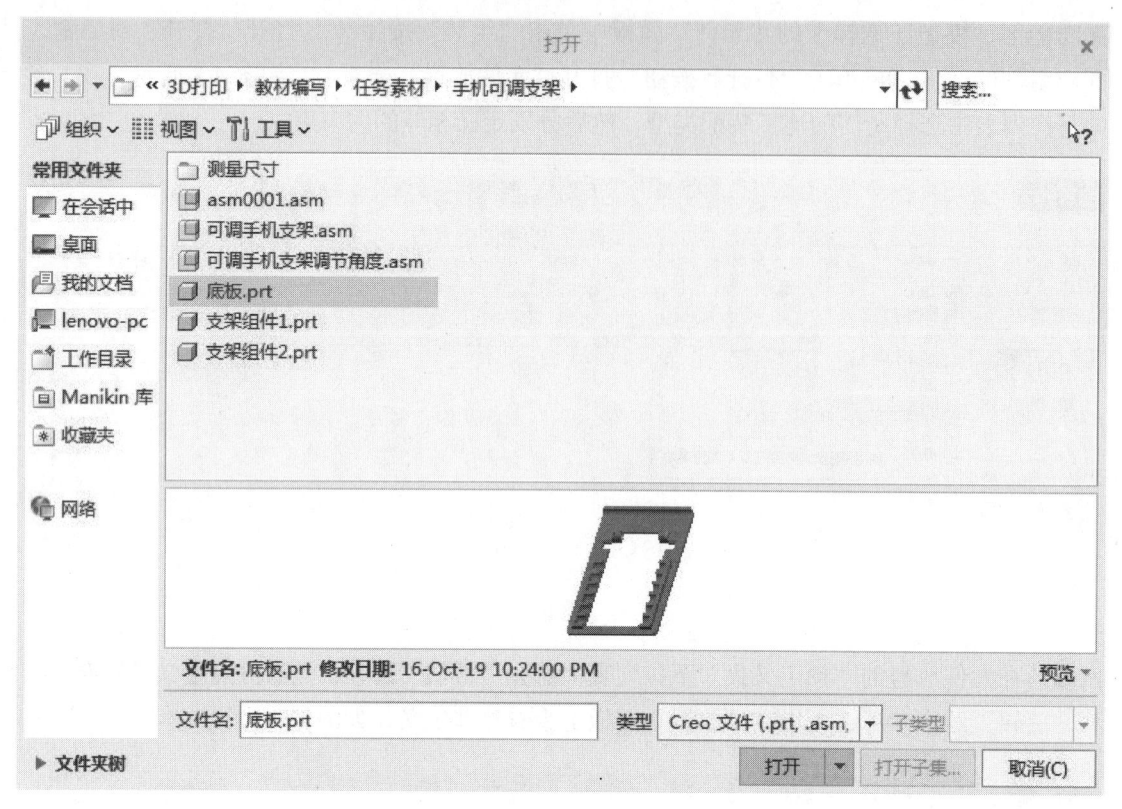

图 4.7

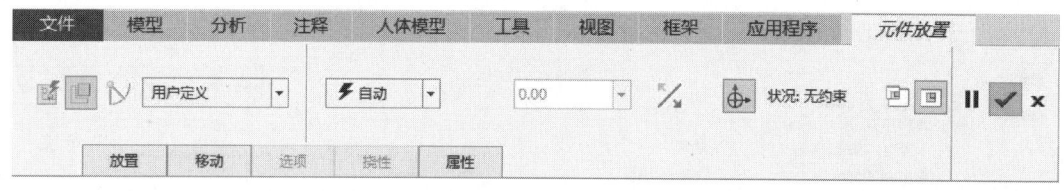

图 4.8

在"元件放置"选项卡上,有以下两个实用按钮。可以根据实际情况,选中其中一个或同时选中两个,以方便参考的选取。

☐:指定约束时,在单独的窗口中显示元件。

☐:指定约束时,在装配窗口中显示元件。

(4)完成相关装配约束等操作后,待状况信息提示为"完全约束"或"完成连接定义"时,单击"完成"按钮✓,从而完成一个元件的装配。

(5)根据设计需要,继续单击"组装"按钮☐,将其他元件装配到装配体组件中,直到完成所需的部件或产品模型。

【任务实施】

1. 可调手机支架底板建模

可调手机支架组件——底板的零件图如图 4.9 所示。创建该组件模型主要应用拉伸和拉伸除料基础特征,同时需进行倒角、倒圆角两项工程特征,此外还用到镜像和阵列两项实体特征编辑功能。创建该模型的主要步骤见表 4.3。

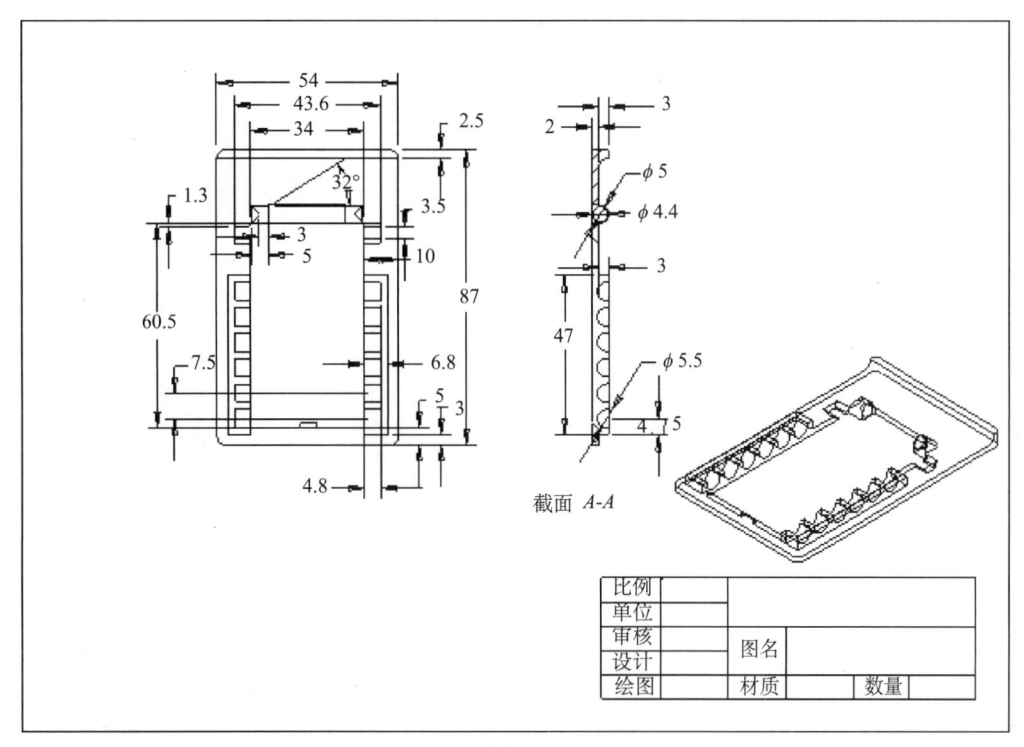

图 4.9

表 4.3

步骤	创建内容	模型预览
1	新建文件	—
2	创建基本体	
3	创建凸缘	

续表

步　骤	创 建 内 容	模 型 预 览
4	创建圆角	
5	创建槽 1	
6	创建槽 2	
7	创建圆柱凸台	

续表

步 骤	创 建 内 容	模 型 预 览
8	圆柱凸台镜像	
9	创建半圆槽凸台	
10	半圆槽凸台镜像	
11	创建小凸缘	

续表

步骤	创建内容	模型预览
12	保存模型	

（1）新建文件。

启动 Creo Parametric 5.0，单击工具栏中的"新建"按钮，弹出"新建"对话框。在"类型"中选择"零件"，在文件名中输入"底板"，取消勾选"使用默认模块"，单击"确定"按钮，弹出"新文件选项"对话框，选择公制模板"mmns_part_solid"，然后单击"确定"按钮，进入 Creo Parametric 5.0 实体建模界面。

（2）创建基本体。

步骤 1：单击"模型"选项卡"形状"组中的"拉伸"按钮，打开"拉伸"操控面板，单击"放置"按钮，在打开的下拉面板中单击"定义"按钮，弹出"草绘"对话框，在绘图区选中基准平面 TOP 面作为草绘平面，其余选项为系统默认值，单击"草绘"按钮，进入草绘界面。再单击视图控制工具栏中的"草绘视图"按钮，使草绘平面调整到正视于用户的视角。

步骤 2：单击"草绘"组中的"拐角矩形"按钮，再单击"编辑"组中的"删除段"按钮，绘制草图的形状及尺寸，如图 4.10 所示，完成底板基本体的拉伸截面草图，单击"确定"按钮，退出草绘界面。

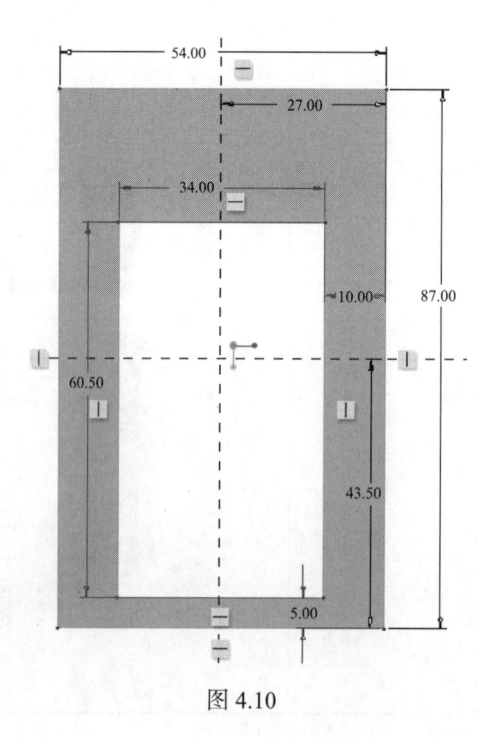

图 4.10

步骤 3：在"拉伸"操控面板中的拉伸深度值框中输入 2.0，单击"确定"按钮✔，完成底板基本体拉伸创建。单击视图控制工具栏中的"选择视图方向"按钮，在下拉选项中选择"标准方向"，查看底板基本体形状，如图 4.11 所示。

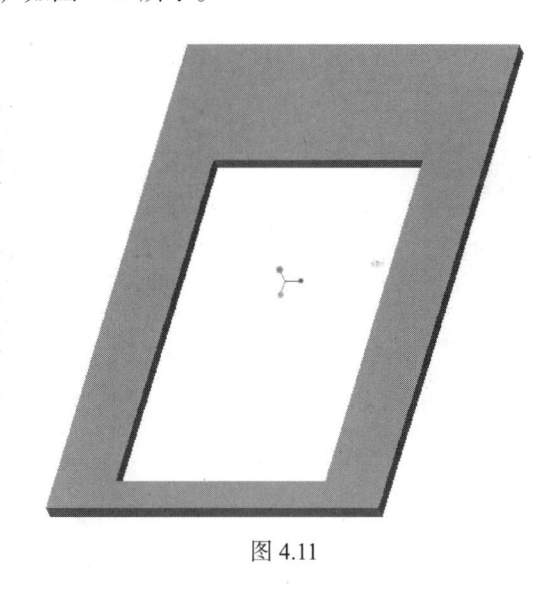

图 4.11

（3）创建凸缘。

步骤 1：单击"模型"选项卡"形状"组中的"拉伸"按钮，打开"拉伸"操控面板，再单击"放置"按钮，在打开的下拉面板中单击"定义"按钮，弹出"草绘"对话框，在绘图区选中底板的顶面作为草绘平面，其余选项为系统默认值，如图 4.12 所示，单击"草绘"按钮，进入草绘界面。

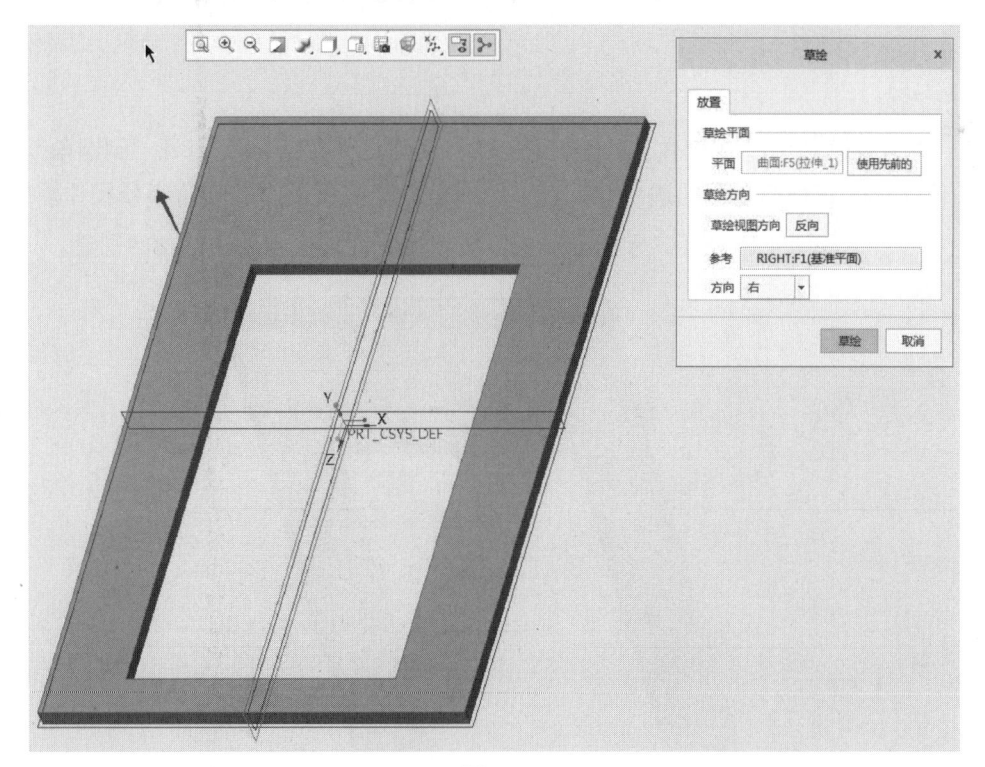

图 4.12

步骤 2：单击"草绘"组中的"拐角矩形"按钮，绘制凸缘草图的形状及修改尺寸至如图 4.13 所示，完成凸缘截面草图的绘制，单击"确定"按钮✔，退出草绘界面。

步骤 3：在"拉伸"操控面板中的拉伸深度值框中输入 3.0，单击"确定"按钮 ✓，完成凸缘拉伸的创建。单击视图控制工具栏中的"选择视图方向"按钮，在下拉选项中选择"标准方向"，查看底板凸缘形状，如图 4.14 所示。

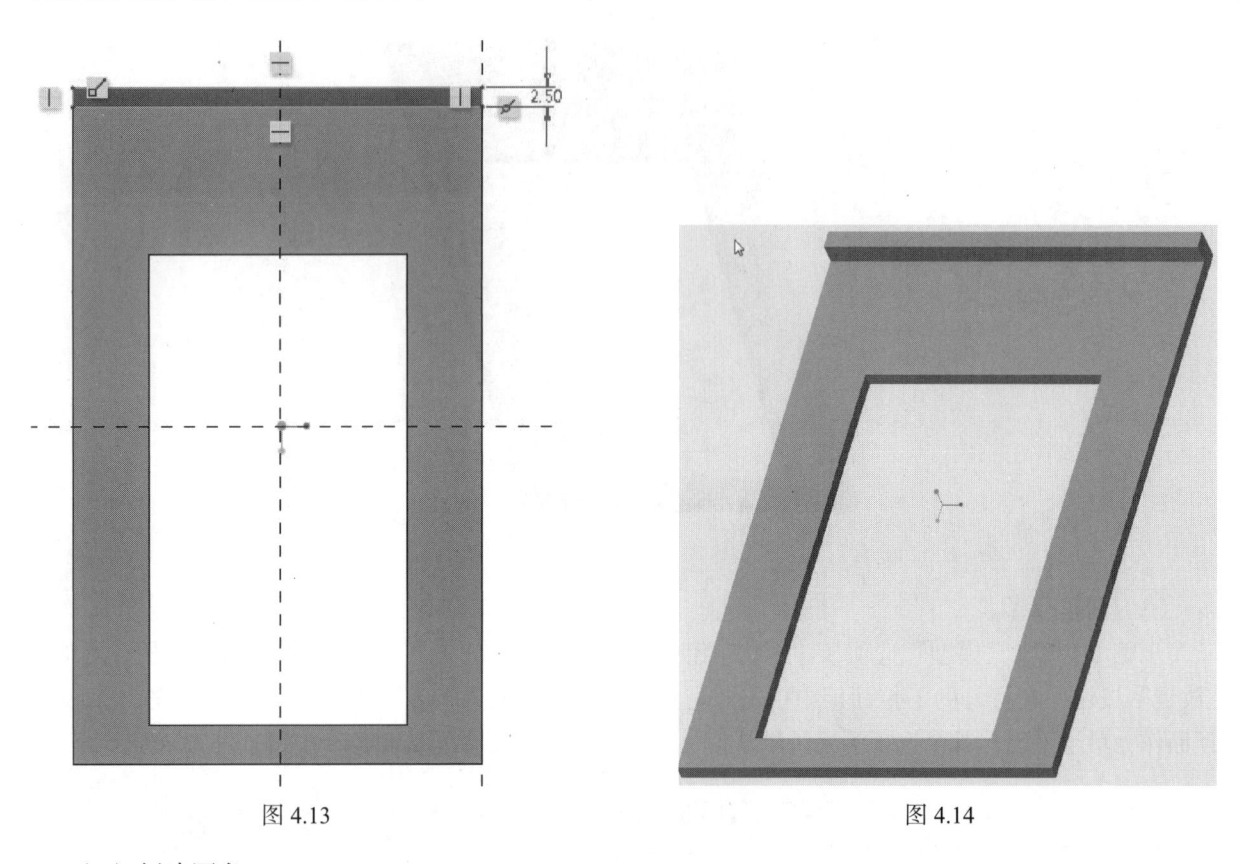

图 4.13

图 4.14

（4）创建圆角。

步骤 1：单击"模型"选项卡中"工程"组上的"倒圆角"按钮，打开"倒圆角"操控面板。在绘图区中依次选取底板四个角的边缘线，在"倒圆角"操控面板中的圆角半径尺寸框中输入 2.5，如 [2.50]，如图 4.15 所示，单击"确定"按钮 ✓，完成底板四边圆角的创建。

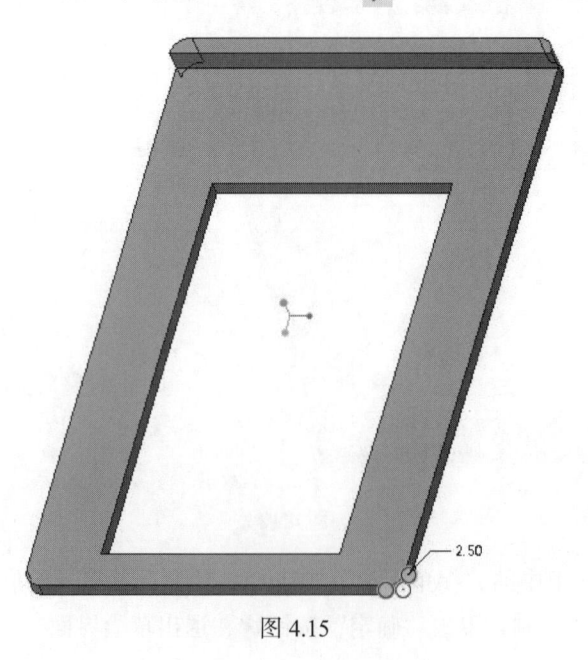

图 4.15

步骤2：单击"模型"选项卡中"工程"组上的"倒圆角"按钮，打开"倒圆角"操控面板。在绘图区中选中底板与凸缘间的直角过渡边，再在"倒圆角"操控面板中的圆角半径尺寸框中输入2.5，如 [图标] 2.50 ，如图4.16所示，单击"确定"按钮，完成底板与凸缘间圆角的创建。

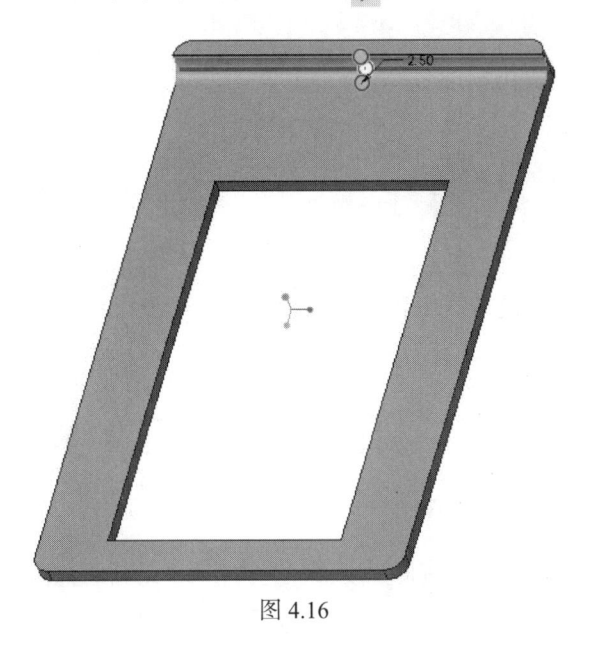

图 4.16

（5）创建槽1。

步骤1：单击"模型"选项卡中"形状"组上的"拉伸"按钮，打开"拉伸"操控面板，再单击"放置"按钮，在打开的下拉面板中单击"定义"按钮，弹出"草绘"对话框，在绘图区选中底板的顶面作为草绘平面，其余选项为系统默认值，单击"草绘"按钮，进入草绘界面。

步骤2：单击"草绘"选项卡中"设置"组上的"参考"按钮，在绘图区中选择底板中间槽的上边作为绘图参考基准，系统弹出"参考"面板，如图4.17所示，再单击"关闭"按钮。

步骤3：单击"草绘"组中的"拐角矩形"按钮，绘制凸缘草图的形状及修改尺寸并如图4.18所示，完成槽1截面草图的绘制，单击"确定"按钮，退出草绘界面。

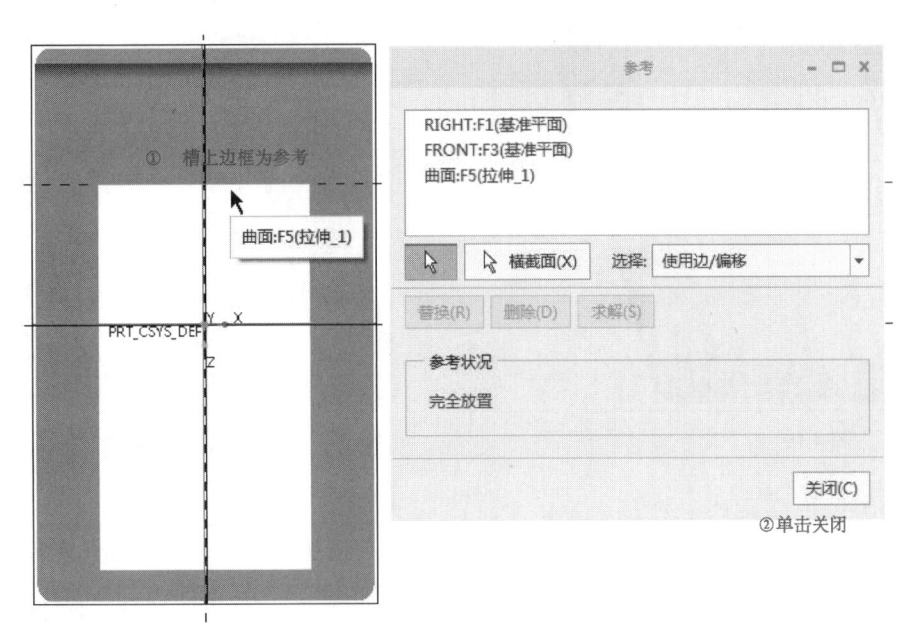

图 4.17

图 4.18

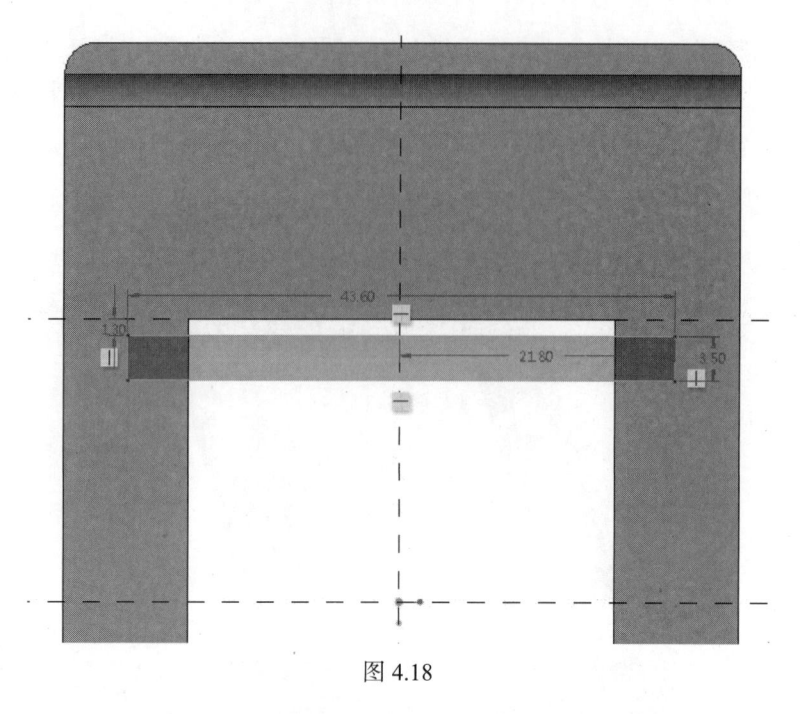

步骤 4：将"拉伸"操控面板中的拉伸深度值设为大于 2.0 的任意数值，单击"改变方向"按钮，再单击"移除材料"按钮，最后单击"完成"按钮，完成拉伸除料创建槽 1。单击视图控制工具栏中的"选择视图方向"按钮，在下拉选项中选择"标准方向"，查看槽 1，如图 4.19 所示。

步骤 5：单击"模型"选项卡中"工程"组上的"倒角"按钮，打开"倒角"操控面板，依次选中底板上槽 1 的四段短边，在弹出的"边倒角"操控面板中输入倒角距离 1.25，如 DxD D 1.25 ，如图 4.20 所示，单击选项卡中的"确定"按钮，完成槽 1 的四个倒角创建。

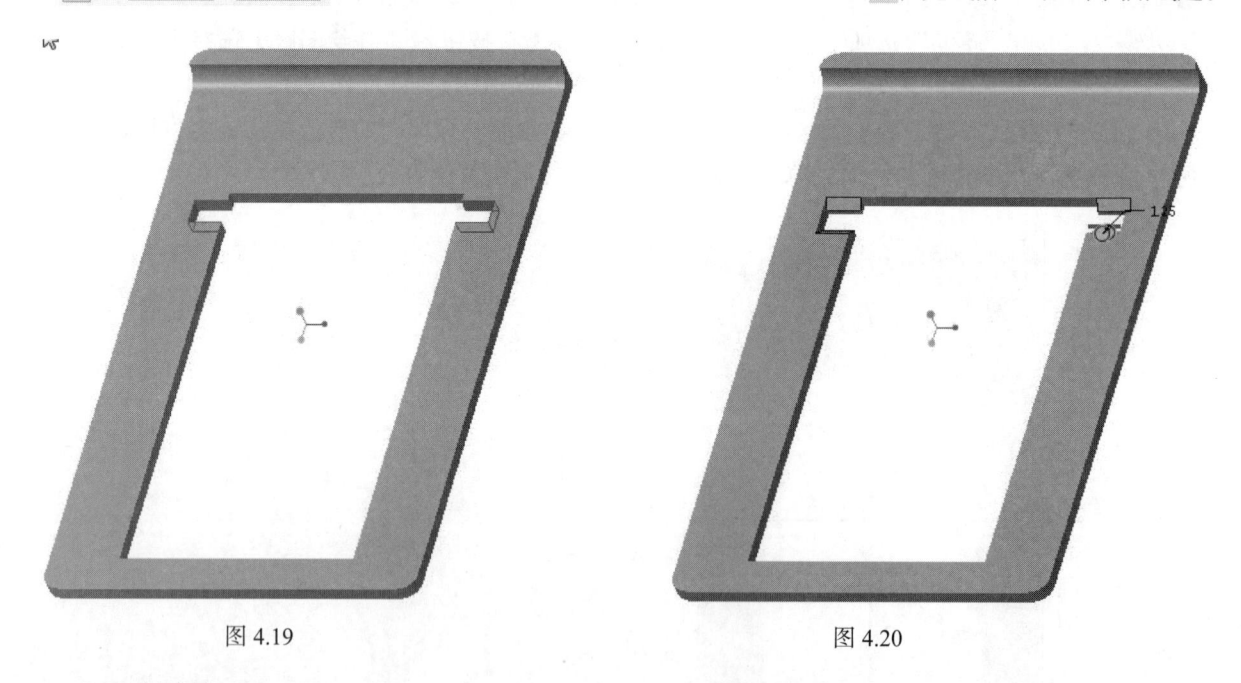

图 4.19

图 4.20

（6）创建槽 2。

步骤 1：单击"模型"选项卡"形状"组中的"拉伸"按钮，打开"拉伸"操控面板，再单击"放置"按钮，在打开的下拉面板中单击"定义"按钮，弹出"草绘"对话框，在绘图区选中底板的顶面作为草绘平面，其余选项为系统默认值，单击"草绘"按钮，进入草绘界面。

步骤2：单击"草绘"组中的"拐角矩形"按钮□，绘制槽2草图的形状并修改尺寸至如图4.21所示，完成槽2截面草图的绘制，单击"确定"按钮✓，退出草绘界面。

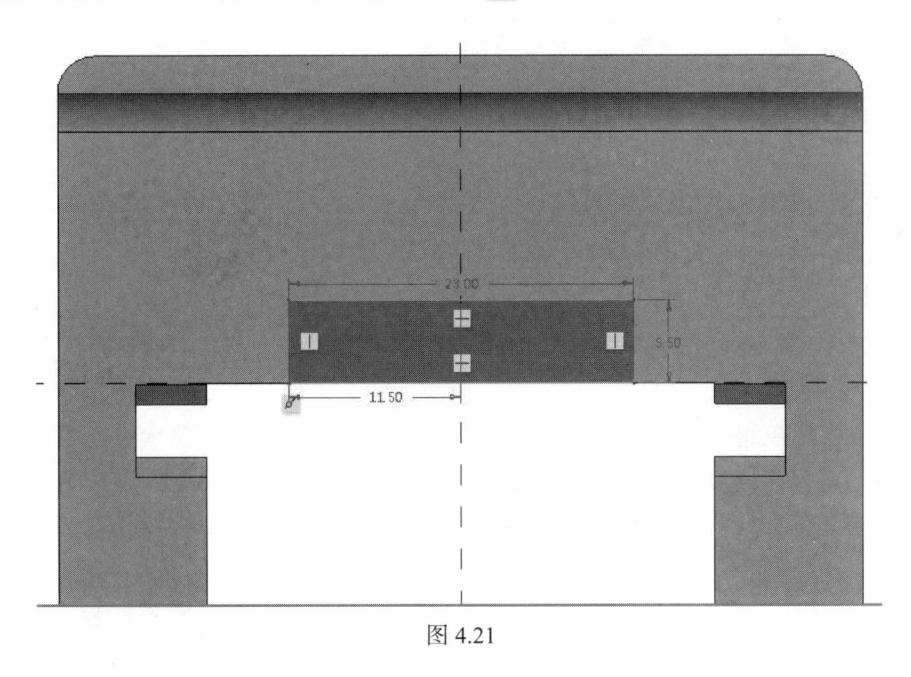

图4.21

步骤3：将"拉伸"操控面板中的拉伸深度值设为大于2.0的任意数值，单击"改变方向"按钮％，再单击"移除材料"按钮⊿，最后单击"完成"按钮✓，完成拉伸除料创建槽2，如图4.22所示。单击视图控制工具栏中的"选择视图方向"按钮，在下拉选项中选择"标准方向"，查看槽1，如图4.23所示。

（7）创建圆柱凸台。

步骤1：单击"模型"选项卡中"形状"组上的"拉伸"按钮，打开"拉伸"操控面板，单击"放置"按钮，在打开的下拉面板中单击"定义"按钮，弹出"草绘"对话框，在绘图区选中槽2的左侧面作为草绘平面，其余选项为系统默认值，如图4.24所示，单击"草绘"按钮，进入草绘界面。

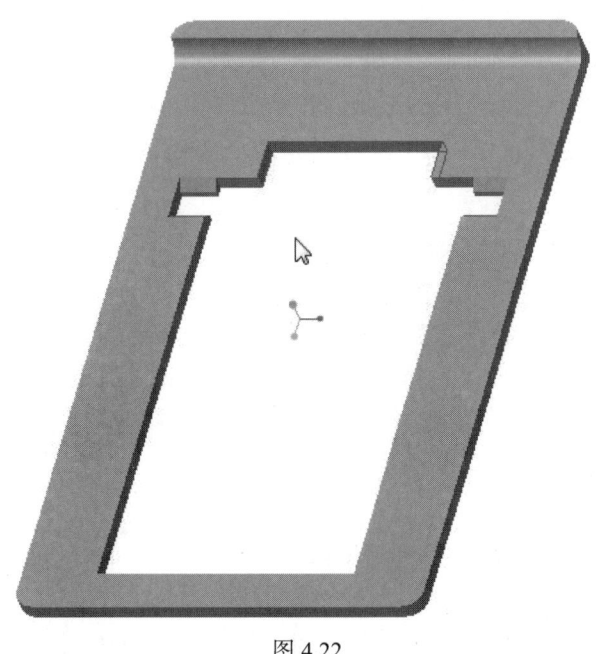

图4.22

图 4.23

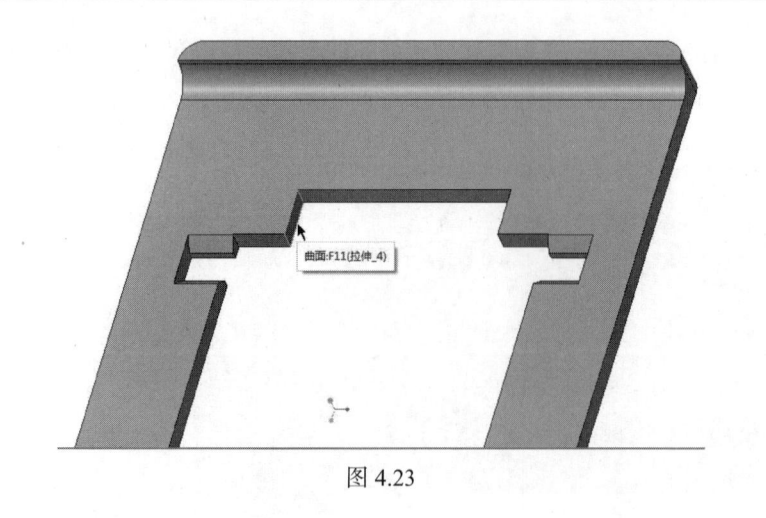

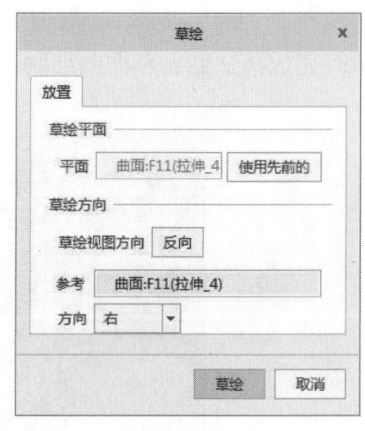

图 4.24

步骤 2：单击视图控制工具栏中的"选择视图方向"按钮，在下拉选项中选择"RIGHT"右视图方向。单击"草绘"选项卡"设置"组中的"参考"按钮，在绘图区选择底板槽 2 的左边界及底面作为绘图参考基准，系统弹出"参考"面板，再单击"关闭"按钮，如图 4.25 所示。

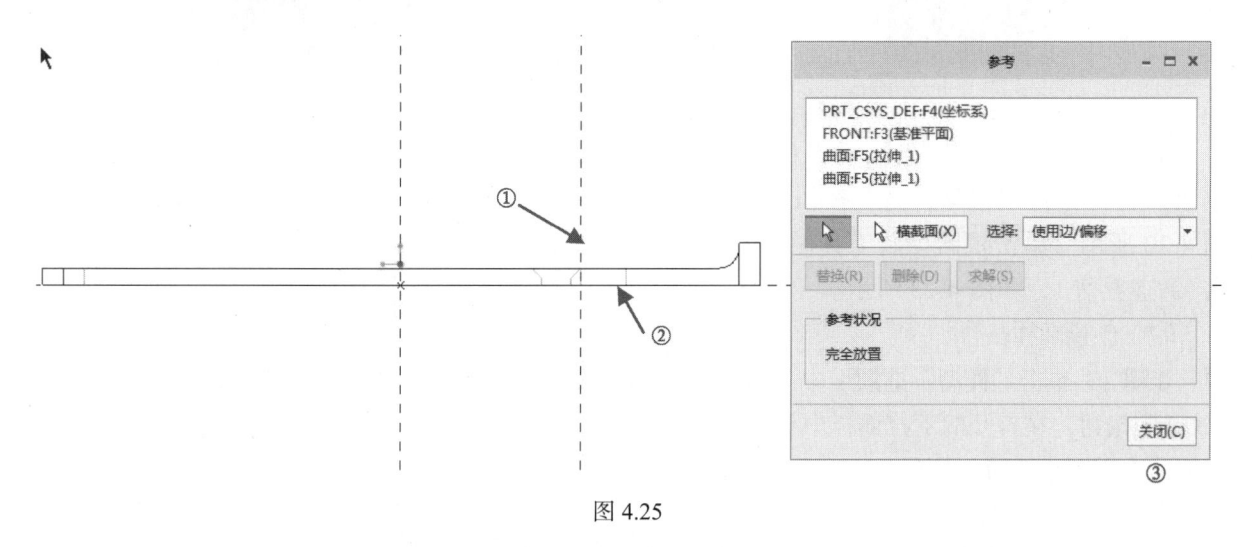

图 4.25

步骤 3：单击"草绘"组中的"圆"按钮⊙和"直线"按钮，并且单击"编辑"组中的"删除段"按钮，绘制圆柱凸台截面草图的形状，并修改尺寸至如图 4.26 所示，完成草图绘制，单击"确定"按钮，退出草绘界面。

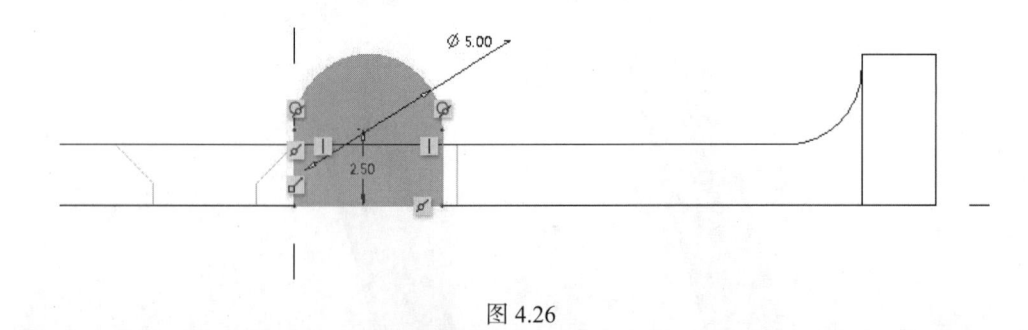

图 4.26

步骤 4：在"拉伸"操控面板中的拉伸深度值框中输入 5.0，单击"改变方向"按钮，圆柱特征预览如图 4.27 所示。单击"确定"按钮，完成圆柱凸台轮廓的创建。单击视图控制工具栏中的"选择视图方向"按钮，在下拉选项中选择"标准方向"，查看圆柱凸台，如图 4.28 所示。

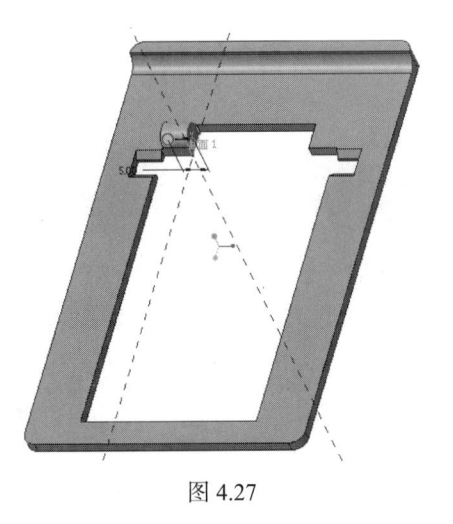

图 4.27 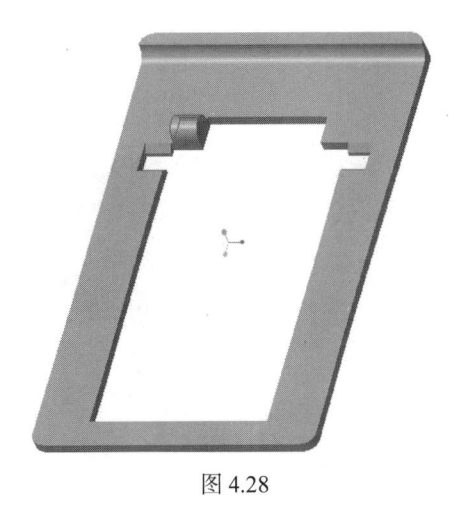　　　　　　　　　　　　　　图 4.28

步骤 5：单击"模型"选项卡"形状"组中的"拉伸"按钮，打开"拉伸"操控面板，单击"放置"按钮，在打开的下拉面板中单击"定义"按钮，弹出"草绘"对话框，在绘图区选中圆柱凸台端面作为草绘平面，其余选项为系统默认值，如图 4.29 所示，单击"草绘"按钮，进入草绘界面，如图 4.30 所示。

图 4.29 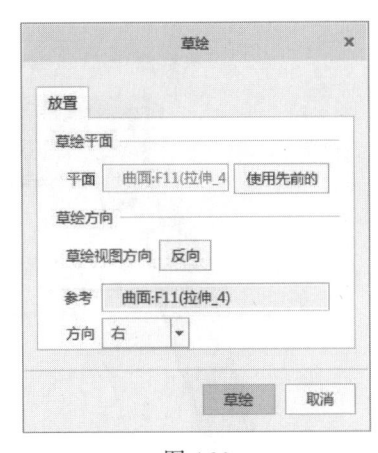　　　　　　　　　　　　　　图 4.30

步骤 6：单击视图控制工具栏中的"选择视图方向"按钮，在下拉选项中选择"RIGHT"右视图方向。单击"显示样式"按钮，在下拉选项中选择"隐藏线"显示模式。单击"草绘"组中的"圆"按钮，绘制圆柱凸台锥孔草图，并修改尺寸至如图 4.31 所示，完成草图绘制，单击"完成"按钮，退出草绘界面。

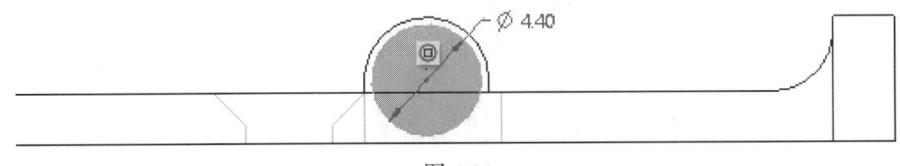

图 4.31

步骤 7：在"拉伸"操控面板中的拉伸深度值框中输入 3.0，单击"改变方向"按钮，再单击"移除材料"按钮，再单击"选项"按钮，在下拉面板中勾选"添加锥度"，然后在锥度值框中输入 32，圆柱凸台锥孔特征预览如图 4.32 所示。单击"确定"按钮，完成圆柱凸台锥孔的创建。单击视图控制工具栏中的"选择视图方向"按钮，在下拉选项中选择"标准方向"，查看圆柱凸台锥孔，如图 4.33 所示。

图 4.32　　　　　　　　　　　　　　　　图 4.33

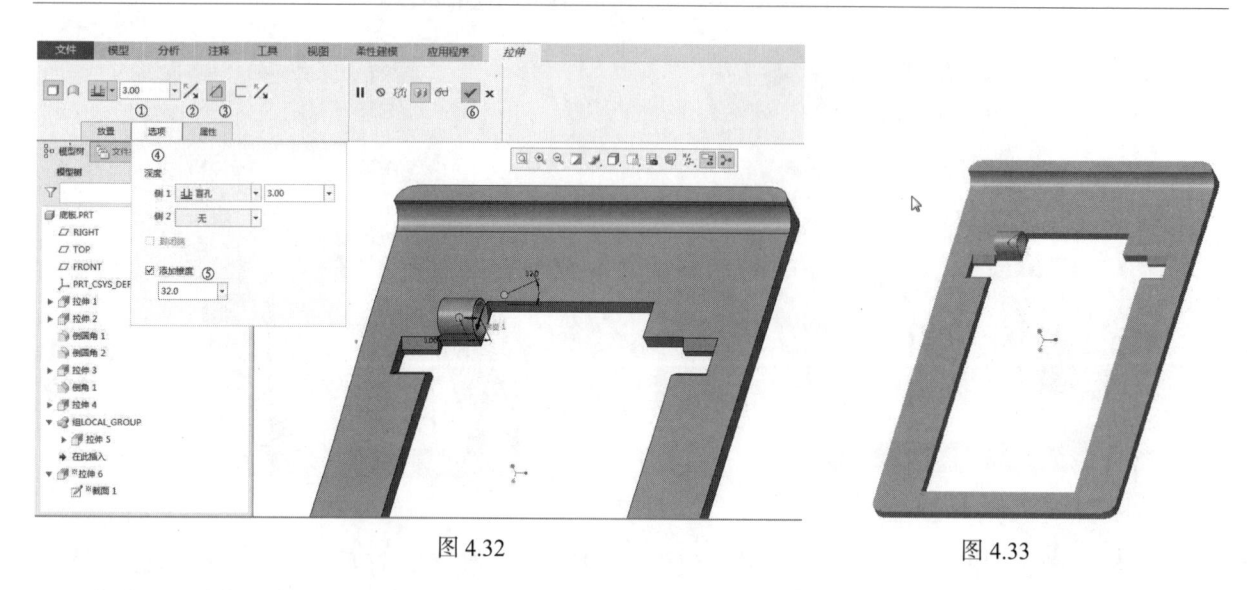

步骤 8：单击"模型"选项卡"形状"组中的"拉伸"按钮，打开"拉伸"操控面板，单击"放置"按钮，在打开的下拉面板中单击"定义"按钮，弹出"草绘"对话框，在绘图区选中基准平面"FRONT"作为草绘平面，其余选项为系统默认值，如图 4.34 所示，单击"草绘"按钮，进入草绘界面。

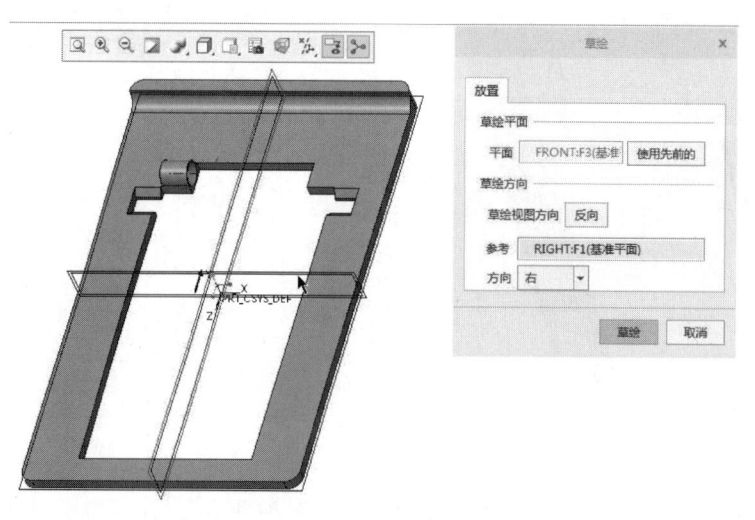

图 4.34

步骤 9：单击"草绘"组中的"圆"按钮⊙和"直线"按钮，并且单击"编辑"组中的"删除段"按钮，绘制圆柱凸台拉伸除料倒圆角截面草图的形状及修改尺寸，如图 4.35 所示，完成草图绘制，单击"确定"按钮，退出草绘界面。

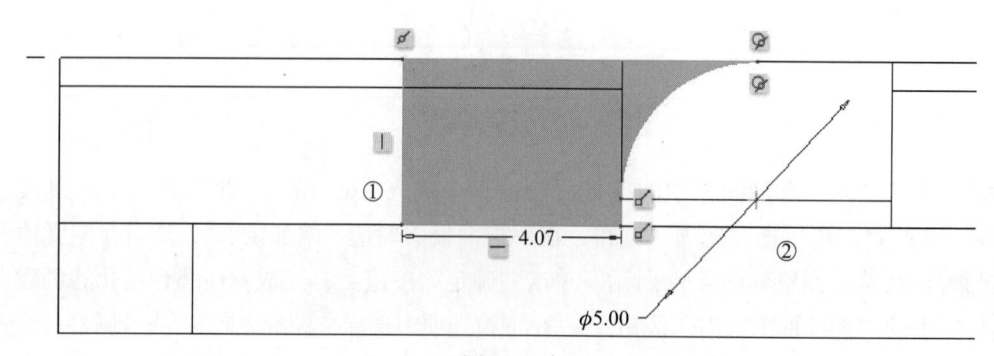

图 4.35

步骤 10：在绘图区中按住控制拉伸深度值的黄色原点，让拉伸实体穿过圆柱凸台，或在"拉伸"操控面板中的拉伸深度值框输入大于 27 的任意值，单击"移除材料"按钮，圆柱凸台拉伸除料倒圆角特征预览如图 4.36 所示。单击"确定"按钮，再单击视图控制工具栏中的"选择视图方向"按钮，在下拉选项中选择"标准方向"，查看圆柱凸台，如图 4.37 所示，从而完成圆柱凸台通过拉伸除料创建圆角。

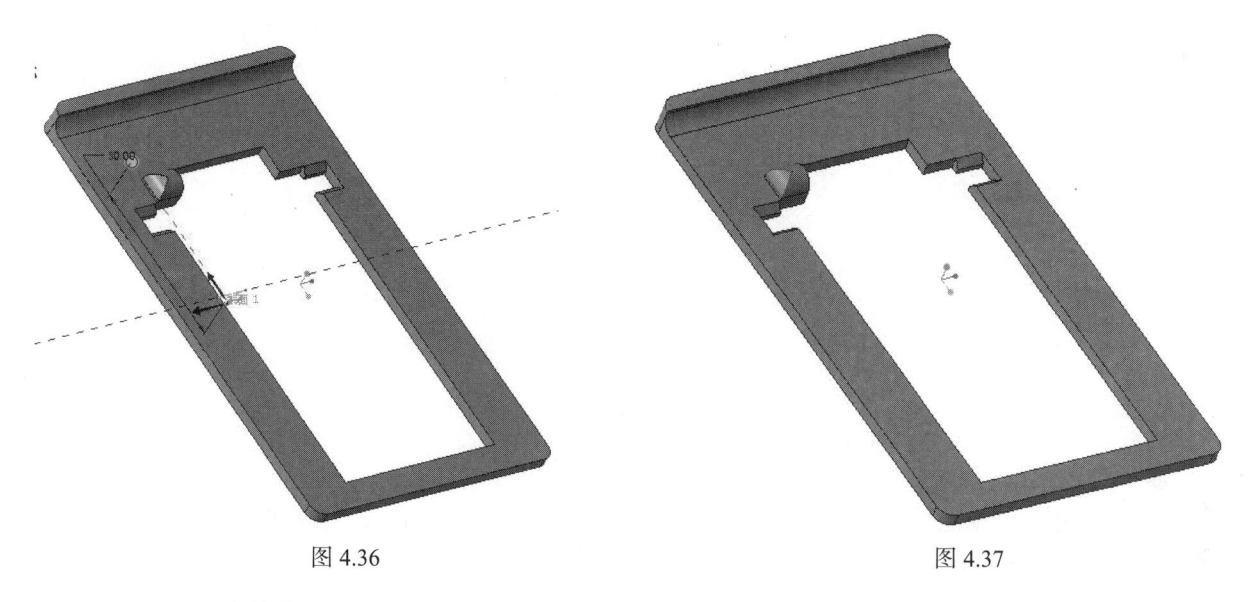

图 4.36　　　　　　　　　　　　　　图 4.37

（8）圆柱凸台镜像。

步骤 1：在模型树视窗中，按住 Ctrl 键，然后分别选中拉伸 5（圆柱凸台轮廓）、拉伸 6（圆柱凸台锥孔）和拉伸 7（圆柱凸台倒圆角），如图 4.38 所示，接着单击模型树内系统弹出的小工具面板中的"分组图标"，将拉伸 5、拉伸 6 和拉伸 7 三项拉伸特征创建为一个特征组，如图 4.39 所示。

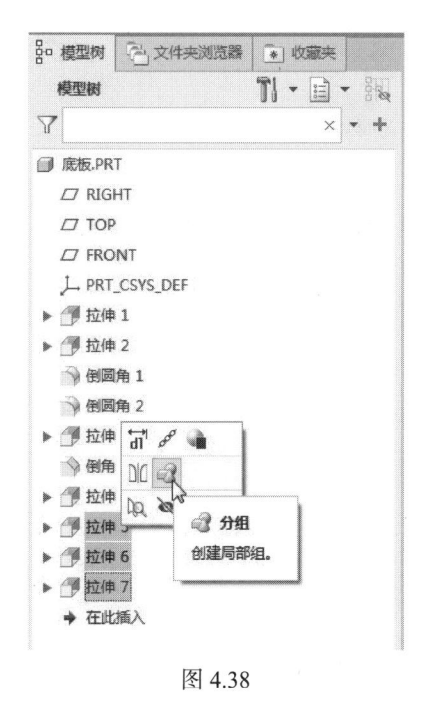

图 4.38　　　　　　　　　　　　　　图 4.39

步骤 2：单击模型树内刚创建的圆柱凸台特征分组图标 组LOCAL_GROUP，接着单击系统弹出的小工具面板中的"镜像"按钮，或者在"模型"选项卡"编辑"组中单击"镜像"按钮，然后在绘图区中选择基准平面"FRONT"为参考"镜像平面",参考下拉面板如图 4.40 所示,系统将生成右边圆柱凸台特征组,如图 4.41 所示,单击"镜像"选项卡中的"确定"按钮✓,完成镜像操作。

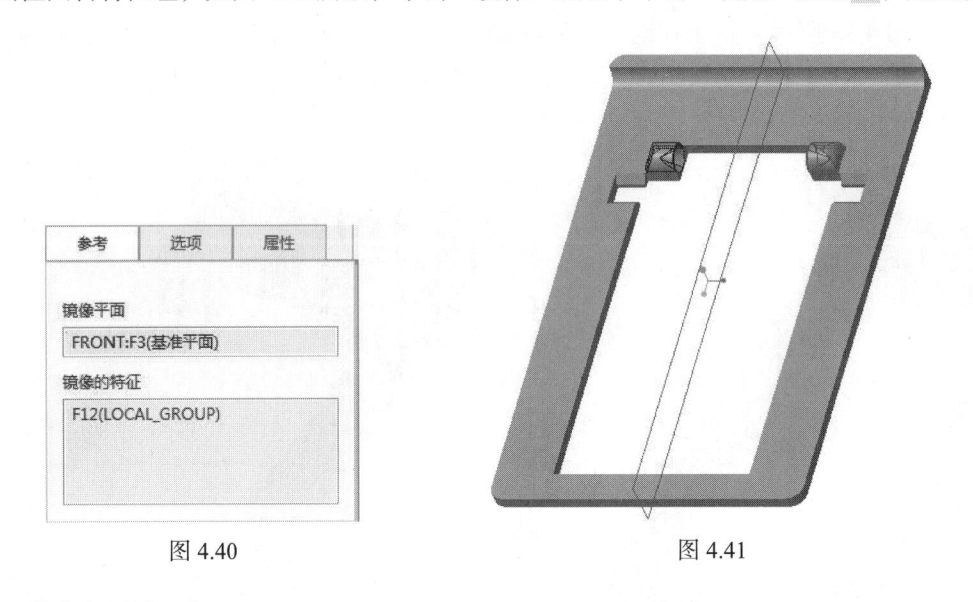

图 4.40

图 4.41

(9) 创建半圆槽凸台。

步骤 1:单击"模型"选项卡"形状"组中的"拉伸"按钮,打开"拉伸"操控面板,再单击"放置"按钮,在打开的下拉面板中单击"定义"按钮,弹出"草绘"对话框,在绘图区选中底板上表面作为草绘平面,其余选项为系统默认值,单击"草绘"按钮,进入草绘界面。

步骤 2:单击"草绘"选项卡"设置"组中的"参考"按钮,在绘图区中选择底板下端面①作为绘图参考基准,系统弹出"参考"信息面板,单击"关闭"按钮,如图 4.42 所示。

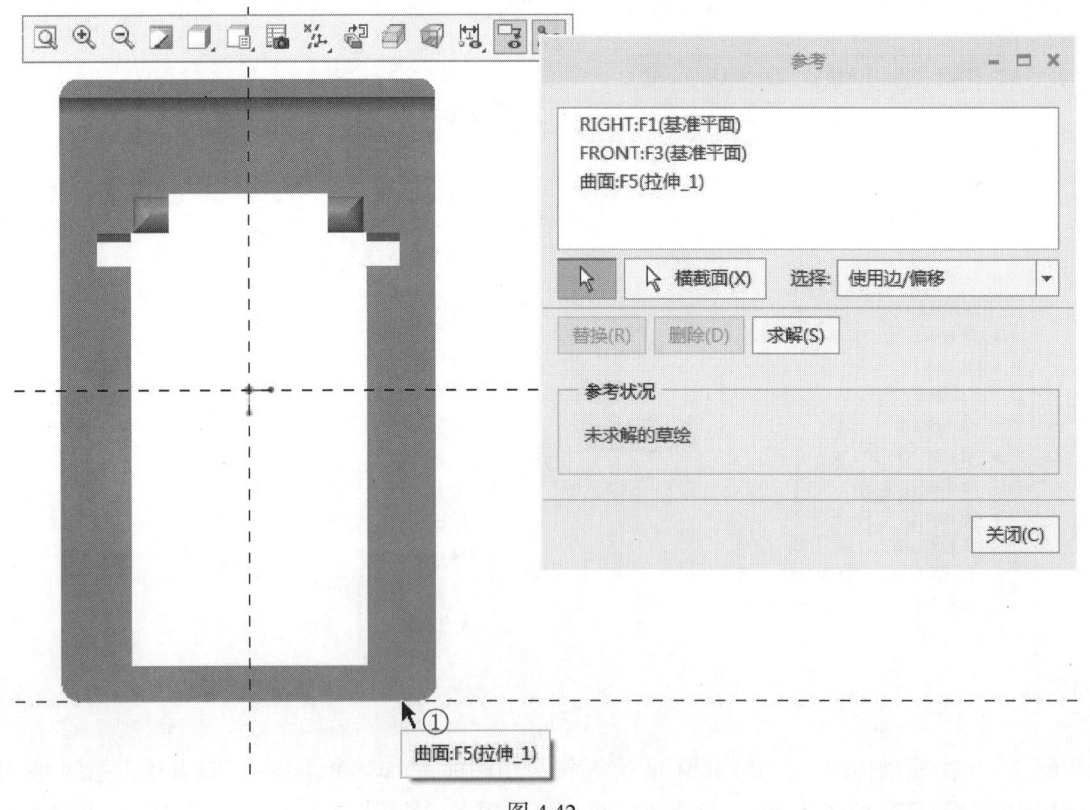

图 4.42

步骤3：单击"草绘"组中的"拐角矩形"按钮▢，绘制半圆槽凸台的截面草图并修改尺寸至如图 4.43 所示，完成草图绘制，单击"确定"按钮✔，退出草绘界面。

步骤4：在"拉伸"操控面板中的拉伸深度值框中输入 3.0，半圆槽凸台基本轮廓预览如图 4.44 所示。单击"确定"按钮✔，完成圆柱凸台轮廓创建，如图 4.45 所示。

步骤5：单击"模型"选项卡"形状"组中的"拉伸"按钮，打开"拉伸"操控面板，单击"放置"按钮，在打开的下拉面板中单击"定义"按钮，弹出"草绘"对话框，在绘图区选中半圆槽凸台左侧面（底板中间槽右侧面）作为草绘平面，如图 4.46 所示，其余选项为系统默认值，单击"草绘"按钮，进入草绘界面。

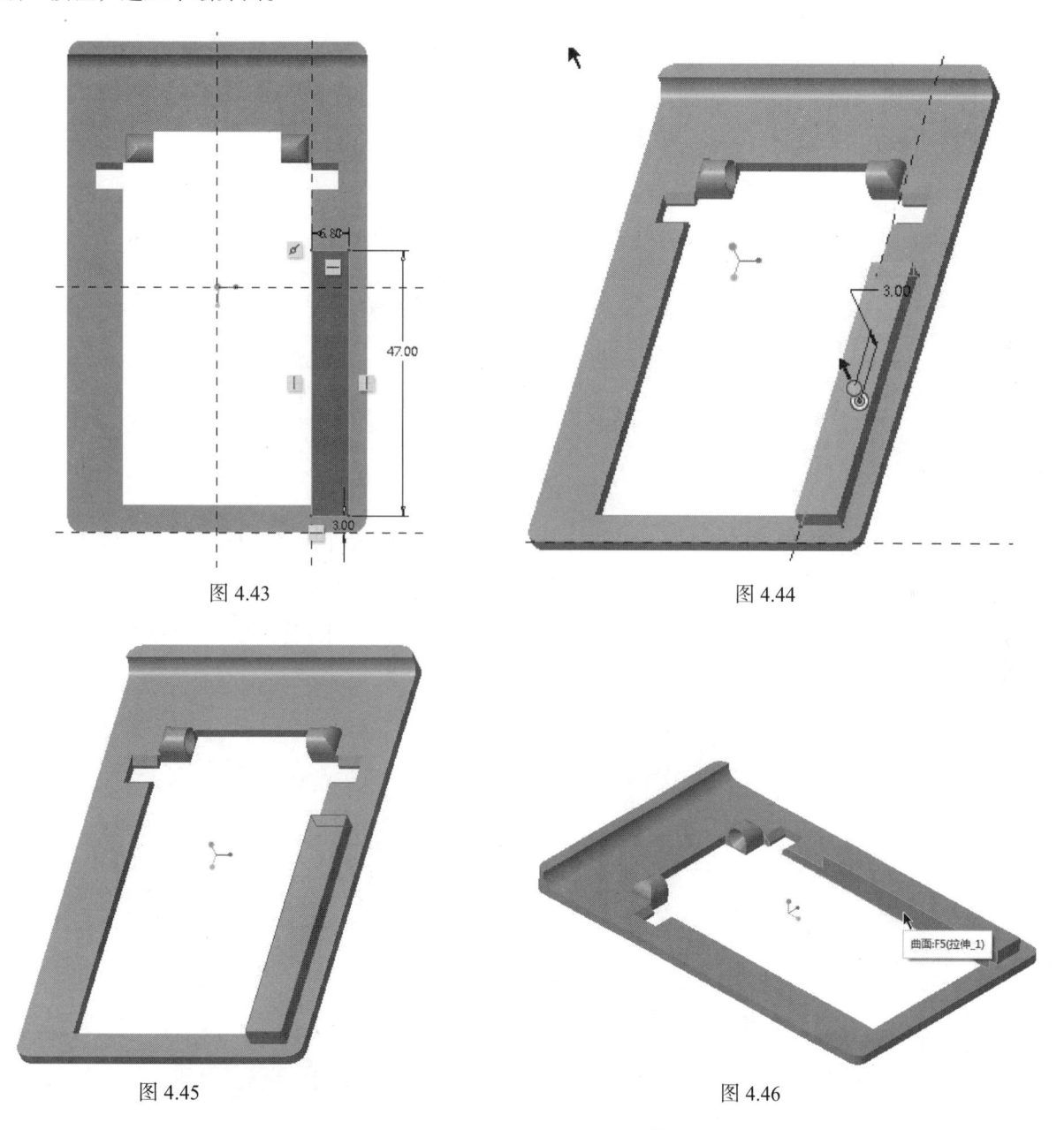

图 4.43

图 4.44

图 4.45

图 4.46

步骤6：单击视图控制工具栏中的"选择视图方向"按钮，在下拉选项中选择"LEFT"左视图方向，单击"显示样式"按钮，在下拉选项中选择"隐藏线"显示模式。再单击"草绘"选项卡"设置"组中的"参考"按钮，在绘图区中选择底板的底面①和半圆槽凸台的下端面②作为绘图参考基准，系统弹出"参考"信息面板，如图 4.47 所示，最后单击"关闭"按钮。

图 4.47

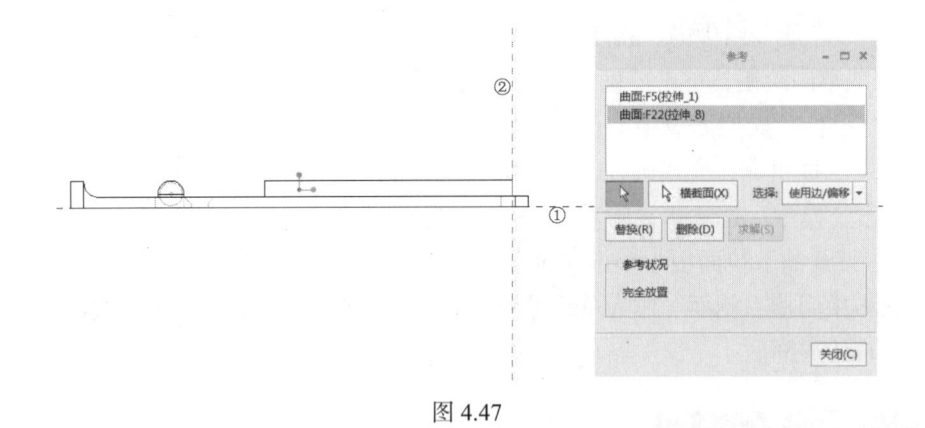

单击"草绘"组中的"圆"按钮 ⊙，绘制半圆槽截面草图并修改参考基准尺寸至如图 4.48 所示，完成半圆槽截面草图的绘制，单击"确定"按钮 ✓，退出草绘界面。

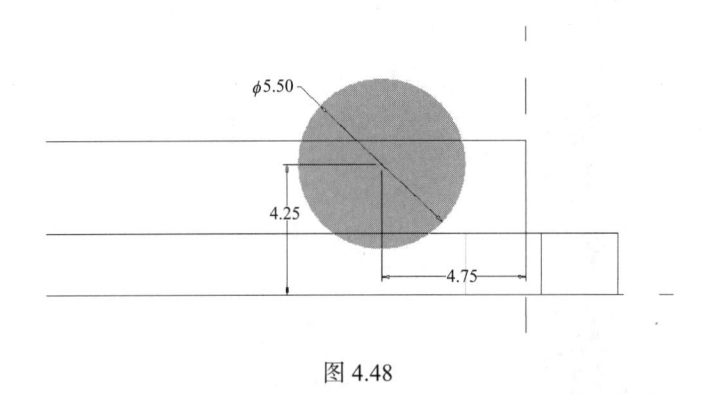

图 4.48

步骤 7：在"拉伸"操控面板中的拉伸深度值框中输入 4.80，单击"移除材料"按钮 ⊿，特征预览如图 4.49 所示，单击"确定"按钮 ✓，完成半圆槽凸台上半圆孔的创建。单击视图控制工具栏中的"选择视图方向"按钮，在下拉选项中选择"标准方向"，查看半圆槽凸台，如图 4.50 所示。

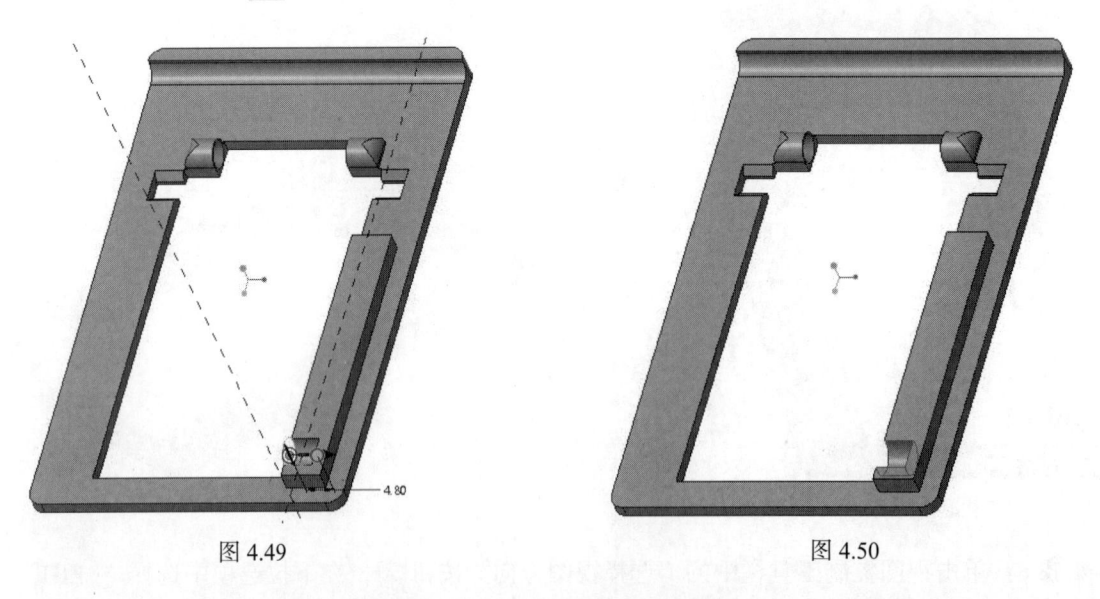

图 4.49   图 4.50

步骤 8：单击"模型"选项卡"编辑"组中的"阵列"按钮，打开"阵列"操控面板。在操控面板第一项"设置阵列类型"的下拉选项中选择"方向"，在绘图区选择基准平面"FRONT"作为阵列放置方向平面，在阵列数量值框中输入 6，然后在阵列间距值框中输入 7.5，其余选项为系统默认值,如图 4.51 所示,此时阵列特征预览如图 4.52 所示。单击面板中的 ✓ 按钮,完成半圆槽在凸台上的阵列创建,如图 4.53 所示。

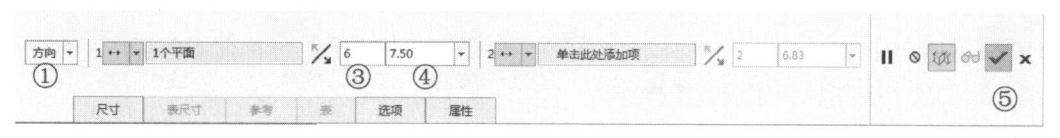

图 4.51

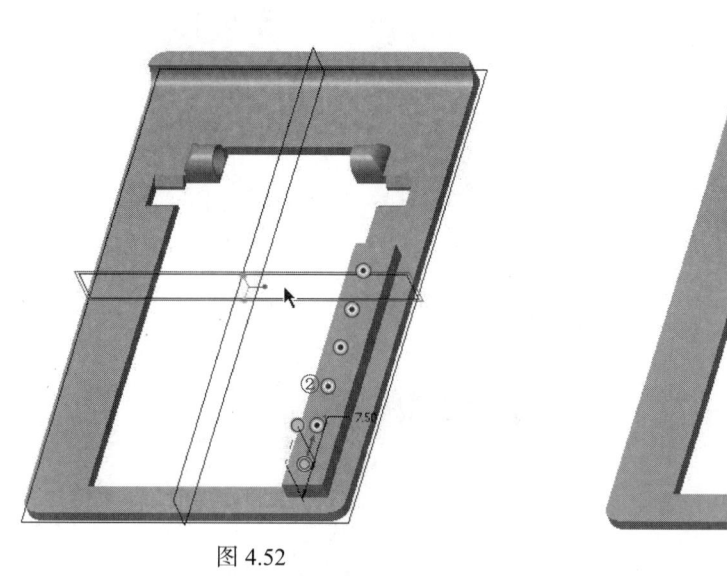

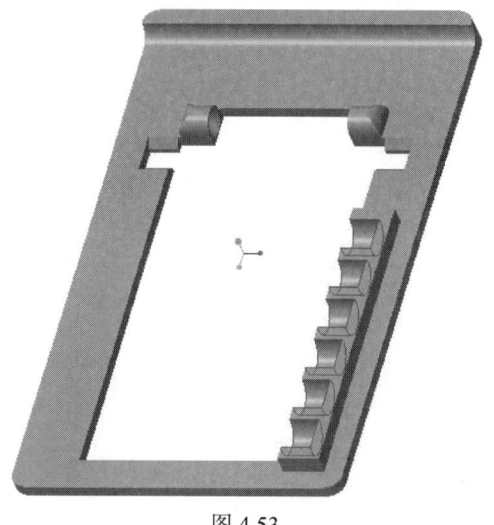

图 4.52

图 4.53

(10)半圆槽凸台镜像。

步骤 1:在模型树视窗中,按住 Ctrl 键,分别选中拉伸 8(凸台轮廓)和阵列 1/ 拉伸 9(半圆槽阵列),如图 4.54 所示,单击模型树内系统弹出的小工具面板中的"分组"图标,将拉伸 8 和阵列 1/ 拉伸 9 三项特征创建为一个特征组,如图 4.55 所示。

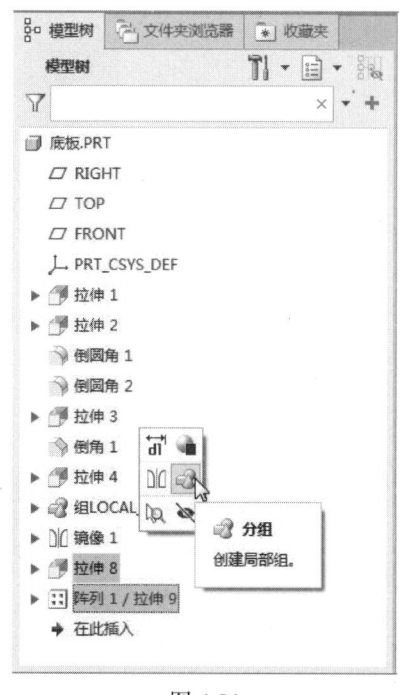

图 4.54

图 4.55

步骤 2：单击模型树内创建的半圆槽凸台特征分组图标 组LOCAL_GROUP_2，接着单击系统弹出的小工具面板中的"镜像"按钮 镜像，或者在"模型"选项卡"编辑"组中单击"镜像"按钮 镜像，然后在绘图区中选择基准平面"RIGHT"为参考"镜像平面"，参考下拉面板中镜像的特征为"F21(LOCAL_GROUP_2)"，如图 4.56 所示，系统将生成左边半圆槽凸台特征组，如图 4.57 所示，再单击"镜像"选项卡中图标，完成镜像操作。

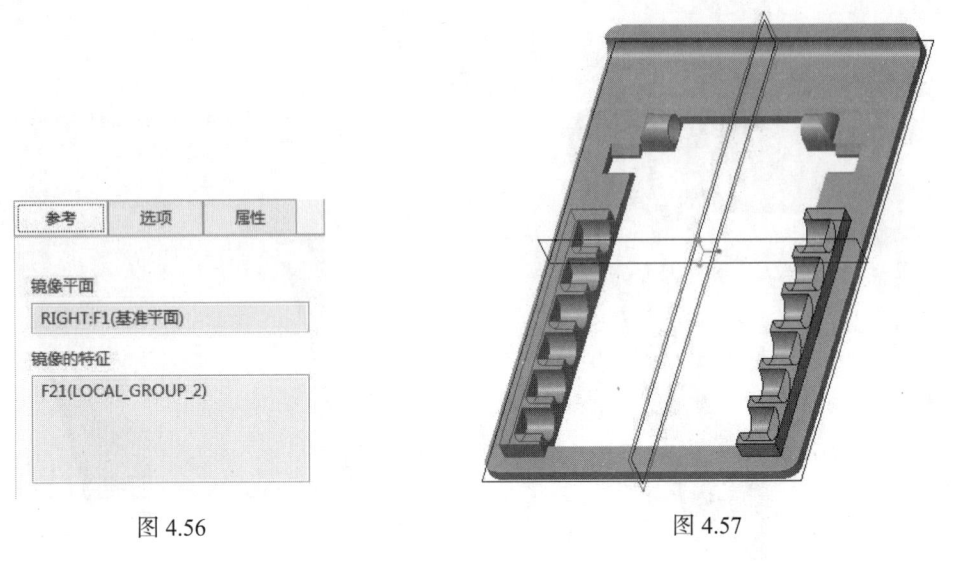

图 4.56　　　　　　图 4.57

（11）创建小凸缘。

步骤 1：单击"模型"选项卡"形状"组中的"拉伸"按钮，打开"拉伸"操控面板，再单击"放置"按钮，在打开的下拉面板中单击"定义"按钮，弹出"草绘"对话框，在绘图区选中底板的底面作为草绘平面，如图 4.58 所示，其余选项为系统默认值，单击"草绘"按钮，进入草绘界面，如图 4.59 所示。

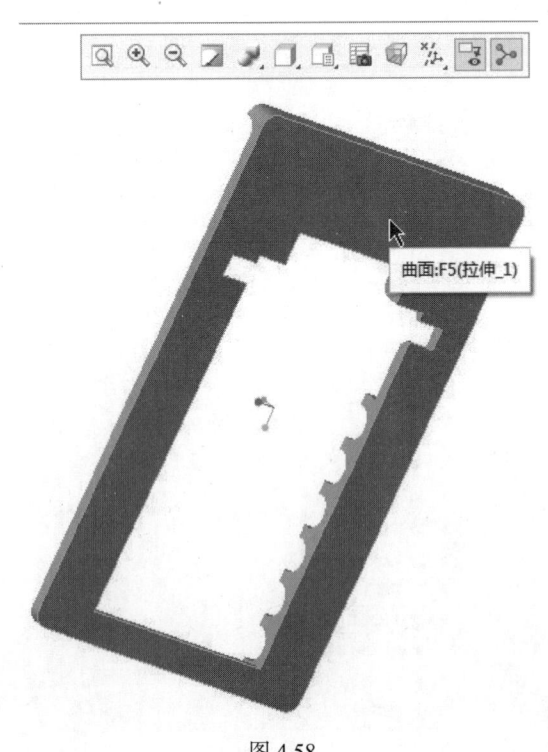

图 4.58 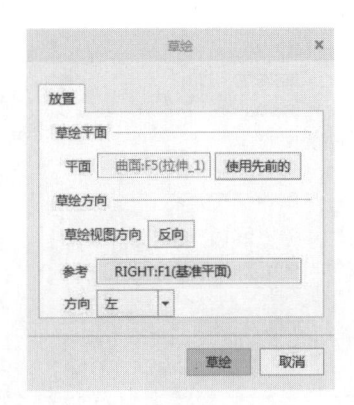　　　　　　图 4.59

步骤2：单击视图控制工具栏中的"选择视图方向"图标，在下拉菜单中选择"BOTTOM"（仰视图），使草绘平面与屏幕平行。单击"草绘"选项卡"草绘"组中的 矩形 命令绘制，修改矩形尺寸至如图 4.60 所示，单击 ✓ 按钮，完成小凸缘截面草图，退出草绘界面。

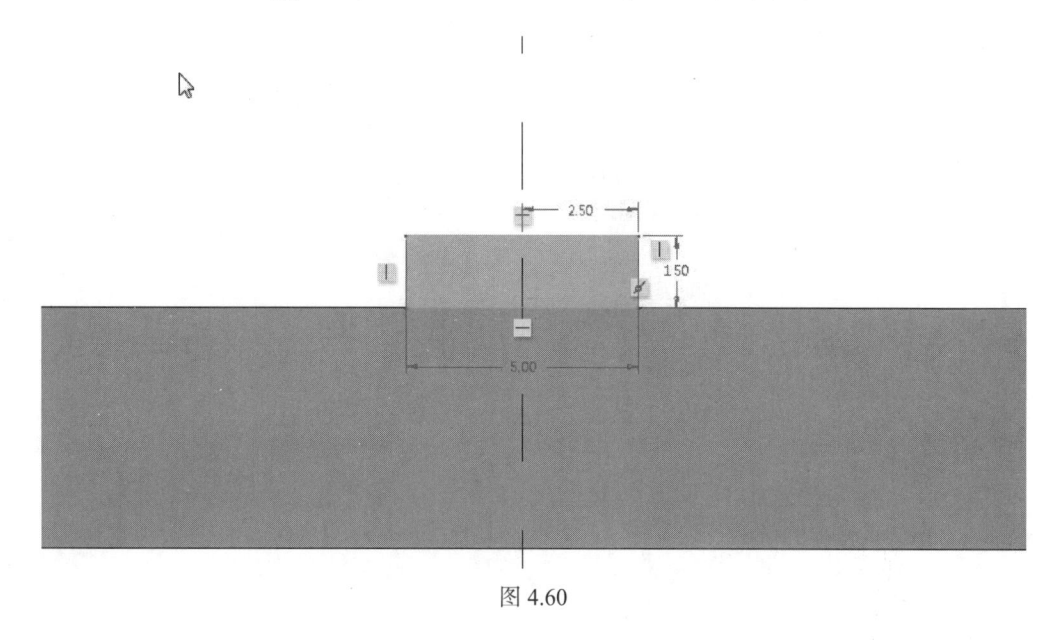

图 4.60

步骤3：在"拉伸"操控面板中的拉伸深度值框中输入 1.5，小凸缘基本轮廓预览如图 4.61 所示。单击 ✓ 按钮，完成圆柱凸台轮廓的创建。

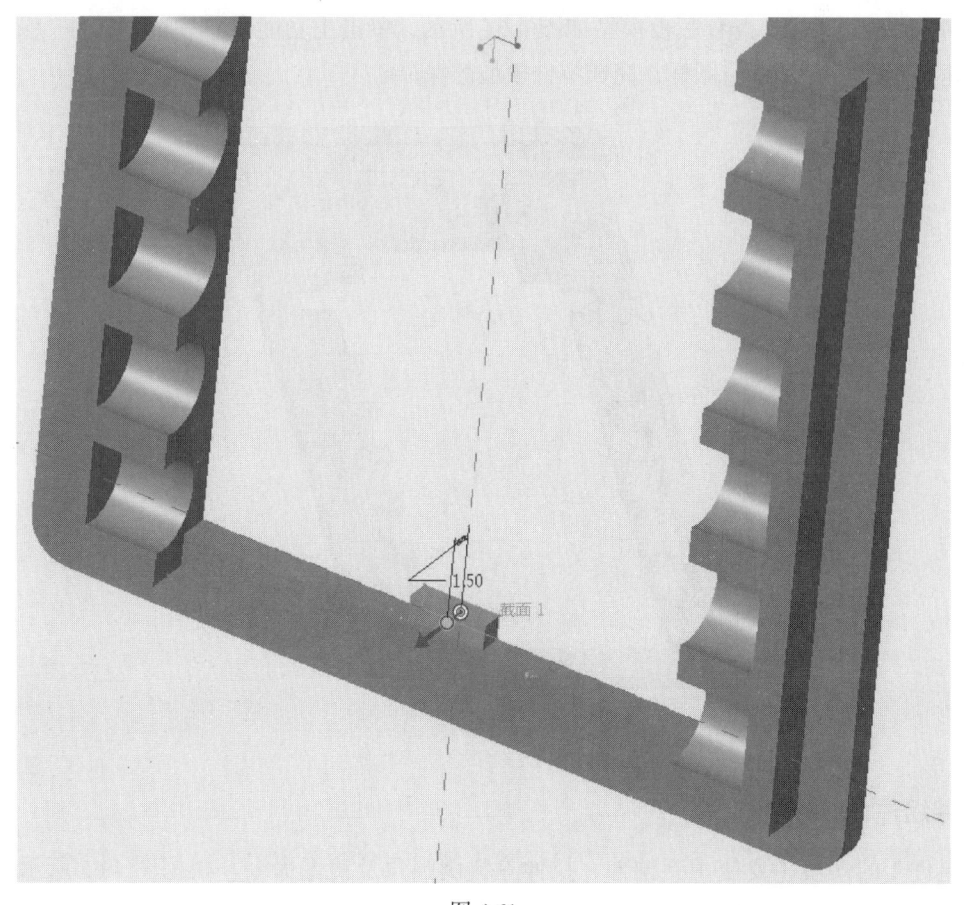

图 4.61

步骤 4：单击"模型"选项卡中"工程"组上的"倒角"按钮，打开"倒角"操控面板，选中小凸缘上顶面与前面相交边线为倒角边，如图 4.62 所示，在弹出的"边倒角"操控面板中输入倒角距离为 1.5，如 [图标] D x D D 1.50，如图 4.63 所示，在选项卡中单击 ✓ 按钮，完成小凸缘倒角的创建。

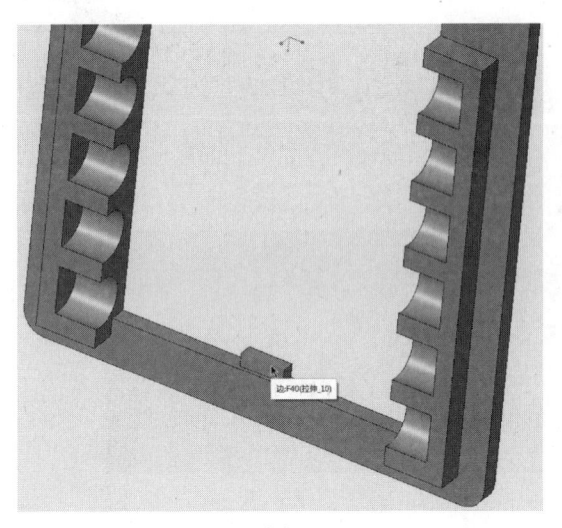

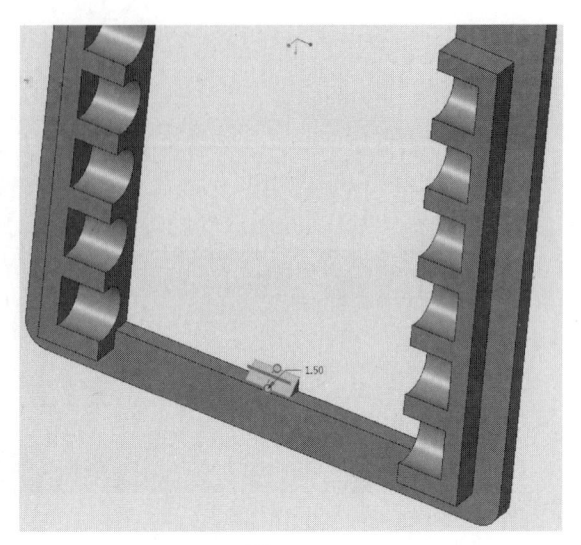

图 4.62

图 4.63

（12）保存模型。

完成底板模型创建的所有操作后，单击视图控制工具栏中的"选择视图方向"按钮，在下拉选项中选择"标准方向"，查看底板模型如图 4.64 所示，单击主功能菜单中的"文件/保存"命令，或单击快速访问工作栏中的 图标，完成零件模型的保存。

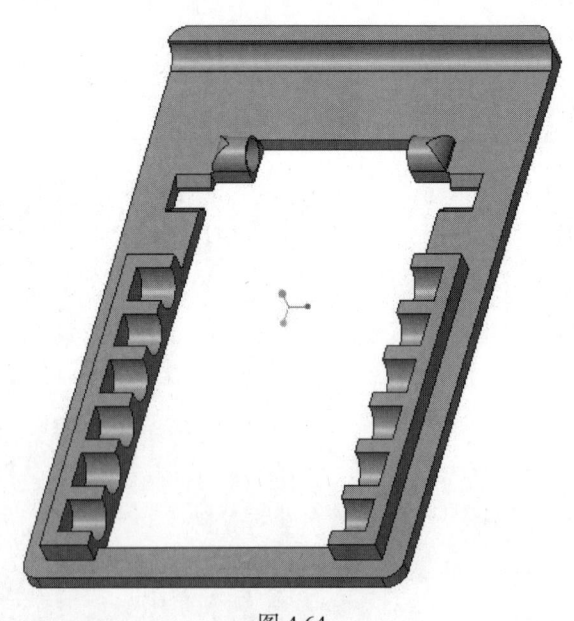

图 4.64

2. 支架组件 1 的建模

支架组件 1 的建模主要使用到拉伸、拉伸除料倒圆角及镜像命令。根据图 4.65 所示的零件图，可以得出具体创建模型的步骤，见表 4.4。

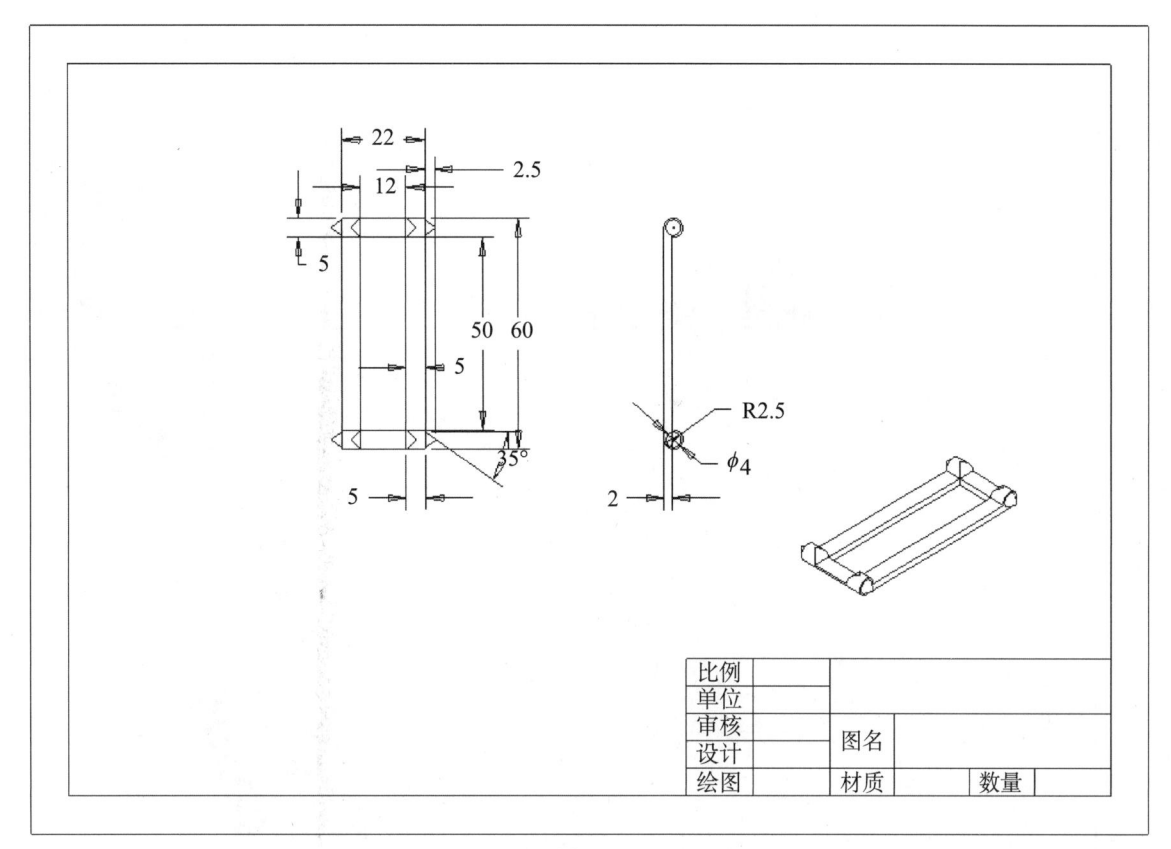

图 4.65

表 4.4

步骤	创建内容	草绘或相关设置	模型预览
1	拉伸基本形状		
2	拉伸圆柱凸台		

续表

步骤	创建内容	草绘或相关设置	模型预览
3	拉伸圆锥销		
4	拉伸除料倒圆角		
5	创建圆柱凸台特征组		
6	圆柱凸台特征组镜像		

续表

步骤	创建内容	草绘或相关设置	模型预览
7	圆柱凸台特征组镜像		
8	拉伸除料创建倒圆角		
9	底部圆角镜像		
10	完成预览：选择视图方向为"标准方向"		

3. 支架组件2的建模

支架组件 2 的建模主要使用到拉伸、拉伸除料倒圆角及镜像命令。根据图 4.66 所示的零件图，可以得出具体创建模型的步骤，见表 4.5。

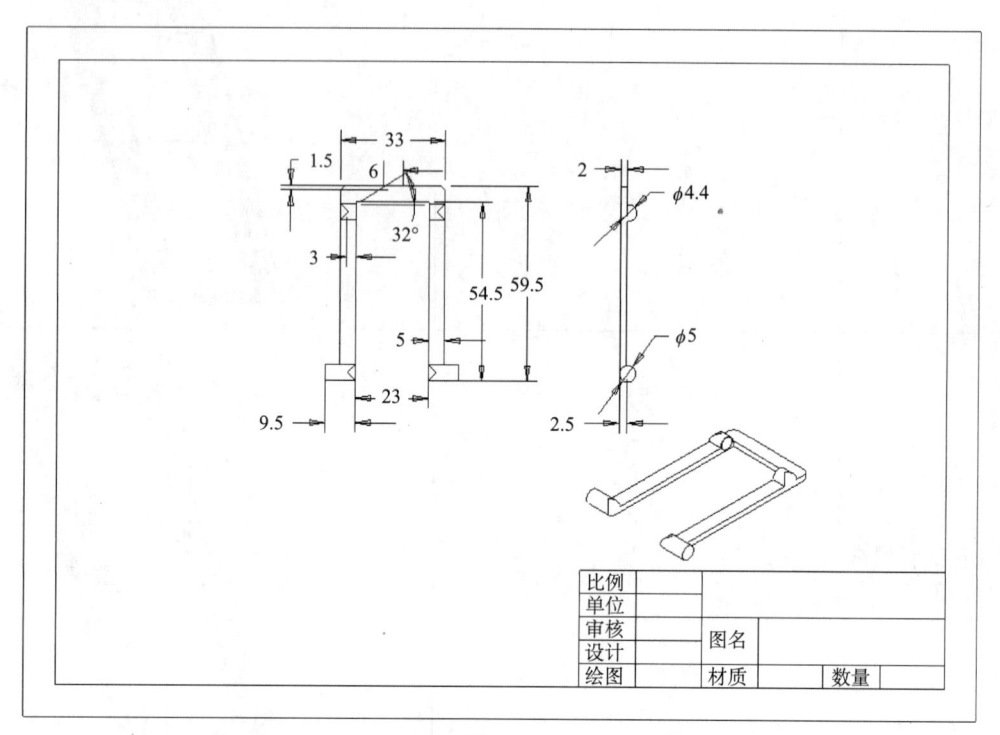

图 4.66

表 4.5

步骤	创建内容	草绘或相关设置	模型预览
1	拉伸基本形状		
2	倒圆角		

· 158 ·

续表

步骤	创建内容	草绘或相关设置	模型预览
3	创建小斜槽		
4	创建下圆柱		
5	下圆柱拉伸倒圆角		
6	下圆柱镜像		

续表

步骤	创建内容	草绘或相关设置	模型预览
7	创建圆柱凸台		
8	创建圆柱凸台锥孔		
9	圆柱凸台拉伸倒圆角		

项目 4 Creo 5.0 装配设计及产品打印

续表

步骤	创建内容	草绘或相关设置	模型预览
10	创建圆柱凸台特征组	模型树中显示：支架组件2.PRT、RIGHT、TOP、FRONT、PRT_CSYS_DEF、拉伸 1、倒圆角 1、拉伸 2、组LOCAL_GROUP（拉伸 3、倒圆角 2、拉伸 4）、镜像 1、组LOCAL_GROUP_2（拉伸 5、拉伸 6、拉伸 7）、在此插入	
11	圆柱凸台镜像		
12	完成预览：选择视图方向为"标准方向"		

4. 创建可调手机支架装配模型

步骤 1：单击工具栏中的"新建"按钮，弹出"新建"对话框，在"类型"选项框中选择"装配"选项，在"子类型"选项框中选择"设计"选项，输入文件名为"可调手机支架"，取消选中"使用默认模板"复选框，如图 4.67 所示，单击"确定"按钮，在弹出的"模板"选项中选择"mmns_asm_design"模板，如图 4.68 所示，单击"确定"按钮进入装配界面，如图 4.69 所示。

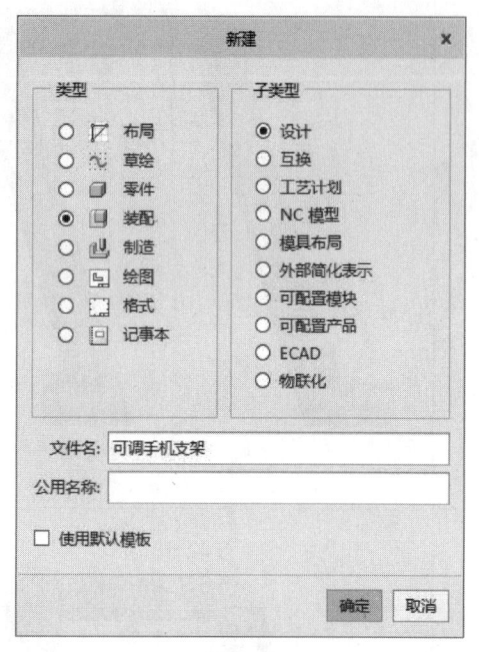

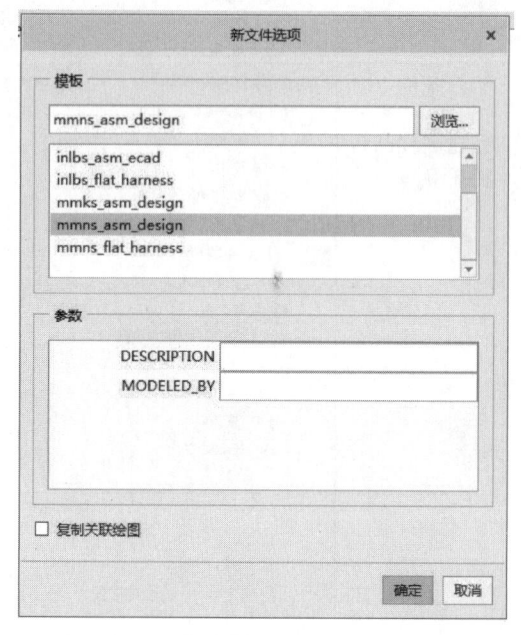

图 4.67

图 4.68

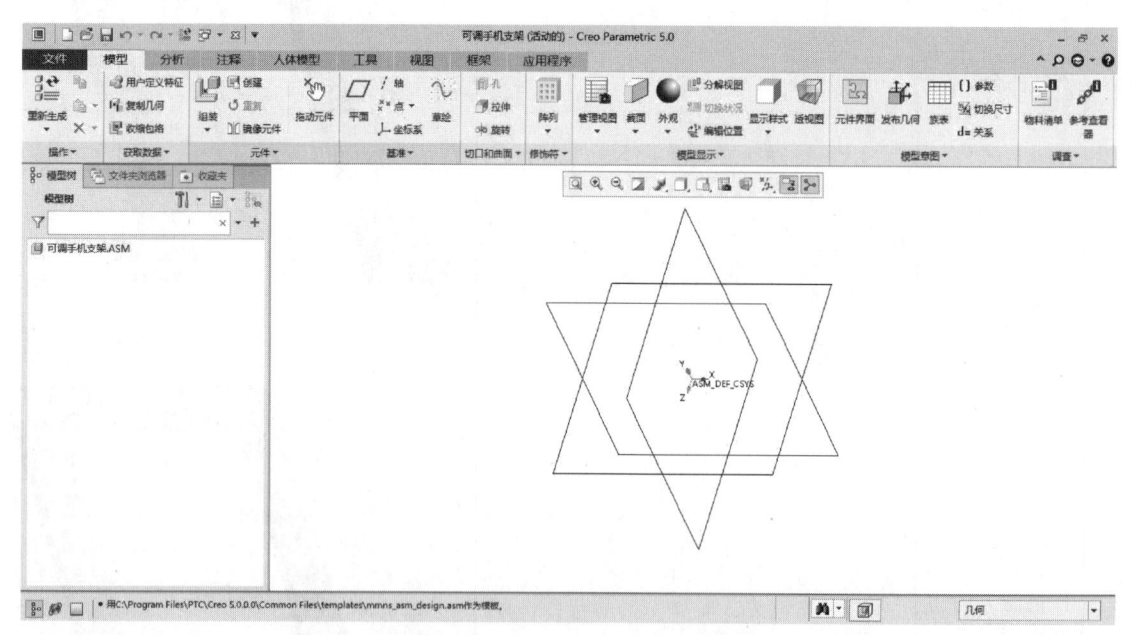

图 4.69

步骤 2：依次单击"文件"→"管理会话"→"选择工作目录"选项，弹出选择工作目录对话框，设置工作目录为"源文件/项目3/任务2/装配体"，单击"确定"按钮，保存文件。

步骤 3：单击"组装"按钮，弹出"打开"对话框，选择"底板"文件，单击"预览"按钮对底板进行预览，如图 4.70 所示，单击"打开"按钮，底板以高亮显示出现在装配界面，"元件放置"

操控面板中的约束类型选择"默认"约束，单击控制面板中的✔按钮，完成装配模型中底板的加载，如图 4.71 所示。

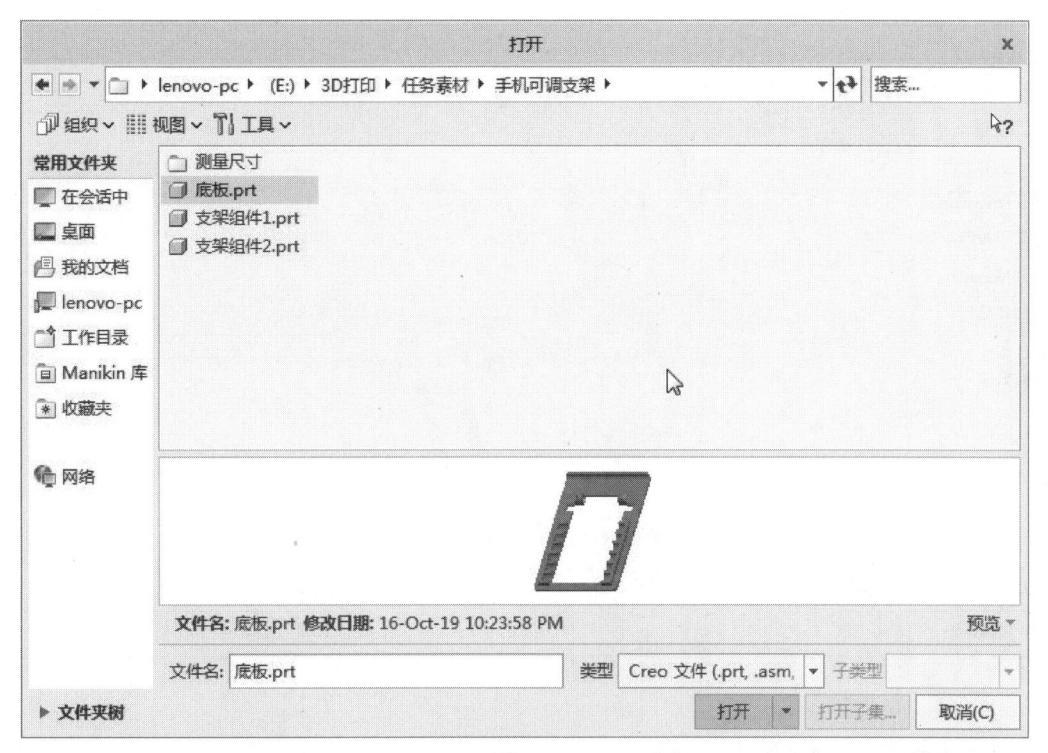

图 4.70

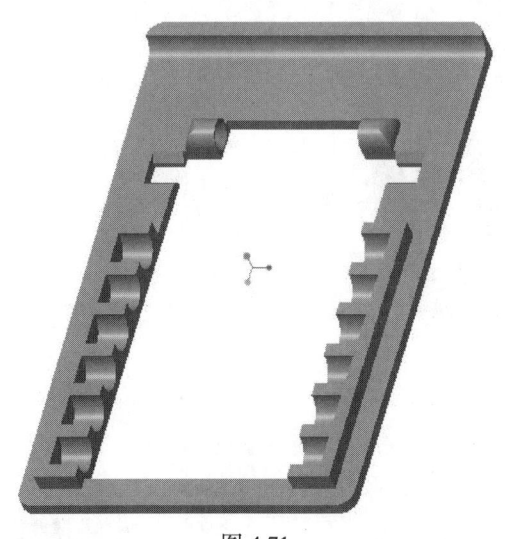

图 4.71

步骤 4：单击"组装"按钮，弹出"打开"对话框，选择支架组件 1 文件，单击"预览"按钮对支架组件 1 进行预览，如图 4.72 所示，再单击"打开"按钮，支架组件 1 以高亮显示出现在装配界面，如图 4.73 所示，在"元件放置"控制面板的"用户定义"选项框选择"销"选项，以此定义底板与支架组件 1 的装配连接类型采用"销"的约束形式。

单击操控面板中的"放置"按钮，在弹出的下拉面板中可以看到"销"连接包含两个基本的预定义约束：轴对齐和平移。为"轴对齐"选择参考，分别选择图 4.74 和支架组件 1 上的两条轴线，所得结果如图 4.75 所示。

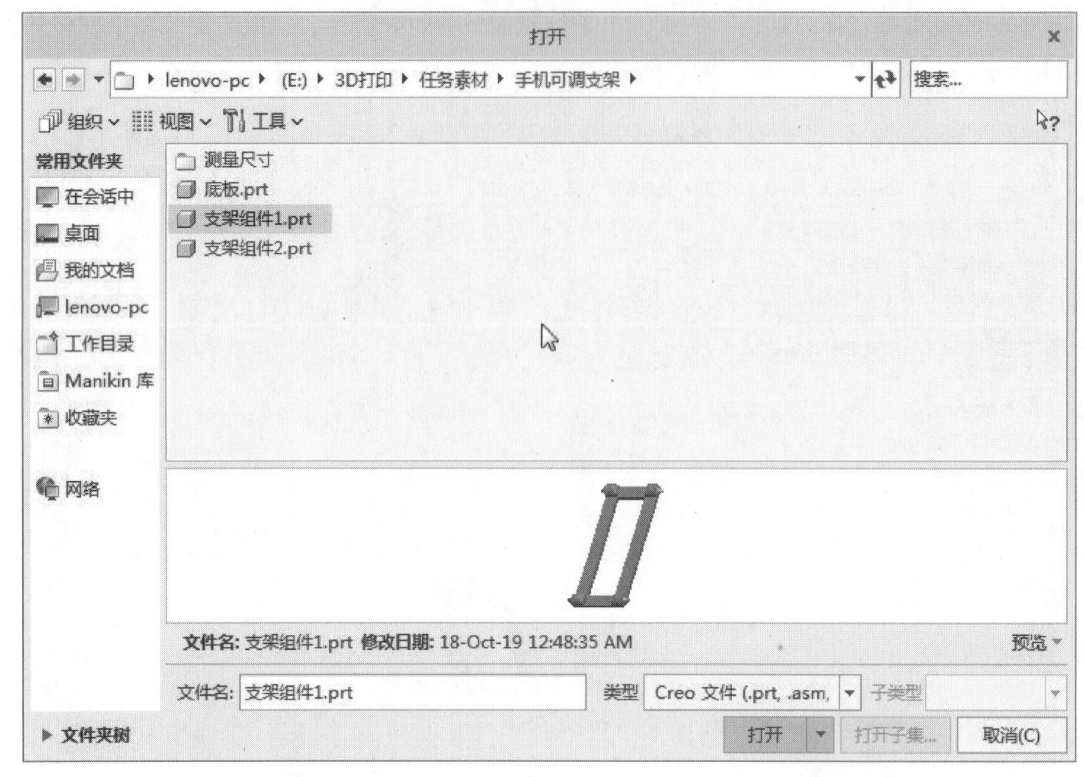

图 4.72

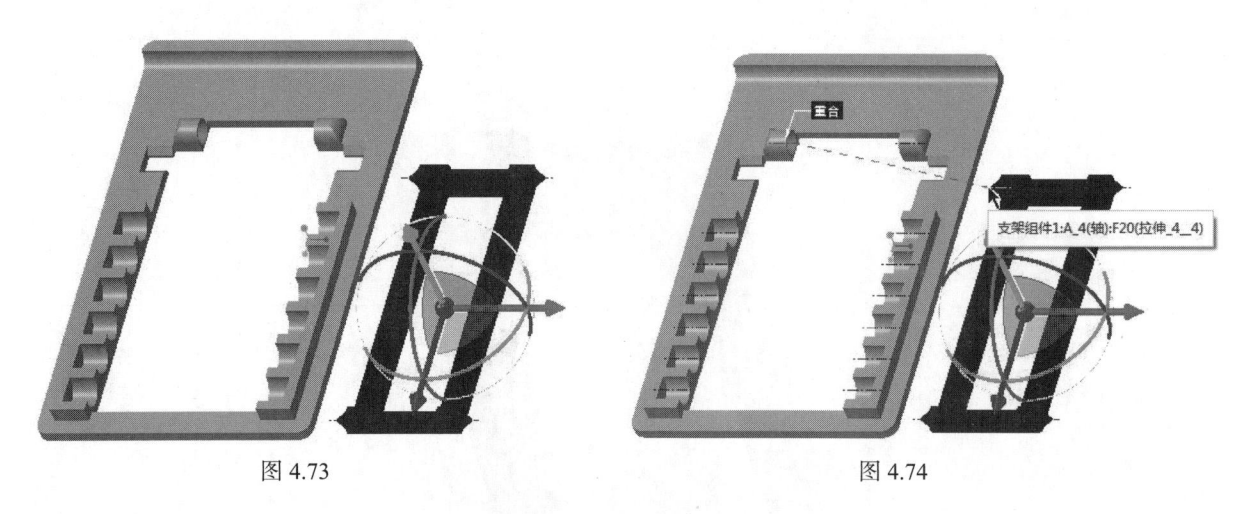

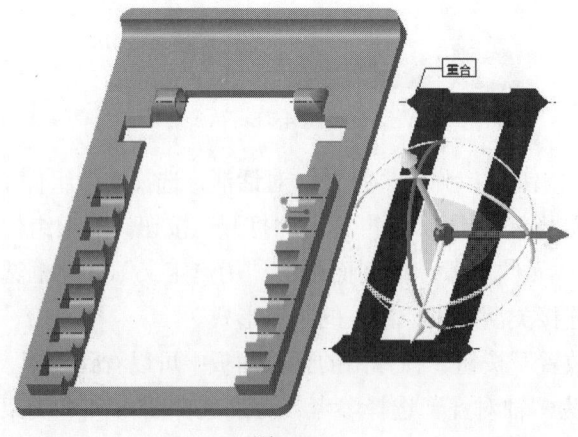

图 4.73

图 4.74

图 4.75

· 164 ·

为"平移"约束选择参考，分别选择底板的一个面和支架组件1的一个面作为参考面，如图4.76所示，在"放置"下拉面板中的"约束类型"处选择"距离"，在"偏移"值中输入0.5，所得装配模型如图4.77所示。

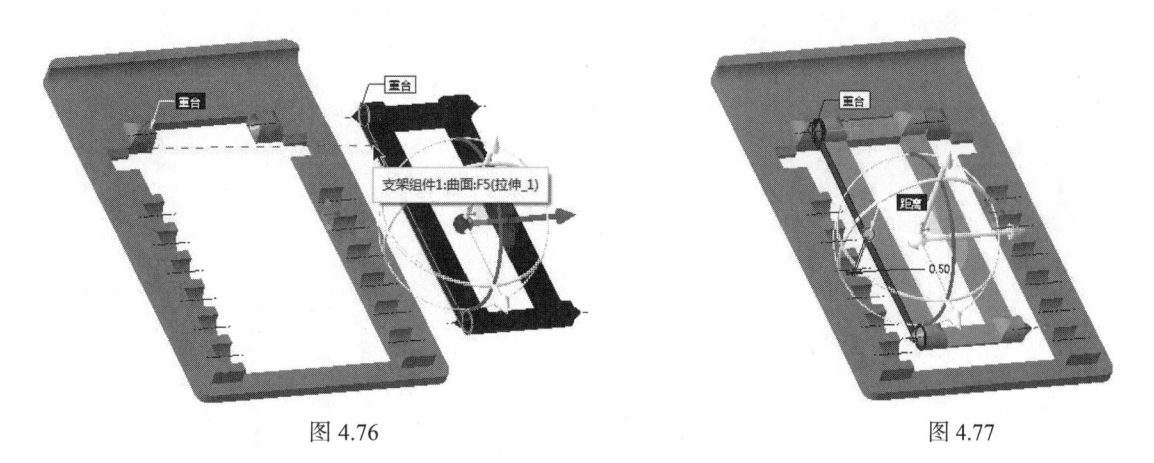

图4.76　　　　　　　　　　　　图4.77

单击图4.78所示"元件放置"操控面板中的按钮✓，出现图4.79所示的"放置"下拉面板，进行相关操作完成装配支架组件1的加载，如图4.80。

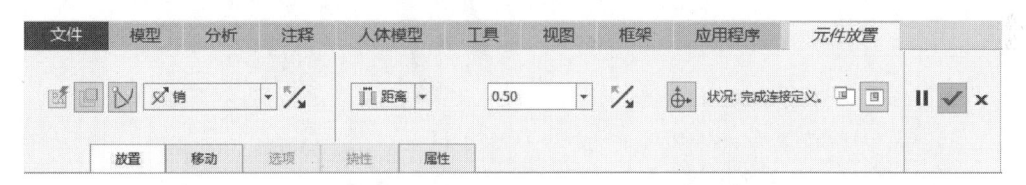

图4.78

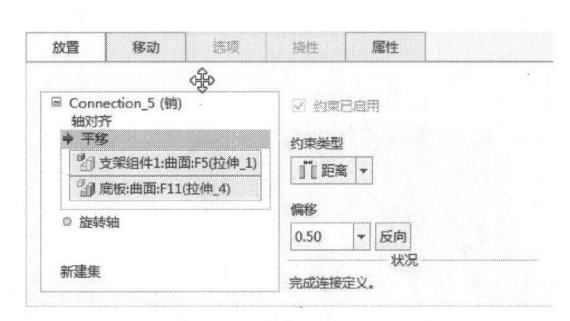

图4.79

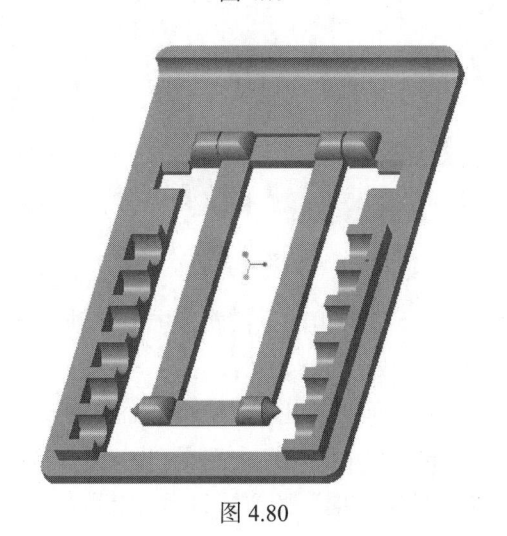

图4.80

步骤 5：单击"组装"按钮，弹出"打开"对话框，选择支架组件 2 文件，单击"预览"按钮对支架组件 2 进行预览，如图 4.81 所示，再单击"打开"按钮，支架组件 2 以高亮显示出现在装配界面，如图 4.82 所示，在"元件放置"控制面板的"用户定义"选项框中选择"销"选项，定义底板与支架组件 1 的装配连接类型。

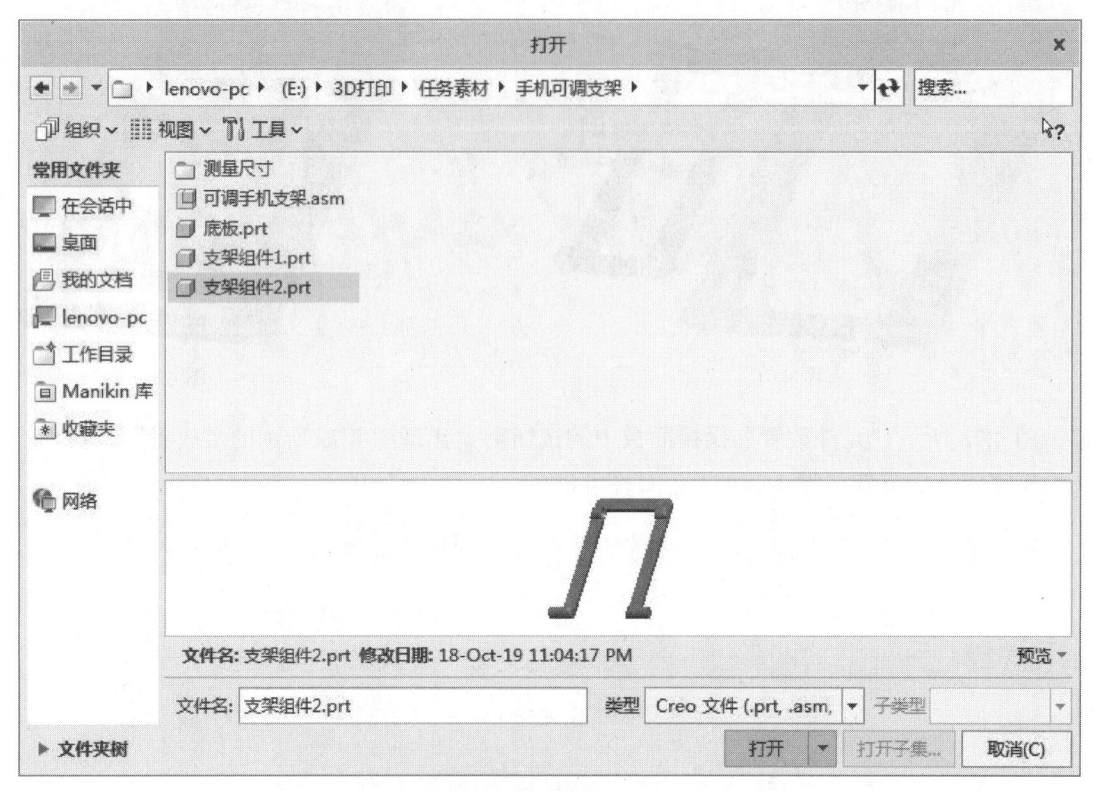

图 4.81

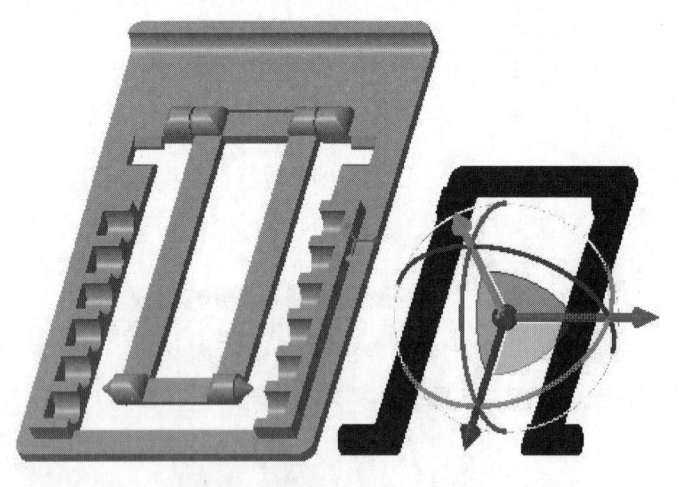

图 4.82

单击操控面板中的"放置"按钮，在弹出的下拉面板中为"轴对齐"选择参考，分别选择图 4.83 和支架组件 2 上的两条轴线，所得结果如图 4.84 所示。

为"平移"约束选择参考，分别选择支架组件 1 的一个面和支架组件 2 的一个面作为参考面，如图 4.85 所示，在"放置"下拉面板的"约束类型"中选择"距离"，在"偏移"值中输入 0.5。再回到"元件放置"操控面板中单击"更改约束方向"按钮，所得装配模型如图 4.86 所示。

图 4.83　　　　　　　　　　　　　　　图 4.84

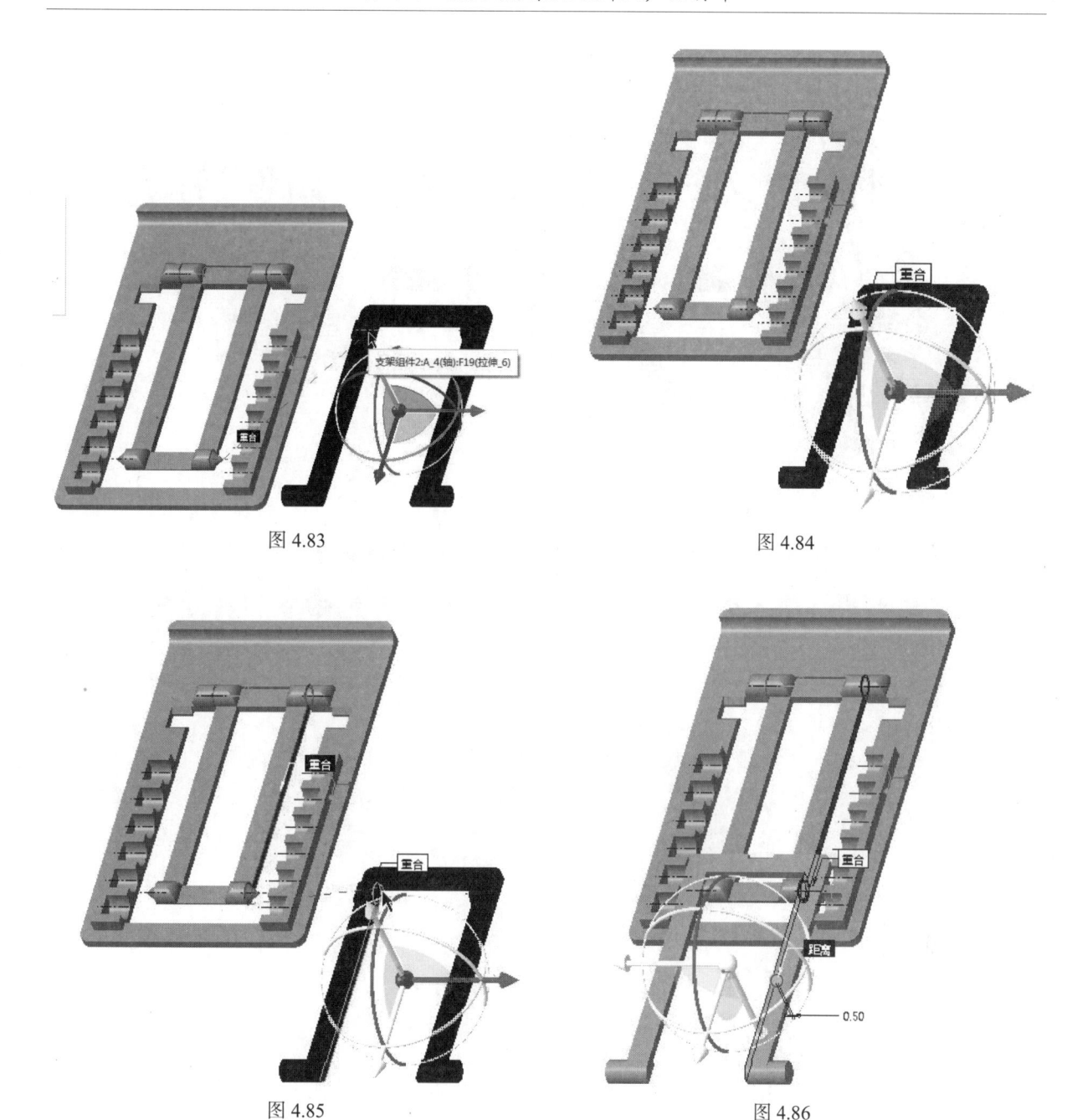

图 4.85　　　　　　　　　　　　　　　图 4.86

单击"放置"下拉面板中的"旋转轴",选择装配模型中支架组件 2 的上表面为"选择元件零参考"。按住鼠标中键旋转装配模型观察角度调整至装配模型的底面,单击选择支架组件 1 的底板为"选择装配零参考",在"放置"下拉面板中的"当前位置"输入 0(该数值为角度值)或直接在装配模型上修改角度值输入为 0,完成支架组件 2 的装配放置,使支架组件 2 与底板和支架组件 1 的底面平齐(底板、支架组件 1 与支架组件 2 整体平齐,便于整体放置于打印平台上进行打印),如图 4.87 所示,打开图 4.88 所示"元件放置"操控面板中的"放置"下拉面板,如图 4.89 所示,单击"元件放置"操控面板中的✓按钮,完成装配支架组件 2 的加载,可调手机支架装配模型创建完成,如图 4.90 所示。

单击"模型"操控面板上的"拖动元件"按钮,可以对可调手机支架上的活动元件——支架组件 1、支架组件 2 的装配角度位置进行旋转调整,以获得不同的支架角度,如图 4.91 所示。

图 4.87

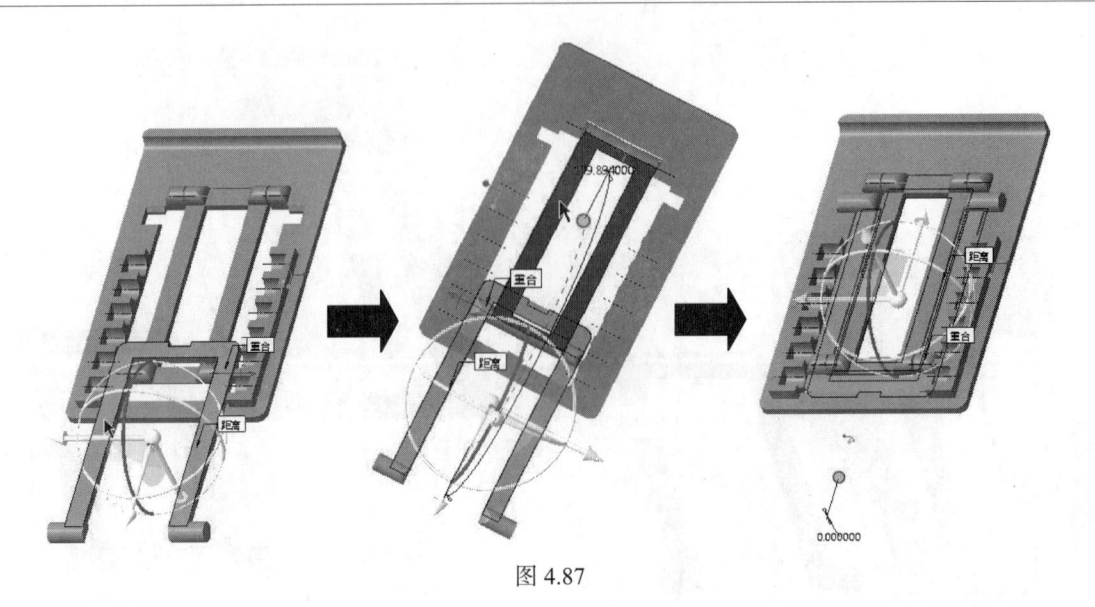

图 4.88

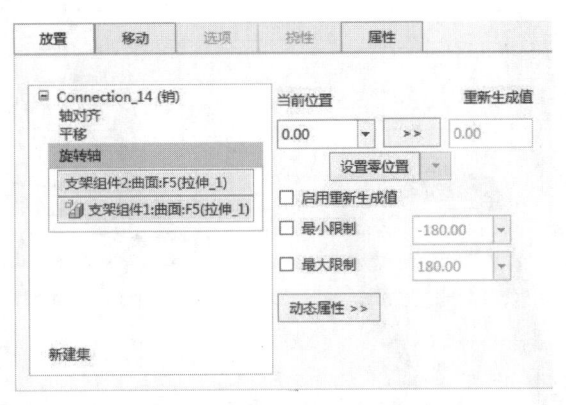

图 4.89

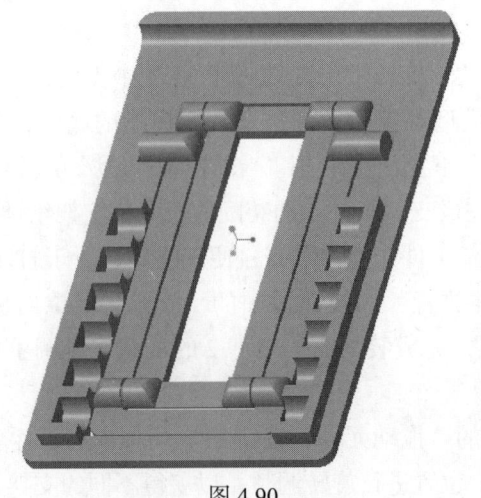

图 4.90

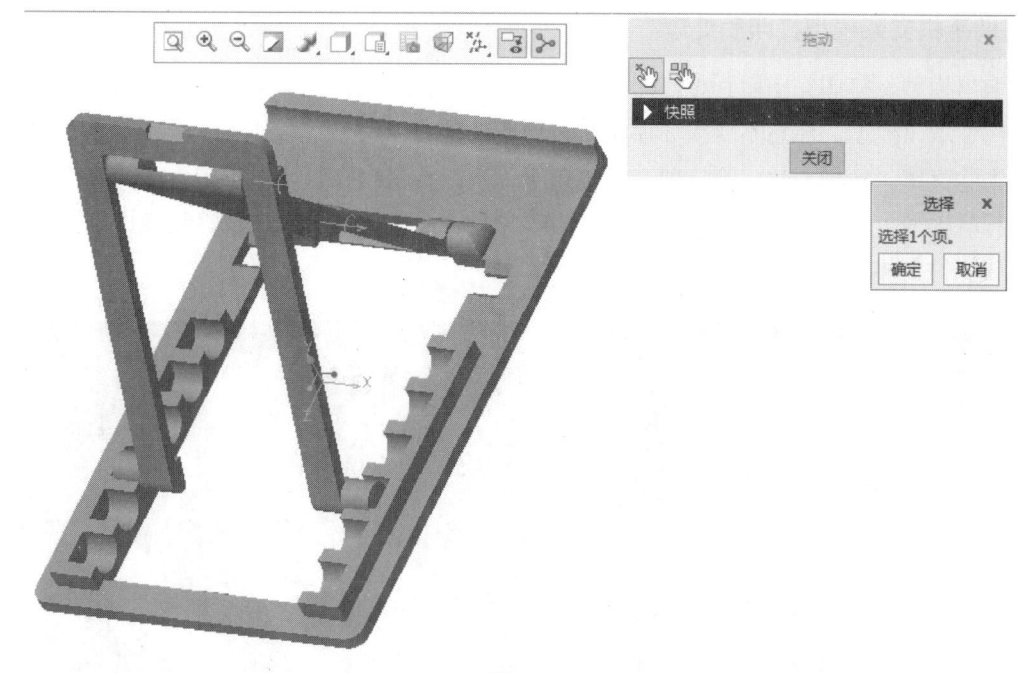

图 4.91

5. 可调手机支架模型打印

（1）将模型导出为快速成型 *.stl 文件。

（2）切片处理，将可调手机支架模型文件加载到 Modellight 3D 打印系统，如图 4.92 所示。参照任务 3.1"打印模型"切片软件的具体操作步骤，对加载的可调手机支架进行合理放置，并且设置好各项打印参数。

（3）参照任务 3.1 的"打印模型"，在 Modellight 3D 打印系统导出切片数据，生成机器码保存 *.gcode 文件。将 *.gcode 文件复制到 SD 卡，然后把 SD 卡插入相应的机器即可实现脱机打印。

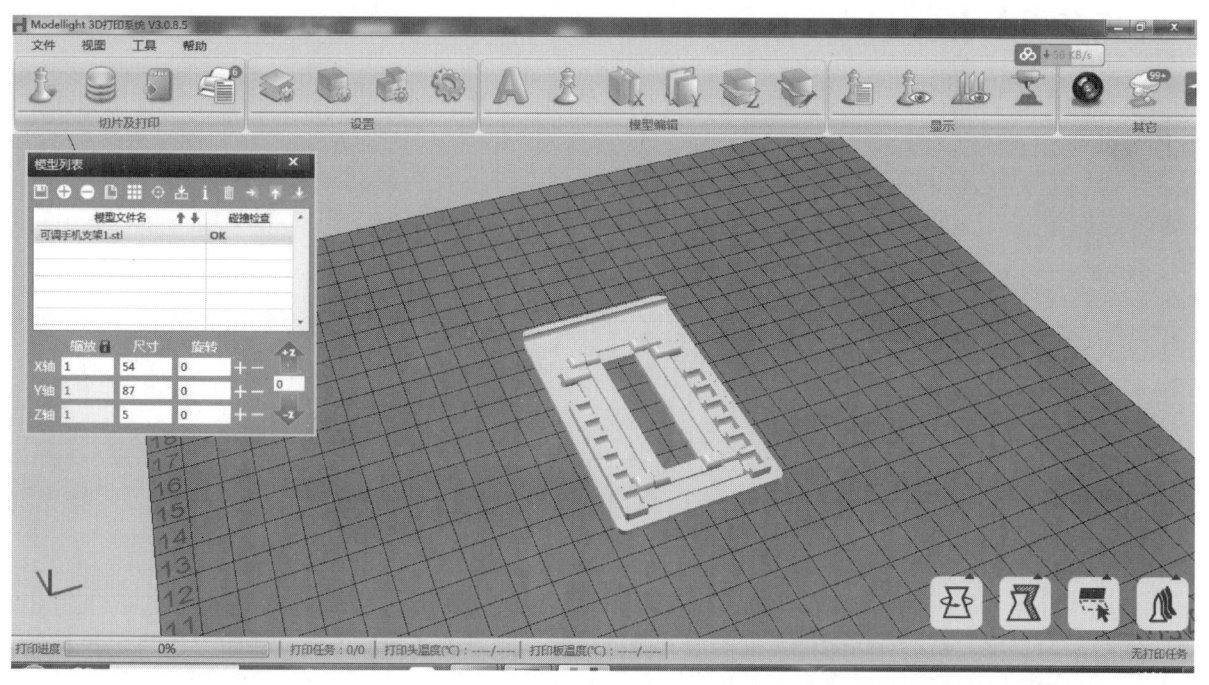

图 4.92

6. 可调手机支架模型打印后处理

（1）取出模型。打印完毕后，将打印平台降至零位，使用撬棒或铲子等工具将模型底部与平台底板撬开分离，取出模型，注意不要损坏模型比较薄弱的地方。

（2）去除支撑。使用刀片、斜口剪、尖嘴钳等工具，将模型在打印过程中生成的支撑去除。

（3）打磨模型。使用砂纸、锉刀等工具，对模型进行必要的打磨及清洁，完成可调手机支架的打印，把组成零件整体装配起来后，如图4.93所示。

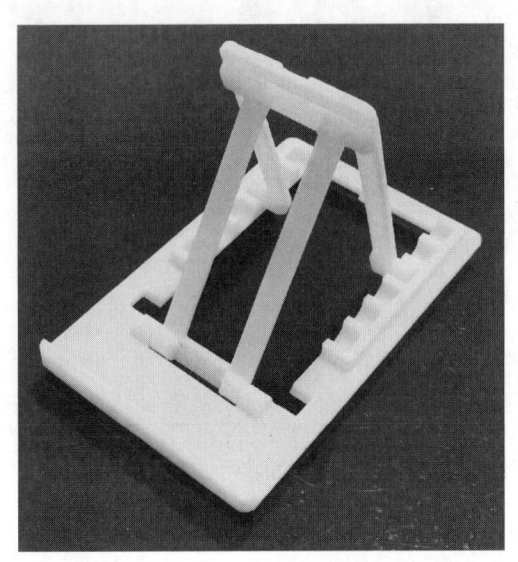

图4.93

任务4.2　活动扳手建模及打印

【任务引入】

本节的主要学习内容：绘制活动扳手的3个零件图，并学会使用装配模块将3个零件组装起来，如图4.94所示。

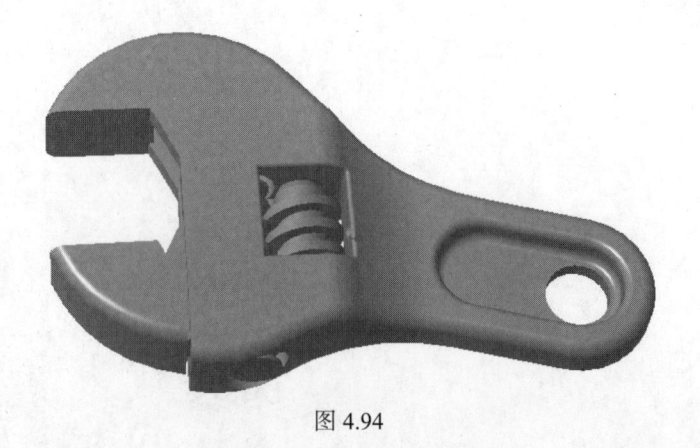

图4.94

本节学习目标：学会分析零件三维造型的设计思路，能看懂活动扳手的总装图，如图4.95所示，并能够依据总装图反映的装配关系，正确地装配3个零件。

图 4.95

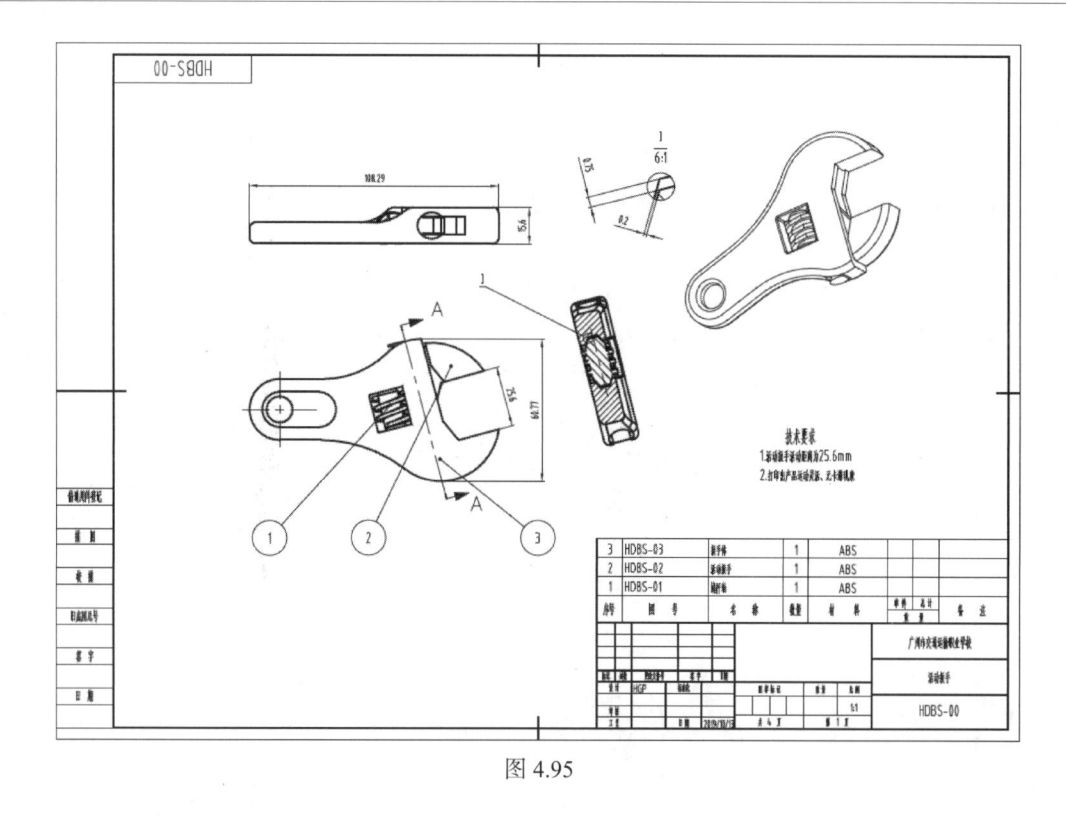

【任务分析】

根据装配图纸，活动扳手是由蜗杆轴、活动钳口及扳手体三个零件组成的，如图 4.96～图 4.98 所示。

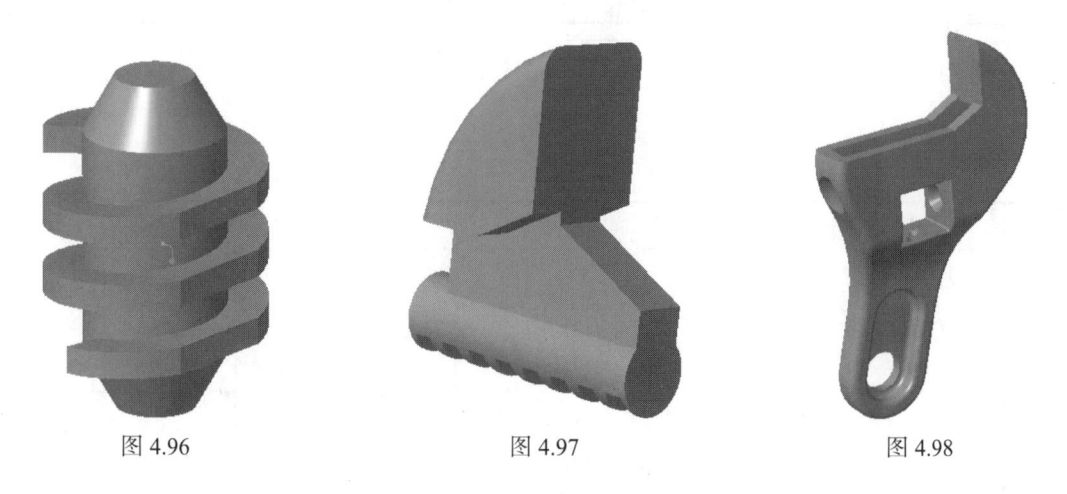

图 4.96　　　　　　　图 4.97　　　　　　　图 4.98

分别根据零件图纸，完成零件的三维造型，然后根据装配关系，使用装配模块完成零件的组装。
内容分布：
（1）蜗杆轴三维造型。
（2）活动钳口三维造型。
（3）扳手体三维造型。
（4）活动扳手装配造型。
（5）活动扳手模型打印。
（6）活动扳手模型后处理。

【任务实施】

1. 蜗杆轴三维造型

(1) 蜗杆轴的图纸如图 4.99 所示；蜗杆轴模型的建模思路见表 4.6。

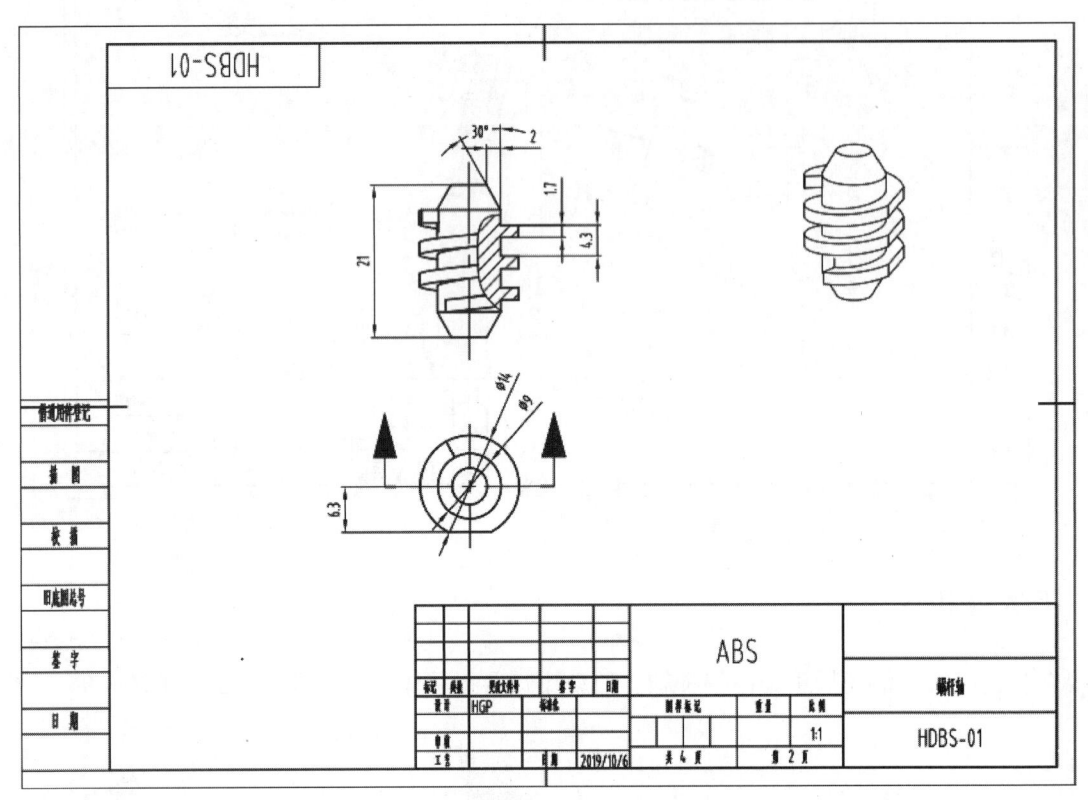

图 4.99

表 4.6

思 路	创 建 内 容	模 型	命 令	备 注
1	$\phi 9$ 圆柱		拉伸	对称拉伸
2	$60° \times 2$ 倒角		倒角	角度 ×D 模式
3	$\phi 14$ 蜗杆牙型		螺旋扫描	牙型出来需要修剪
4	6.3 切边		拉伸	切除

（2）蜗杆轴模型建模的步骤。

步骤1：绘制 φ9 圆柱，如图 4.100 所示。

选择 XZ 基准面，单击"草绘"按钮，进入草绘环境，绘制 φ9 圆。再单击"拉伸"按钮，拉伸方式设置为"对称拉伸"，输入拉伸总长度 21mm，单击"确定"按钮，如图 4.101 所示。

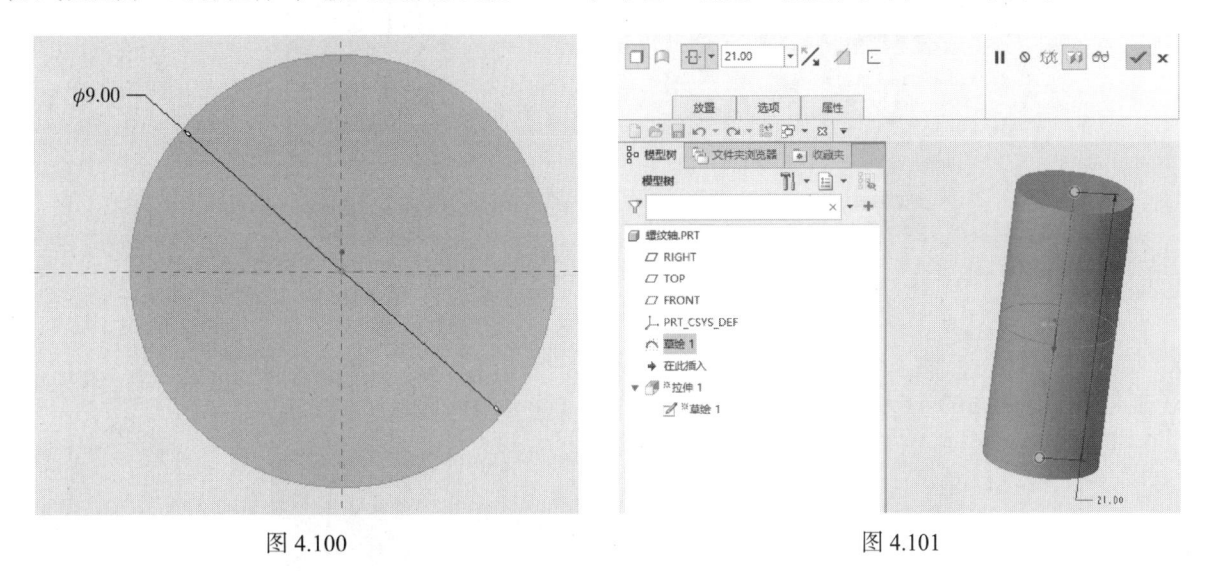

图 4.100

图 4.101

步骤2：倒角。

单击"倒角"按钮，选择"角度 ×D"模式，角度处输入 60，D 处输入 2，单击"确定"按钮。重复以上操作，倒出另外一边角，最后效果如图 4.102 和图 4.103 所示。

图 4.102

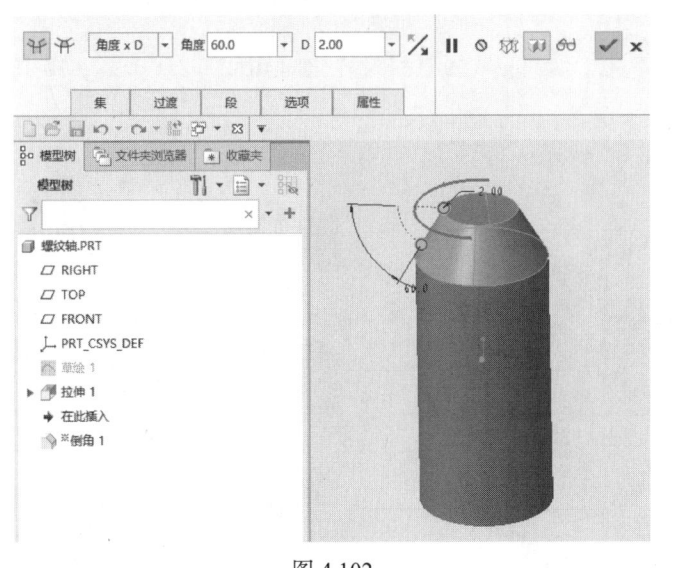

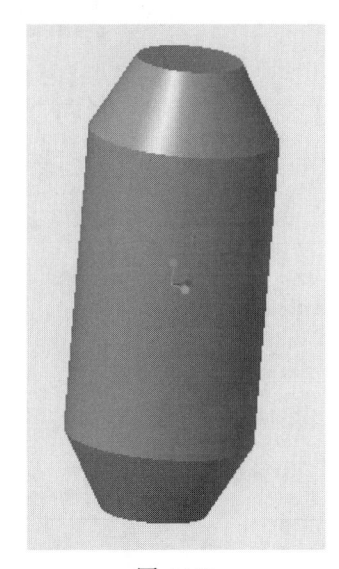

图 4.103

步骤3：螺旋扫描绘制蜗杆牙型。

单击"螺旋扫描"按钮，单击"参考"按钮，再单击螺旋扫描轮廓下的"编辑"按钮，如图 4.104 和图 4.105 所示，确定螺旋扫描轮廓。

单击"创建扫描截面"按钮，进行草图绘制，如图 4.106 和图 4.107 所示。

完成后输入螺距 4.3，生成蜗杆牙型，单击"确定"按钮，如图 4.108 和图 4.109 所示。

图 4.104

图 4.105

图 4.106

图 4.107

图 4.108

图 4.109

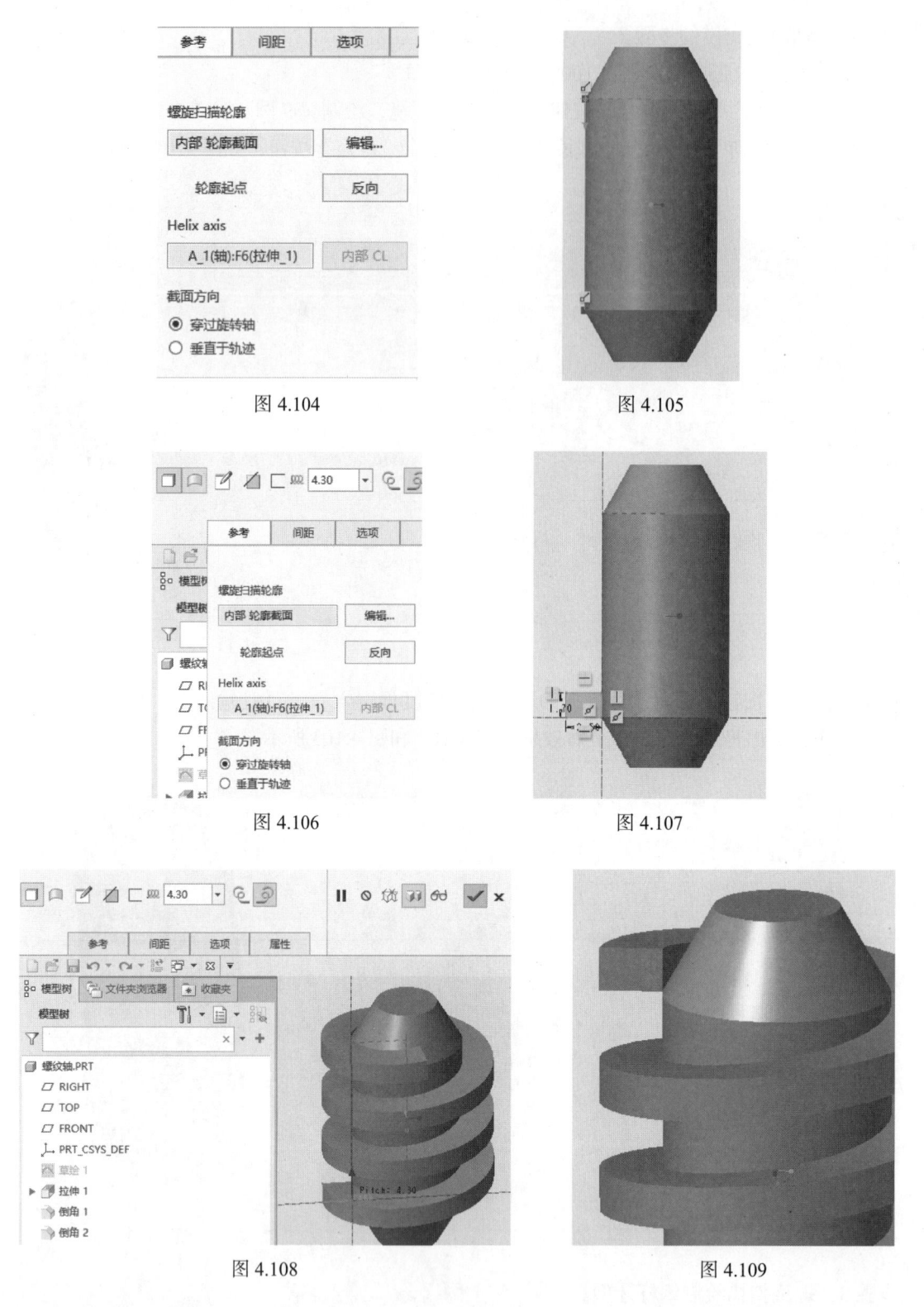

步骤 4：修蜗杆牙型。

蜗杆牙型末端不符合图纸要求，需要进行牙型的修剪。单击"新建基准面"按钮，选择倒角边线，建立基准面，如图 4.110 和图 4.111 所示。

在新建的基准面上进行草绘，再利用草图进行拉伸，切除，效果如图 4.112 和图 4.113 所示。

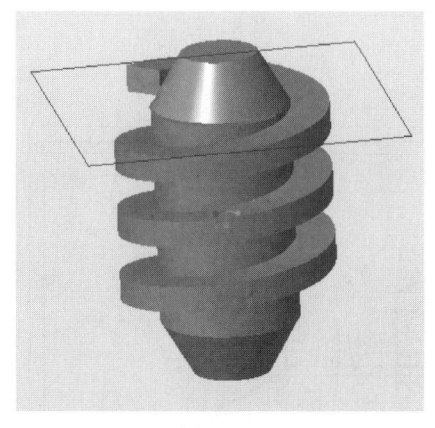

图 4.110 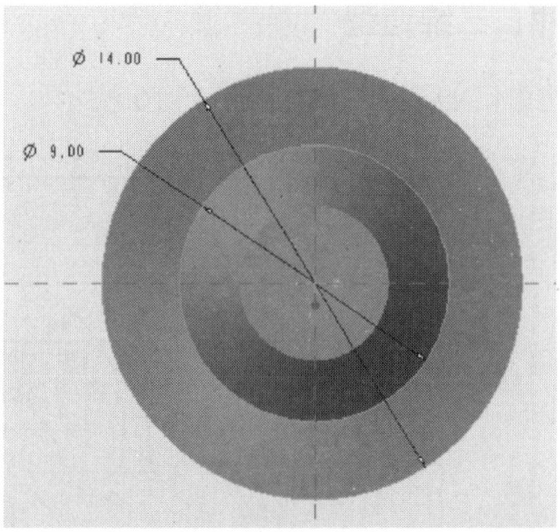　　　　　　　　　　　图 4.111

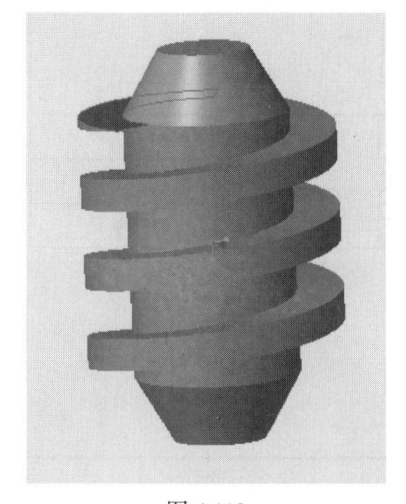

图 4.112 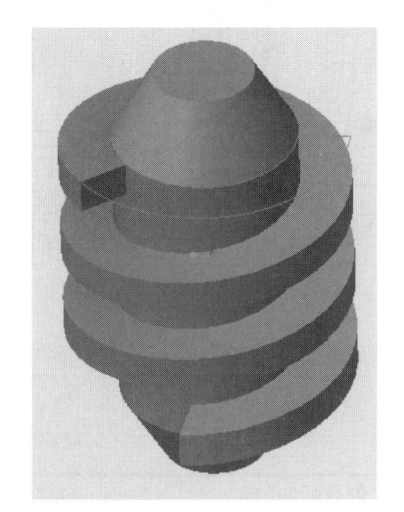　　　　　　　　　　　图 4.113

再在新建的基准面上进行草绘，再利用草图进行拉伸、切除。

步骤 5：牙型切边。

选择 TOP 面，单击"草绘"按钮进行草绘，再拉伸、切除，效果如图 4.114 和图 4.115 所示。

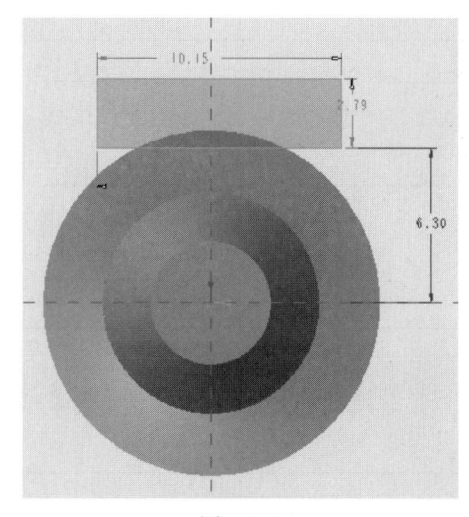

图 4.114 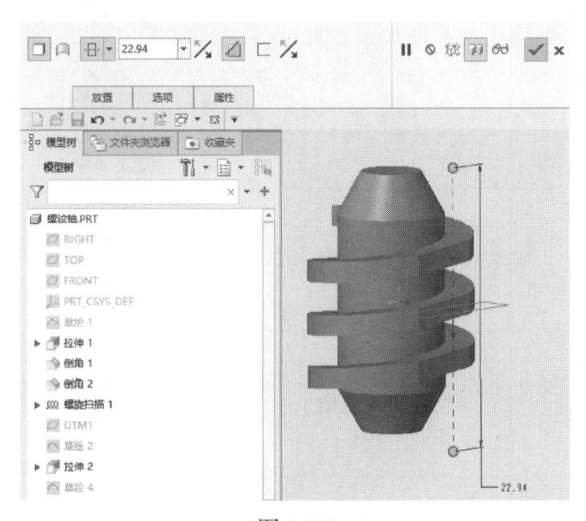　　　　　　　　　　　图 4.115

步骤 6：检查无误，保存。

2. 活动钳口三维造型

（1）活动钳口的二维图纸如图 4.116 所示。

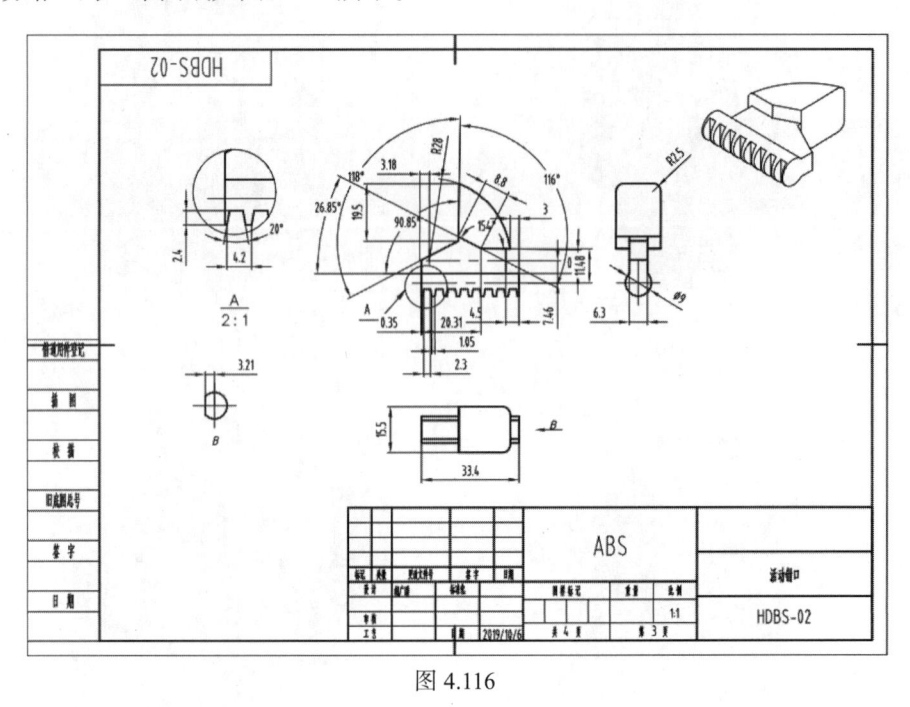

图 4.116

活动钳口的建模主体思路见表 4.7。

表 4.7

思　路	创建内容	模　型	命　令	备　注
1	$\phi 9$ 圆柱		拉伸	对称拉伸
2	$R28$ 圆弧块		拉伸	对称拉伸
3	中部板		拉伸	对称拉伸
4	切钳口牙型槽		拉伸	对称拉伸
5	切钳口牙型槽		阵列	方向模式
6	倒 $R2.5$ 圆弧		倒圆角	两条边线

（2）活动钳口模型的建模步骤。

步骤1：绘制 φ9 圆柱。

选择 YZ 基准面，单击"草绘"按钮，进入草绘环境，绘制 φ9 圆。再单击"拉伸"按钮，拉伸方式设置为"对称拉伸"，输入拉伸总长度 33.4mm，单击"确定"按钮。如图 4.117 和图 4.118 所示。

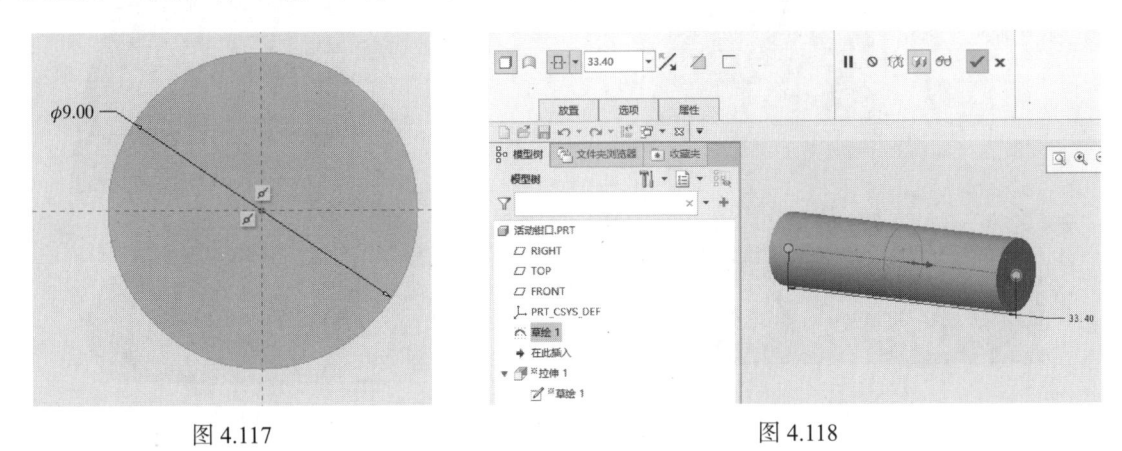

图 4.117　　　　　　　　　　图 4.118

步骤2：绘制 R28 圆弧块。

选择 XZ 基准面，单击"草绘"按钮，进入草绘环境，绘制 R28 圆弧块轮廓。再单击"拉伸"按钮，拉伸方式设置为"对称拉伸"，输入拉伸总长度 15.5mm，单击"确定"按钮。如图 4.119 和图 4.120 所示。

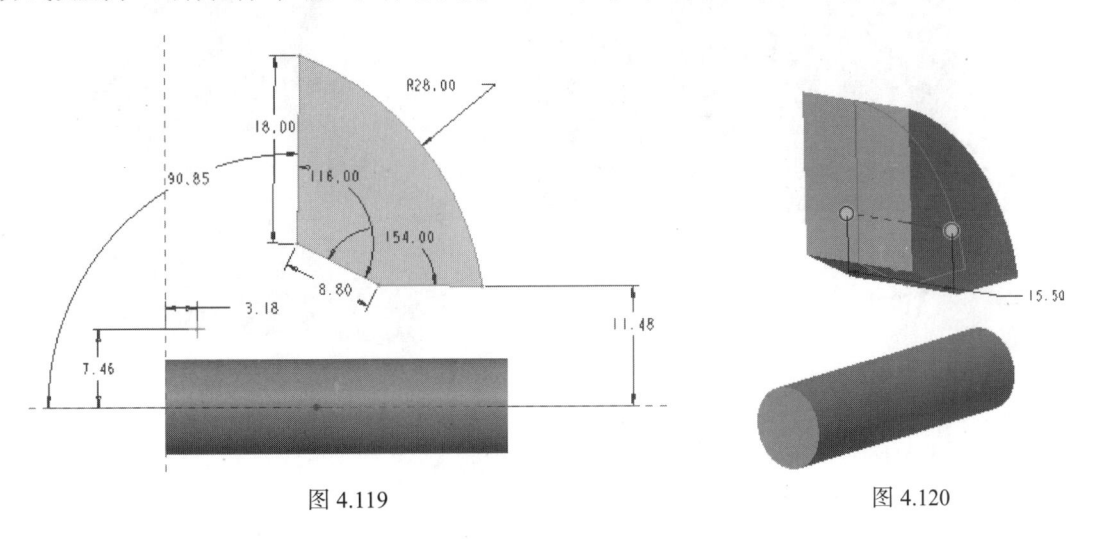

图 4.119　　　　　　　　　　图 4.120

步骤3：绘制中部板。

选择 XZ 基准面，单击"草绘"按钮，进入草绘环境，绘制中部板轮廓。再单击"拉伸"按钮，拉伸方式设置为"对称拉伸"，输入拉伸总长度 6.3mm，单击"确定"按钮。如图 4.121 和图 4.122 所示。

步骤4：切钳口牙型槽。

选择 XZ 基准面，单击"草绘"按钮，进入草绘环境，绘制牙型槽轮廓。再单击"拉伸"按钮，拉伸方式设置为"对称拉伸"，输入拉伸总长度保证切除即可，单击"确定"按钮。如图 4.123 和图 4.124 所示。

步骤5：阵列切钳口牙型槽。

选择切钳口牙型槽的"拉伸"特征，单击"阵列"按钮。选择"方向"模式，指定方向，输入个数为8，输入螺距为 4.2mm，单击"确定"按钮，钳口牙型槽完成切除。如图 4.125 和图 4.126 所示。

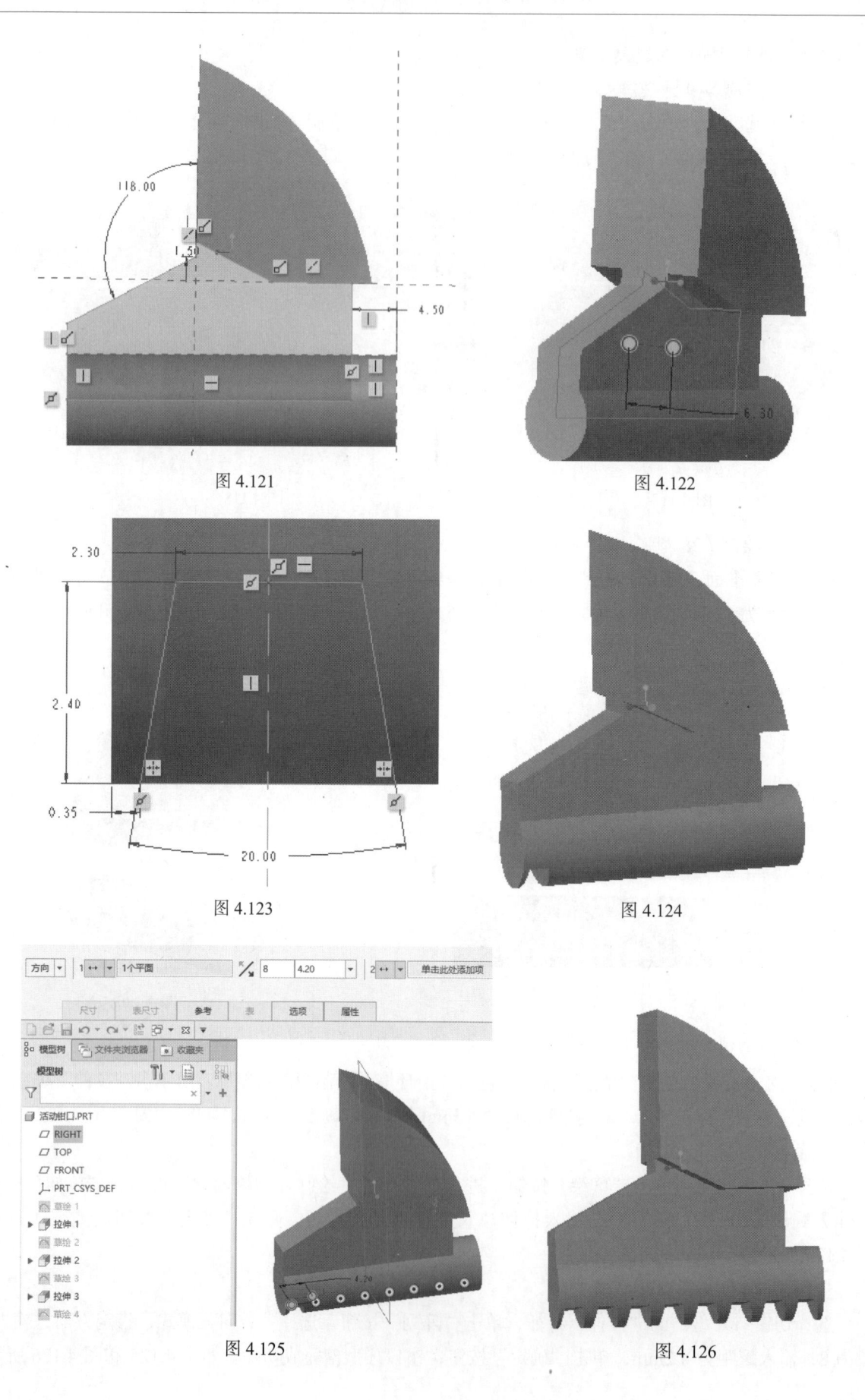

图 4.121

图 4.122

图 4.123

图 4.124

图 4.125

图 4.126

步骤 6：倒 *R*2.5 圆弧。

单击"倒圆角"按钮，输入倒圆角半径 2.5mm，选择需要倒圆角的边，单击"确定"按钮，完成倒圆角。如图 4.127 和图 4.128 所示。

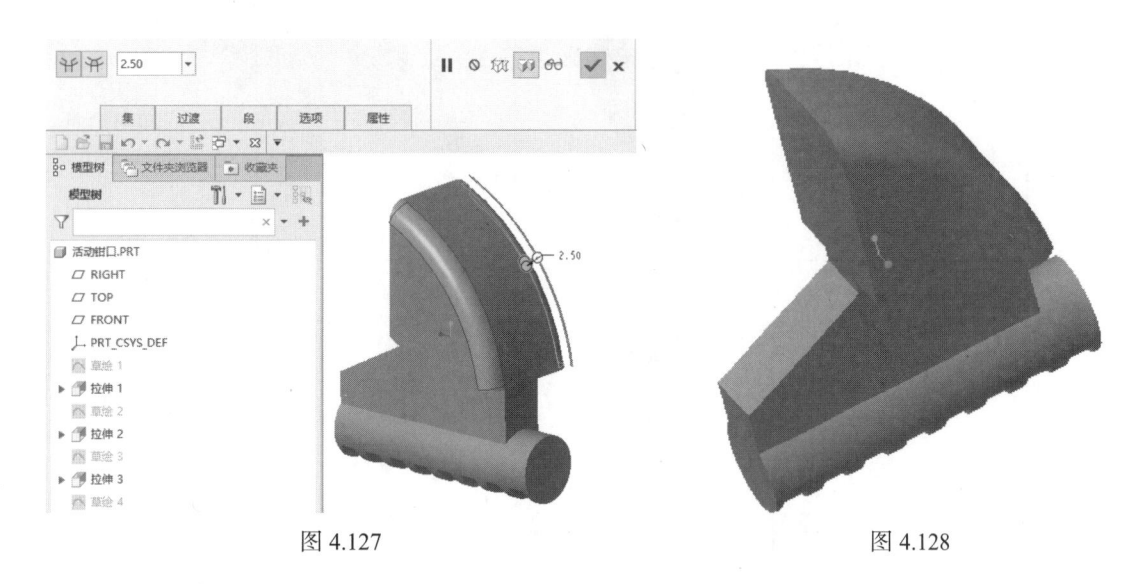

图 4.127　　　　　　　　　　　　　　　　图 4.128

步骤 7：检查无误，保存。

3. 扳手体三维造型

（1）扳手体二维图纸如图 4.129 所示。

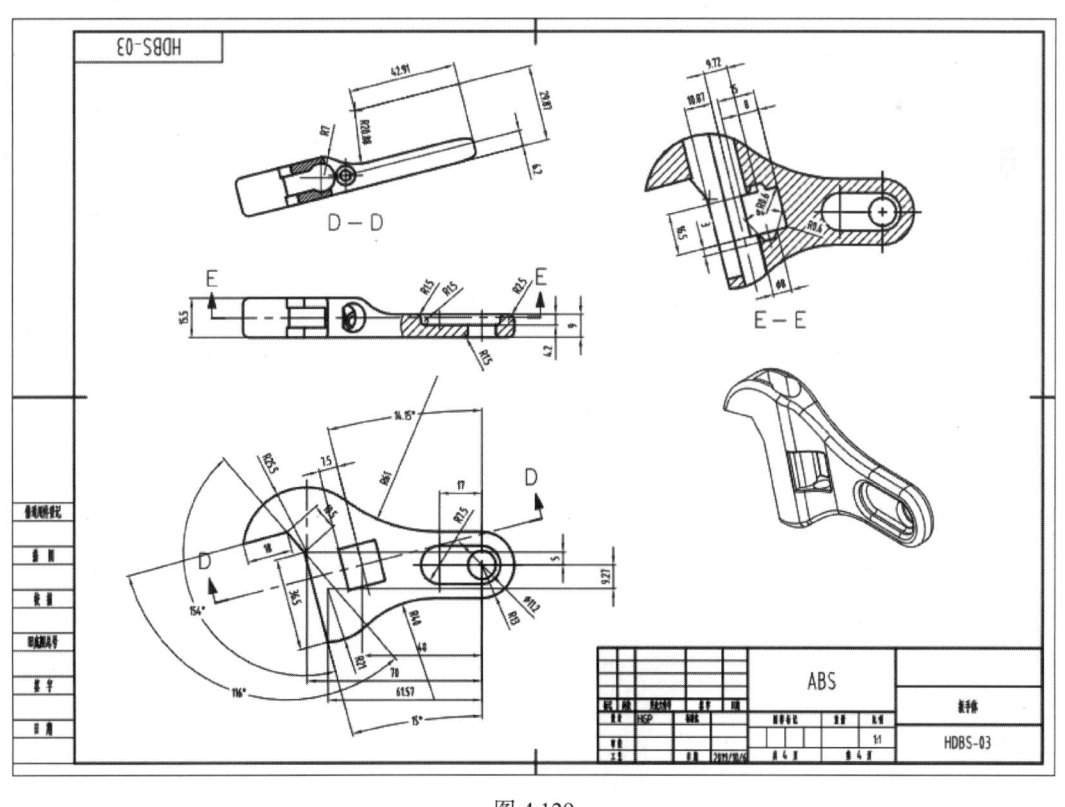

图 4.129

扳手体建模主体思路见表 4.8。

表 4.8

思　路	创建内容	模　型	命　令	备　注
1	扳手主体		拉伸	单向拉伸
2	绘制台阶面		扫描	界截面沿斜线扫描
3	倒 R7 圆角		倒圆角	R7
4	切圆形槽		拉伸	切除
5	切槽内孔		拉伸	切除
6	倒圆角		倒圆角	边线

续表

思　路	创建内容	模　型	命　令	备　注
7	切方形孔		拉伸	切除
8	倒圆角		倒圆角	边线
9	切轴孔		旋转、镜像	切除
10	切圆形活动槽		拉伸	切除
11	切方形活动槽		拉伸	切除
12	切止口		拉伸	切除

续表

思　路	创 建 内 容	模　　型	命　　令	备　注
13	切开口		拉伸	切除

（2）活动钳口模型的建模步骤。

步骤1：绘制扳手主体。

选择 XY 基准面，单击"草绘"按钮，进入草绘环境，绘制扳手主体轮廓。再单击"拉伸"按钮，拉伸方式设置为"单向拉伸"，输入拉伸总长度33.4mm，单击"确定"按钮。如图4.130和图4.131所示。

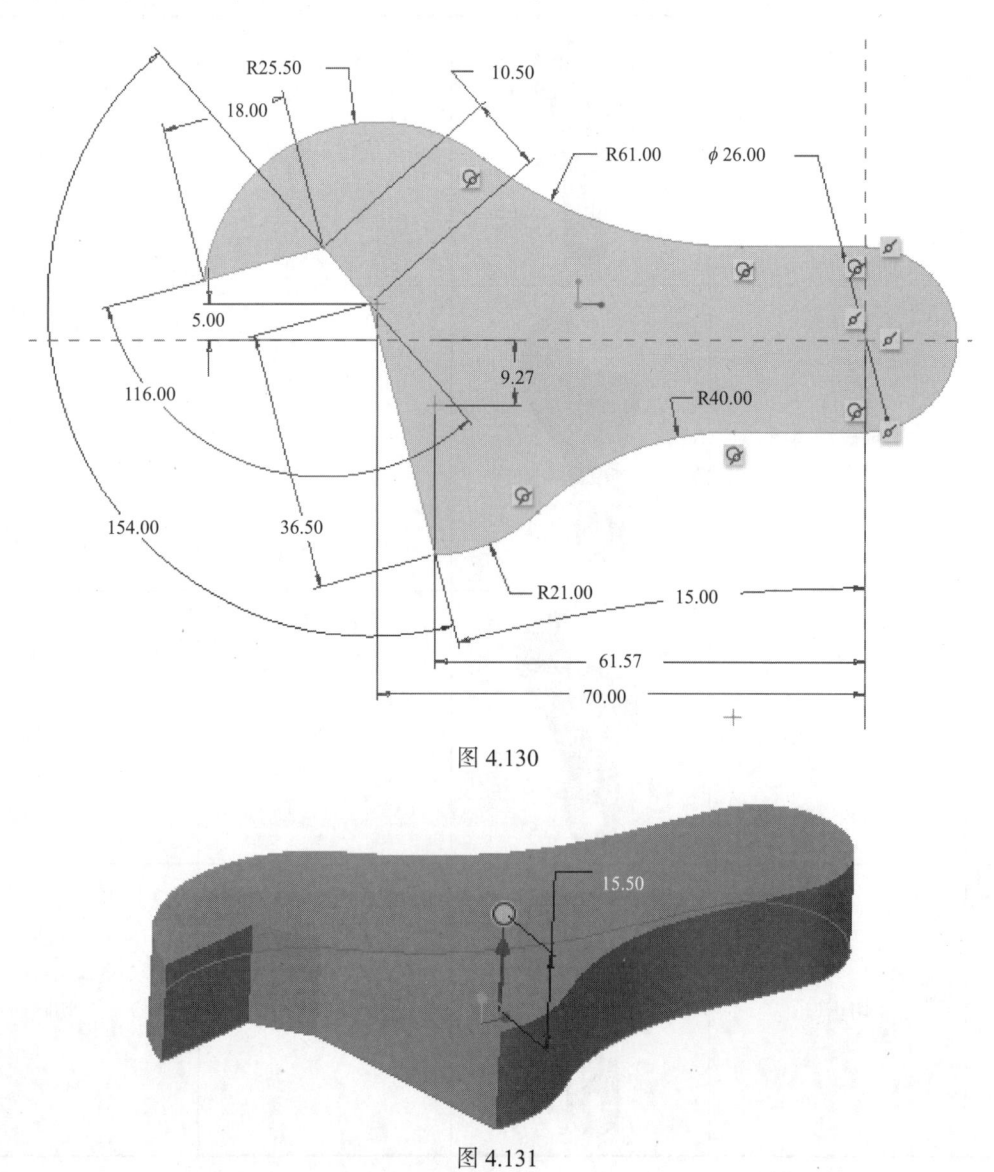

图 4.130

图 4.131

步骤 2：绘制台阶面。

选择扳手体上表面，单击"草绘"按钮，进入草绘环境，绘制扫描方向。再单击"扫描"按钮，选择扫描方向，单击"草绘"按钮，绘制截面，完成草图，单击"确定"按钮。如图 4.132、图 4.133 和图 4.134 所示。

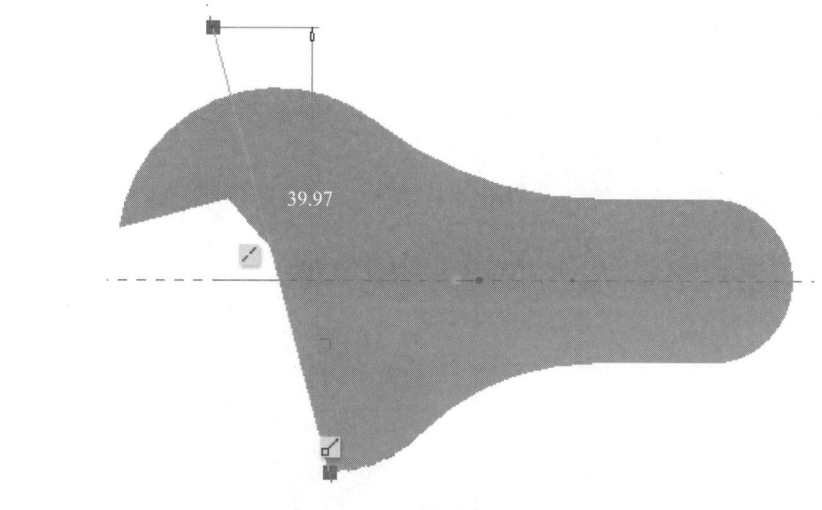

图 4.132

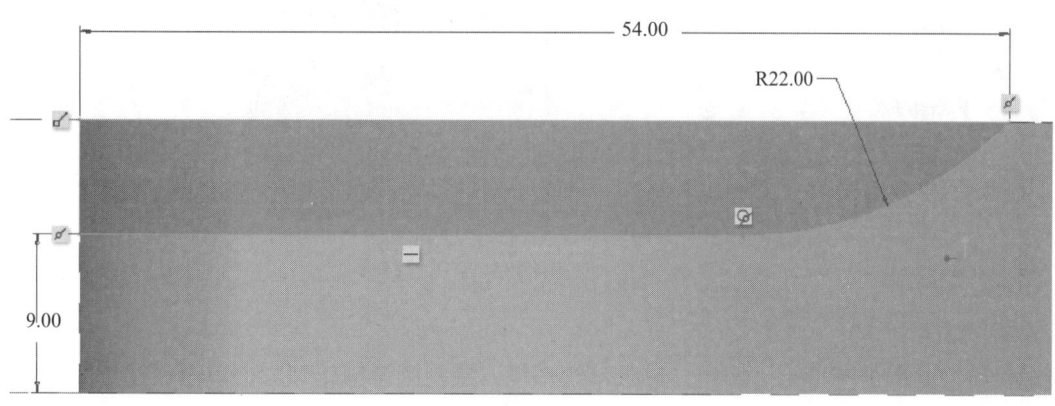

图 4.133

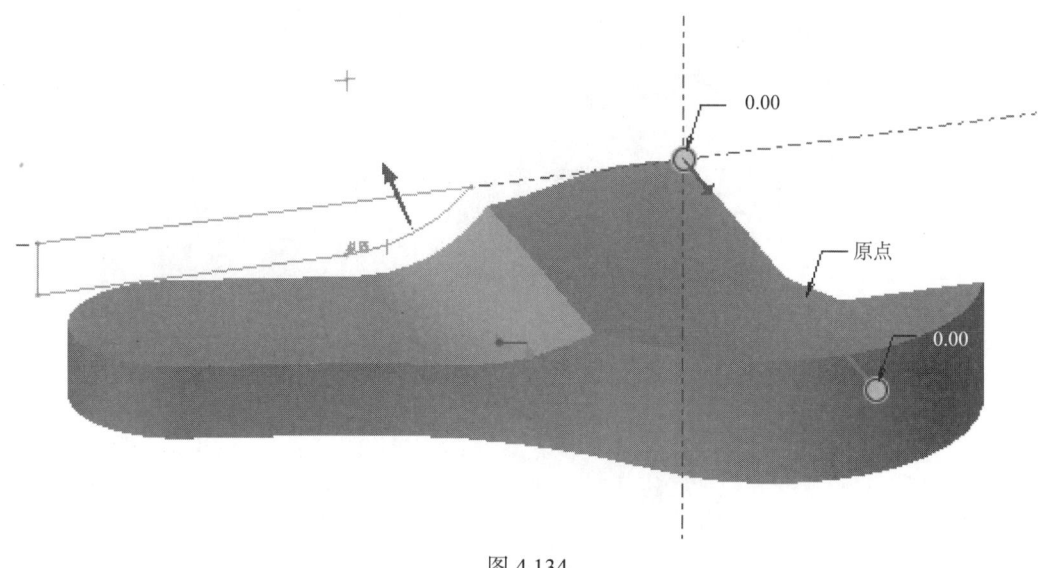

图 4.134

步骤 3：倒 R7 圆角。

单击"倒圆角"按钮，输入倒圆角半径 7mm，选择需要倒圆角的边，单击"确定"按钮，完成倒圆角。如图 4.135 所示。

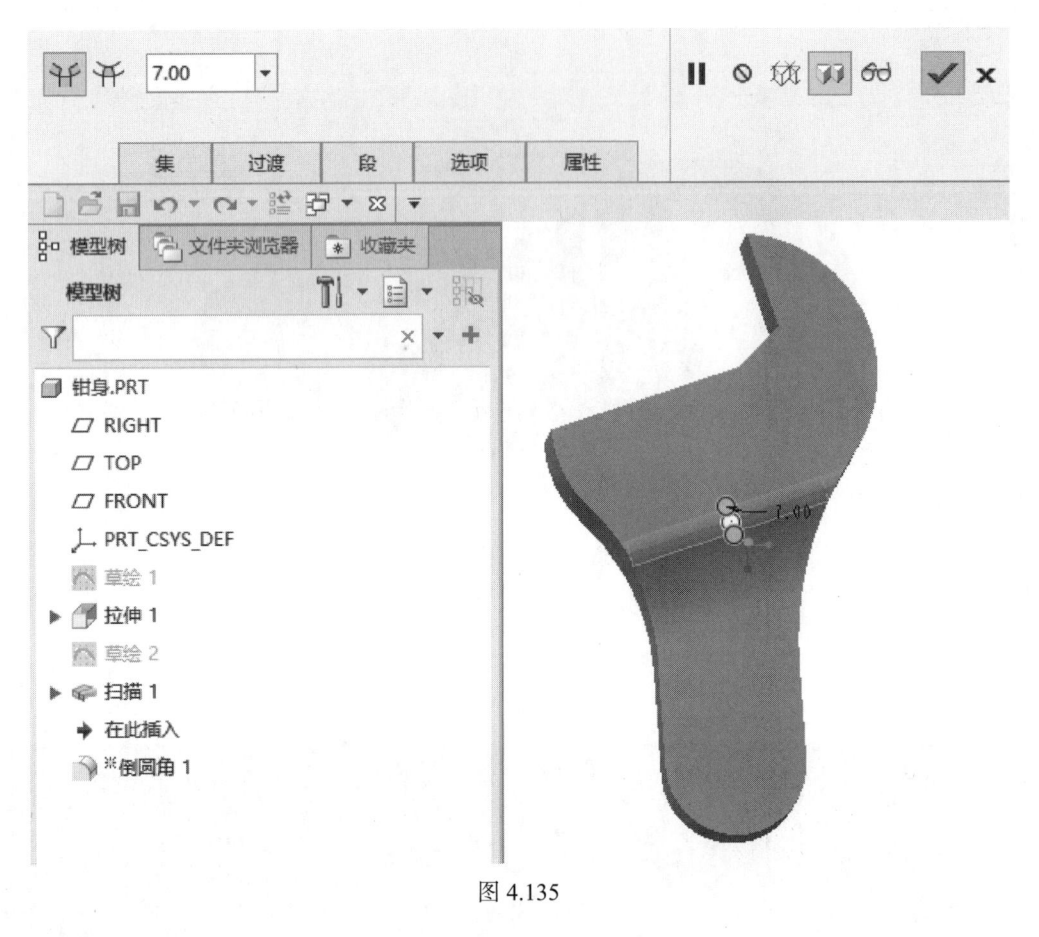

图 4.135

步骤 4：切圆形槽。

选择台阶面，单击"草绘"按钮，进入草绘环境，绘制圆形槽轮廓。再单击"拉伸"按钮，拉伸方式设置为"单向拉伸"，输入拉伸总长度 4.8mm，单击"确定"按钮，如图 4.136 和图 4.137 所示。

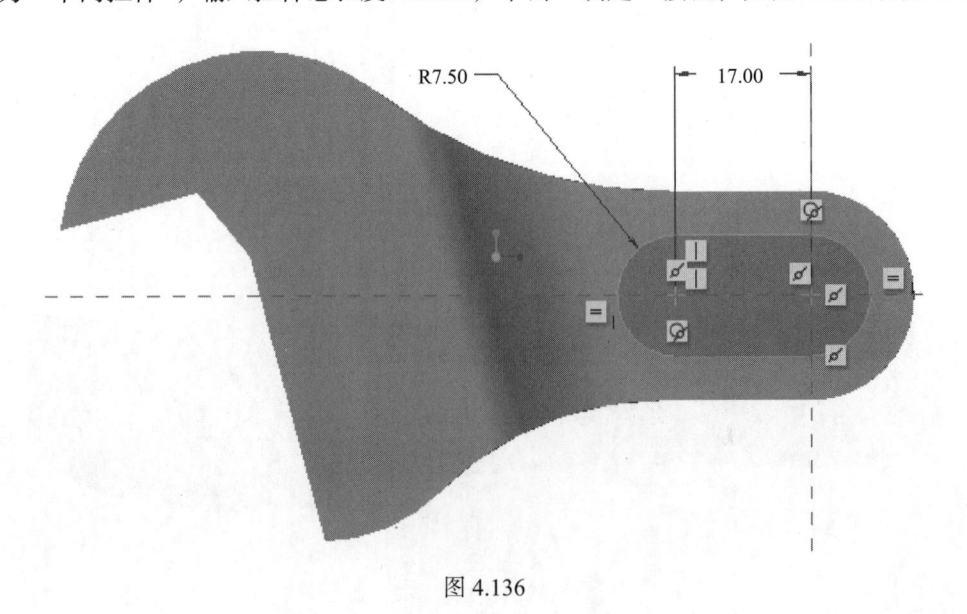

图 4.136

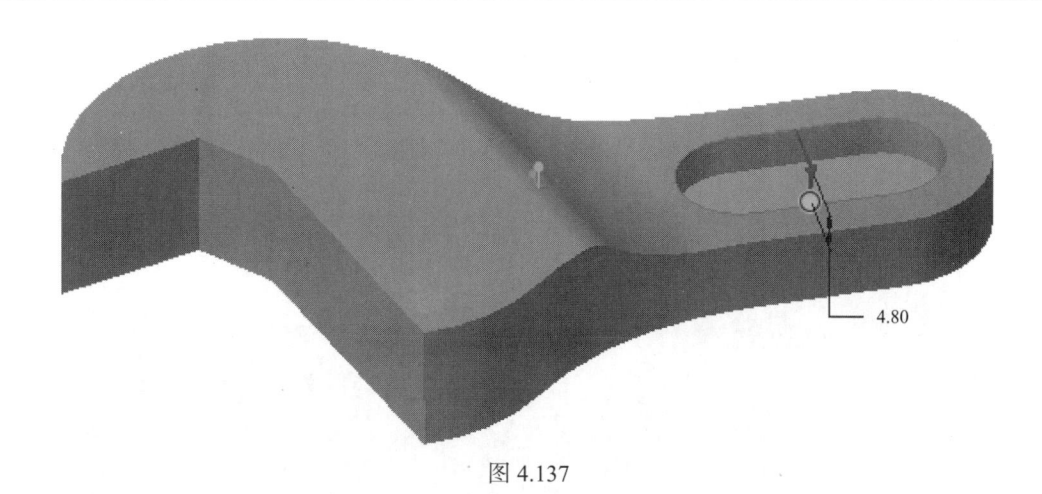

图 4.137

步骤 5：切槽内孔。

选择台阶面，单击"草绘"按钮，进入草绘环境，绘制孔轮廓。再单击"拉伸"按钮，拉伸方式设置为"单向拉伸"，输入拉伸总长度至切穿工件即可，并单击"确定"按钮。如图 4.138 和图 4.139 所示。

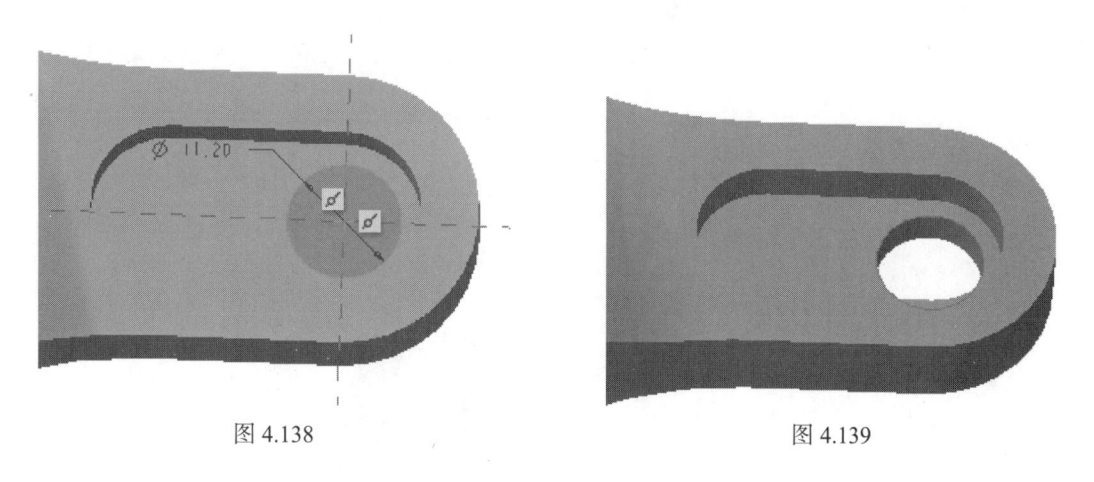

图 4.138　　　　　图 4.139

步骤 6：倒圆角。

单击"倒圆角"按钮，输入倒圆角半径 1.5mm，选择需要倒圆角的边，再单击"确定"按钮，完成倒圆角。如图 4.140 所示。

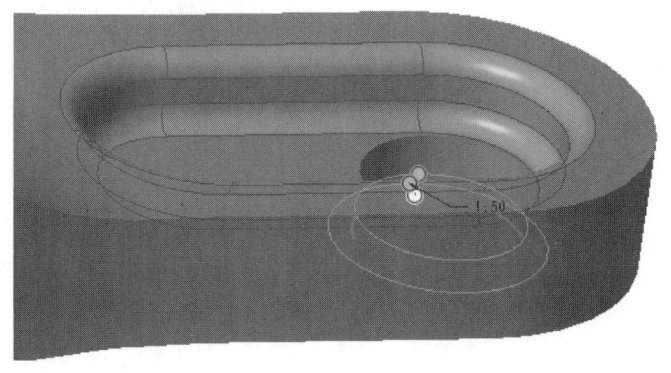

图 4.140

步骤 7：切方形孔。

选择台阶面，单击"草绘"按钮，进入草绘环境，绘制圆形槽轮廓。再单击"拉伸"按钮，拉伸方式设置为"单向拉伸",输入拉伸总长度至贯穿工件,单击"确定"按钮。如图 4.141 和图 4.142 所示。

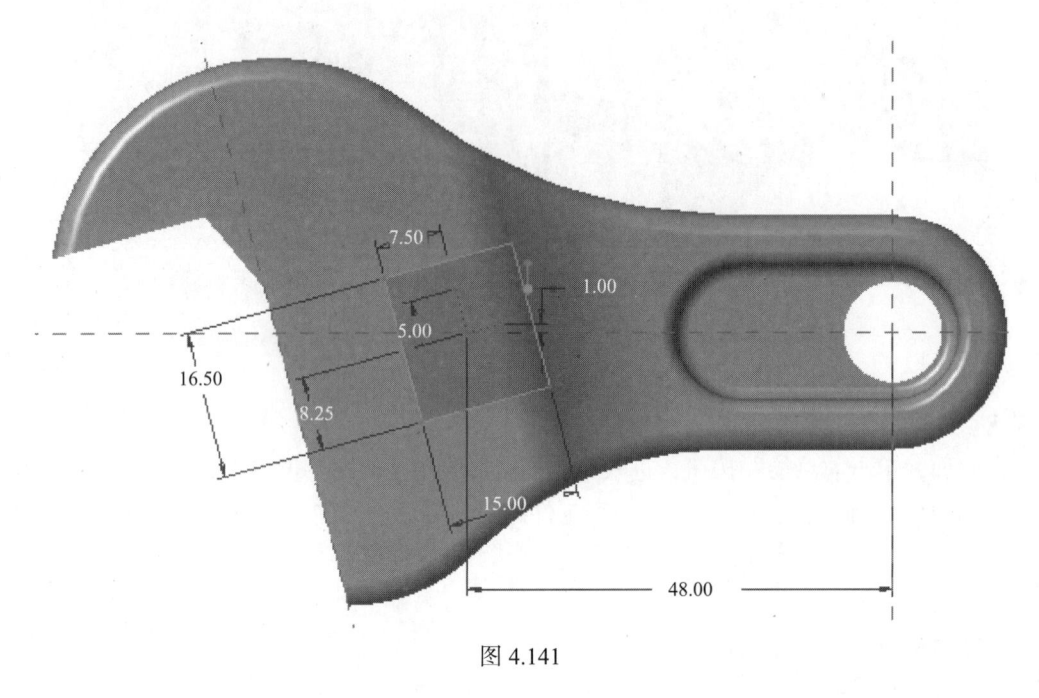

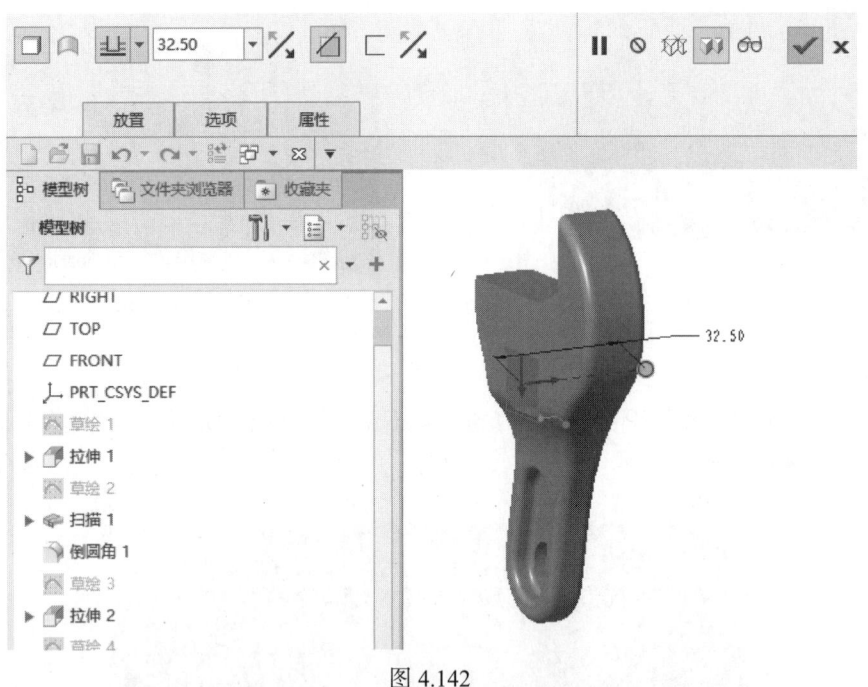

图 4.141

图 4.142

步骤 8:倒圆角。

单击"倒圆角"按钮,输入倒圆角半径 1.5mm,选择需要倒圆角的边,单击"确定"按钮,完成倒圆角。如图 4.143 所示。

步骤 9:切轴孔。

新建基准面,单击"基准"按钮,进入"基准平面"对话框,选择底面,平移 6.2mm。在基准面上绘制轴孔轮廓。再单击"旋转"按钮,选择旋转轴,旋转 360°,单击"确定"按钮。如图 4.144~图 4.147 所示。

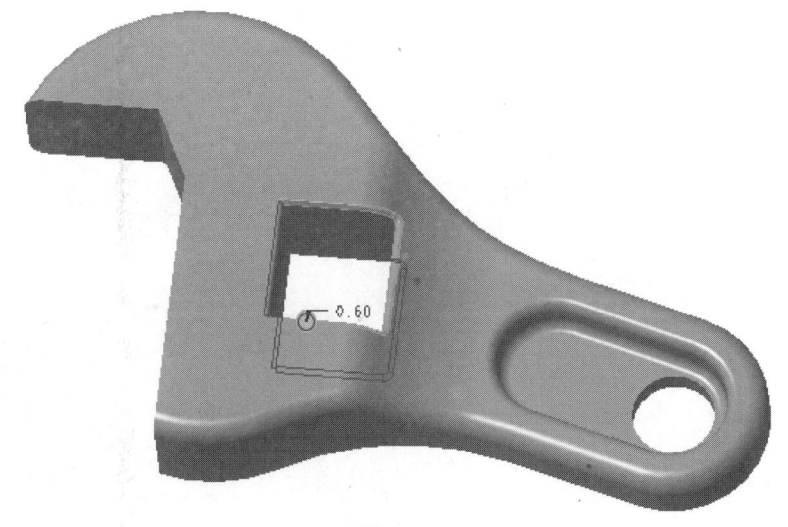

图 4.143

图 4.144

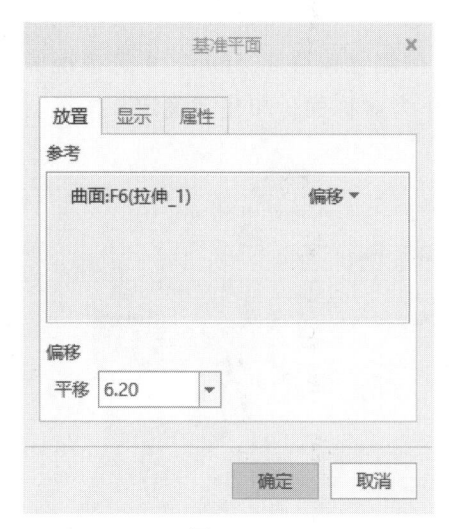

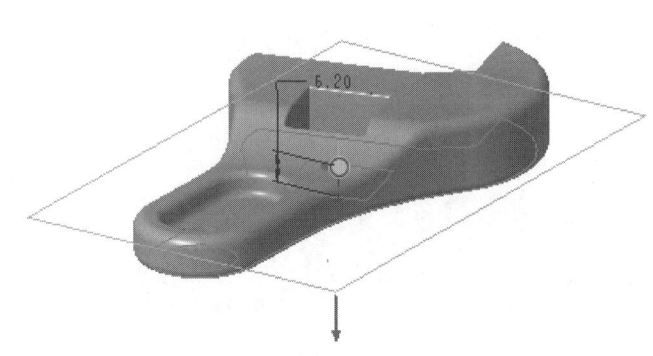

图 4.145

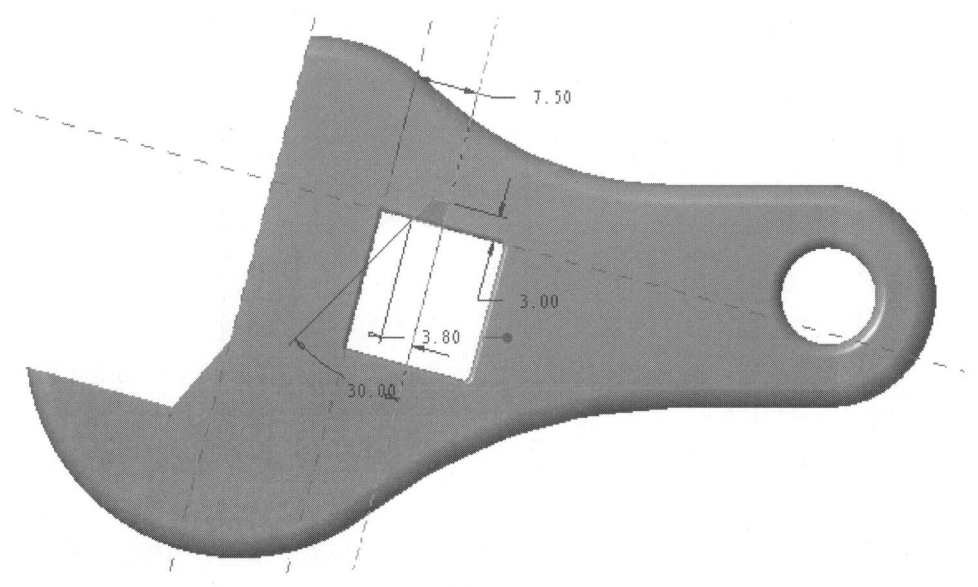

图 4.146

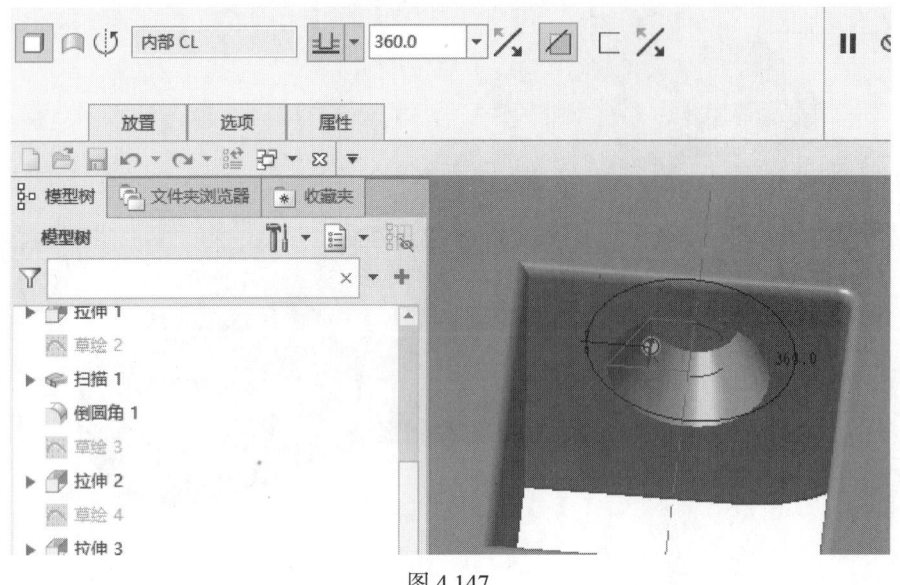

图 4.147

另一处孔利用"镜像"完成。新建镜像的基准面，单击方槽侧壁偏移 8.25mm，再选择镜像的特征，单击"镜像"按钮，进入对话框，选择新建的基准面作为对称面，单击"确定"按钮。如图 4.148 和图 4.149 所示。

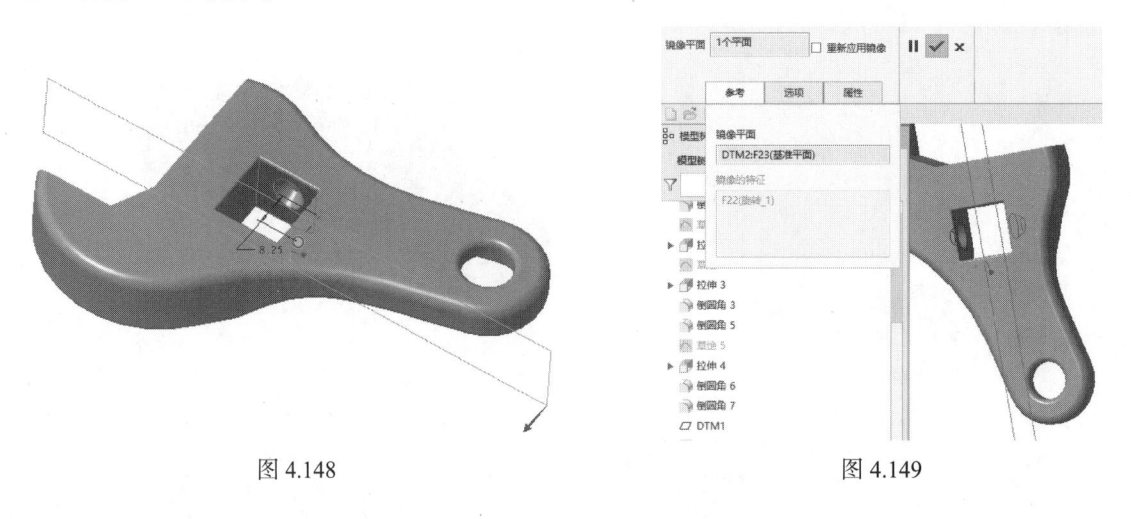

图 4.148　　　　　　图 4.149

步骤 10：切圆形活动槽。

选择方孔侧壁作为草图面，单击"草绘"按钮，进入草绘环境，绘制 $\phi 11.2mm$ 的圆形槽轮廓。绘制完成，退出草图，再单击"拉伸"按钮，两面拉伸贯穿，单击"确定"按钮。如图 4.150 和图 4.151 所示。

步骤 11：切方形活动槽。

选择方孔侧壁作为草图面，单击"草绘"按钮，进入草绘环境，绘制方形槽轮廓。绘制完成，退出草图，再单击"拉伸"按钮，两面拉伸贯穿，单击"确定"按钮。如图 4.152 和图 4.153 所示。

步骤 12：切止口。

显示上一个草图，单击"拉伸"按钮，单向拉伸 14mm，单击"确定"按钮。如图 4.154 所示。

步骤 13：切开口。

选择钳口平面作为草图面，单击"草绘"按钮，进入草绘环境，绘制方形轮廓。绘制完成，退出草图，再单击"拉伸"按钮，拉伸贯穿，单击"确定"按钮。如图 4.155 和图 4.156 所示。

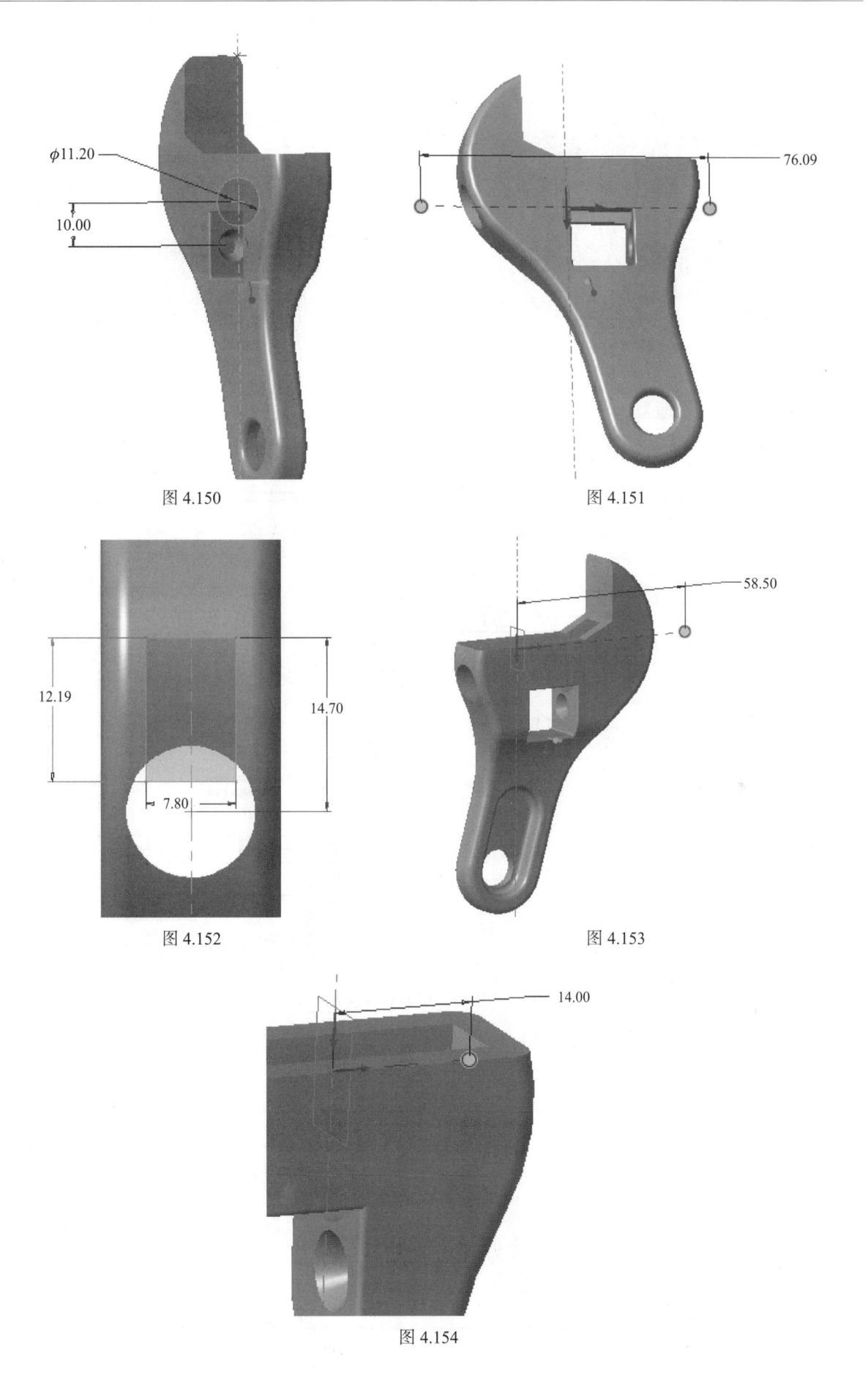

图 4.150

图 4.151

图 4.152

图 4.153

图 4.154

图 4.155　　　　　　　　　　　　　　　图 4.156

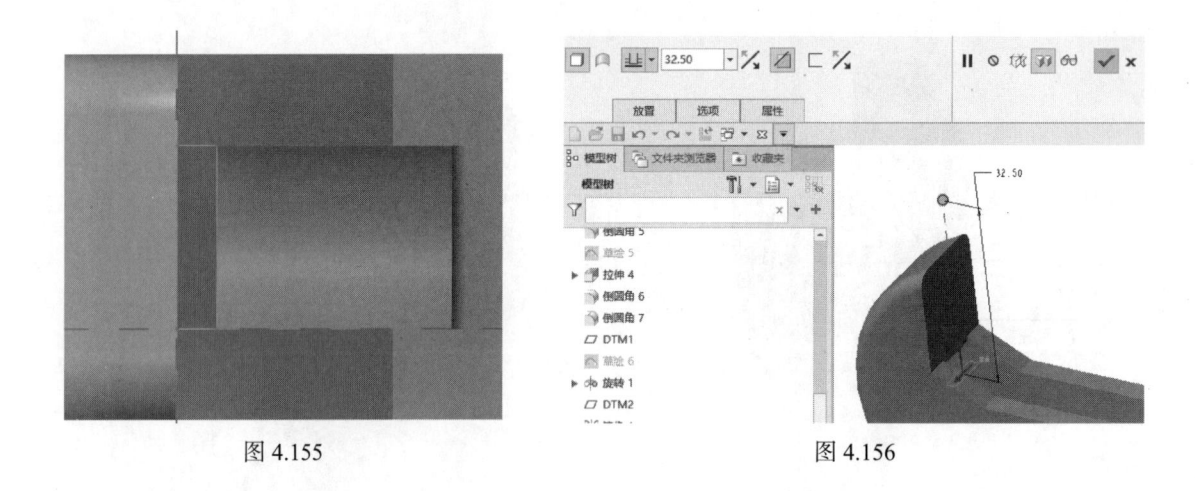

4. 活动扳手装配造型

(1) 活动扳手二维图纸如图 4.157 所示。

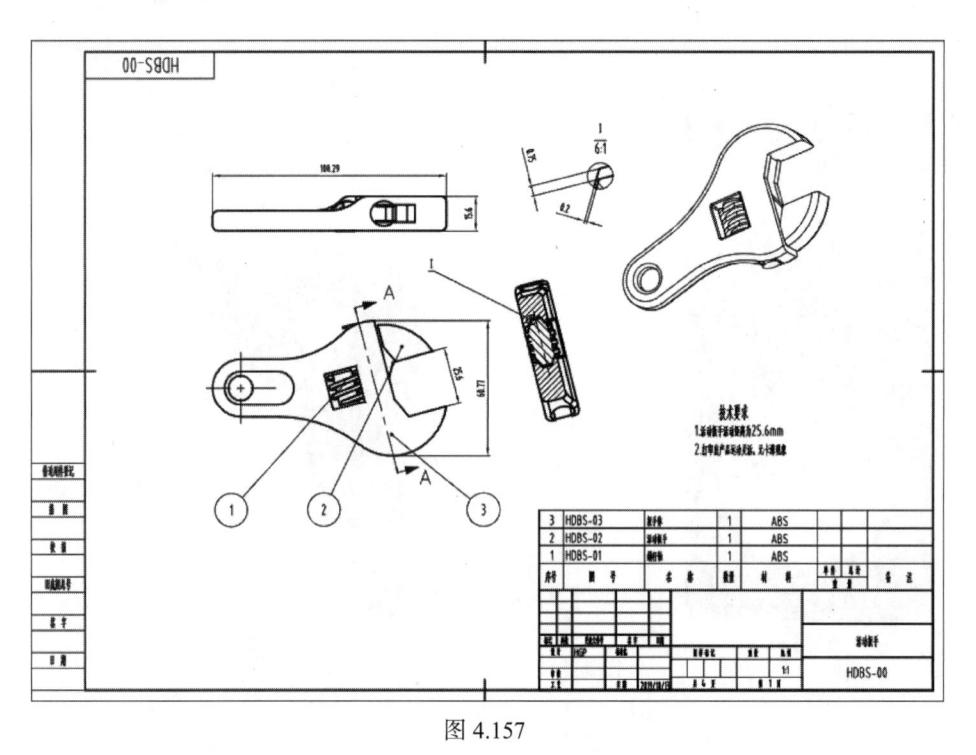

图 4.157

如表 4.9 所示为活动扳手装配造型的主体思路。

表 4.9

思　路	创 建 内 容	模　型	命　令	备　注
1	扳手体		组装 / 固定	作为装配基准

续表

思　路	创建内容	模　型	命　令	备　注
2	蜗杆轴		组装/重合、距离	完全约束
3	活动钳口		组装/重合、平行、距离	完全约束

（2）活动扳手的装配造型步骤。

步骤1：新建装配文件，如图4.158所示。

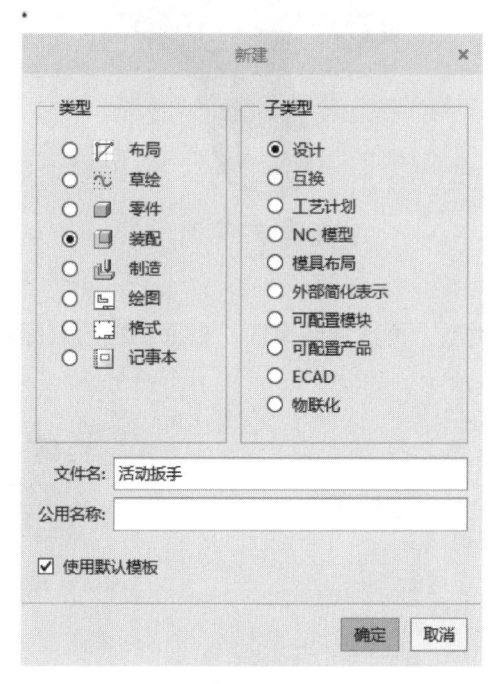

图4.158

步骤2：添加扳手体。

单击"组装"按钮，选择扳手体添加，然后添加"固定约束"。如图4.159所示。

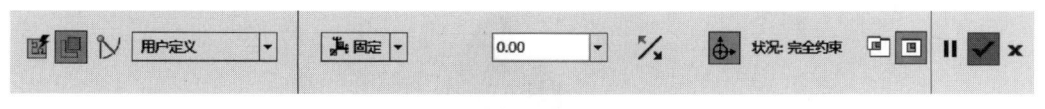

图4.159

步骤3：添加蜗杆轴。

①单击"组装"按钮，选择蜗杆轴添加。如图4.160所示。

②添加重合约束，如图4.161和图4.162所示。

图 4.160

图 4.161

图 4.162

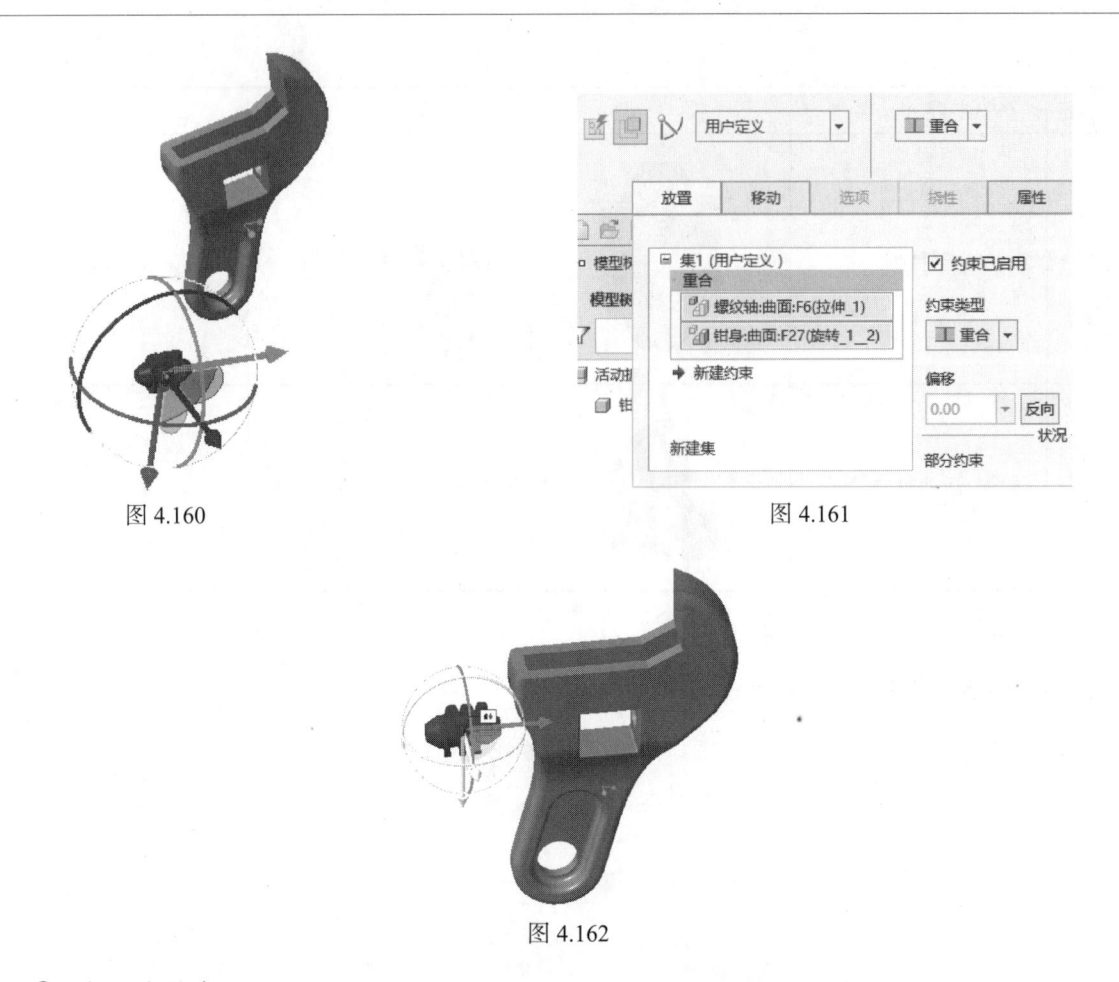

③添加距离约束。

新建约束，选择"距离"类型，再选择约束面，根据图纸的装配要求，输入装配间隙 0.75mm。如图 4.163、图 4.164 和图 4.165 所示。

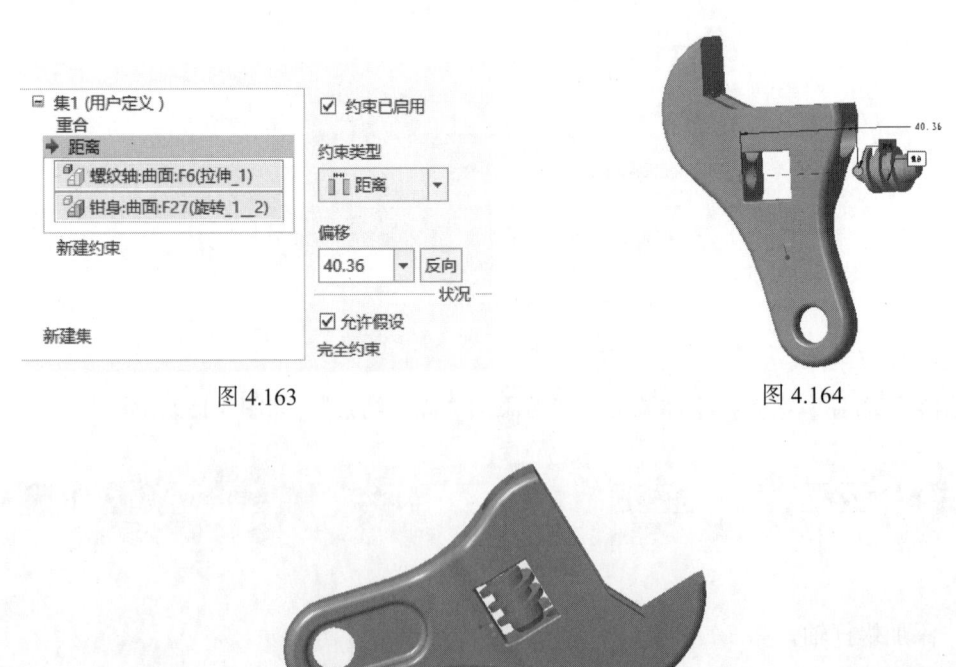

图 4.163

图 4.164

图 4.165

步骤4：添加活动钳口，如图4.166所示。

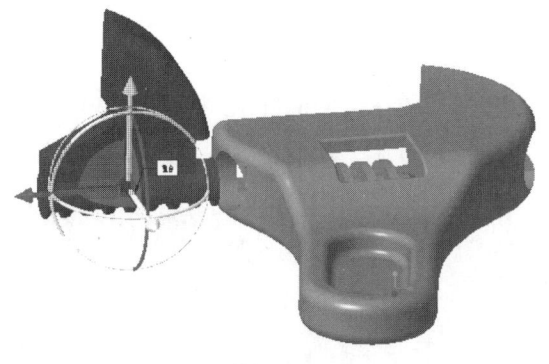

图4.166

①单击"组装"按钮，选择添加活动钳口。
②重合约束：选择孔轴表面。
③平行约束：活动钳口侧面和扳手体平行。如图4.167和图4.168所示。

图4.167

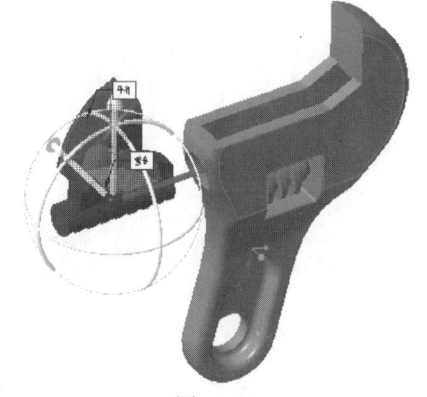

图4.168

④距离约束：活动钳口。如图4.169和图4.170所示。

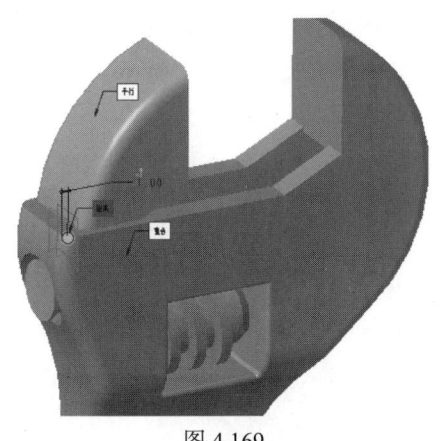

图4.169

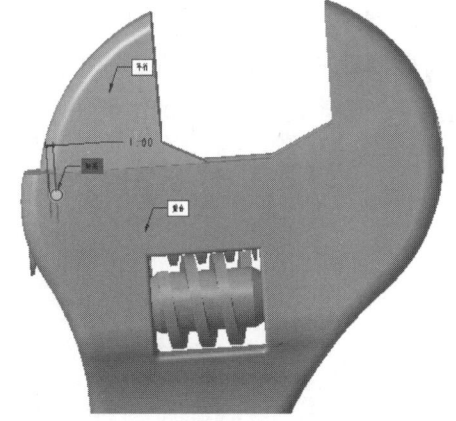

图4.170

注意：活动钳口的位置必须和蜗杆轴两牙型无干涉。

5. 活动扳手模型打印

（1）将模型导出为快速成型 *.stl 文件。

（2）切片处理，将活动扳手模型文件加载到 Modellight 3D 打印系统，如图 4.171 所示。参照项目 4 任务 4.1 "打印模型"切片软件的具体操作步骤，对加载的活动扳手模型进行合理放置，并且依次设置好各项打印参数。

（3）参照任务 3.1 "打印模型"，在 Modellight 3D 打印系统导出切片数据，生成机器码保存 *.gcode 文件。将 *.gcode 文件复制到 SD 卡，然后把 SD 卡插入相应的机器即可实现脱机打印。

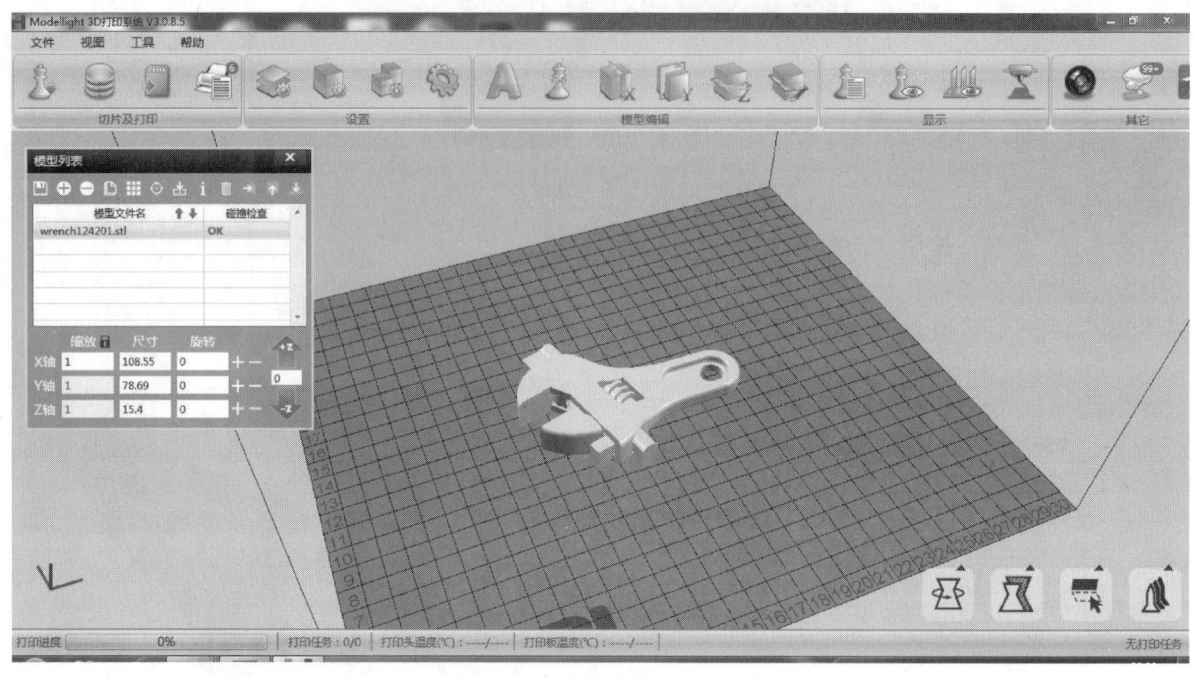

图 4.171

6. 活动扳手模型打印后处理

（1）取出模型。打印完毕后，将打印平台降至零位，使用撬棒或铲子等工具将模型底部与平台底板撬开分离，取出模型，注意不要损坏模型比较薄弱的地方。

（2）去除支撑。使用刀片、斜口剪、尖嘴钳等工具，将模型在打印过程中生成的支撑去除。

（3）打磨模型。使用砂纸、锉刀等工具，对模型进行必要的打磨及清洁，完成活动扳手模型的打印，把组成零件整体装配起来后的结果如图 4.172 所示。

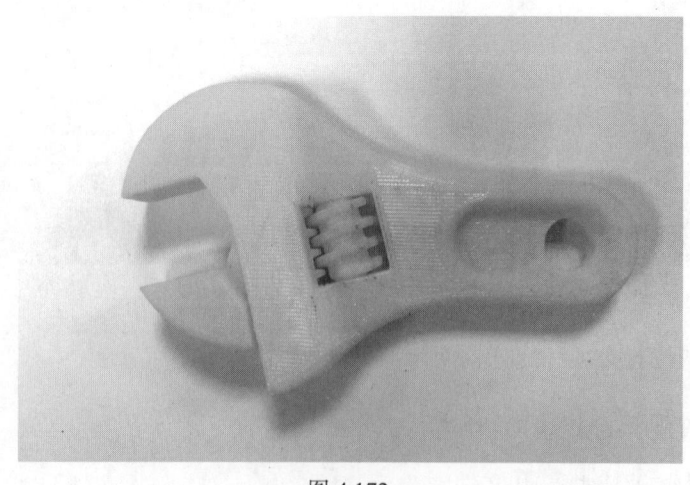

图 4.172

【课后拓展】

根据下列凸轮机构组成的各个零件图样进行对应零件的三维建模，然后进行 3D 打印制造及作品后处理。

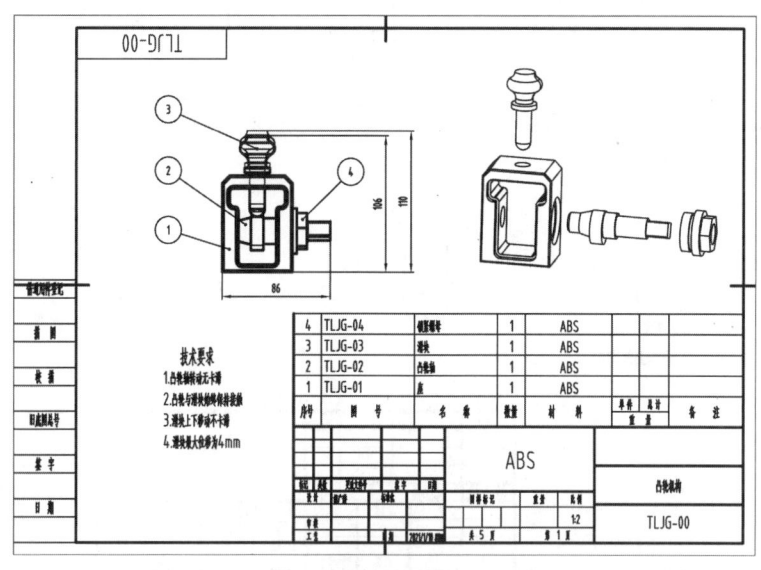

图 4.173

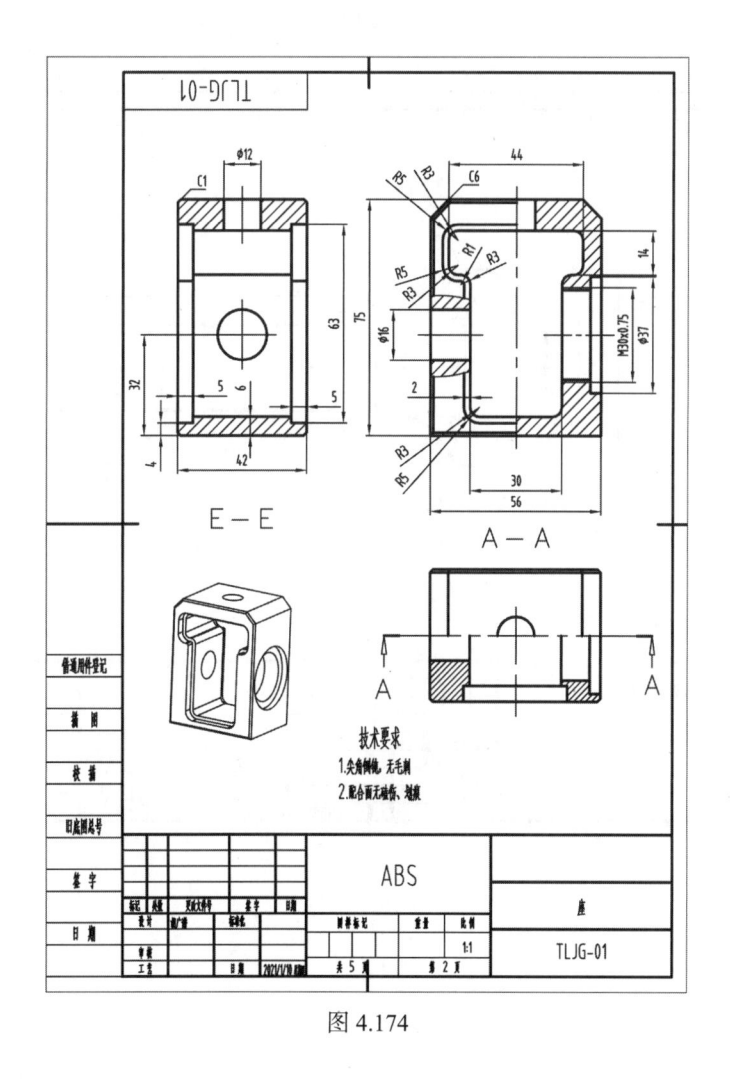

图 4.174

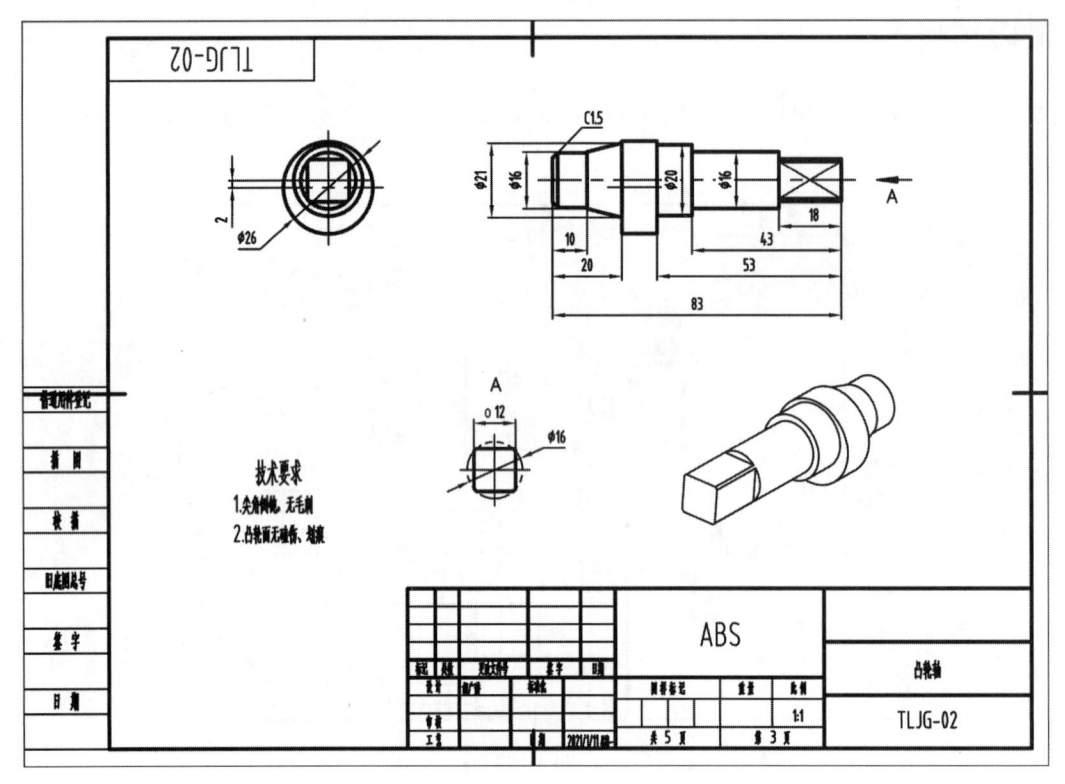

图 4.175

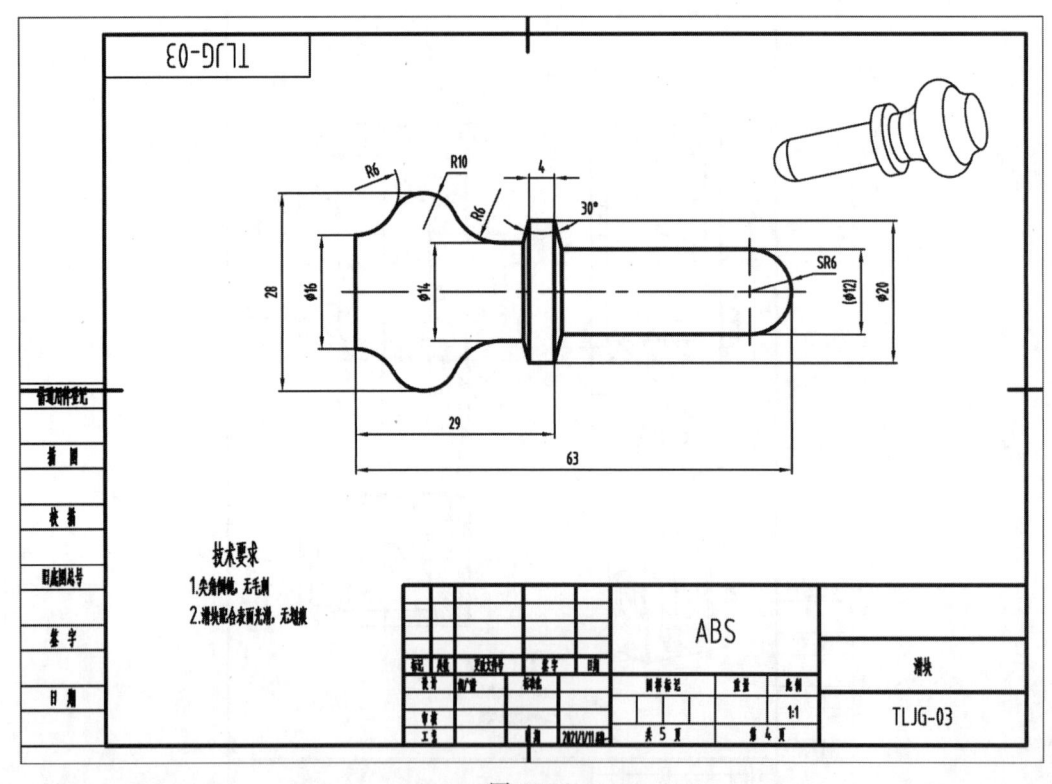

图 4.176

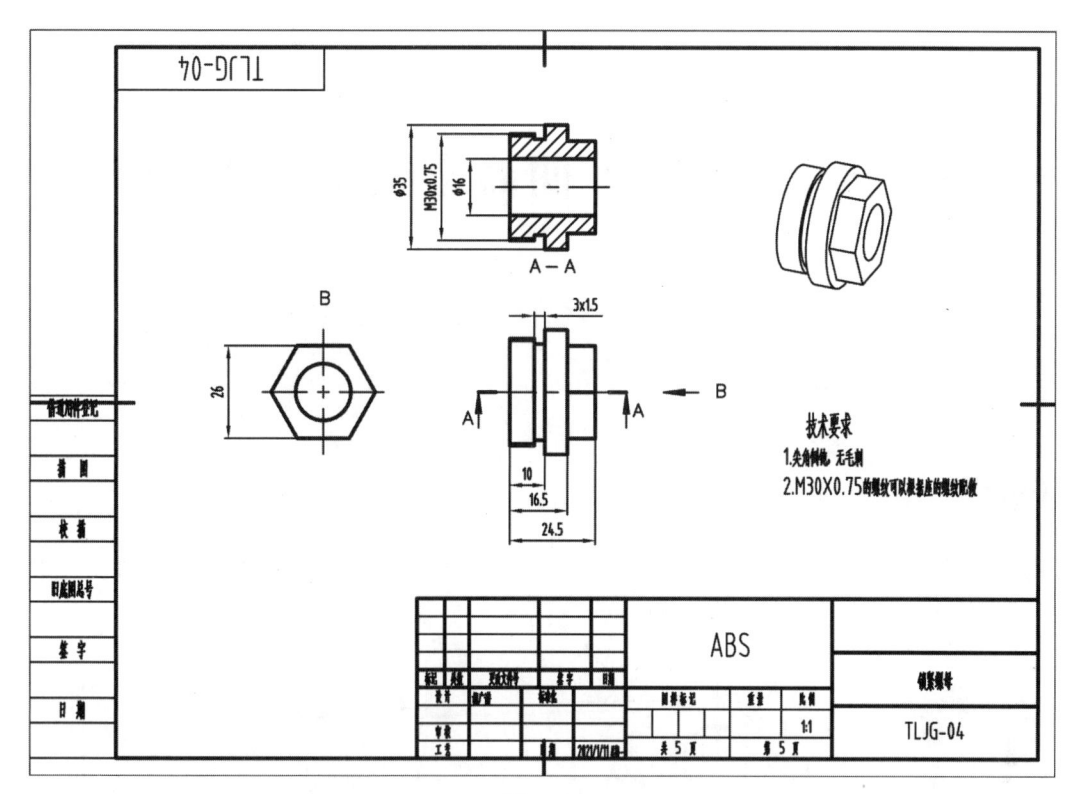

图 4.177

项目 5　Creo 5.0 曲面造型及产品打印

任务5.1　电话话筒建模及打印

【任务引入】

电话是日常生活中常用的通信工具之一。本任务根据图 5.1 所示的零件图纸进行零件三维曲面建模，然后进行打印及后处理，最后得到电话话筒模型实物，如图 5.2 所示。

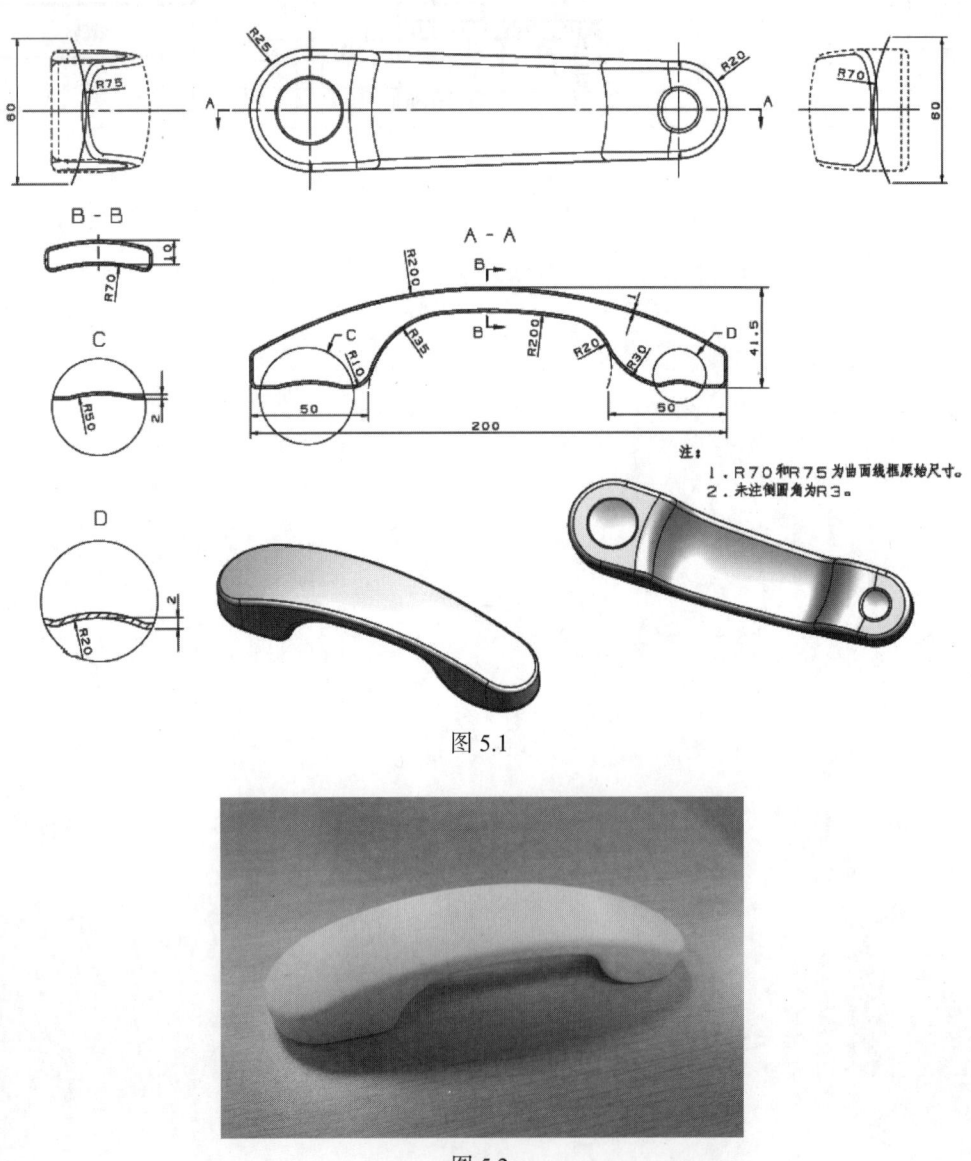

图 5.1

图 5.2

【任务分析】

电话话筒由 6 个曲面组成，本任务采用 Creo Parametric 5.0 零件设计中的形状特征——拉伸曲面、旋转曲面、扫描曲面，编辑特征——修剪、合并、延伸、加厚，以及曲面特征——填充等功能来建模创建零件实体。完成零件建模后将零件模型导入切片软件（如应用 HORI 3DPrinterSoftware 切片）进行切片处理获得 STL 文件，然后传输到 3D 打印机打印出模型。

【相关知识】

1. 曲面修剪

曲面修剪特征是指裁去指定曲面上多余的部分，以获得合适的形状和大小。修剪形式可分为曲面修剪至曲面、曲面修剪至曲线、曲面修剪至参考平面。本任务主要介绍第一种方法。

（1）"曲面修剪"操控面板。

单击"模型"选项卡中"编辑"组上的"修剪"按钮，系统打开如图 5.3 所示的"曲面修剪"操控面板。"曲面修剪"操控面板中按钮的功能介绍见表 5.1。

图 5.3

表 5.1

按 钮	说 明
选择 1 个项	选取任意平面、曲线链、曲面作为修剪参考面
（方向按钮）	调整裁剪方向，箭头的指向为裁剪曲面后的保留部分

（2）下拉面板。

单击"曲面修剪"操控面板中的"参考""选项""属性"按钮，系统均打开"修剪"特征的下拉面板，如图 5.4 所示。

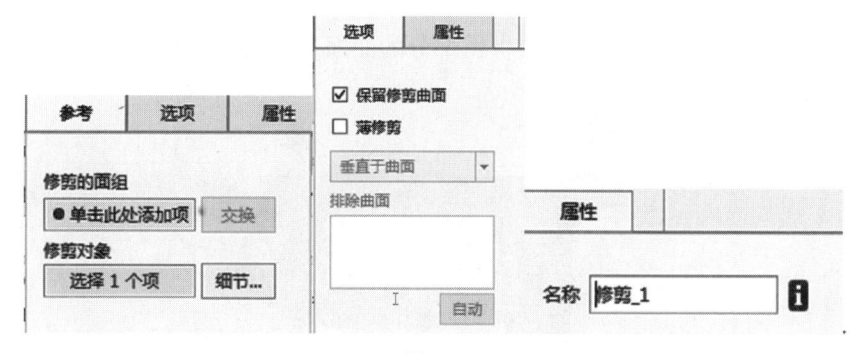

图 5.4

"修剪"特征下拉面板中按钮的功能介绍见表 5.2。

表 5.2

按 钮	说 明
参考	使用该下拉面板重新选择修剪曲面和参考曲面
选项	通过勾选"保留修剪曲面"选择是否保留修剪参考的曲面
	通过勾选"薄修剪",裁剪数值指定的区域
属性	使用该下拉面板可以编辑特征名,并在 Creo 浏览器中打开特征信息

(3)曲面修剪操作步骤。

步骤 1:如图 5.5 所示,单击水平曲面将其选中作为要修剪的曲面,单击"模型"选项卡中"编辑"组上的"修剪"按钮,系统弹出"曲面修剪"操控面板。

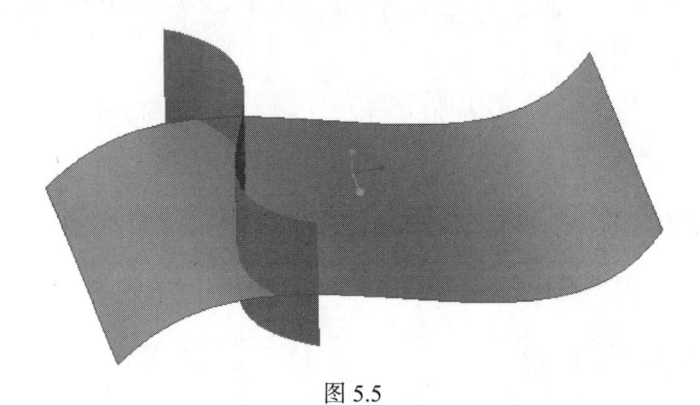

图 5.5

步骤 2:单击"选择 1 个项"按钮,选中竖直曲面作为修剪参考曲面,如图 5.6 所示。

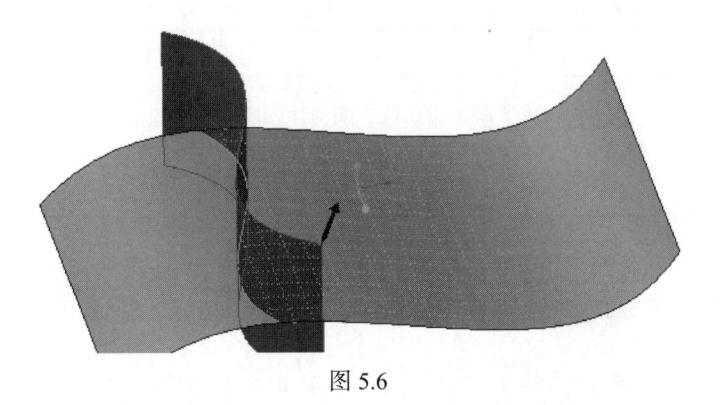

图 5.6

步骤 3:单击按钮 ,调整箭头指向要保留部分的曲面,曲面修剪效果如图 5.7 所示。

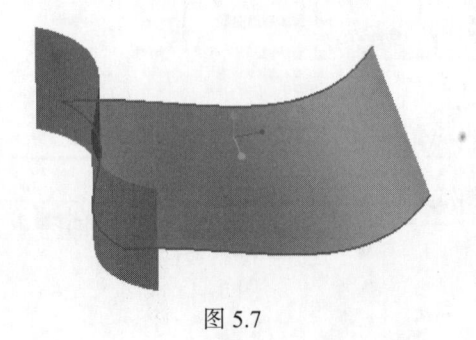

图 5.7

2. 曲面合并

曲面合并特征是指将相连的曲面合并为一个面组。使用曲面合并可以将多个曲面合并为单一曲面。

（1）"曲面合并"操控面板。

单击"模型"选项卡中"编辑"组上的"合并"按钮，系统打开如图 5.8 所示的"合并"操控面板。操控面板中按钮的功能介绍见表 5.3。

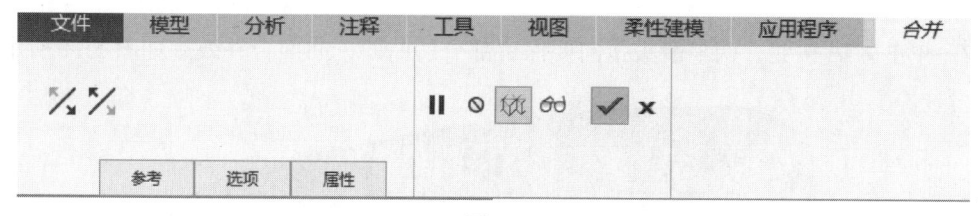

图 5.8

表 5.3

按 钮	说 明
	调整两个曲面的裁剪方向，箭头的指向为裁剪曲面后的保留部分

（2）下拉面板。

单击"合并"操控面板中的"参考""选项""属性"按钮，系统均打开"合并"特征的下拉面板，如图 5.9 所示。下拉面板中按钮的功能介绍见表 5.4。

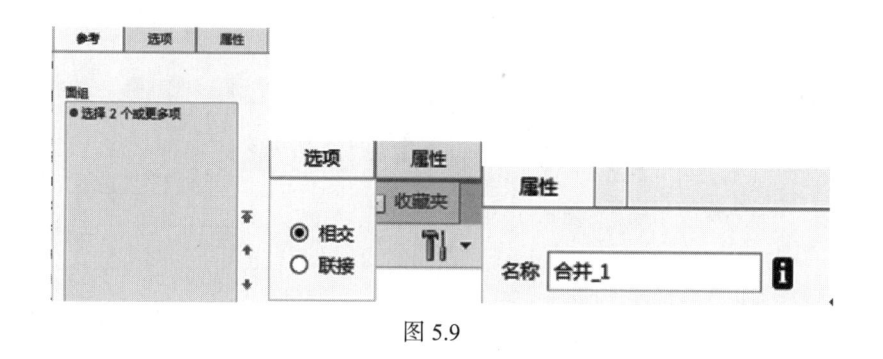

图 5.9

表 5.4

按 钮	说 明
参考	使用该下拉面板重新选择合并曲面
选项	通过勾选"相交"实现两相交面组以裁剪方式合并
	通过勾选"联接"实现两面组以联接的方式合并
属性	使用该下拉面板可以编辑特征名，并在 Creo 浏览器中打开特征信息

（3）曲面合并的操作步骤。

步骤 1：如图 5.10 所示，按住 Ctrl 键，分别单击两个曲面，再单击"模型"选项卡中"编辑"组上的"合并"按钮，系统弹出"合并"操控面板。

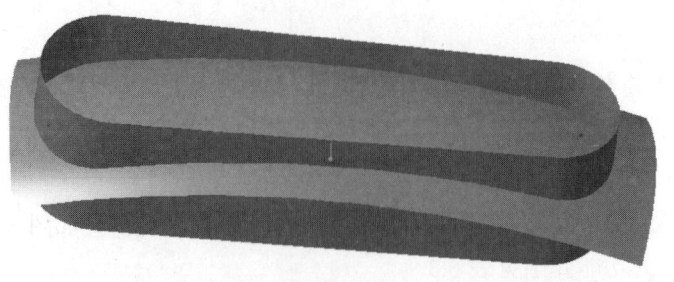

图 5.10

步骤 2：单击 ⚒⚒ 按钮，调整箭头指向要保留部分的曲面，曲面合并效果如图 5.11 所示。

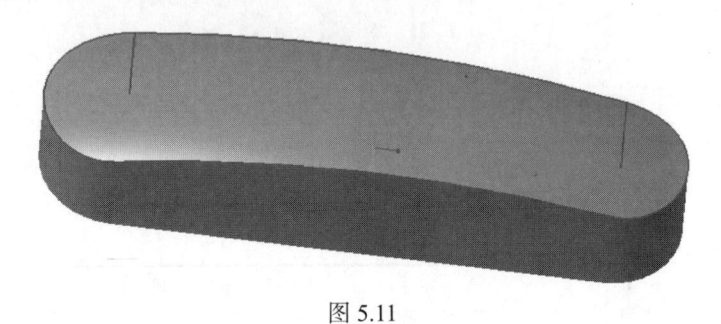

图 5.11

3. 曲面延伸

曲面延伸特征是指将曲面延长一定距离或延伸至指定的平面。

（1）"曲面延伸"操控面板。

单击"模型"选项卡中"编辑"组上的"延伸"按钮，系统打开如图 5.12 所示的"延伸"操控面板。操控面板中按钮的功能介绍见表 5.5。

图 5.12

表 5.5

按 钮	说 明
	边界按曲面原来的趋势延伸至指定距离
	边界按垂直选定的参考平面延伸至参考平面
	调整两个曲面的裁剪方向，箭头的指向为裁剪曲面后的保留部分

（2）下拉面板。

单击"延伸"操控面板中的"参考""测量""属性"按钮，系统打开"延伸"特征的下拉面板，如图 5.13 所示。下拉面板中按钮的功能介绍见表 5.6。

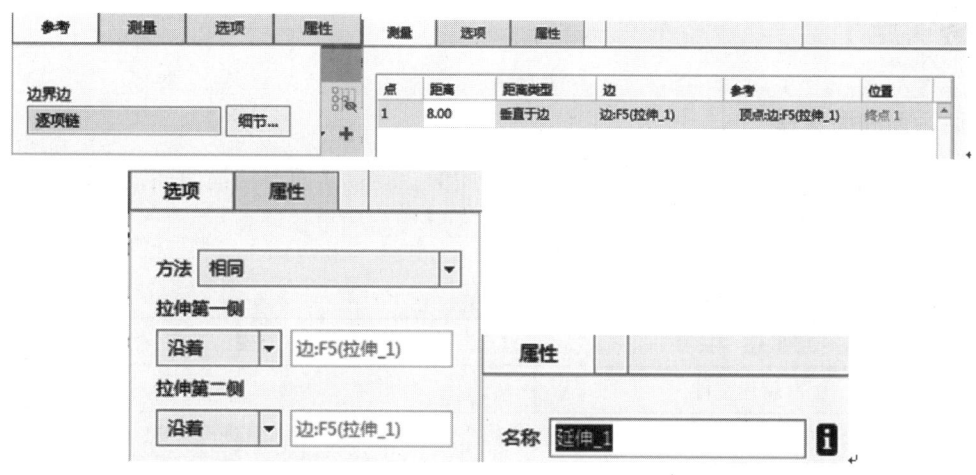

图 5.13

表 5.6

按　钮	说　　明
参考	使用该下拉面板重新选择延伸边界
测量	输入延伸的距离
选项	选择曲面的边界边链以进行延伸（包括延伸方法选择和建伸边界选择）
属性	使用该下拉面板可以编辑特征名，并在 Creo 浏览器中打开特征信息

（3）曲面延伸操作步骤。

步骤1：如图 5.14 所示，单击曲面需要延伸的边界，再单击"模型"选项卡中"编辑"组上的"延伸"按钮 ，系统弹出"延伸"操控面板。

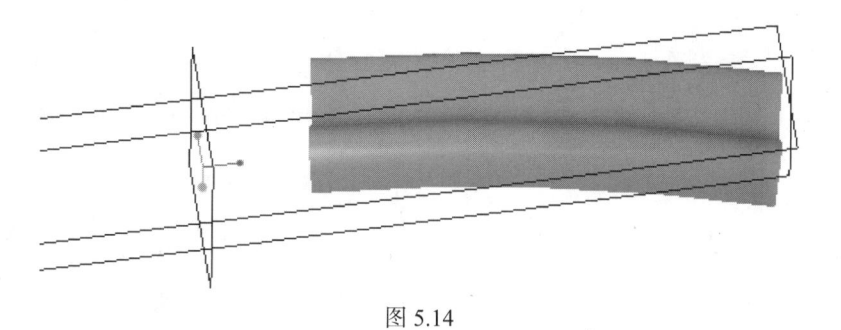

图 5.14

步骤2：输入延伸距离"10"，曲面延伸效果如图 5.15 所示。

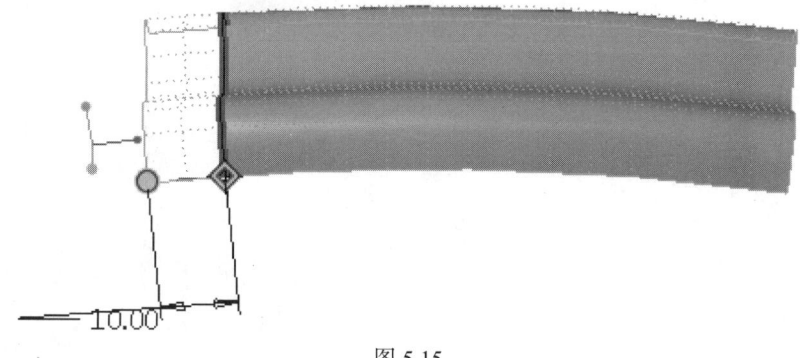

图 5.15

【任务实施】

1. 电话话筒曲面建模

电话话筒零件模型主要利用形状特征——拉伸曲面、旋转曲面、扫描曲面，编辑特征——修剪、合并、延伸、加厚，以及曲面特征——填充等操作，创建模型的步骤见表 5.7。

表 5.7

步　骤	创建内容	模　　型
1	新建文件	—
2	扫描曲面 1	
3	扫描曲面 2	
4	拉伸曲面 3	
5	填充曲面 4	
6	曲面延伸	
7	曲面修剪 1	
8	曲面修剪 2	
9	曲面修剪 3	
10	曲面合并 1	

续表

步 骤	创 建 内 容	模 型
11	曲面修剪 4	
12	曲面合并 2	
13	倒圆角 1	
14	旋转曲面 5	
15	旋转曲面 6	
16	曲面合并 3	
17	曲面合并 4	
18	倒圆角 2	
19	曲面加厚	
20	保存模型	—

（1）新建文件。

启动 Creo Parametric 5.0，单击工具栏上的"新建"按钮，弹出"新建"对话框。在"类型"中选择"零件"，在文件名中输入"电话话筒"，取消勾选"使用默认模板"，单击"确定"按钮。弹出"新文件选项"对话框，选择公制模板"mmns_part_solid"，然后单击"确定"按钮，进入 Creo Parametric 5.0 实体建模界面。

（2）创建扫描曲面 1。

步骤 1：单击"模型"选项卡"基准"组中的"草绘"按钮，弹出"草绘"对话框，在绘图区选中基准平面 FRONT 面作为草绘平面，其余选项为系统默认值，单击"草绘"按钮，进入草绘界面。单击视图控制工具栏中的"草绘视图"按钮，使草绘平面调整到用户正视的视角。在绘图区中绘制扫描轨迹草图的形状及尺寸，如图 5.16 所示。完成扫描曲面 1 轨迹的草图，单击"确定"按钮，退出草绘界面。

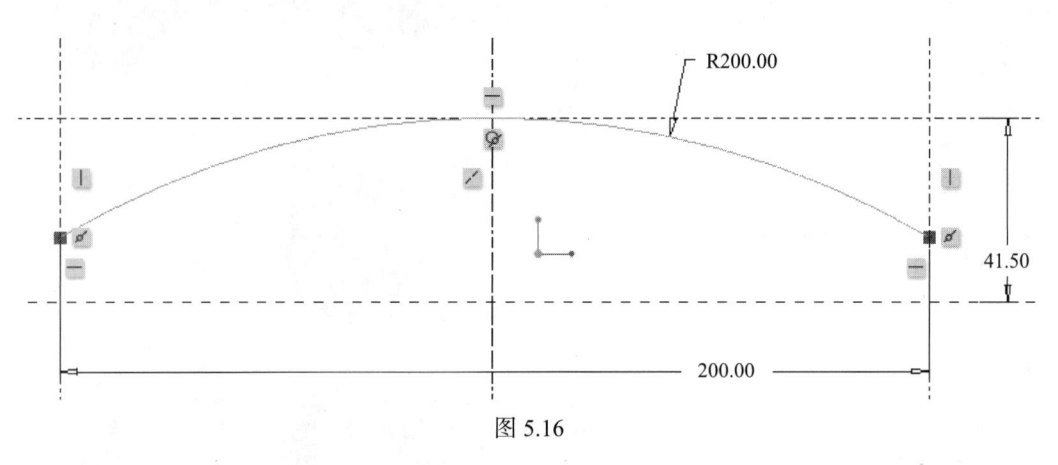

图 5.16

步骤 2：单击"模型"选项卡"形状"组中的"扫描"按钮，打开"扫描"操控面板，分别单击、和按钮，弹出"草绘"对话框，单击视图控制工具栏中的"草绘视图"按钮，使草绘平面调整到用户正视的视角，在绘图区中绘制扫描截面草绘的形状及尺寸，如图 5.17 所示。单击"确定"按钮，退出草绘界面。

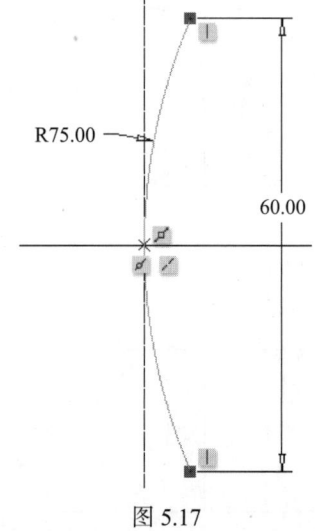

步骤 3：在"扫描"操控面板中单击按钮，完成扫描曲面 1 的创建。单击视图控制工具栏中的"选择视图方向"按钮，在下拉选项中选择"标准方向"，扫描曲面 1 如图 5.18 所示。

（3）创建扫描曲面 2。

步骤 1：单击"模型"选项卡"基准"组中的"草绘"按钮，弹出"草绘"对话框，在绘图区选中基准平面 FRONT 面作为草绘平面，其余选项为系统默认值，单击"草绘"按钮，进入草绘界面。单击视图控制工具栏中的"草绘视图"按钮，使草绘平面调整到用户正视的视角。在绘图区中绘制扫描轨迹草图的形状及尺寸，如图 5.19 所示。单击"确定"按钮，退出草绘界面。

步骤 2：单击"模型"选项卡"形状"组中的"扫描"按钮，打开"扫描"操控面板，分别单击、和按钮，弹出"草绘"对话框，单击视图控制工具栏中的"草绘视图"按钮，使草绘平面调整到用户正视的视角，在绘图区中绘制扫描截面草绘的形状及尺寸，如图 5.20 所示。单击"确定"按钮，退出草绘界面。

图 5.17

图 5.18

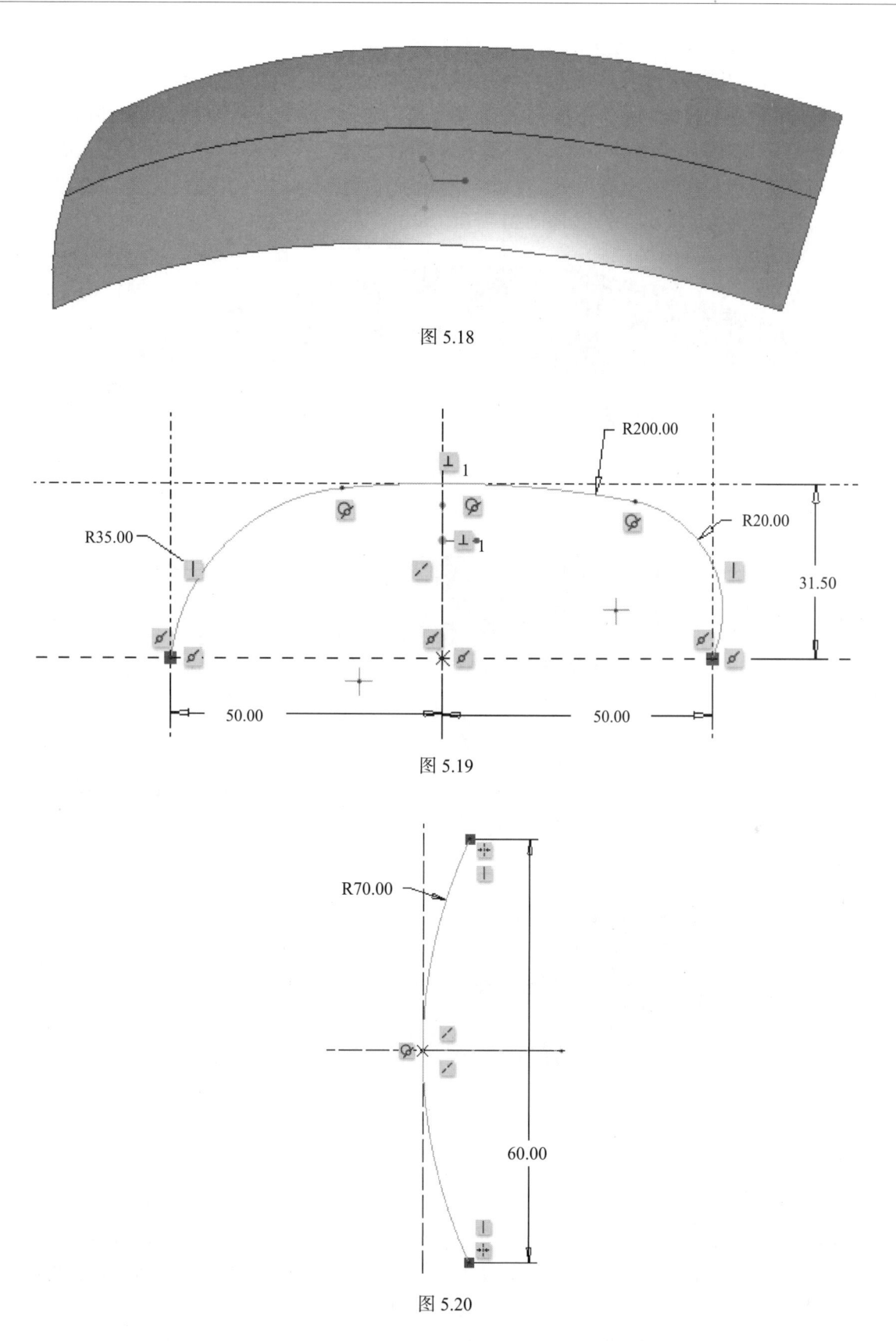

图 5.19

图 5.20

步骤 3：在"扫描"操控面板中单击 ✓ 按钮，完成扫描曲面 2 的创建。单击视图控制工具栏中的"选择视图方向"按钮 ，在下拉选项中选择"标准方向"，扫描曲面 2 如图 5.21 所示。

（4）创建拉伸曲面 3。

步骤 1：单击"模型"选项卡"形状"组中的"拉伸"按钮，打开"拉伸"操控面板，单击按钮，再单击"放置"按钮，在打开的下拉面板中单击"定义"按钮，弹出"草绘"对话框，在绘图区选中基准平面 TOP 面作为草绘平面，其余选项为系统默认值，单击"草绘"按钮，进入草绘界面。再单击视图控制工具栏中的"草绘视图"按钮，使草绘平面调整到正视于用户的视角。在绘图区中绘制拉伸曲面截面草绘的形状及尺寸，如图 5.22 所示。单击"确定"按钮，退出草绘界面。

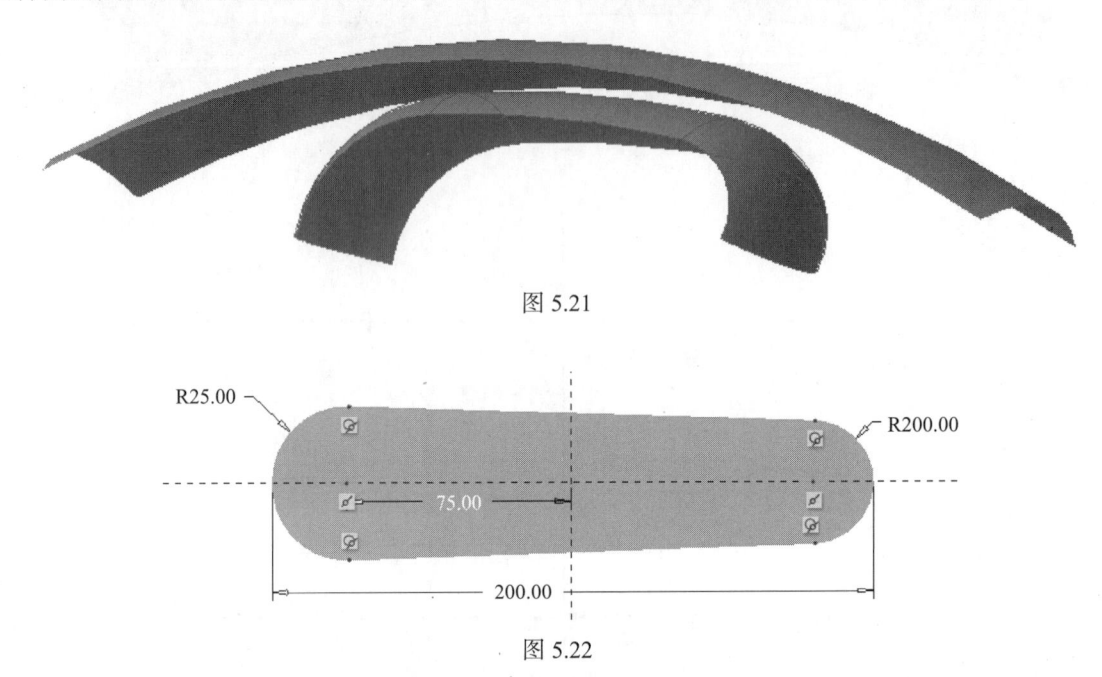

图 5.21

图 5.22

步骤 2：在"拉伸"操控面板中的拉伸深度值框中输入 52.0，单击✔按钮，完成拉伸曲面 3 的创建。再单击视图控制工具栏中的"选择视图方向"按钮，在下拉选项中选择"标准方向"，拉伸曲面 3 如图 5.23 所示。

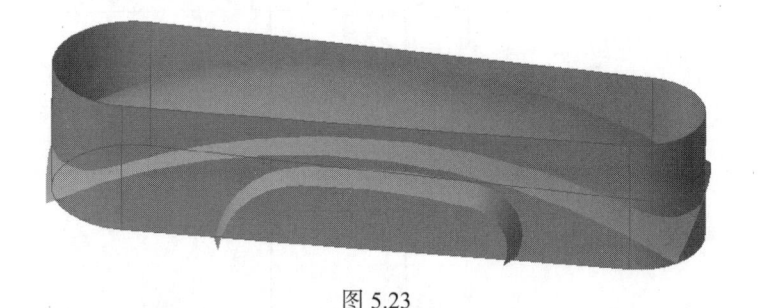

图 5.23

（5）创建填充曲面 4。

步骤 1：单击"模型"选项卡"曲面"组中的"填充"按钮，打开"填充"操控面板，再单击"参考"按钮，在打开的下拉面板中单击"定义"按钮，弹出"草绘"对话框，在绘图区选中基准平面 TOP 面作为草绘平面，其余选项为系统默认值，单击"草绘"按钮，进入草绘界面。再单击视图控制工具栏中的"草绘视图"按钮，使草绘平面调整到正视于用户的视角。单击"草绘"选项卡中的"投影"按钮，依次点选拉伸曲面 3 下方的边界线，如图 5.24 所示。单击"确定"按钮，退出草绘界面。

图 5.24

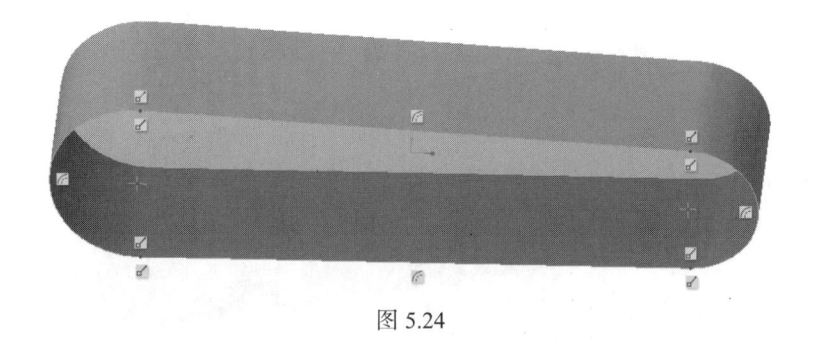

步骤 2：在"填充"操控面板中单击 ✓ 按钮，完成填充曲面 4 的创建，如图 5.25 所示。

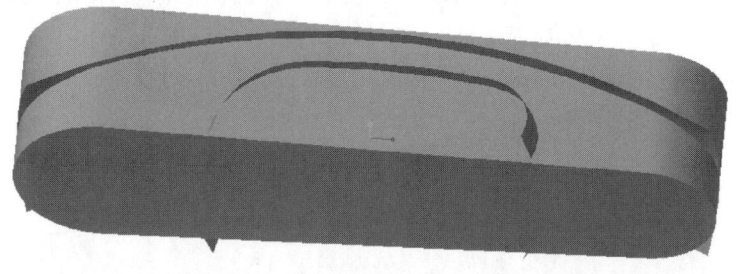

图 5.25

（6）曲面延伸。

步骤 1：点选扫描曲面 2 的边界，如图 5.26 所示。

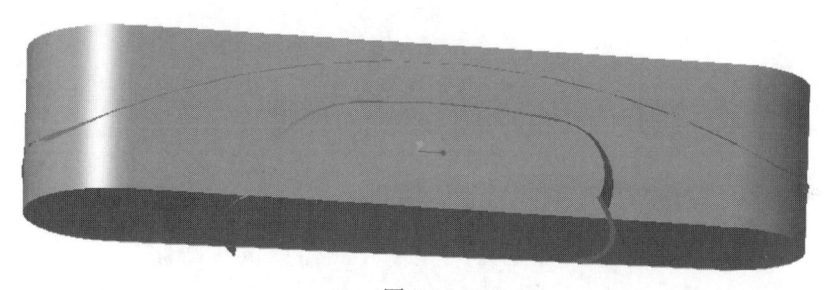

图 5.26

步骤 2：单击"模型"选项卡"编辑"组中的"延伸"按钮 ⮕，打开"延伸"操控面板，输入延伸长度 10，单击 ✓ 按钮，完成曲面延伸，如图 5.27 所示。

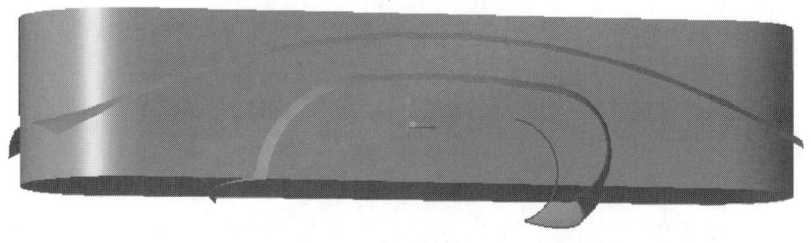

图 5.27

（7）曲面修剪 1。

步骤 1：点选扫描曲面 1，单击"模型"选项卡"编辑"组中的"修剪"按钮 ⌕，打开"修剪"操控面板，再单击"参考"按钮，点选拉伸曲面 3，如图 5.28 所示。

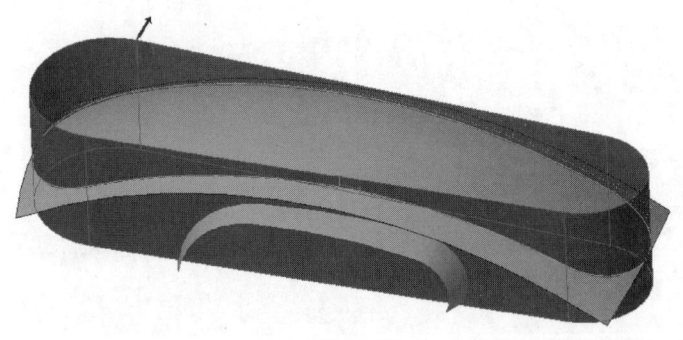

图 5.28

步骤 2：在"修剪"操控面板中单击 ✕ 按钮，使箭头指向曲面需要保留的部分，再单击 ✓ 按钮，完成扫描曲面 1 的修剪。如图 5.29 所示。

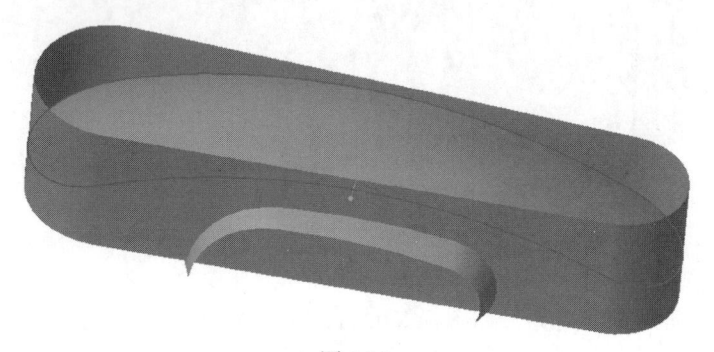

图 5.29

（8）曲面修剪 2。

用同样的方法，完成拉伸曲面 3 上半部分的修剪，如图 5.30 所示。

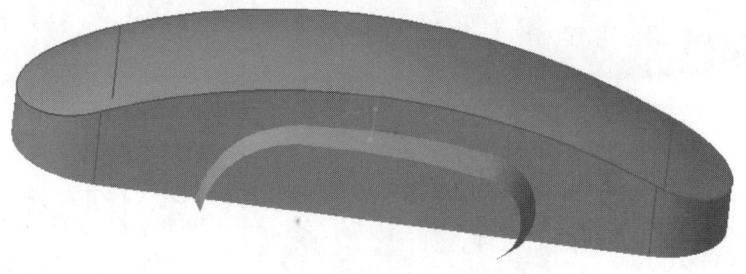

图 5.30

（9）曲面修剪 3。

用同样的方法，完成拉伸曲面 3 下半部分的修剪，如图 5.31 所示。

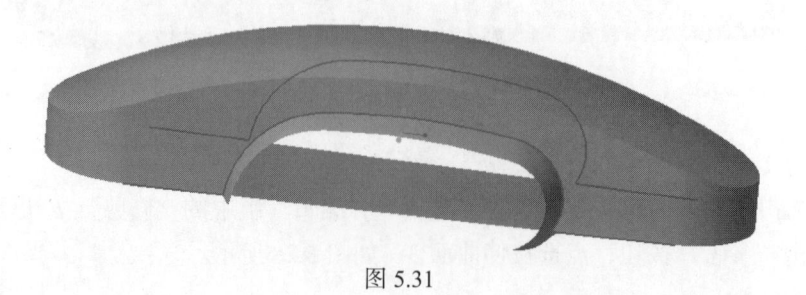

图 5.31

（10）曲面合并1。

按住Ctrl键，移动鼠标依次点选扫描曲面1、拉伸曲面3、填充曲面4，如图5.32所示，单击"模型"选项卡"编辑"组中的"合并"按钮，打开"合并"操控面板，单击✓按钮，完成曲面合并。

图5.32

（11）曲面修剪4。

点选合并曲面1，单击"模型"选项卡"编辑"组中的"修剪"按钮，打开"修剪"操控面板，再单击"参考"按钮，点选扫描曲面2，在"曲面修剪"操控面板中单击✕按钮，使箭头指向需要保留的部分，单击✓按钮，完成扫描曲面2的修剪，如图5.33所示。

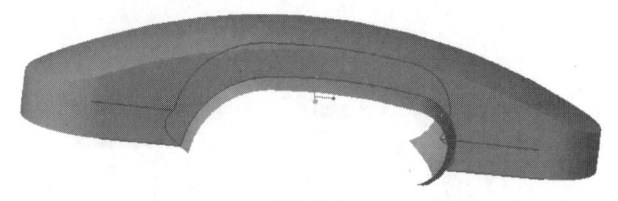

图5.33

（12）曲面合并2。

按住Ctrl键，移动鼠标依次点选合并曲面1、拉伸曲面3，单击"模型"选项卡"编辑"组中的"合并"按钮，打开"合并"操控面板，在"合并"操控面板中单击✕按钮，使箭头指向需要保留的部分，单击✓按钮，完成曲面合并2，如图5.34所示。

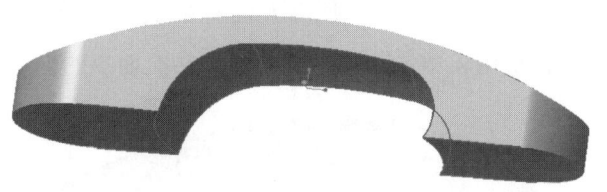

图5.34

（13）倒圆角1。

步骤1：单击"模型"选项卡中"工程"组上的"倒圆角"按钮，打开"倒圆角"操控面板，点选合并曲面2的上边线，如图5.35所示。

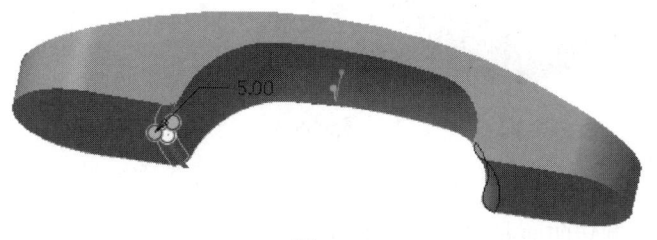

图5.35

步骤 2：在"倒圆角"操控面板中，单击"集"，分别修改"集 1""集 2"的圆角半径为 10 和 30。单击"确定"按钮✓，完成倒圆角 1，如图 5.36 所示。

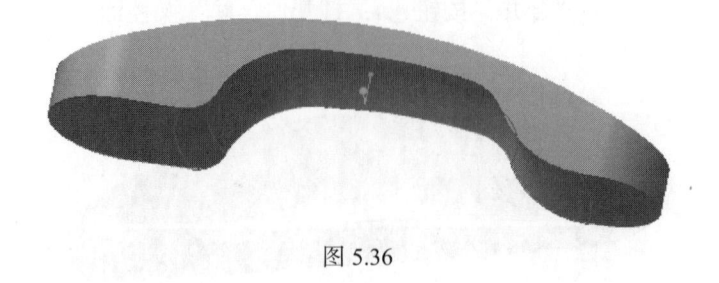

图 5.36

（14）创建旋转曲面 5。

步骤 1：单击"模型"选项卡"形状"组中的"旋转"按钮，打开"旋转"操控面板。单击按钮，再单击"放置"按钮，在打开的下拉面板中单击"定义"按钮，弹出"草绘"对话框，在绘图区选中基准平面 FRONT 面作为草绘平面，其余选项为系统默认值，单击"草绘"按钮，进入草绘界面。再单击视图控制工具栏中的"草绘视图"按钮，使草绘平面调整到用户正视的视角。绘制旋转曲面截面草绘的形状及尺寸，如图 5.37 所示。单击"确定"按钮，退出草绘界面。

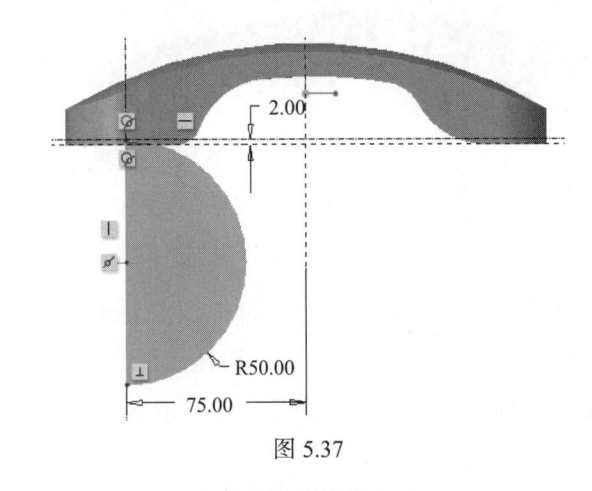

图 5.37

步骤 2：在"旋转"操控面板中，单击✓按钮，完成旋转曲面 5 的创建。如图 5.38 所示。

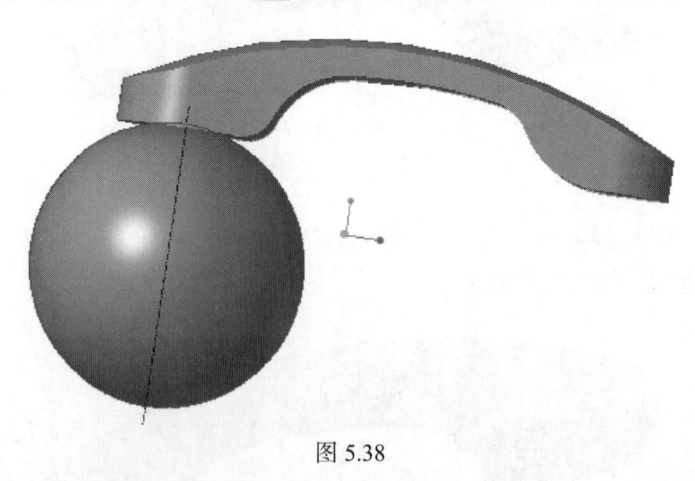

图 5.38

（15）创建旋转曲面 6。

用同样的方法，完成旋转曲面 6 的创建，如图 5.39 所示。

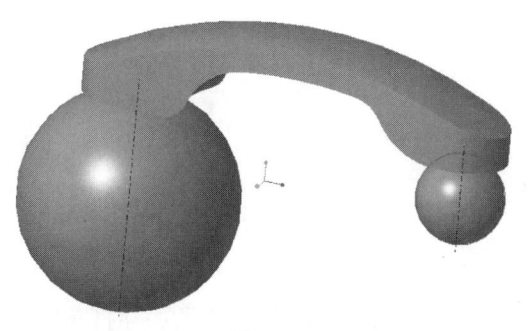

图 5.39

（16）曲面合并 3。

按住 Ctrl 键，移动鼠标，依次点选合并曲面 1、旋转曲面 5，单击"模型"选项卡"编辑"组中的"合并"按钮 ⌒，打开"合并"操控面板，在"合并"操控面板中单击 ✕ 按钮，使箭头指向曲面需要保留的部分，单击 ✔ 按钮，完成曲面合并 3，如图 5.40 所示。

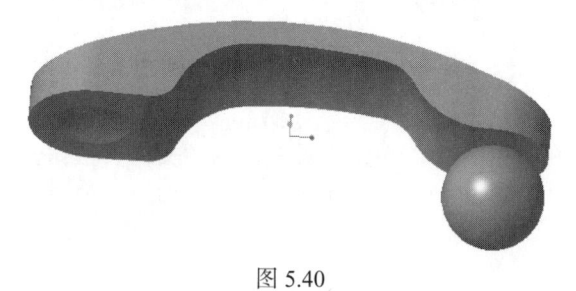

图 5.40

（17）曲面合并 4。

按住 Ctrl 键，移动鼠标，依次点选合并曲面 3、旋转曲面 6，单击"模型"选项卡"编辑"组中的"合并"按钮 ⌒，打开"合并"操控面板，在"合并"操控面板中单击 ✕ 按钮，使箭头指向曲面需要保留的部分，单击 ✔ 按钮，完成曲面合并 4，如图 5.41 所示。

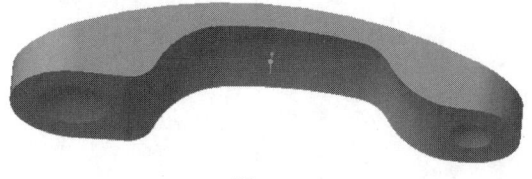

图 5.41

（18）倒圆角 2。

步骤 1：单击"模型"选项卡中"工程"组上的"倒圆角"按钮 ⌒，打开"倒圆角"操控面板，按住 Ctrl 键，依次点选合并曲面 4 的上边线，如图 5.42 所示。

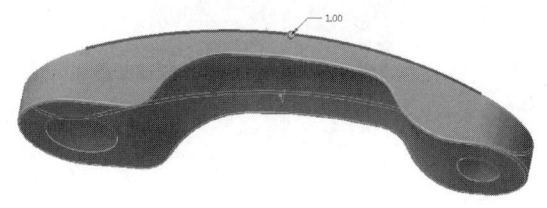

图 5.42

步骤 2：在"倒圆角"操控面板中的圆角半径尺寸框中输入 3。单击"确定"按钮 ✔，完成倒圆角 2，如图 5.43 所示。

图 5.43

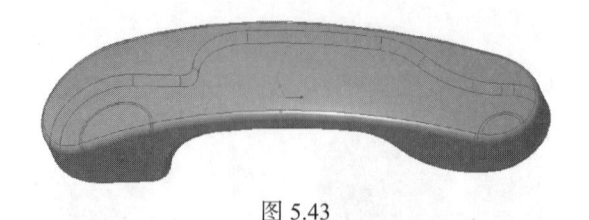

（19）加厚。

单击"模型"选项卡中"编辑"组上的"加厚"按钮，在打开的"加厚"操控面板厚度框中输入 1，单击 按钮，使箭头指向曲面内部，单击"确定"按钮 ，完成曲面加厚，如图 5.44 所示。

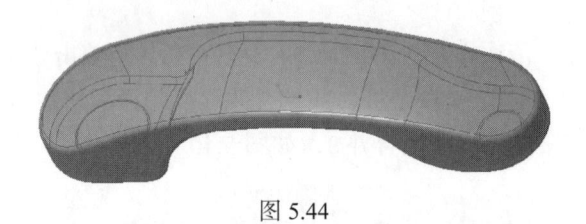

图 5.44

（20）保存模型。

完成电话话筒模型创建的所有操作。单击工具栏中的"文件"按钮，单击"管理文件"按钮，系统打开"删除旧版本"对话框，单击"是"按钮，然后关闭窗口，保存电话话筒模型。

2. 电话话筒模型打印

（1）将模型导出为快速成型 *.stl 文件。

（2）切片处理，将电话话筒模型文件加载到 Modellight 3D 打印系统，如图 5.45 所示。参照任务 3.1 中 3. 方块变形机器人模型打印的具体操作步骤，对加载的电话话筒进行合理放置，并且设置好各项打印参数。

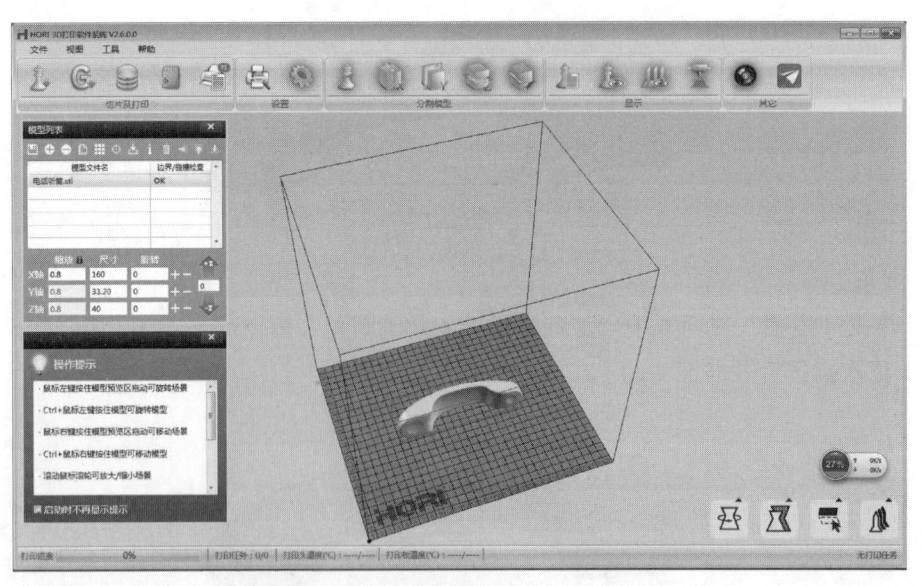

图 5.45

（3）参照任务 3.1 中 3. 方块变形机器人模型打印，在 Modellight 3D 打印系统中导出切片数据，生成机器码保存 *.gcode 文件。将 *.gcode 文件复制到 SD 卡，然后把 SD 卡插入相应的机器即可实现脱机打印。

3. 电话话筒模型打印后处理

（1）取出模型。打印完毕后，将打印平台降至零位，使用撬棒或铲子等工具将模型底部与平台底板分离，取出模型，注意不要损坏模型比较薄弱的地方。

（2）去除支撑。使用刀片、斜口剪、尖嘴钳等工具，将模型在打印过程中生成的支撑去除。

（3）打磨模型。使用砂纸、锉刀等工具，对模型进行必要的打磨及清洁，完成电话话筒的打印，效果如图 5.46 所示。

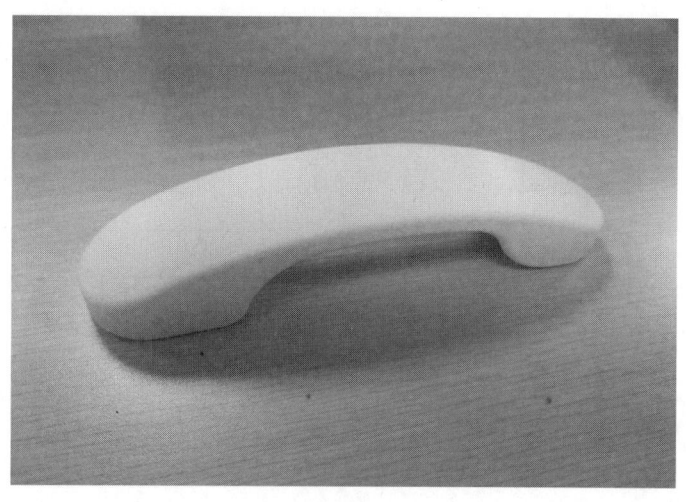

图 5.46

【课后拓展】

根据图 5.47 所示的鼠标初始设计模型零件图进行该零件的三维建模，然后进行 3D 打印制造及作品后处理。

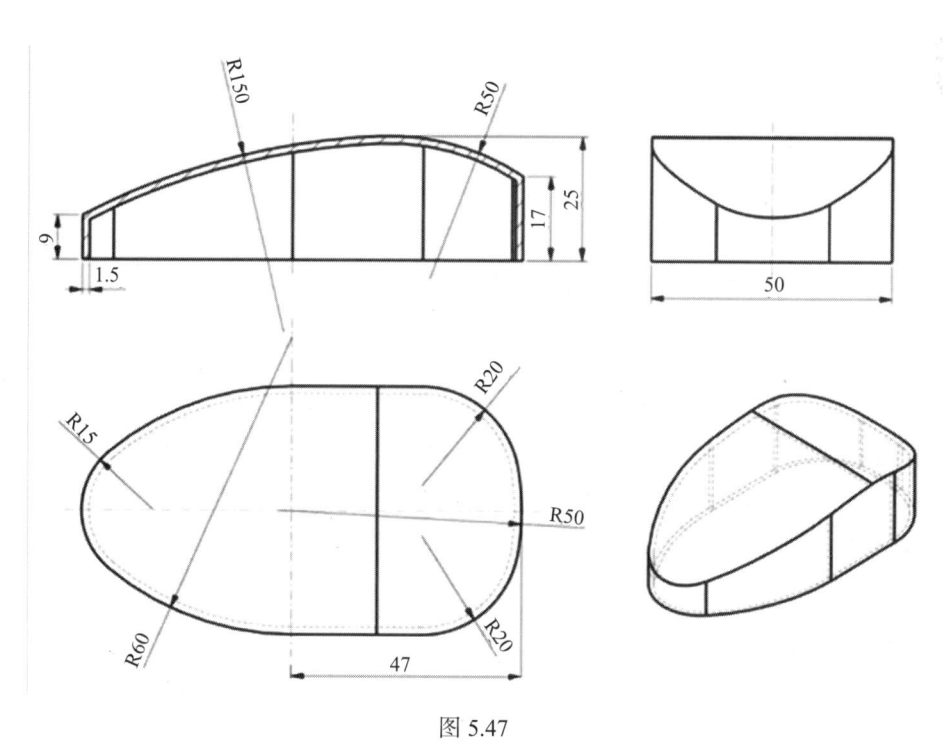

图 5.47

任务5.2　勺子建模及打印

【任务引入】

勺子是日常生活中必不可少的餐具之一。本任务根据图 5.48 所示。零件图纸进行零件三维建模，然后进行打印及后处理。

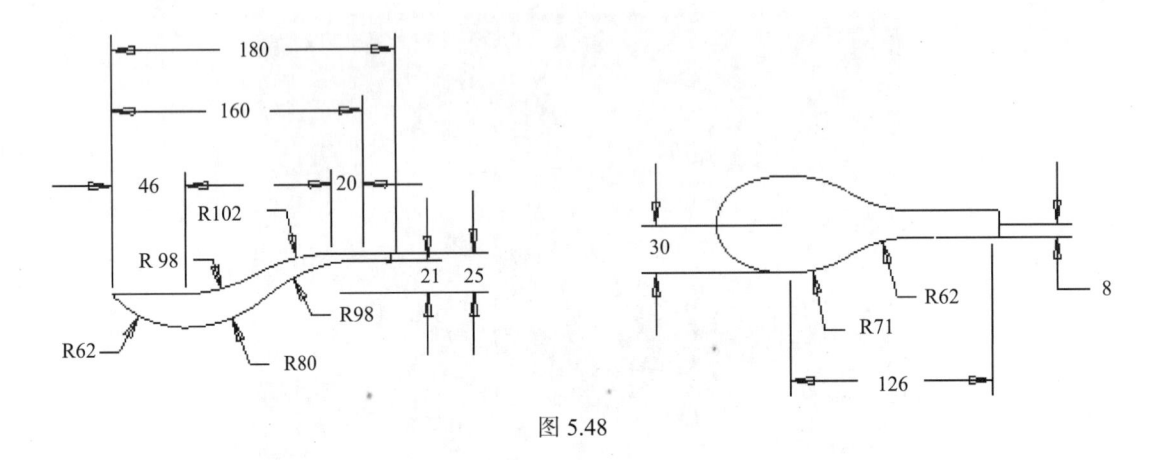

图 5.48

【任务分析】

勺子模型设计可采用 Creo Parametric 5.0 零件设计中的基础特征——曲面拉伸、边界混合、曲面样式、延伸、裁剪、加厚等功能来建模创建零件实体。完成零件建模后将零件模型导入切片软件（如应用 HORI 3DPrinterSoftware 切片）进行切片处理获得 STL 文件，然后传输到 3D 打印机打印出模型。

【相关知识】

1. 扫描曲面

扫描曲面是由指定的剖面沿一条指定的轨迹扫描形成的曲面。

单击"模型"选项卡中"形状"组上的"扫描"按钮，系统打开如图 5.49 所示的"扫描"操控面板。

图 5.49

"扫描"操控面板中按钮的功能介绍见表 5.8。

表 5.8

按 钮	说 明
▢	扫描为实体
⌒	扫描为曲面
✎	创建或编辑扫面截面
⌀	移除材料
⌐	创建薄板特征
⊥	沿扫描曲面进行草绘时截面保持不变
⌐	允许截面根据参数化参考或沿扫描曲面的关系进行变化
‖	暂停当前工具
⊘	无预览
⋈	分离
⋈	连接
👓	特征预览
✓	确定并关闭操控面板
✗	取消当前特征创建或重定义

2. 边界混合

在 Creo 5.0 中，可以在参考图元（在一个或两个方向上定义曲面）之间创建边界混合，其中使用在每个方向上选择的第一个和最后一个图元定义边界混合曲面的边界。

单击"模型"选项卡中"曲面"组上的"边界混合"按钮，系统打开如图 5.50 所示的"边界混合"操控面板。

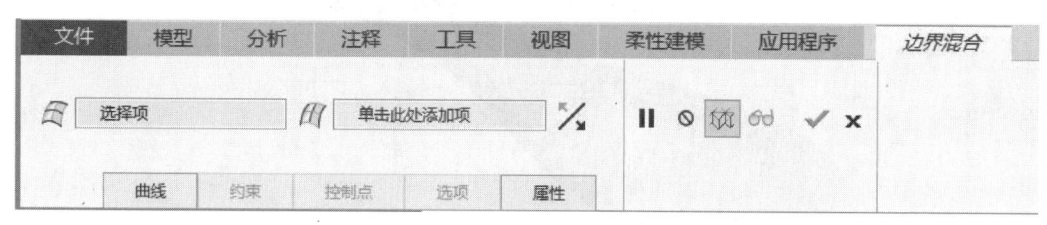

图 5.50

"边界混合"操控面板中按钮的功能介绍见表 5.9。

表 5.9

按 钮	说 明
⊟	第一方向链收集器
⊟	第二方向链收集器
⤢	变换方向
∥	暂停当前工具
⊘	无预览
⩘	分离
⩗	连接
∞	特征预览
✓	确定并关闭操控面板
✗	取消当前特征创建或重定义

【任务实施】

1. 勺子的建模

创建勺子实物图,如图 5.51 所示。这是一个壳体零件,可以用曲面特征加厚度生成,在此任务中将学习拉伸曲面、边界混合曲面、曲面样式、曲面裁剪及曲面加厚度的建立方法。创建模型的步骤见表 5.10。

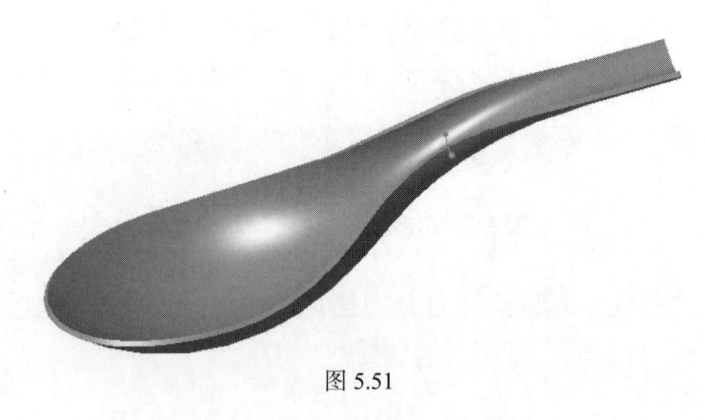

图 5.51

表 5.10

步　骤	创　建　内　容	模　　型
1	新建文件	—
2	建立拉伸曲面特征	
3	建立基准平面"DTM1"	
4	建立边界混合曲面	
5	建立扫描曲面	
6	建立延伸曲面	
7	建立合并曲面特征	

续表

步骤	创建内容	模型
8	建立修剪曲面	
9	曲面加厚	
10	倒圆角	
11	保存模型	

（1）新建文件。

启动 Creo Parametric 5.0，单击工具栏中的"新建"按钮，弹出"新建"对话框。在"类型"中选择"零件"，在文件名中输入"shaozi01"，取消勾选"使用默认模板"，单击"确定"按钮，弹出"新文件选项"对话框，选择公制模板"mmns_part_solid"，然后单击"确定"按钮，进入 Creo Parametric 5.0 实体建模界面。

（2）建立拉伸曲面特征。

单击"模型"选项卡"形状"组中的"拉伸"按钮，再依次单击拉伸曲面特征图标板图标、放置、定义，在绘图区选中基准平面"FRONT"作为草绘平面，接受系统默认的草绘参照，绘制如图 5.52 所示的拉伸曲面截面草图，单击草绘图视工具图标，退出草绘界面。单击拉伸曲面特征图标板图标，在其文本框中输入拉伸值 80，然后单击拉伸曲面特征图标板图标，完成勺子拉伸曲面的建立，如图 5.53 所示。

图 5.52

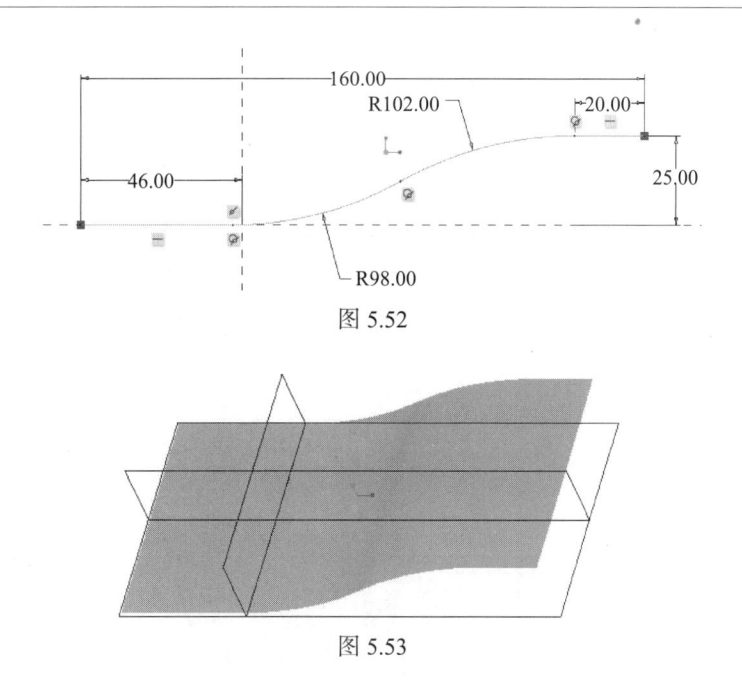

图 5.53

（3）建立基准平面"DTM1"。

单击"模型"选项卡"基准"组中的"平面"按钮 ▱，在系统弹出的"基准平面"对话框中选择基准平面"TOP"及向上偏移距离 50mm，单击"确定"按钮，完成基准平面"DTM1"的建立。

（4）建立边界混合曲面。

步骤 1：利用投影曲线，建立路径曲线 1 和路径曲线 3。

单击"模型"选项卡"基准"组中的"草绘"按钮，选择草绘平面"DTM1"，绘制如图 5.54 所示的投影曲线 1 草图，单击草绘图视工具图标 ✓，退出草绘截面。

依次选择要投影曲线 1 的草图及"模型"选项卡"编辑"组中的"投影"按钮，移动鼠标依次在投影曲线特征图标板的 曲面 选择项 中点选投影曲面（拉伸曲面），调整投影方向，然后单击投影曲线特征图标板图标 ✓，完成勺子投影曲线 1（路径曲线 1）的建立，如图 5.55 所示。利用"镜像"按钮，完成路径曲线 3 的建立，如图 5.56 所示。

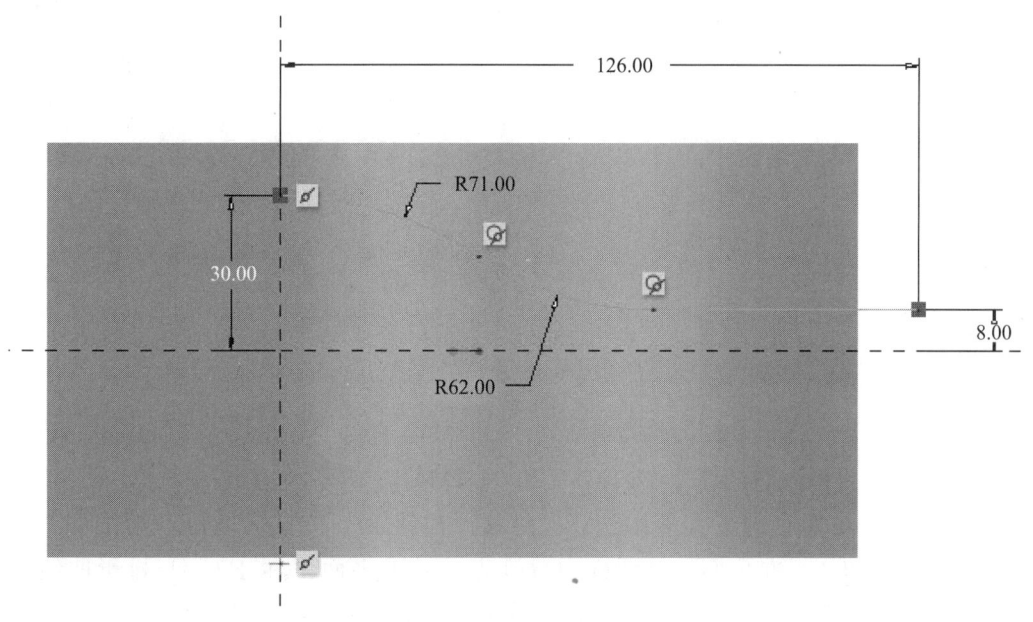

图 5.54

图 5.55

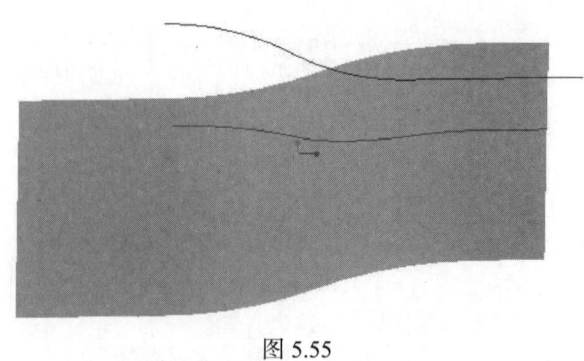

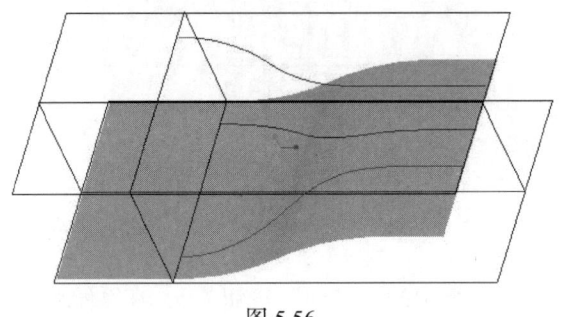

图 5.56

步骤 2：绘制路径曲线 2。

单击"模型"选项卡"基准"组中的"草绘"按钮，选择基准平面 FRONT 为草绘平面，绘制如图 5.57 所示的路径曲线 2，单击草绘图视工具图标，退出草绘界面。

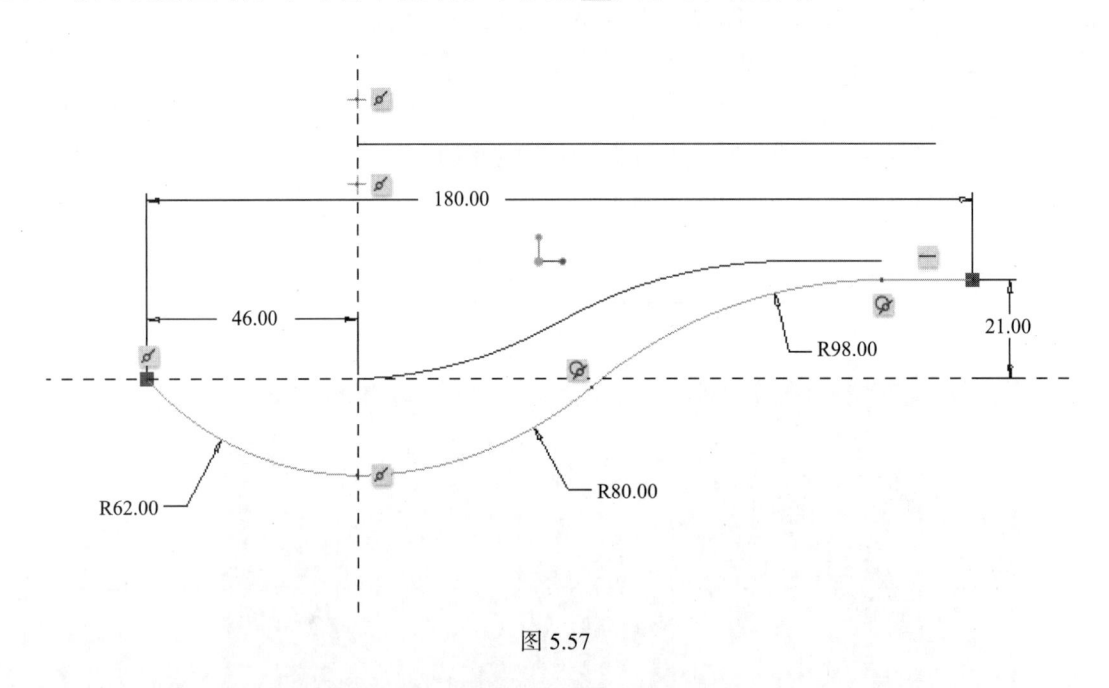

图 5.57

步骤 3：建立基准平面"DTM2"、"DTM3"和"DTM4"。

单击拉伸曲面，在弹出的工具条中选择"隐藏"按钮。单击"基准"组中的"平面"按钮，在系统弹出的"基准平面"对话框中分别点选基准平面"RIGHT"与投影曲线 1 相交的"DTM2"、"DTM3"和"DTM4"三个基准平面，单击"确定"按钮，如图 5.58 所示。

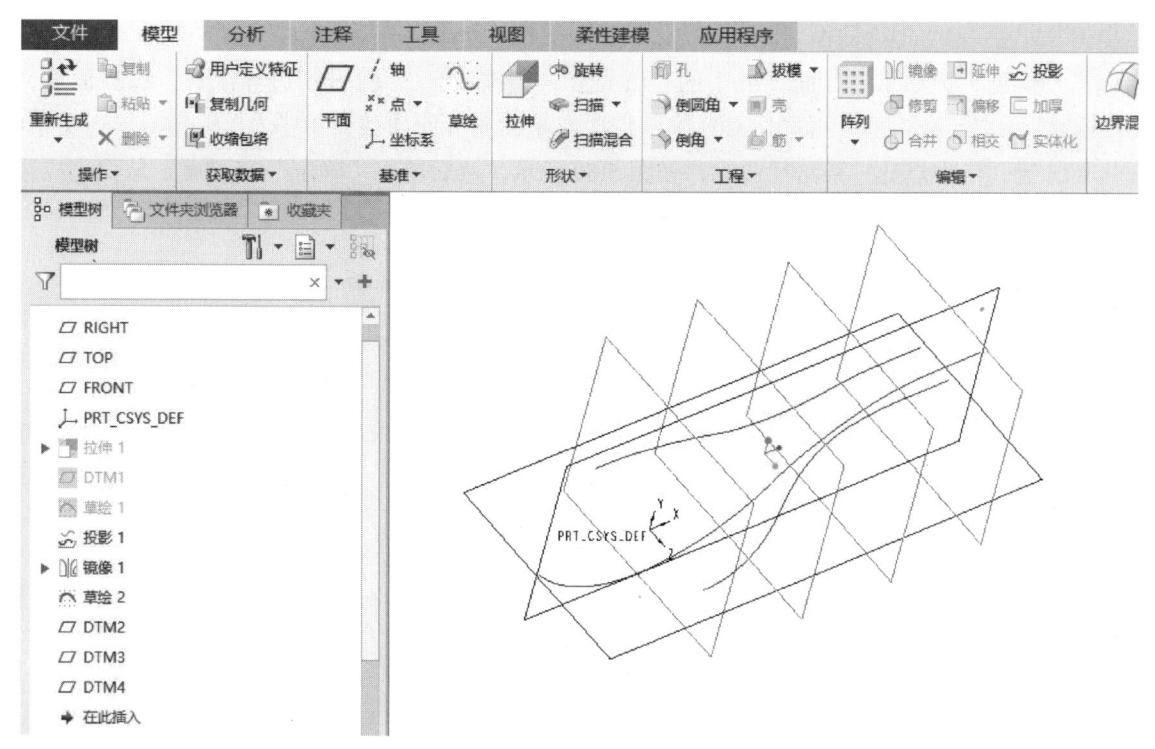

图 5.58

步骤 4：建立四条截面曲线。

单击"模型"选项卡"基准"组中的"点"按钮，分别建立路径曲线 1、路径曲线 2、路径曲线 3 与基准平面"RIGHT"、"DTM2"、"DTM3"、"DTM4"的交点。再分别在基准平面"RIGHT"、"DTM2"、"DTM3"、"DTM4"上草绘，建立四条截面曲线，如图 5.59 所示。

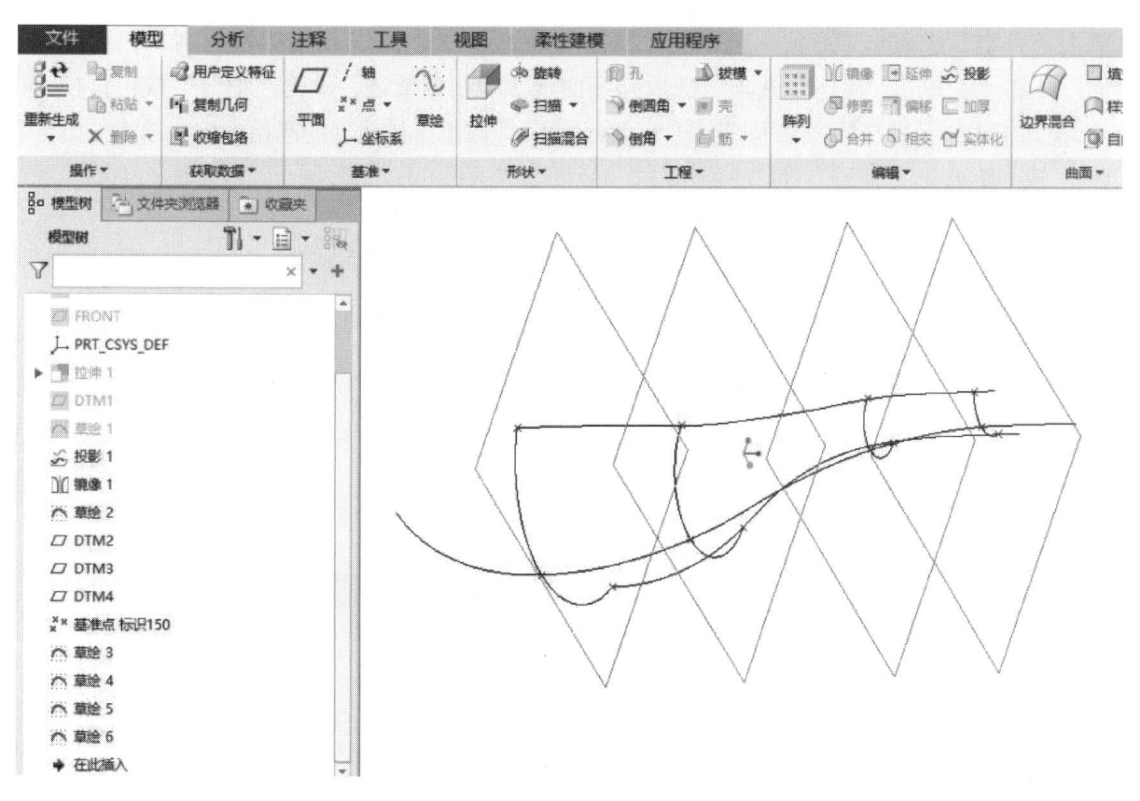

图 5.59

步骤 5：建立边界混合曲面。

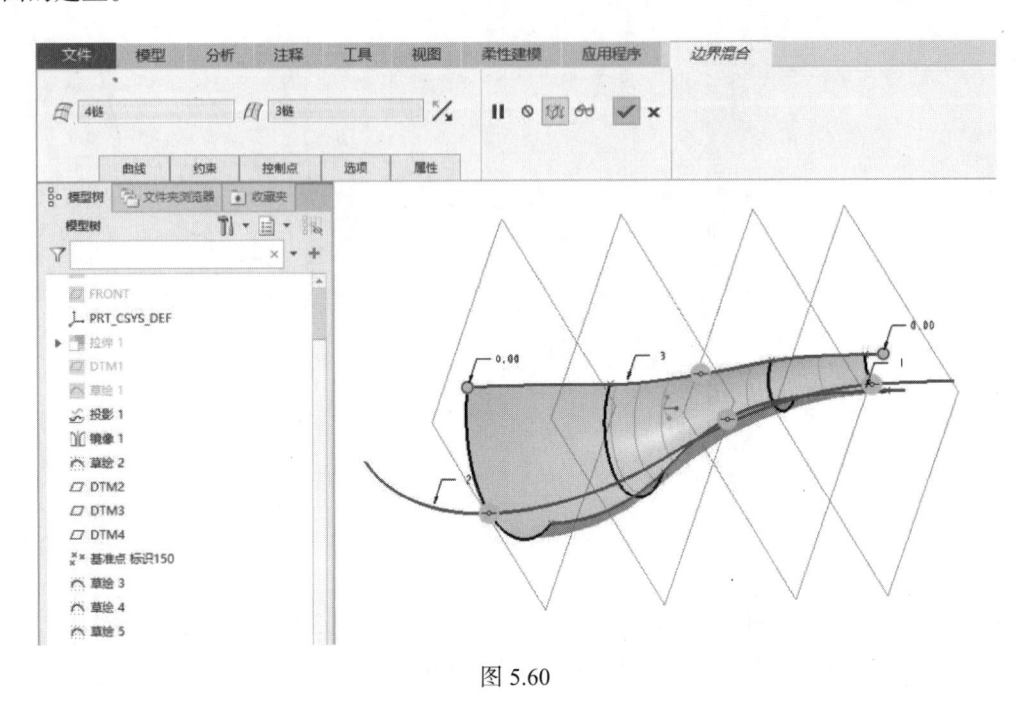

单击"模型"选项卡"曲面"组中的"边界混合"按钮，打开"边界混合"操控面板，单击 [选择项] 文本框，再按住 Ctrl 键，依次点选四条截面曲线；单击 [单击此处添加项] 文本框，再按住 Ctrl 键，依次点选三条路径曲线，如图 5.60 所示，然后单击"确定"按钮，从而完成边界混合曲面的建立。

图 5.60

（5）建立扫描曲面。

单击"模型"选项卡"形状"组中的"扫描"按钮，打开"扫描"操控面板，选择"扫描为曲面"按钮，单击"参考"选项，选取路径曲线 2 为扫描轨迹，单击"细节"按钮，在弹出的"链"操控面板中，设置链的"基本规则"为"部分环"，调整扫描轨迹的起始方向，单击"确定"按钮，如图 5.61 所示。

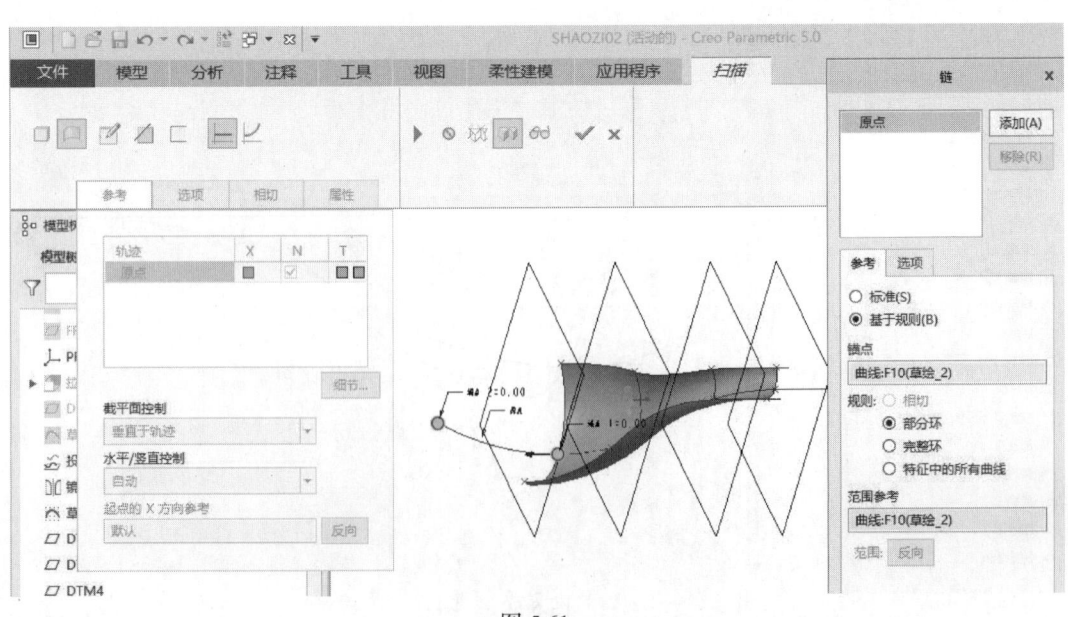

图 5.61

在"扫描"操控面板中单击"创建扫描截面"按钮 ，进入截面草绘界面。通过单击"弧"按钮 捕捉绘制"RIGHT"平面上的截面曲线，单击"确定"按钮 ，最后单击"扫描"操控面板中的 按钮，完成扫描曲面的建立，如图 5.62 所示。

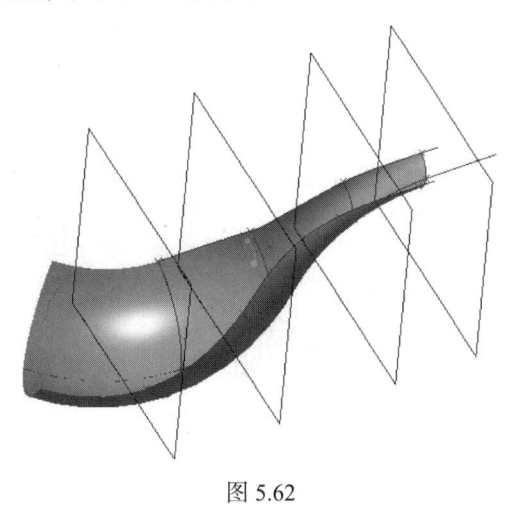

图 5.62

（6）建立延伸曲面。

单击边界混合曲面端部的边界，再单击"模型"选项卡"编辑"组中的"延伸"按钮 ，打开"延伸"操控面板，如图 5.63 所示。单击图标 ，并在文本框中输入延伸长度 14，最后单击图标 ，完成延伸曲面的建立。

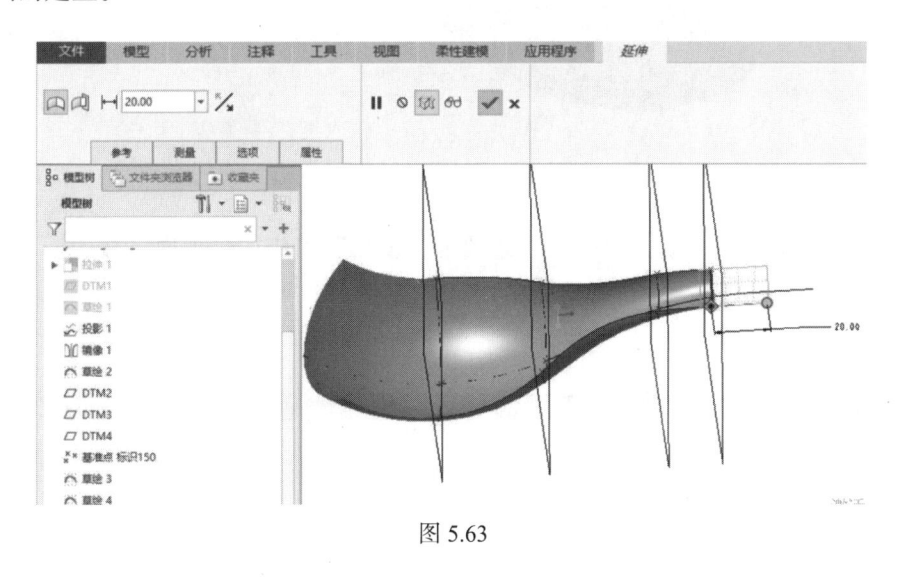

图 5.63

（7）建立合并曲面特征。

按住 Ctrl 键，点选扫描曲面、边界混合曲面，再单击"模型"选项卡"编辑"组中的"合并"按钮 ，最后单击"合并"操控面板中的图标 ，完成合并曲面的建立。

（8）建立修剪曲面。

将拉伸曲面取消隐藏，点选合并曲面，再单击"模型"选项卡"编辑"组中的"曲面修剪"按钮 ，打开"曲面修剪"操控面板，如图 5.64 所示。在"曲面修剪"操控面板中单击"参考"选项，在"修剪的面组"文本框内点选勺子的合并曲面，在"修剪对象"文本框内点选勺子的拉伸曲面，在"选项"中不勾选"保留修剪曲面"，调整裁剪方向后单击图标 ，从而完成修剪曲面的建立，如图 5.65 所示。

图 5.64

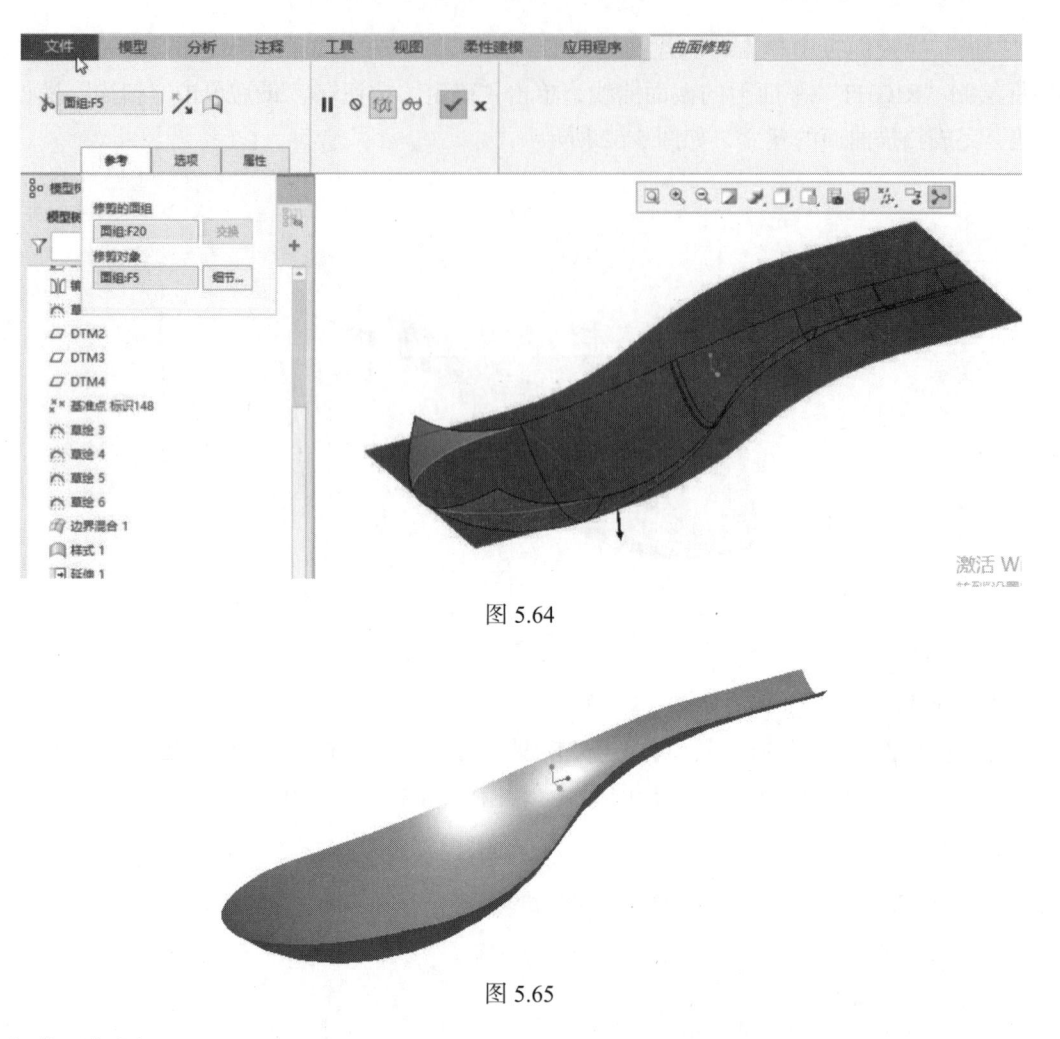

图 5.65

（9）曲面加厚。

点选勺子的修剪曲面，再单击"模型"选项卡"编辑"组中的"加厚"按钮，打开"加厚"操控面板，输入加厚的厚度值 1.50，调整加厚方向为"向内"，再单击"确定"按钮，完成曲面加厚，如图 5.66 所示。

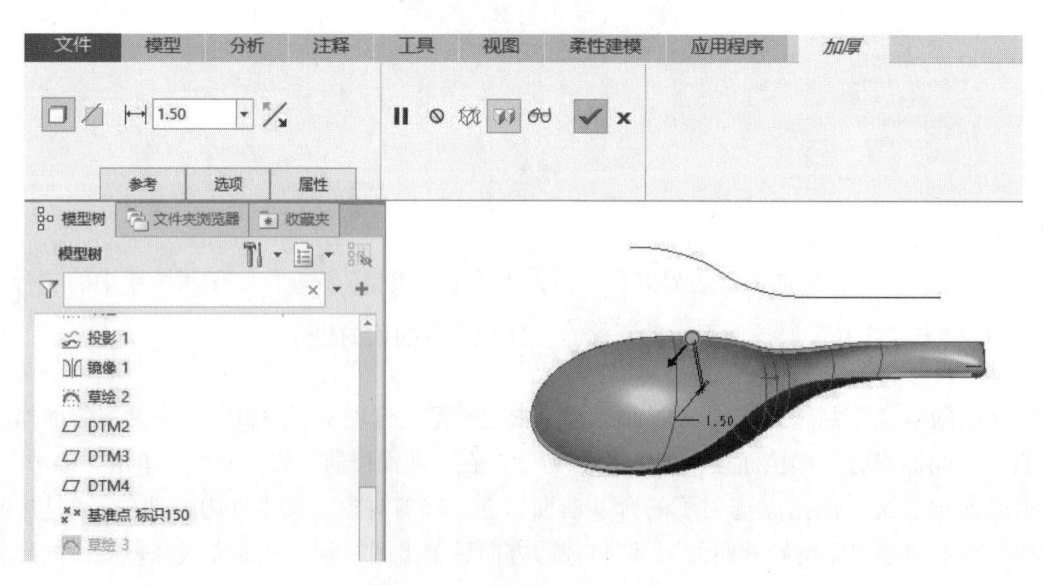

图 5.66

（10）建立圆角特征。

单击"模型"选项卡"工程"组中的"倒圆角"按钮，打开"倒圆角"操控面板，输入圆角值 8，再用鼠标点选要建立的圆角特征的边界，如图 5.67 所示，单击"确定"按钮，完成圆角特征的建立。

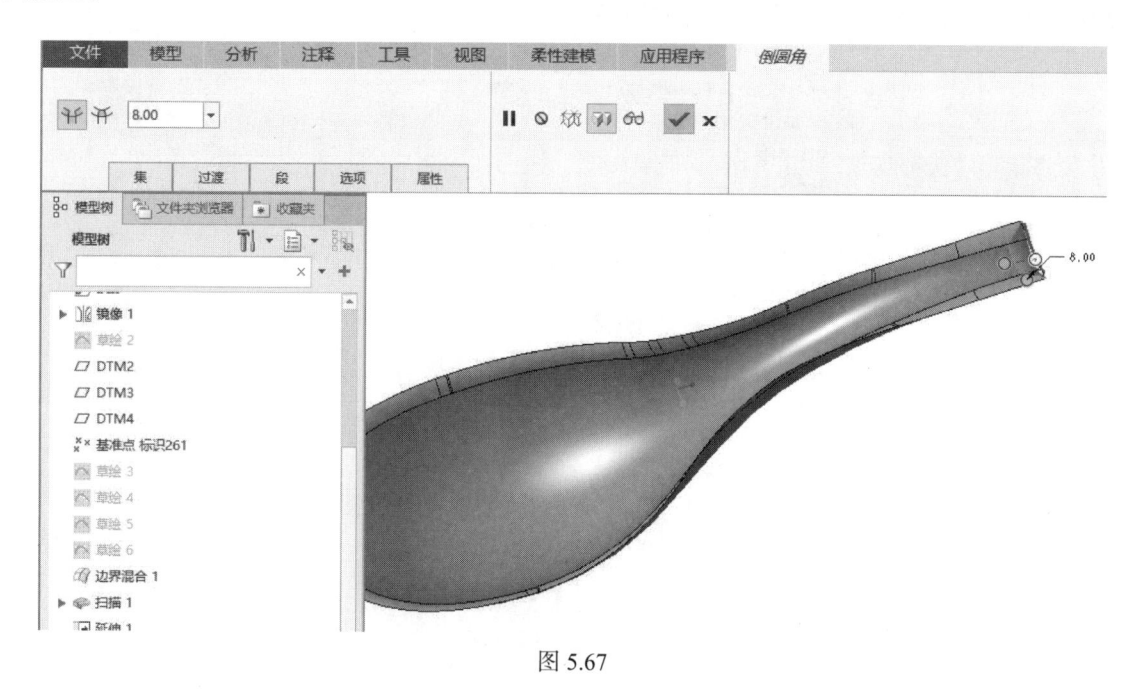

图 5.67

（11）保存模型。

完成勺子模型创建的所有操作，获得零件模型，如图 5.68 所示。单击工具栏中的"文件"选项，再单击"管理文件"按钮，系统打开"删除旧版本"对话框，单击"是"按钮，关闭窗口，从而完成勺子模型的保存。

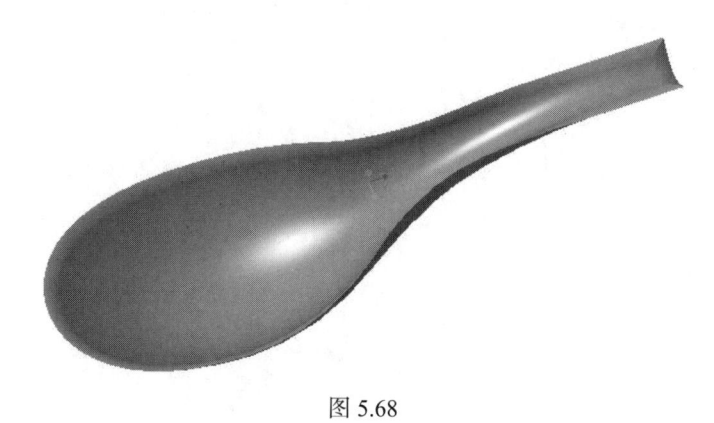

图 5.68

2. 勺子模型打印

（1）勺子模型导出为快速成型 *.stl 文件。

在 Creo Parametric 5.0 界面依次单击"文件"→"另存为"→"保存副本"，在打开的"保存副本"对话框中，选择保存类型为 *.stl，将建好的勺子模型输出为 *.stl 文件，如图 5.69 所示。

（2）切片处理将 *.stl 文件生成机器码 *.gcode。

①打开 Modellight 3D 打印系统（切片软件），选择适用的打印机型号。在软件的主功能菜单中单

击"文件"→"添加模型"导入勺子的 *.stl 文件，或直接将 *.stl 文件拖拽进入 Modellight 3D 打印系统（切片软件）界面。模型的放置方式主要从综合考虑打印产品表面的质量要求、打印过程产生的支撑等方面出发，设置如图 5.70 所示的模型放置方式，完成打印参数的设置。

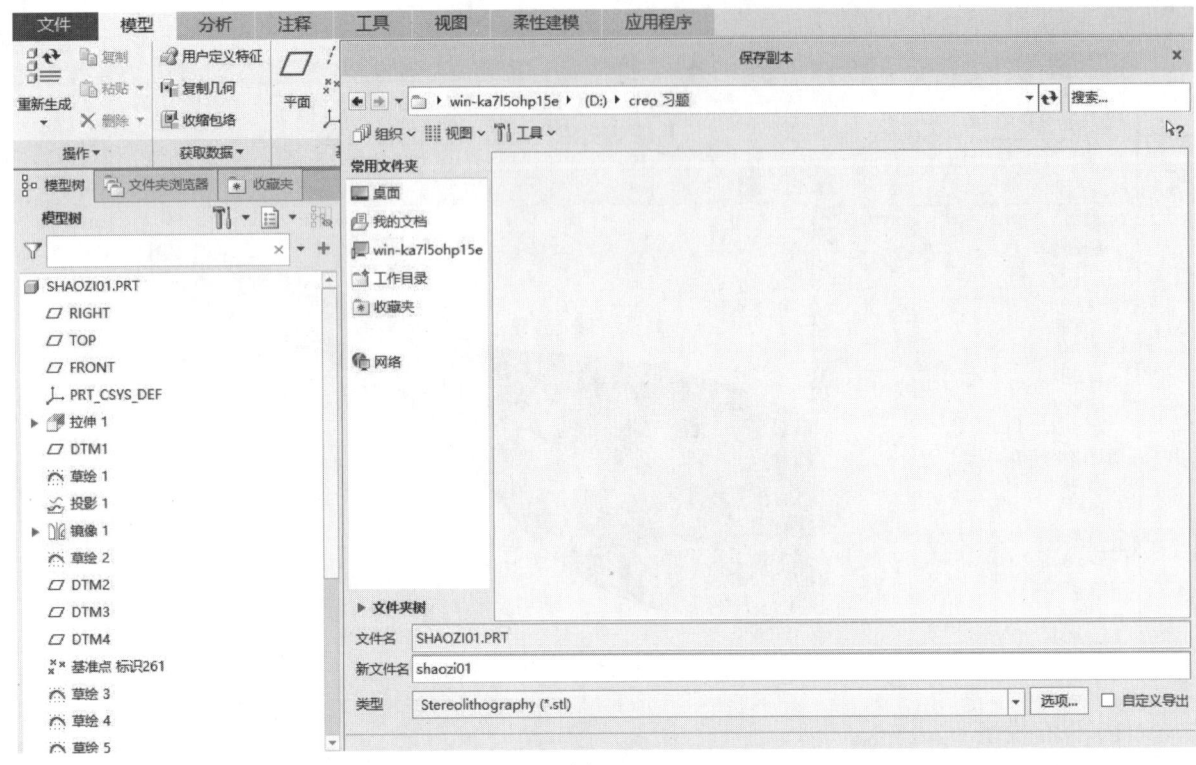

图 5.69

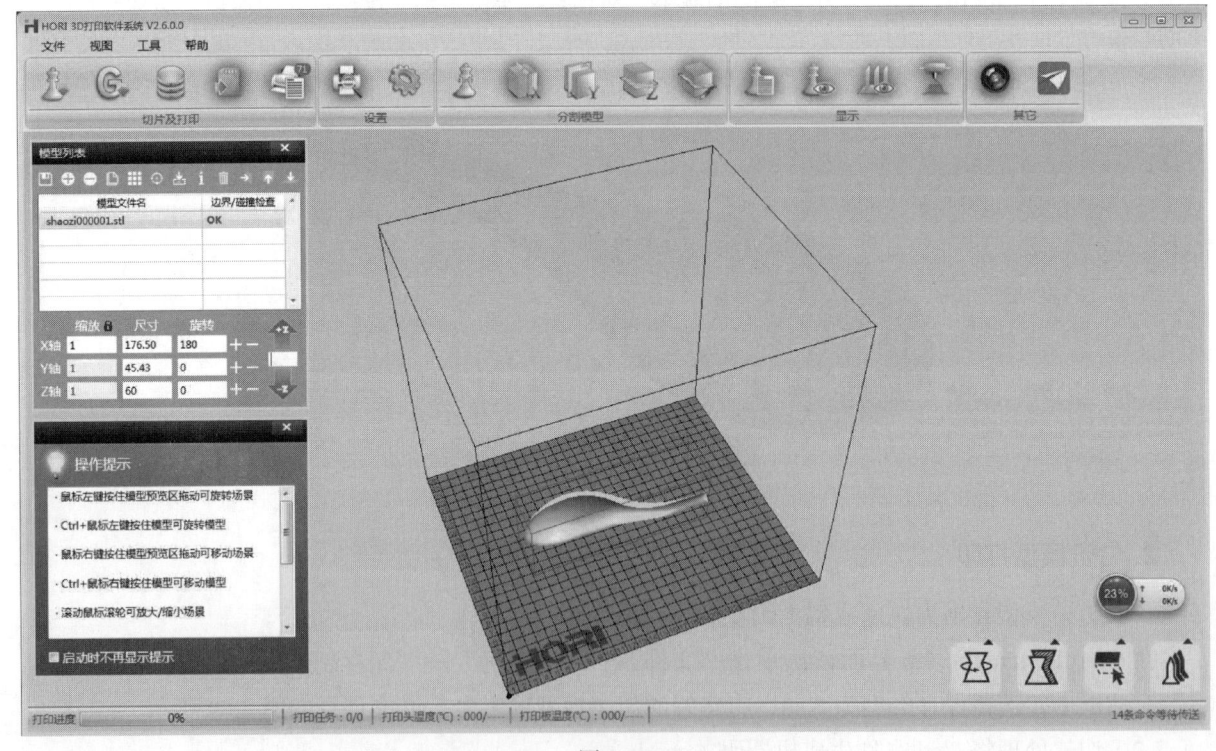

图 5.70

②单击 Modellight 3D 打印系统（切片软件）图标，按默认的保存格式类型 GCode File（*.gcode）保存，生成 *.gcode 文件，然后将打印文件通过网络数据传输或复制文件方式传输到 3D 打印机进行打印，获得如图 5.71 所示的勺子模型。

图 5.71

【课后拓展】

根据图 5.72 所示图形尺寸进行零件的实体三维建模，并完成模型打印。

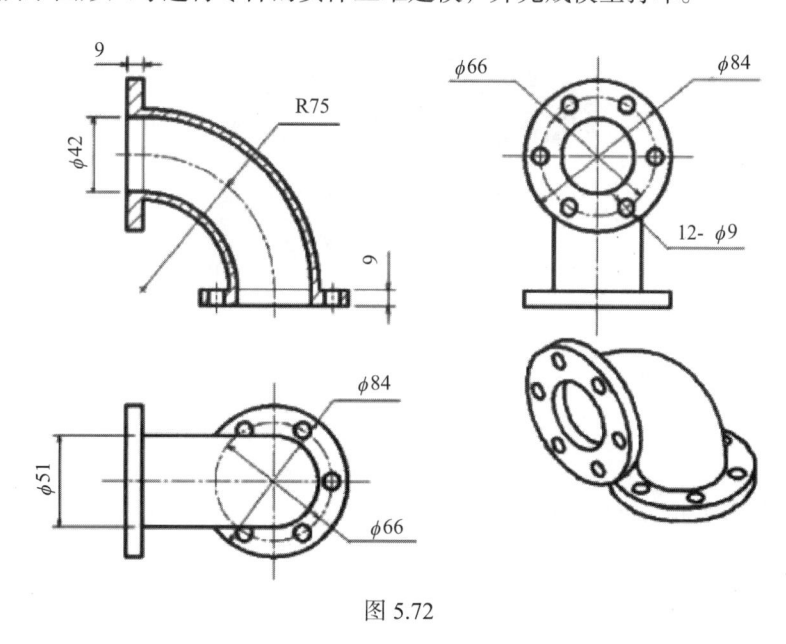

图 5.72

任务5.3　灯罩建模及打印

【任务引入】

灯罩是设在灯焰外围或灯泡上方用于聚光或防风雨的罩儿。灯罩不仅可以使光聚集在一起，还可以防止触电，对保护眼睛也有作用，所以大多数灯会有灯罩。本任务根据如图 5.73 所示零件图进行灯罩三维建模，然后进行打印及后处理获得灯罩模型实物，如图 5.74 所示。

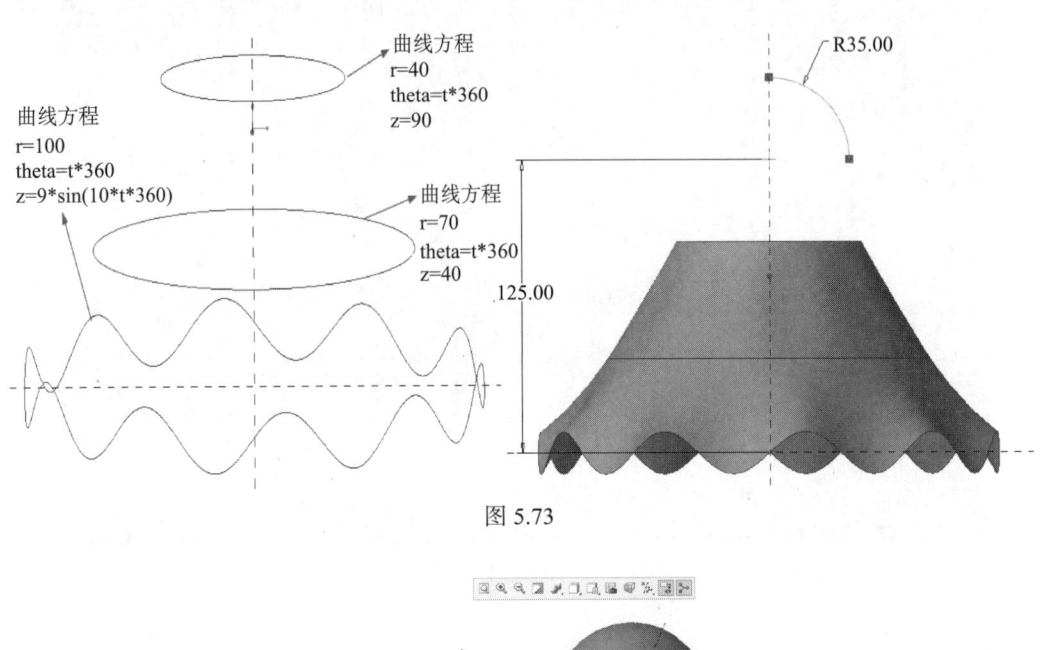

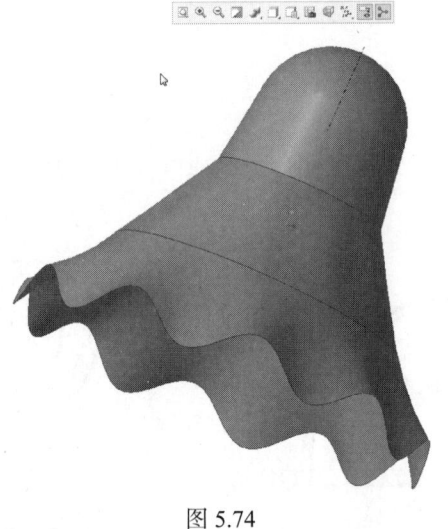

曲线方程
r=40
theta=t*360
z=90

曲线方程
r=100
theta=t*360
z=9*sin(10*t*360)

曲线方程
r=70
theta=t*360
z=40

R35.00

125.00

图 5.73

图 5.74

【任务分析】

灯罩由裙部、中部和顶部组成。用 Creo Parametric 5.0 软件创建灯罩的实体模型，其建模过程主要用到 Creo Parametric 5.0 零件设计中的曲线方程、将切面混合到曲面等功能。将模型导入切片软件进行切片处理获得 STL 文件，然后传输到 3D 打印机打印出模型。该灯罩的整体模型可一次完成打印，打印结束后对成品做简单后处理便可获得可使用的灯罩。

【相关知识】

1. 用Creo 5.0建立方程曲线

在 Creo 5.0 中，使用普通的造型方法建立规律的图形，如螺旋形、正弦曲线等，可能需要较多步骤，合理地使用方程曲线，可以提高工作效率。

（1）曲线方程的定义。

在直角坐标系中，如果某曲线 C（看作点的集合或适合某种条件的点的轨迹）上的点与一个二元方程 $f(x, y) = 0$ 的实数解建立了如下关系：

①曲线上点的坐标都是这个方程的解；

②以这个方程的解为坐标的点都是曲线上的点。

那么这个方程就叫作曲线方程，这条曲线叫作方程曲线。

（2）求解曲线方程的步骤。

①建立适当的坐标系；

②用坐标 (x, y) 表示曲线上的任意一点；

③由题设条件列出符合条件的关系式 $f(x, y) = 0$；

④简化③中所列出的方程；

⑤验证（审查）所得到的曲线方程是否可保证纯粹性和完备性。

以上五个步骤可分别简称为建系、设点、列式、化简、验证。

（3）方程曲线操控面板介绍。

①方程曲线操控面板。

在功能区"模型"选项卡"基准"组工具栏中单击"基准"下拉菜单图标 基准▼，再单击"曲线"下拉菜单，在下拉菜单中单击"来自方程的曲线"，弹出"曲线：从方程"操控面板。

"曲线：从方程"操控面板中的按钮功能介绍见表5.11。

表 5.11

图 标	说 明
笛卡儿	建立方程曲线的坐标系
方程...	方程式编辑对话框
自 0.00	变化量 T 的起始值
至 1.00	变化量 T 的终止值
‖	暂停当前工具
⊘	停止预览
✻	分离
⚭	特征预览

续表

图 标	说 明
✓	确定方程曲线
✗	取消方程曲线

②下拉面板。

单击"曲线：从方程"操控面板中的"参考"、"属性"选项，系统打开下拉面板，如图 5.75 所示。下拉面板中的按钮功能介绍见表 5.12。

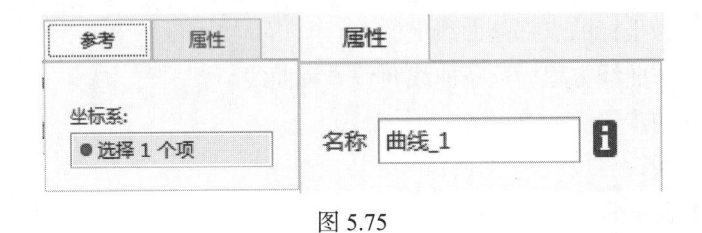

图 5.75

表 5.12

选 项	说 明
参考	选择方程曲线所参考的坐标系（常用 PTT_CSYS_DEF 默认坐标系）
属性	使用该下拉面板可以编辑特征名，并在 Creo 浏览器中打开特征信息

（4）方程曲线坐标系分为三种，即笛卡儿、柱坐标、球坐标，如图 5.76 所示。

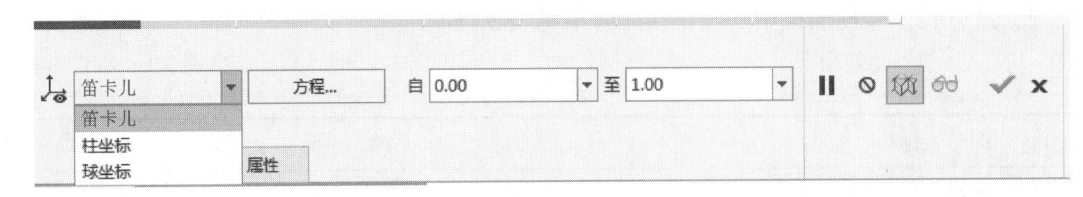

图 5.76

①笛卡儿坐标系如图 5.77 所示。

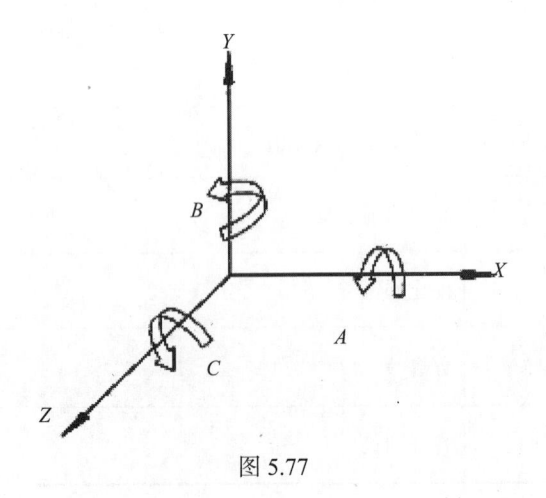

图 5.77

②笛卡儿坐标系参数如图 5.78 所示。

图 5.78

图 5.78 中，T 表示变化范围，在曲线方程选项卡中 0.00 至 1.00 设定。X、Y、Z 分别为三条轴上的值。方程中的 X、Y、Z 不能同时为常数，否则表示一个点。在平面中建立正弦方程曲线，如图 5.79 所示。

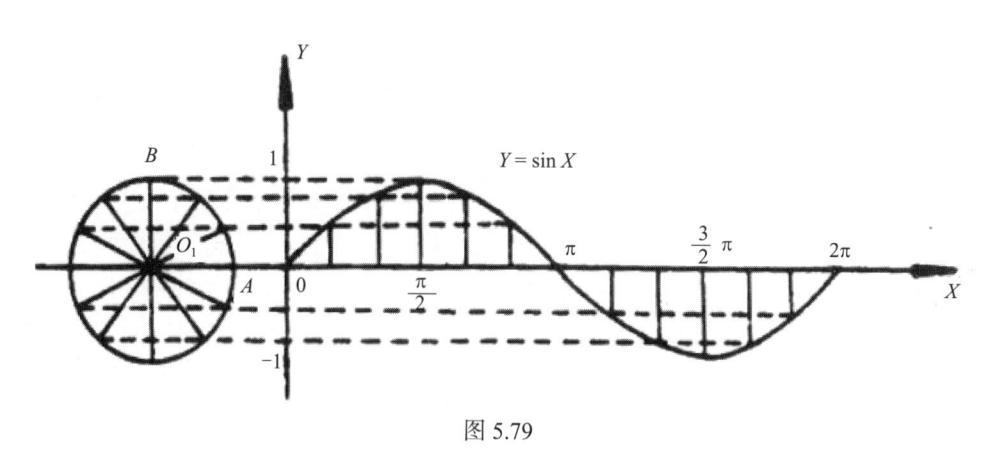

图 5.79

步骤 1：创建文档。

启动 Creo Parametric 5.0，单击文件菜单中的"新建"，系统弹出"新建"对话框，类型选择"零件"，子类型选择"实体"，在文件名中输入"线方程"，取消使用默认模板，单击"确定"按钮，在弹出的对话框中选择"mmns_part_solid"，单击"确定"按钮，进入 Creo Parametric 5.0 零件设计建模界面。

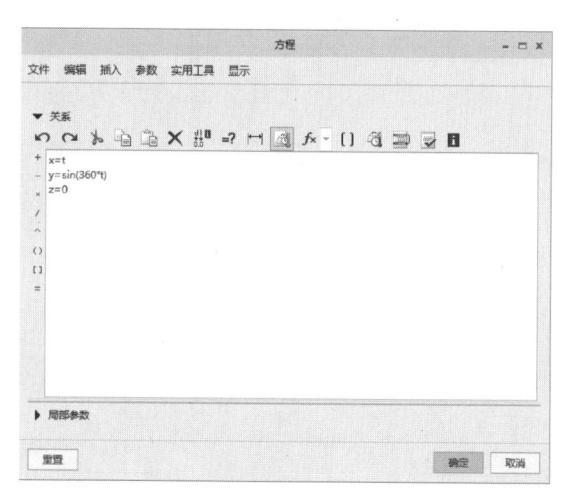

图 5.80

步骤 2：创建正弦方程曲线。

在功能区"模型"选项卡"基准"组工具栏中单击"基准"下拉菜单图标 基准▼，再单击"曲线"下拉菜单，在下拉菜单中单击"来自方程的曲线"，在打开的"曲线：从方程"操控面板中选择 笛卡儿 ，单击 参考 ，选择 PRT_CSYS_DEF。

在"曲线：从方程"操控面板中单击 方程... 按钮，弹出"方程"对话框，输入

x = t

y = sin（t*360）

z = 0

如图 5.80 所示。单击"确定"按钮。在"曲

线:从方程"操控面板中单击 ⊘ 图标,如图 5.81 所示。得到如图 5.82 所示正弦曲线。

方程曲线中 t 的变化将引起方程曲线周期的变化,如更改 自 0.00 至 5.00,则曲线将按 $t=0\sim5$ 变化,如图 5.83 所示。

至此成功地在笛卡儿坐标系中创建了一条正弦方程曲线。

③柱坐标系如图 5.84 所示。

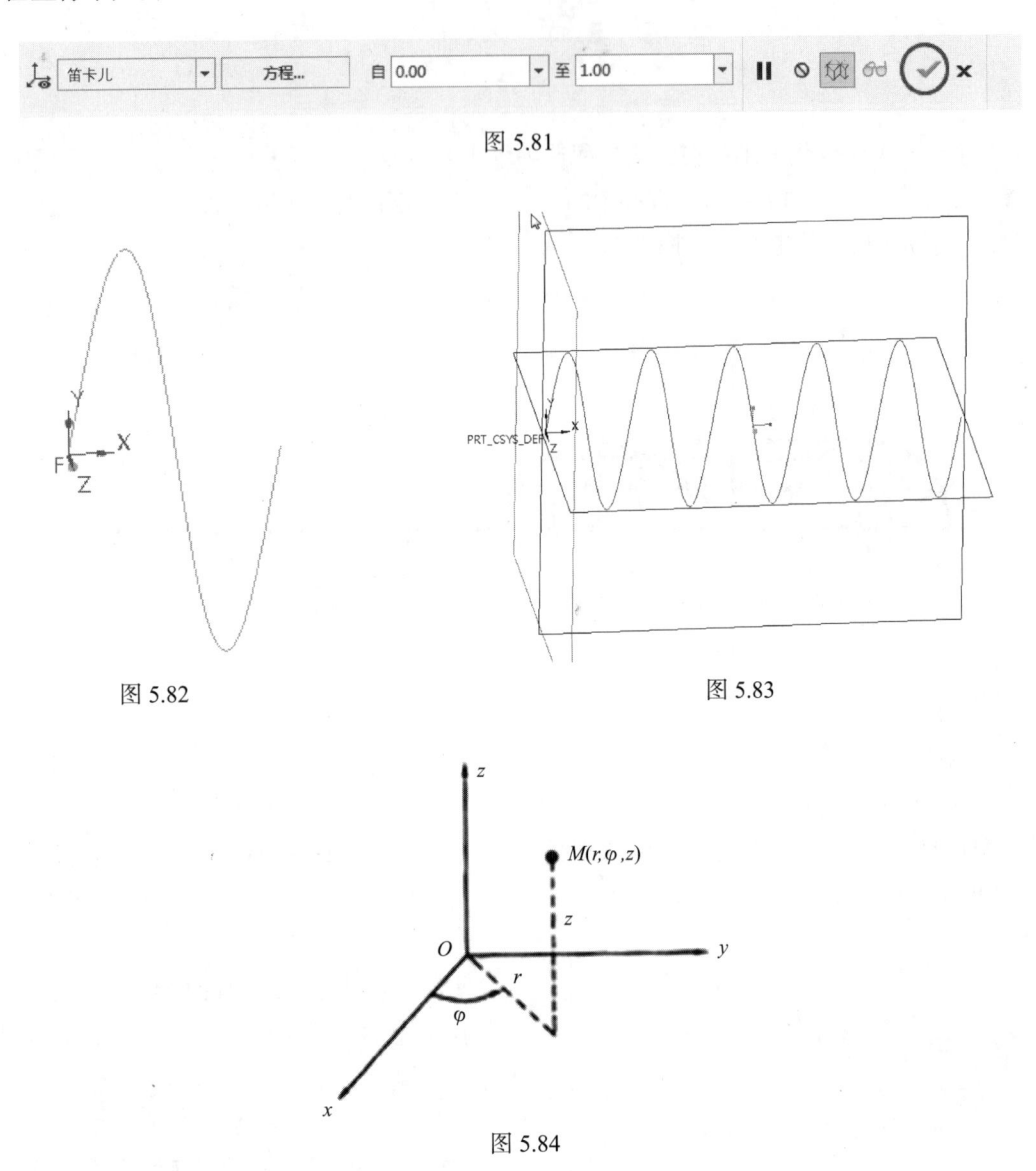

图 5.81

图 5.82

图 5.83

图 5.84

柱坐标系参数如图 5.85 所示。

名称	类型	值	访问	源	说明	受限制的	单位数量
T	实数	0.000000	🔒锁定	曲线方程		☐	
R	实数	0.000000	🔒锁定	曲线方程		☐	
THETA	实数	0.000000	🔒锁定	曲线方程		☐	
Z	实数	0.000000	🔒锁定	曲线方程		☐	

图 5.85

图 5.86

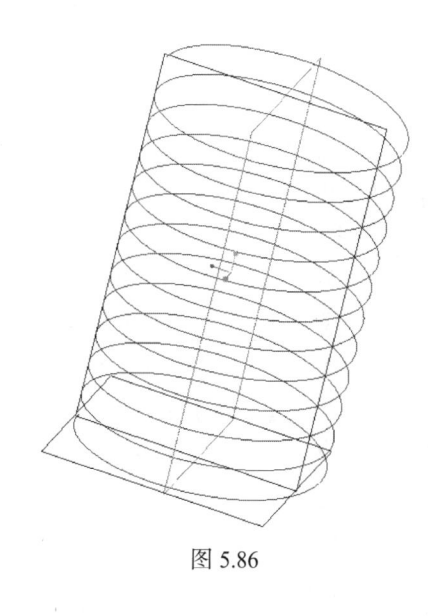

图 5.85 中，T 表示变化范围，由曲线方程选项卡中的 自 0.00 至 1.00 设定。

R 为从原点 O 到点 M 在平面 XOY 上的投影 M 间的距离，R∈[0，+∞]。

THETA 为从正 Z 轴看，自 X 轴按逆时针方向转到 OM 所转过的角，THETA∈[0，2π]。

Z 为圆柱高度。

在平面中建立螺旋弹簧曲线方程，如图 5.86 所示。

步骤 1：创建文件。

启动 Creo Parametric 5.0，单击文件菜单"新建"，系统弹出"新建"对话框，类型选择"零件"，子类型选择"实体"，在文件名中输入"螺旋弹簧曲线方程"，取消使用默认模板，单击"确定"按钮，在系统弹出的对话框中选择"mmns_part_solid"，单击"确定"按钮，进入 Creo Parametric 5.0 零件设计建模界面。

步骤 2：创建螺旋弹簧曲线方程。

在功能区"模型"选项卡"基准"组工具栏中单击"基准"下拉菜单图标 基准▼，再单击"曲线"下拉菜单，在下拉菜单中单击"来自方程的曲线"，打开"曲线：从方程"操控面板，选择 柱坐标，单击 参考，选择 PRT_CSYS_DEF。

在"曲线：从方程"操控面板中单击 方程…，在弹出的"方程"对话框中输入

r=4

theta=t*360*12

z=t*12

如图 5.87 所示，单击"确定"按钮。在"曲线：从方程"操控面板中单击✓图标，如图 5.88 所示，得到螺旋弹簧方程曲线，如图 5.89 所示。

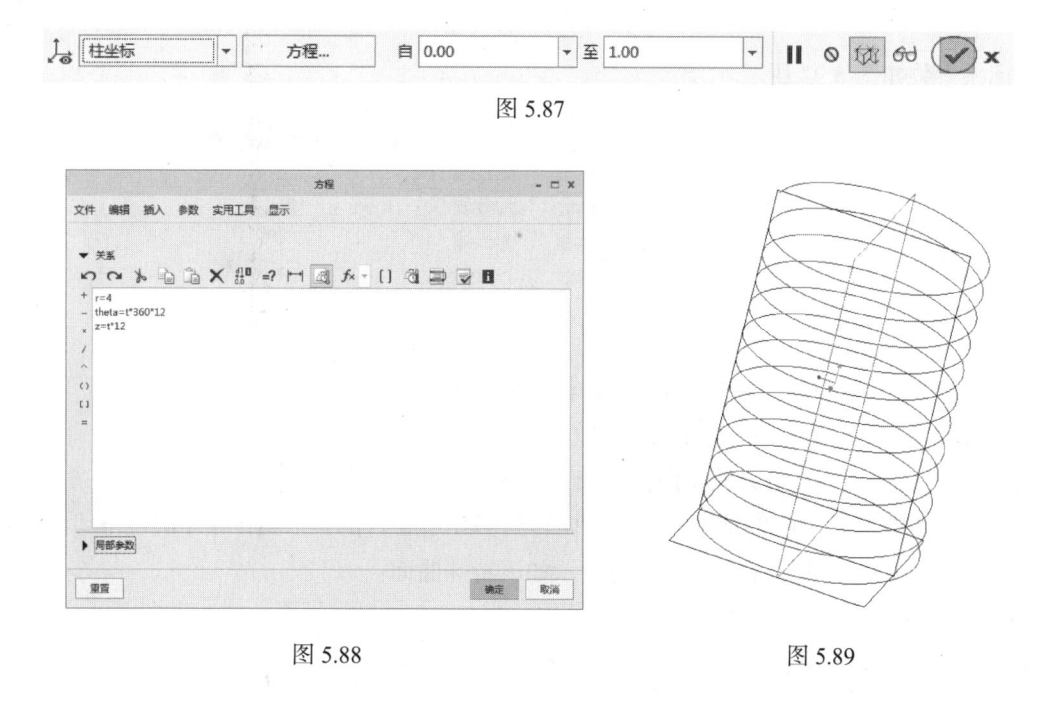

图 5.87

图 5.88   图 5.89

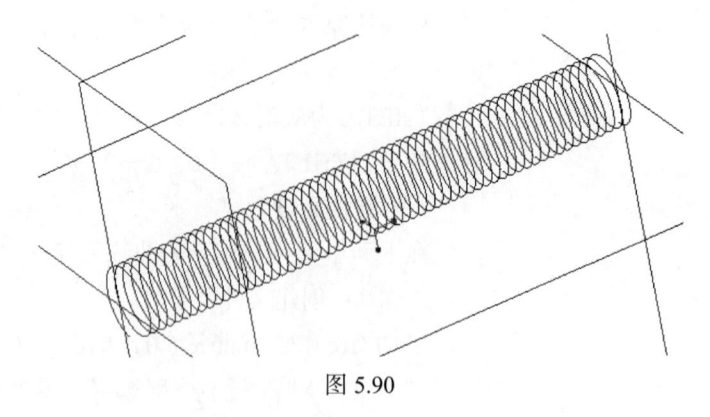

方程曲线中 t 的变化将引起方程曲线周期的变化，如更改 0.00 至 5.00，则曲线将按 $t=0\sim5$ 变化，如图 5.90 所示。

图 5.90

至此，成功地在柱坐标系中创建了一条螺旋弹簧曲线方程。

④球坐标系如图 5.91 所示。

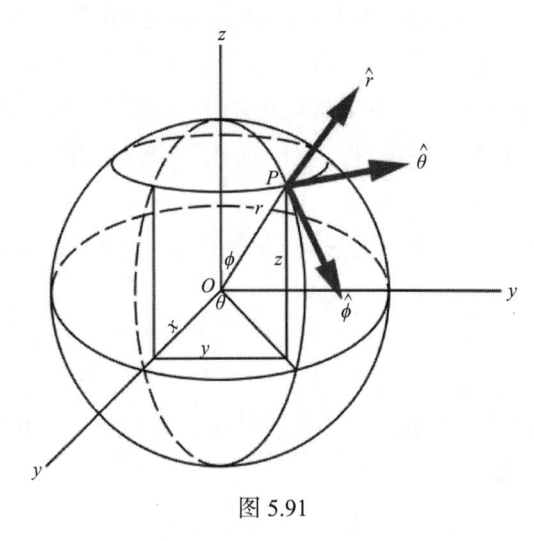

图 5.91

球坐标系参数如图 5.92 所示。

名称	类型	值	访问	源	说明	受限制的	单位数量
T	实数	0.000000	锁定	曲线方程		☐	
RHO	实数	0.000000	锁定	曲线方程		☐	
THETA	实数	0.000000	锁定	曲线方程		☐	
PHI	实数	0.000000	锁定	曲线方程		☐	

图 5.92

图 5.90 中，T 表示是变化范围，由曲线方程选项卡中的 0.00 至 1.00 设定。

RHO 为原点 O 到点 P 的距离，RHO $\in [0, +\infty]$。

THETA 为有向线段 OP 与 Z 轴正向的夹角，THETA $\in [0, \pi]$。

PHI 为从正 Z 轴来看，自 X 轴按逆时针方向转到 OM 所转过的角。PHI $\in [0, 2\pi]$。

方程中，r、θ、ϕ 分别为常数时，可以表示如下特殊曲面：

RHO = 常数，即以原点为中心的球面。

THETA = 常数，即以原点为顶点、Z 轴为旋转轴的圆锥面。

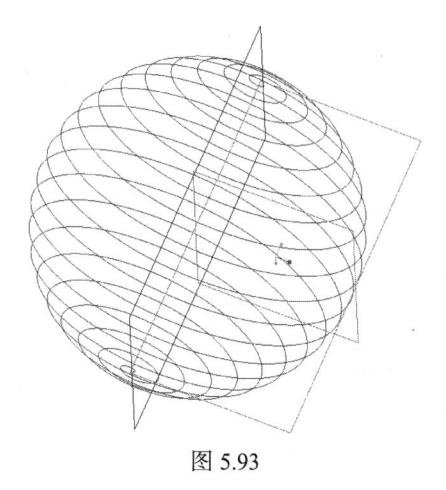

PHI= 常数，即过 Z 轴的半平面。

在平面中建立球方程曲线，如图 5.93 所示。

步骤 1：创建文件。

启动 Creo Parametric 5.0，单击文件菜单"新建"，系统弹出"新建"对话框，类型选择"零件"，子类型选择"实体"，在文件名中输入"球曲线方程"，取消使用默认模板，单击"确定"按钮，在系统弹出的对话框中选择"mmns_part_solid"，单击"确定"按钮后进入 Creo Parametric 5.0 零件设计建模界面。

步骤 2：创建球曲线方程。

在功能区"模型"选项卡"基准"组的工具栏中单击"基准"下拉菜单图标 基准▼，再单击"曲线"下拉菜单，在下拉菜单中单击"来自方程的曲线"，在打开的"曲线：从方程"操控面板中选择 球坐标 ，单击 参考 ，选择 PRT_CSYS_DEF。单击 方程... 按钮，弹出"方程"对话框，输入

rho = 4

theta =180*t

phi =t*360*20

图 5.93

如图 5.94 所示，单击"确定"按钮。在"曲线：从方程"操控面板中单击 ✓，如图 5.95 所示。

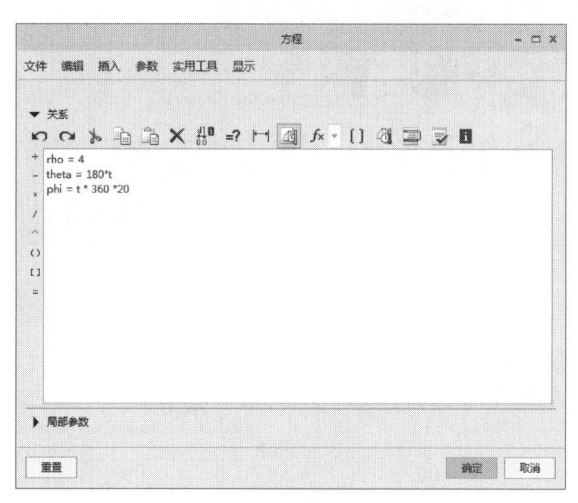

图 5.94

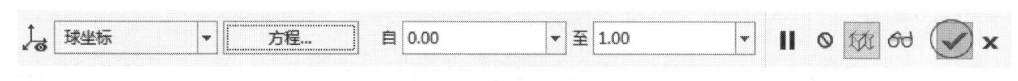

图 5.95

得到球曲线方程，如图 5.96 所示。

曲线方程中的数值改为

rho = 4

theta =180*t

phi =t*360*40

则得到在球体表面均匀分布的 40 条圆形曲线，如图 5.97 所示。

图 5.96　　　　　　　　　　　　　　图 5.97

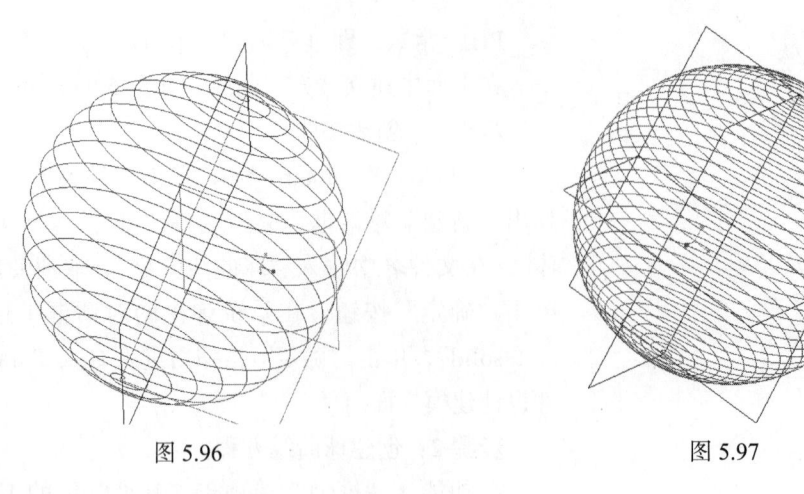

至此成功地在球坐标系中创建了球曲线方程。

2. Creo 5.0将切面混合到曲面

在功能区"模型"选项卡"曲面"组工具栏中，单击"曲面"下拉菜单图标 曲面▼，再单击"曲线"下拉菜单，在下拉菜单中单击"将切面混合到曲面"选项，系统弹出"曲面:相切曲面"对话框，同时还出现"一般选择方向"菜单管理器，如图 5.98 所示。

(a)　　　　　　　　　(b)

图 5.98

图 5.98（a）所示"基本选项"栏中的图标意义见表 5.13。

表 5.13

按　钮	说　明
	通过创建曲线驱动相切拔模
	使用超出拔模曲面的恒定拔模角度进行相切拔模
	在拔模曲面内部使用恒定拔模角度进行相切拔模
一般选择方向	选择曲面拔模的方向

单击"曲面：相切曲面"界面中的"参考"选项卡，如图 5.99（a）所示，弹出"链"菜单管理器，如图 5.99（b）所示。各项含义见表 5.14。

(a)　　　　　　　　　　　(b)

图 5.99

表 5.14

按　　钮	说　　明
拔模线选择	拔模曲线的选择
相切于	拔模曲面的选择
依次	一段一段地选择曲线或模型边线来组成线段（一定要依次选择）
相切链	选择相切的曲线来组成线段
曲线链	选择曲线组成线段
边界链	选择模型的边界组成线段
曲面链	选择曲面的边界组成线段
目的链	选择目的链组成线段

通过外部曲线与曲面相切的操作步骤如下：

（1）创建文件。

启动 Creo Parametric 5.0，单击文件菜单"新建"，系统弹出"新建"对话框，类型选择"零件"，子类型选择"实体"，在文件名中输入"切面混合到曲面"，取消使用默认模板，单击"确定"按钮，在弹出的对话框中选择"mmns_part_solid"，单击"确定"按钮，进入 Creo Parametric 5.0 零件设计建模界面。

（2）创建实体特征曲面。

根据图5.100利用"拉伸"命令，以TOP平面为基准，创建拉伸封闭曲面及一条曲线。

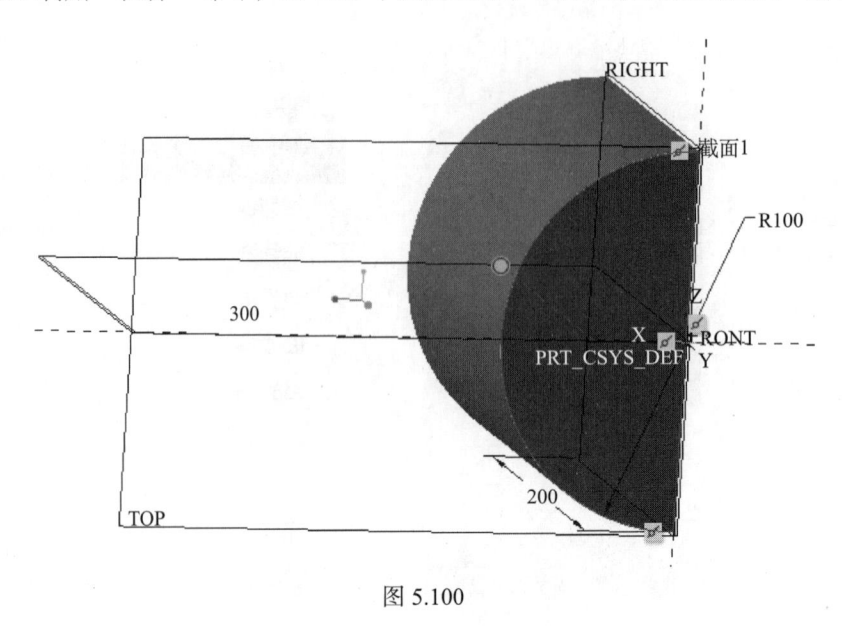

图5.100

（3）创建相切曲面。

步骤1：在功能区"模型"选项卡"曲面"组工具栏中，单击"曲面"下拉菜单图标 曲面▼ ，再单击"曲线"下拉菜单，在下拉菜单中单击"将切面混合到曲面"选项，系统弹出"曲面：相切曲面"对话框，同时还出现如图5.98（b）所示的"一般选择方向"菜单管理器。

步骤2：在"模型树"中，单击 ☐ FRON 选择基准平面，并使出现的箭头如图5.101所示。（注：基准平面要选择与曲面垂直的平面。）

步骤3：系统弹出如图5.102所示的"方向"菜单管理器，选择 确定 。

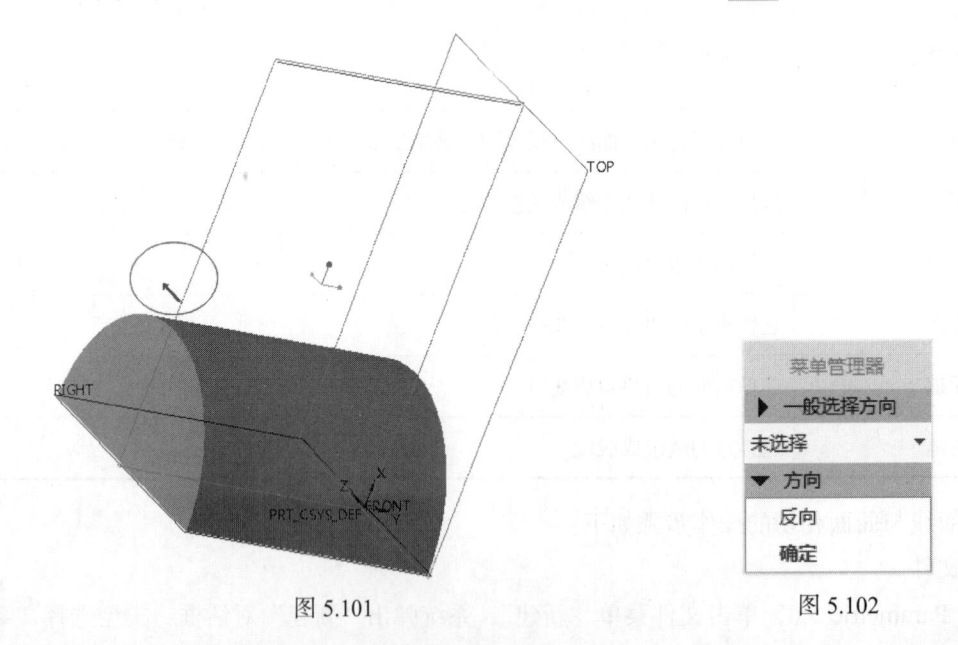

图5.101　　图5.102

步骤4：在"曲面：相切曲面"对话框的"方向"选项中，勾选 ⦿ 单侧 选项，如图5.103所示。

步骤5：单击"曲面：相切曲面"对话框中的"参考"选项卡，系统弹出如图5.104所示的对话框。

图 5.103　　　　　　　　　　　　(a)　　　　　　　(b)
　　　　　　　　　　　　　　　　　　图 5.104

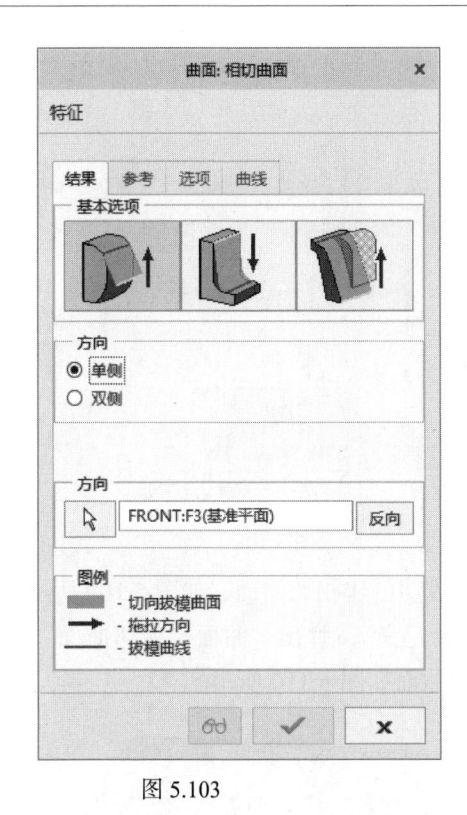

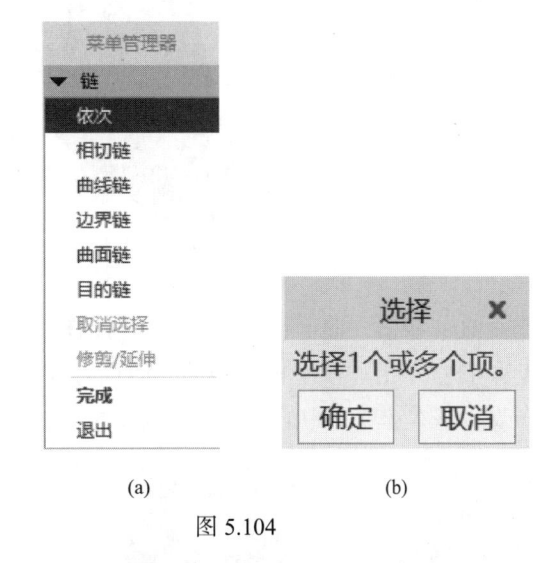

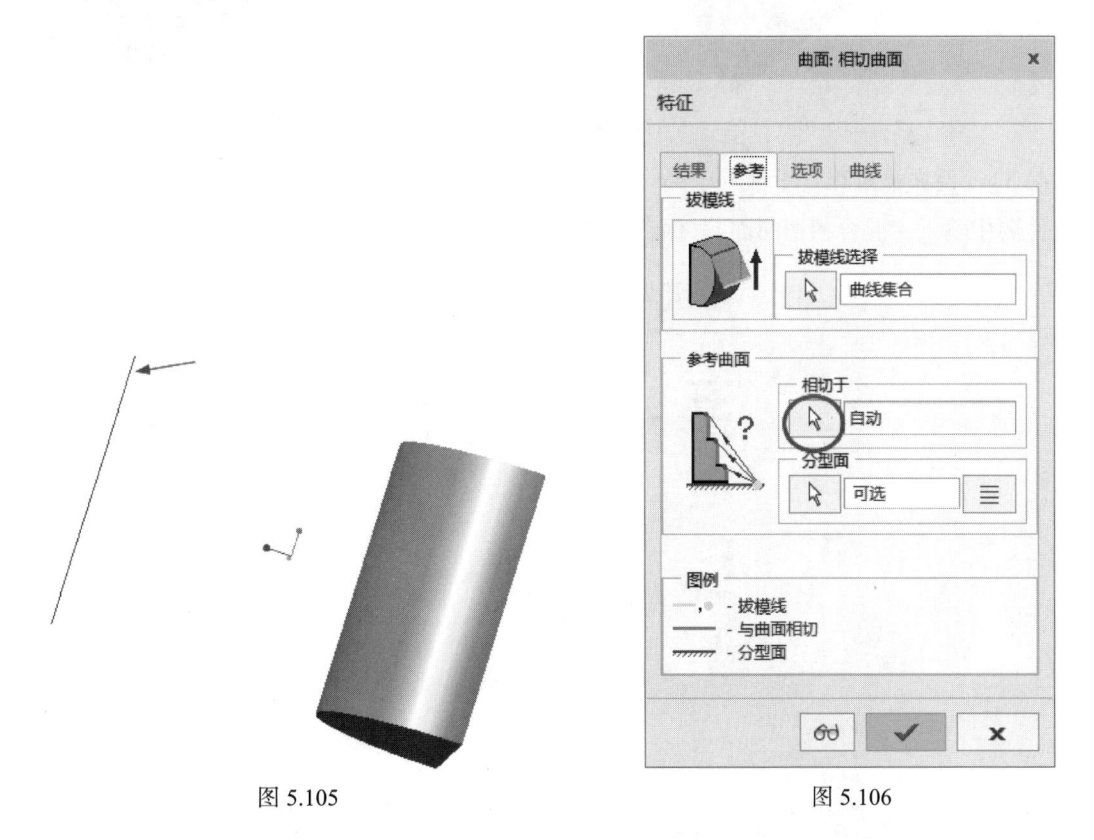

步骤 6：选择图 5.105 中的曲线后，单击"链"菜单管理器中的 完成 选项。
步骤 7：单击"曲面：相切曲面"对话框中"参考曲面"栏上的 ▶ ，如图 5.106 所示。

图 5.105　　　　　　　　　　　　　　　　　　图 5.106

步骤 8：系统弹出"选择"对话框，在模型中单击其中的曲面，如图 5.107 所示。
步骤 9：在"选择"对话框中单击"确定"按钮，如图 5.108 所示，完成曲面和曲线的选择。

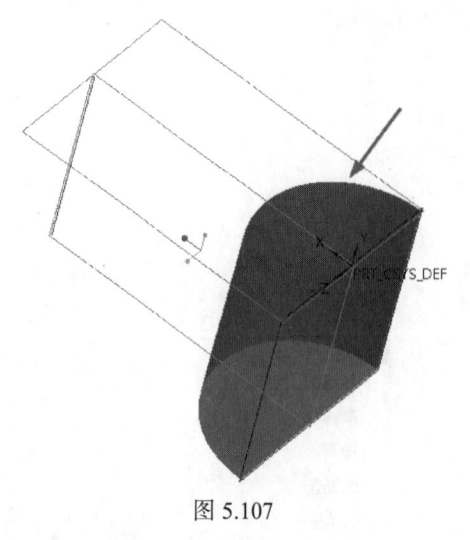

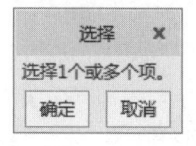

图 5.107　　　　　　　　　　　　　　　图 5.108

步骤 10：单击"曲面：相切曲面"对话框中的 ✓ 按钮，成功创建相切曲面，如图 5.109 所示。

步骤 11：单击"模型树"中的"曲面标识"，选择"编辑定义"，弹出"曲面：相切曲面"对话框，修改"基本选项"中的"方向"为 ◉ 双侧，得到双侧相切曲面如图 5.110 所示。

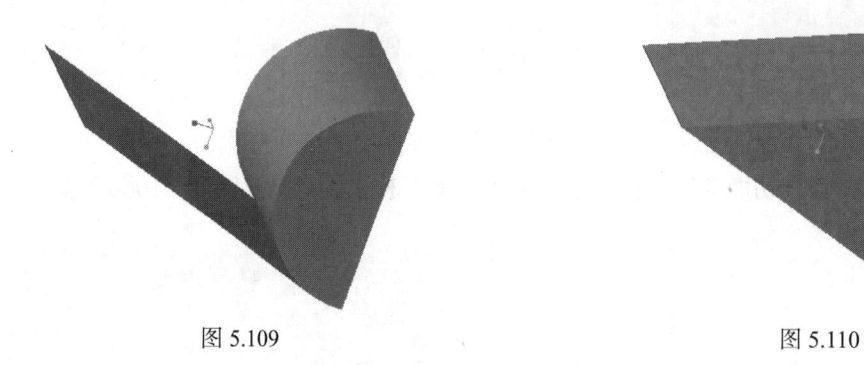

图 5.109　　　　　　　　　　　　　　　图 5.110

步骤 12：选择菜单栏"文件"中的"另存为"选项，弹出图 5.111 所示的"保存副本"对话框，在新文件名中输入"混合相切曲面"，保存当前模型文件。

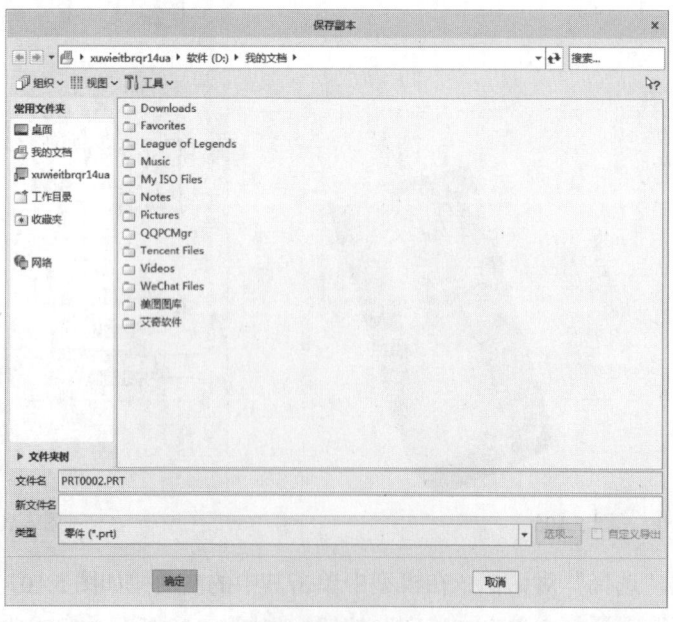

图 5.111

【任务实施】

1. 创建灯罩模型

创建灯罩零件图,如图 5.112 所示,该零件模型的建立采用方程曲线、将切面混合到曲面、继承零件等,创建模型的步骤见表 5.15。

图 5.112

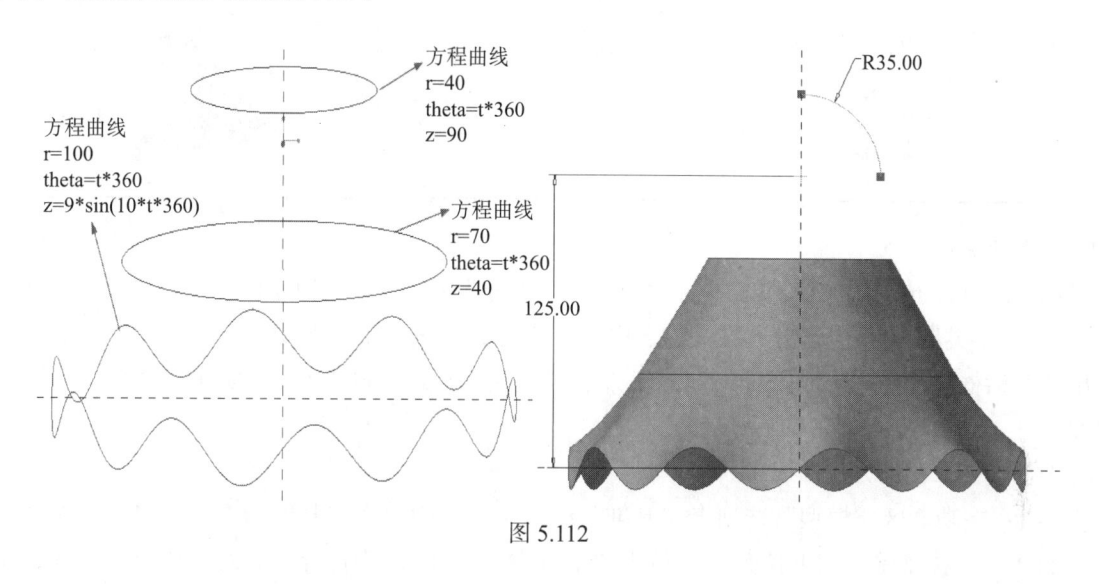

表 5.15

步 骤	创 建 内 容	模 型
1	新建文档	—
2	创建灯罩裙部方程曲线 1	
3	创建灯罩裙部方程曲线 2	
4	创建灯罩裙部方程曲线 3	
5	创建灯罩裙部曲面特征	

续表

步 骤	创 建 内 容	模 型
6	创建灯罩顶部旋转曲面特征	
7	创建灯罩中部将切面混合到曲面特征	
8	保存模型	

（1）新建文档。

启动 Creo Parametric 5.0，单击文件菜单中的"新建"选项，系统弹出"新建"对话框，类型选择"零件"，子类型选择"实体"，在文件名中输入"灯罩"，取消使用默认模板，单击"确定"按钮，在弹出的对话框中选择"mmns_part_solid"，单击"确定"按钮，进入 Creo Parametric 5.0 零件设计建模界面。

（2）创建灯罩裙部方程曲线 1。

步骤 1：在功能区"模型"选项卡"基准"组的工具栏中单击"基准"下拉菜单图标 基准▼，再单击"曲线"下拉菜单，在下拉菜单中单击"来自方程的曲线"，打开"曲线：从方程"操控面板，选择 柱坐标 ▼，如图 5.113 所示，单击 参考 ，如图 5.114 所示，选择 PRT_CSYS_DEF。

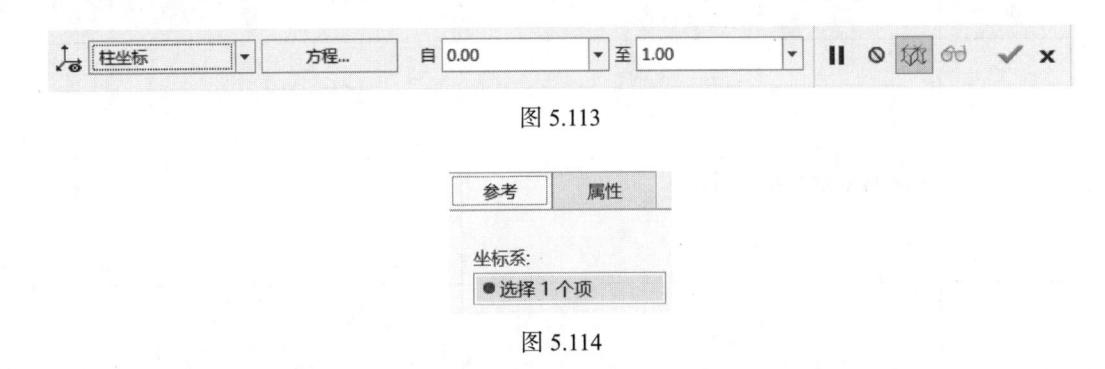

图 5.113

图 5.114

步骤：2：在"曲线：从方程"操控面板中单击 方程... ，在弹出的"方程"对话框中输入

r=100

theta=t*360

z=9*sin（10*t*360）

参数方程的含义见表 5.16。

表 5.16

方程式	参数 1	参数 2	参数 3
r=100	r 为曲线方程半径		
theta=t*360	theta 为曲线旋转角度	t 为变化量	360 表示旋转 360 度
z=9*sin（10*t*360）	9 为 z 轴变化高度	10 为旋转 360 度的周期变化数	360 表示变化范围为 360 度

单击"确定"按钮,再在"曲线:从方程"操控面板中单击✓按钮。

得到裙部方程曲线,如图 5.115 所示。

(3)创建灯罩裙部曲线方程 2。

重复执行"来自方程的曲线"命令,在"方程"对话框中输入

r=70

theat=t*360

z=40

单击"确定"按钮,再单击"曲线:从方程"操控面板中的✓按钮,得到裙部方程曲线 2,如图 5.116 所示。

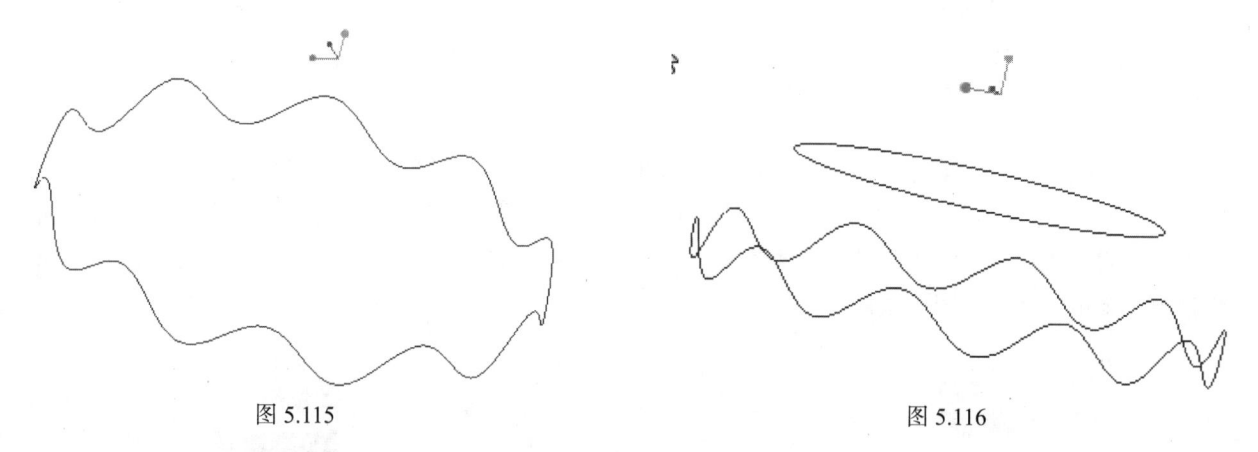

图 5.115

图 5.116

(4)创建灯罩裙部曲线方程 3。

重复执行"来自方程的曲线"命令,在"方程"对话框中输入

r=40

theat=t*360

z=90

单击"确定"按钮,再在"曲线:从方程"操控面板中单击✓按钮,得到裙部曲线方程 3,如图 5.117 所示。

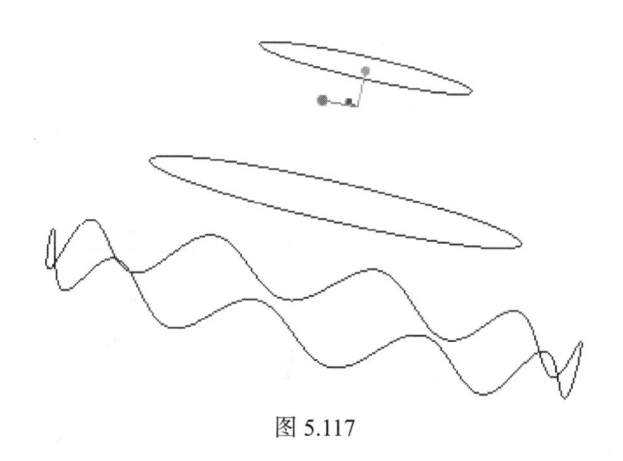

图 5.117

(5)创建灯罩裙部曲面特征。

步骤 1:单击"搜索"命令输入"继承",下方弹出"不在功能区中的命令"下拉菜单,如图 5.118 所示,单击"继承"按钮,弹出"继承零件"菜单管理器。

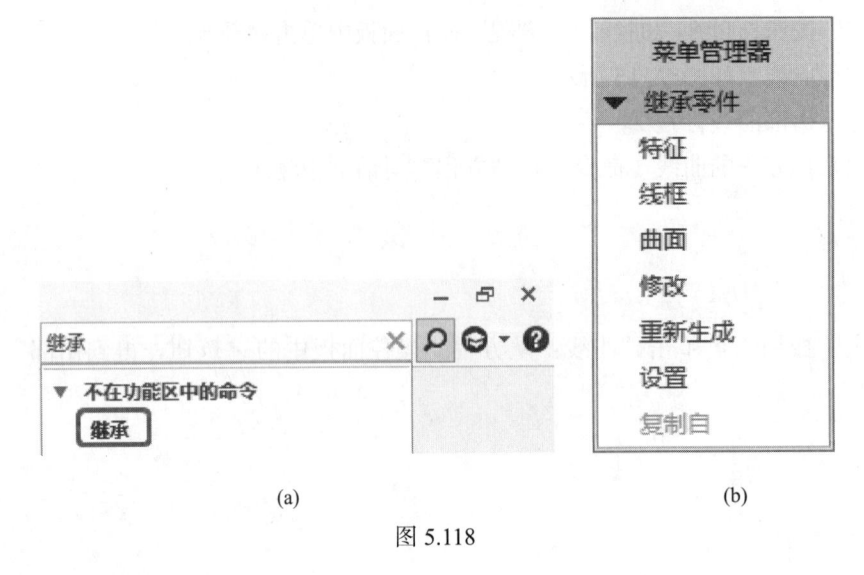

(a)　　　　　　　　　　　　　　　　(b)

图 5.118

步骤 2：在"继承零件"菜单管理器中依次选择"曲面"→"新建"→"高级"→"完成"→"边界"→"完成"选项，系统弹出"边界选项"菜单管理器，如图 5.119 所示。依次选择"圆锥曲面"→"肩曲线"→"完成"选项，系统弹出"曲面：圆锥，肩曲线"对话框，如图 5.120 所示，"曲线选项"菜单管理器如图 5.121 所示。

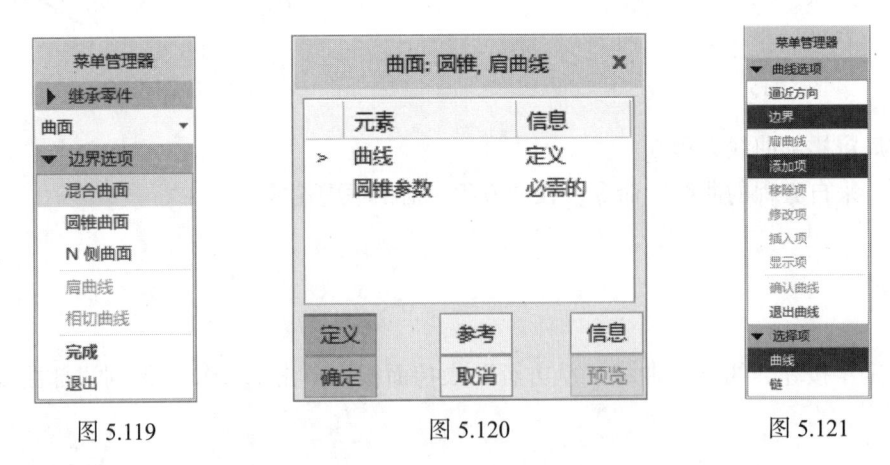

图 5.119　　　　　　图 5.120　　　　　　图 5.121

步骤 3：选择如图 5.122 所示的两条曲线作为边界，再选择"肩曲线"选项，选择如图 5.123 所示的曲线作为肩曲线。

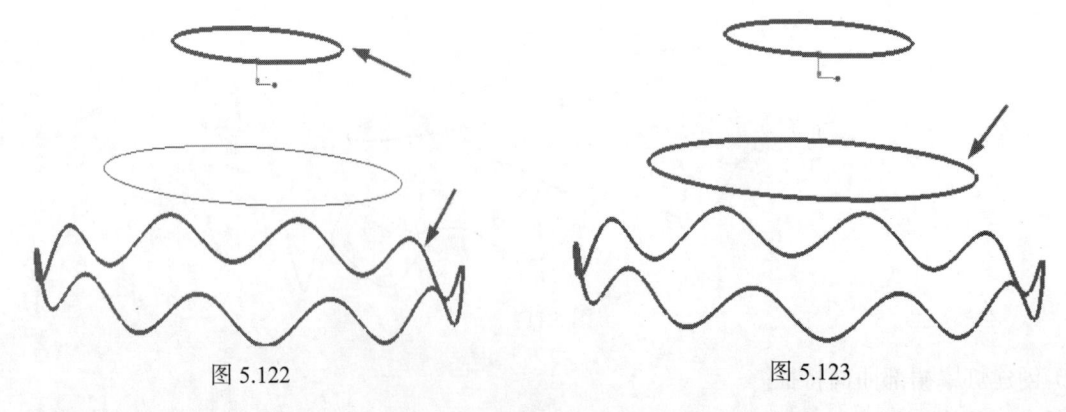

图 5.122　　　　　　　　　　　　图 5.123

在"曲线选项"菜单管理器中选择"确认曲线"选项，如图 5.124 所示。系统弹出"曲面：圆锥，肩曲线"对话框，如图 5.125 所示。

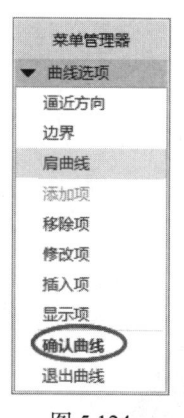

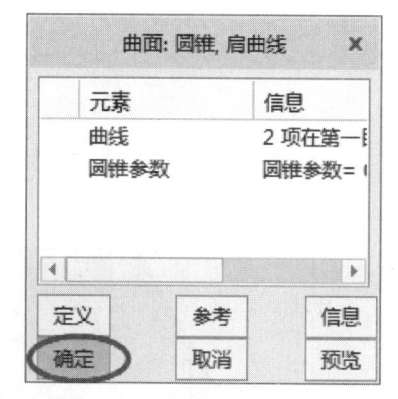

图 5.124　　　　　　　　图 5.125

步骤 4：选择默认值 0.5000，单击 ✔ 按钮，如图 5.126 所示，再单击"曲面：圆锥，肩曲线"对话框中的"确定"按钮，系统生成灯罩裙部曲面特征，如图 5.127 所示。

图 5.126

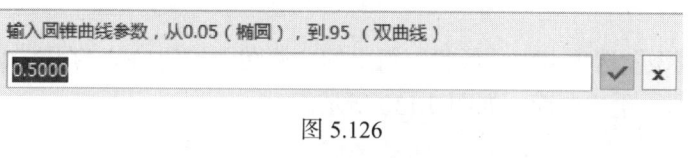

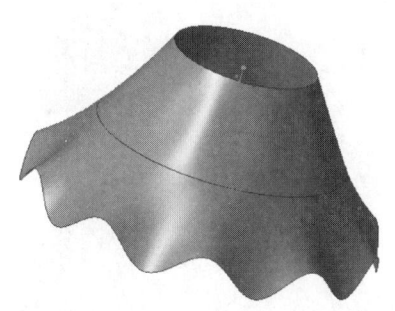

图 5.127

小提示：再次单击"搜索"命令，输入"继承"，下方弹出"不在功能区中的命令"下拉菜单，单击"继承"命令，可以取消"继承零件"菜单管理器命令。

（6）创建灯罩顶部旋转曲面特征。

步骤 1：在"模型树"中单击"RIGHT"基准面，选择"草绘"按钮 进入草绘界面，如图 5.128 所示。单击视图控制工具栏中的"草绘视图"按钮 或单击"设置"组中的"草绘视图"按钮 ，使草绘平面调整到用户正视视角。

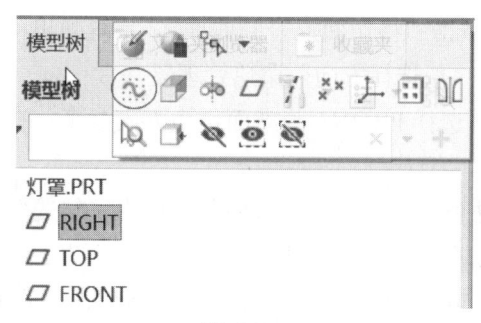

图 5.128

步骤 2：绘制如图 5.129 所示的半圆弧与中心线。

图 5.129

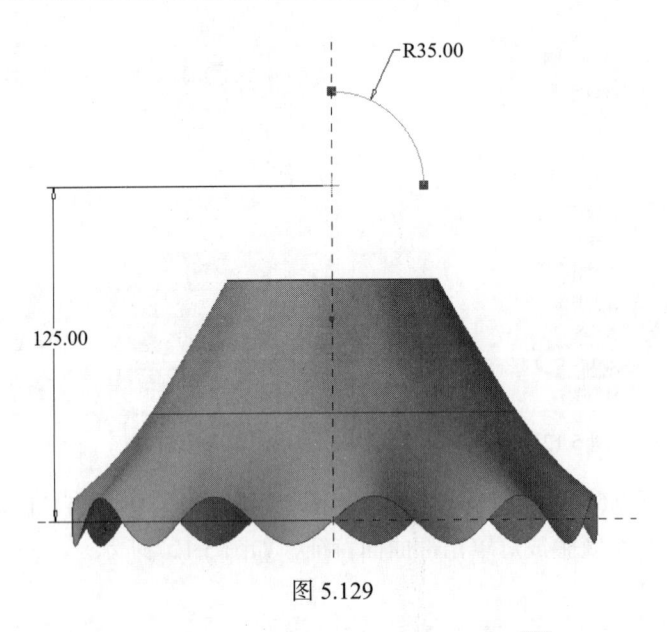

步骤 3：单击"模型"选项卡中"形状"组上的"旋转"按钮，打开"旋转"操控面板。选择默认选项，单击✓按钮，生成曲面，如图 5.130 所示。

图 5.130

（7）创建灯罩中部（将切面混合到曲面特征）。

步骤 1：单击"模型"选项卡"曲面"组工具栏中的"曲面"下拉菜单图标 曲面▼，再单击"曲线"下拉菜单，在下拉菜单中单击"将切面混合到曲面"，系统弹出"曲面：相切曲面"对话框，同时出现如图 5.98（b）所示的"一般选择方向"菜单管理器。

步骤 2：在"模型树"中，选择 FRONT 基准面作为方向参考，在弹出的"方向"菜单管理器中选择"确定"选项。

步骤 3：在"曲面：相切曲面"对话框的"方向"选项中，勾选 ⊙ 单侧。

步骤 4：单击"曲面：相切曲面"对话框中的"参考"选项卡，系统弹出"链"菜单管理器，如图 5.99 所示。选择"链"菜单管理器中的"相切链"选项后，再选择如图 5.131 所示的曲线，单击"完成"后，再单击"曲面：相切曲面"对话框中"参考曲面"栏中的，按住 Ctrl 键，选择如图 5.132 所示的两个曲面后，单击"选择"选项卡中的"确定"按钮，如图 5.133 所示。

图 5.131　　　　　　　　　图 5.132　　　　　　图 5.133

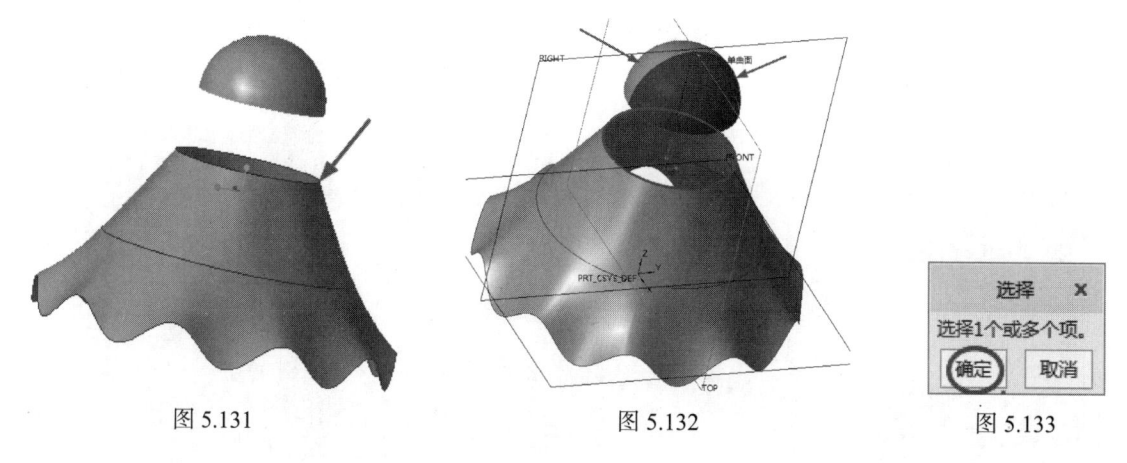

步骤 5：单击"曲面：相切曲面"对话框中的✓按钮，生成灯罩中部，实现将切面混合到曲面特征，如图 5.134 所示。

图 5.134

（8）保存模型。

选择菜单栏"文件"中的"另存为"选项，弹出"保存副本"对话框，在新建名中输入"灯罩"，保存当前模型文件。

2. 灯罩模型打印

（1）将模型导出为快速成型 *.stl 文件。

（2）切片处理，将灯罩模型文件加载到 Modellight 3D 打印系统，如图 5.135 所示。参考任务 3.1 中"3. 方块变形机器人模型打印"的具体操作步骤，对加载的灯罩进行合理放置，并设置好各项打印参数。

（3）参考任务 3.1 "3. 方块变形机器人模型打印"，在 Modellight 3D 打印系统中导出切片数据，生成机器码保存 *.gcode 文档。将 *.gcode 文件复制到 SD 卡，然后把 SD 卡插入相应机器即可实现脱机打印。

3. 灯罩模型打印后处理

（1）取出模型。打印完毕后，将打印平台降至零位，使用撬棒或铲子等工具将模型底部与平台底板分离，取出模型，注意不要损坏模型比较薄弱的地方。

（2）去除支撑。使用刀片、斜口剪、尖嘴钳等工具，将模型在打印过程中生成的支撑去除。

（3）打磨模型。使用砂纸、锉刀等工具，对模型进行必要的打磨及清洁，效果如图 5.136 所示。

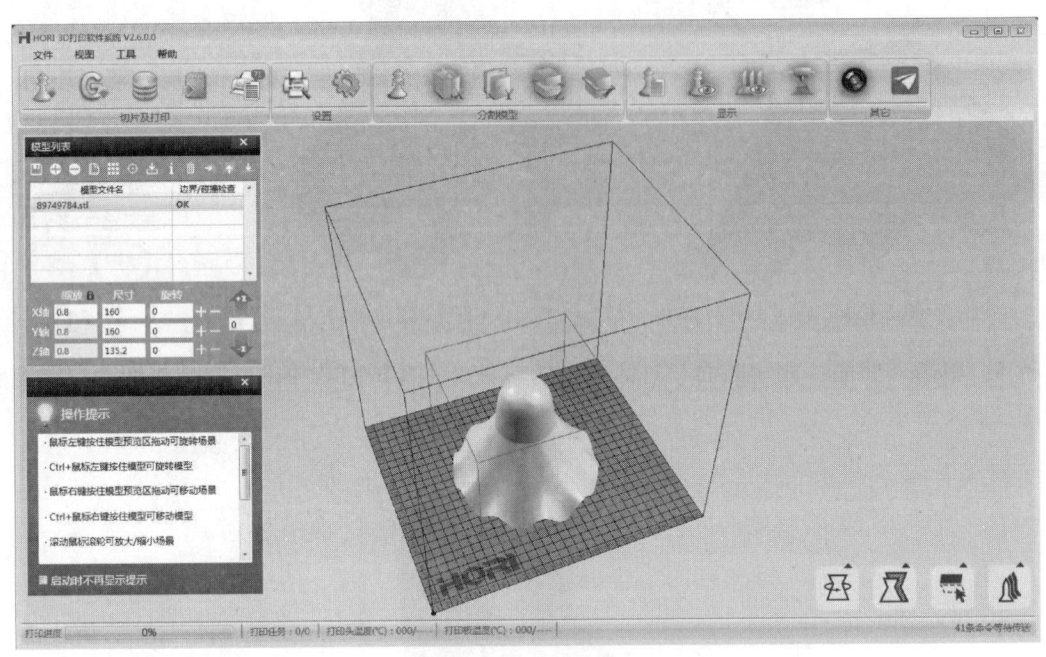

图 5.135

图 5.136

项目 6　Creo 5.0 工程图创建

任务　创建轴承座工程图

【任务引入】

Creo Parametric 5.0 不仅能够直接创建零件实体，还可以将其转换为二维平面图，即工程图。在 Creo Parametric 5.0 中，绘制工程图是在一个专用模块中进行的。本任务要求将已完成建模的轴承座模型使用软件的工程图模块生成其工程图，工程图中包含一组完成的视图、尺寸标注、技术要求，以及注释和标题栏等。

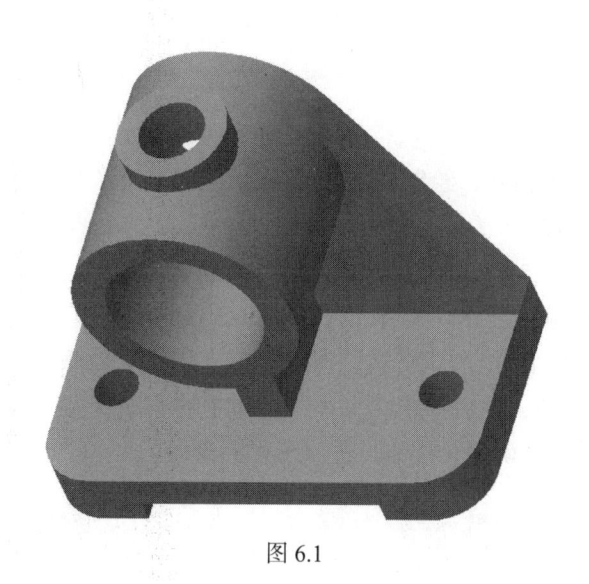

图 6.1

【任务分析】

本任务学习如何使用工程图模块生成模型的工程图，以及学习工程图模块中常用的操作。工程图主要用来显示零件的投影视图、尺寸、形位公差等信息，还可以表达装配各元件之间的位置关系和组装顺序等。另外，Creo Parametric 5.0 的工程图模块还支持多个页面，允许定制带有草绘几何体的工程图、定制工程图格式并修改工程图的多个修饰，还可以利用相关接口命令，将工程图输出到其他系统，或将文件从其他系统输入到工程图模块中。本任务需要先从图纸格式的设置、绘制开始，完成创建工程图的基本设置，如图 6.2 所示，然后创建工程图内普通视图（基本视图）、投影视图、剖视图、局部剖视图，并且进行尺寸标注及完成技术要求注释、标题栏的填写，最后创建完成轴承座工程图。

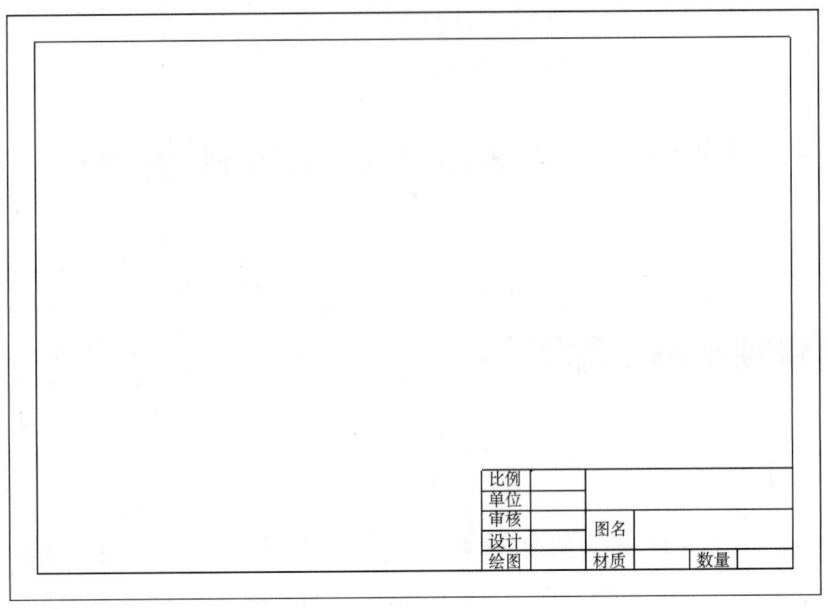

图 6.2

【任务实施】

1. 图纸的绘制

首先要确定工程图图纸的格式，绘制 Creo Parametric 5.0 工程图时可以引用已经制作好的图纸格式，也可以自己绘制图纸格式。

（1）启动 Creo Parametric 5.0，单击工具栏中的"新建"按钮，弹出"新建"对话框，在"类型"中选择"格式"选项，输入名称"A4-frm"，如图 6.3 所示。

（2）单击"确定"按钮，弹出"新格式"对话框，在"指定模板"中选择"空"选项，在"方向"区域中单击"横向"按钮，然后单击"大小"选项中的"标准大小"，在下拉选项中选择 A4 尺寸图纸，如图 6.4 所示。单击"确定"按钮，进入工程图界面。

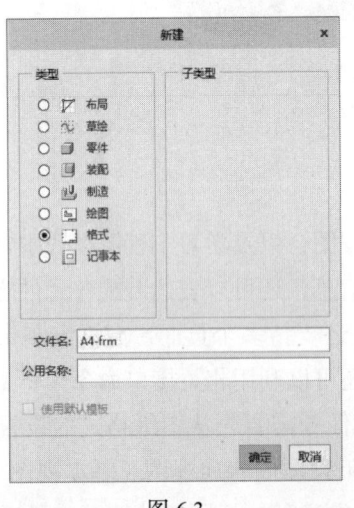

图 6.3　　　　　图 6.4

（3）制作图纸边框。单击工具栏中的"草绘"按钮，然后单击"编辑"按钮，在下拉列表中选择"平移并复制"按钮，弹出如图 6.5 所示的"选择"对话框，再单击绘图区已有线框的上边的水平线及对话框中的"确定"按钮，系统弹出如图 6.5 所示的"选择"对话框和如图 6.6 所示的"菜单管理器"对话框。单击"菜单管理器"中的"竖直"选项，然后在输入框中输入 -10，单击"确定"按钮✓，输入复制数 1，再单击"确定"按钮✓。

（4）同理可以对图纸线框中的其他三边进行"平移并复制"操作，左边的竖直线水平移动距离为 10，右边的竖直线水平移动距离为 -10，下边的水平线平移距离为 10，所得图形如图 6.7 所示。

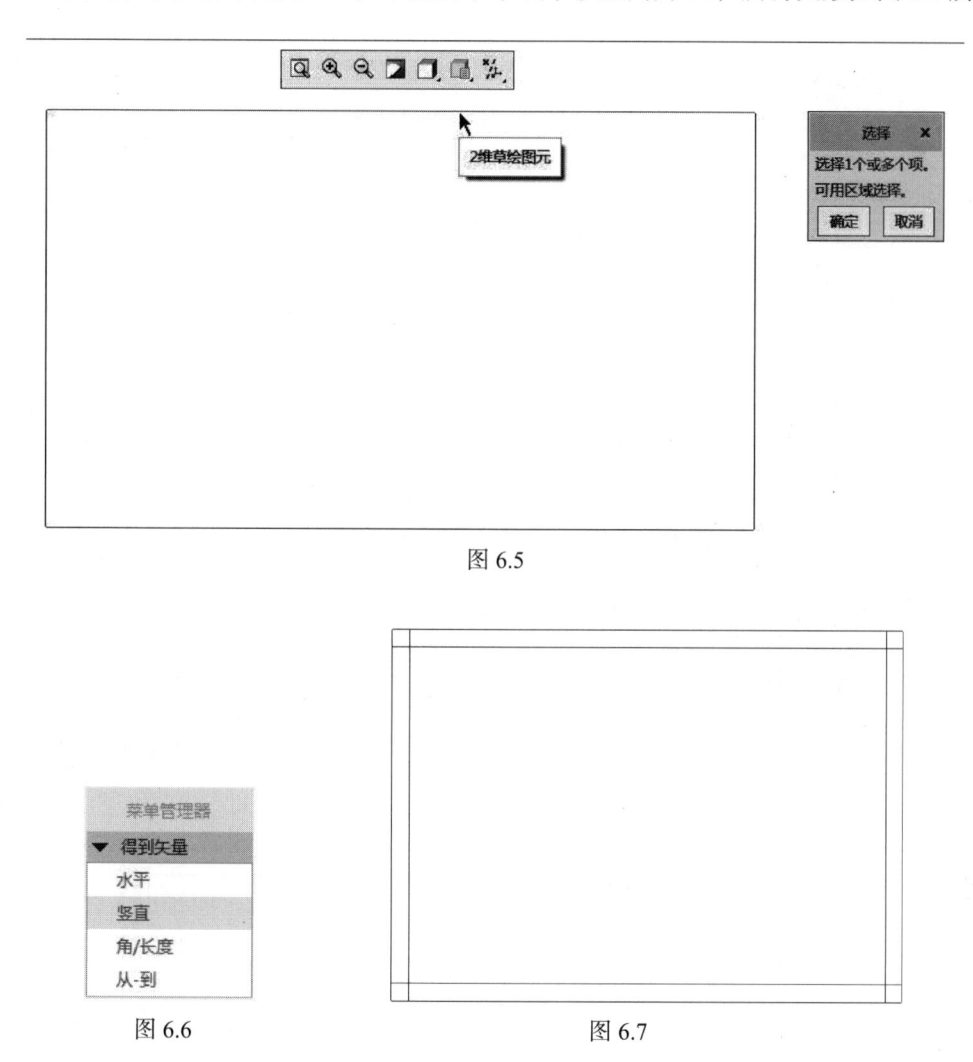

图 6.5

图 6.6   图 6.7

（5）修剪边框。单击工具栏中的"拐角"按钮，然后按住 Ctrl 键分别单击如图 6.8 所示两条邻边需要保留的部分直线。同理，线框其他三个拐角的修剪方法与第一个拐角的修剪方法一样，修剪得到的图形如图 6.9 所示。

图 6.8   图 6.9

（6）制作标题栏表格。单击"表"选项卡，在显示的"表"选项卡中单击"表"按钮，在弹出的下拉列表中单击"插入表"按钮，如图 6.10 所示，弹出"插入表"对话框，单击"向左上方向"按钮，然后在"列数"中输入 6，"行数"中输入 5，取消勾选"自动高度调节"复选框，在"高度（字符数）"中输入 30，在"宽度（字符值）"中输入 150，如图 6.11 所示。单击"确定"按钮，然后在边框右下角的顶点处单击鼠标左键，使表格右下角的顶点与边框右下角的顶点重合，如图 6.12 所示。

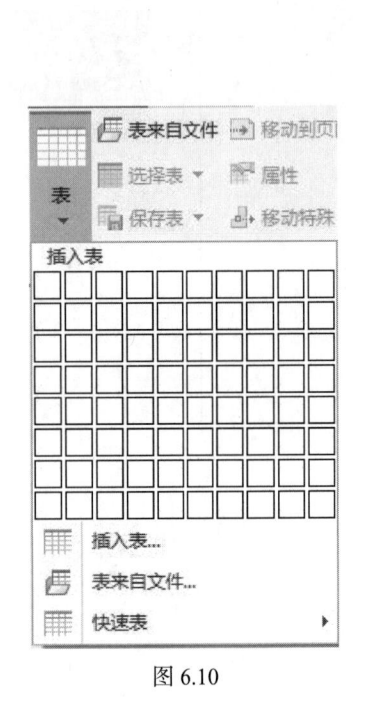

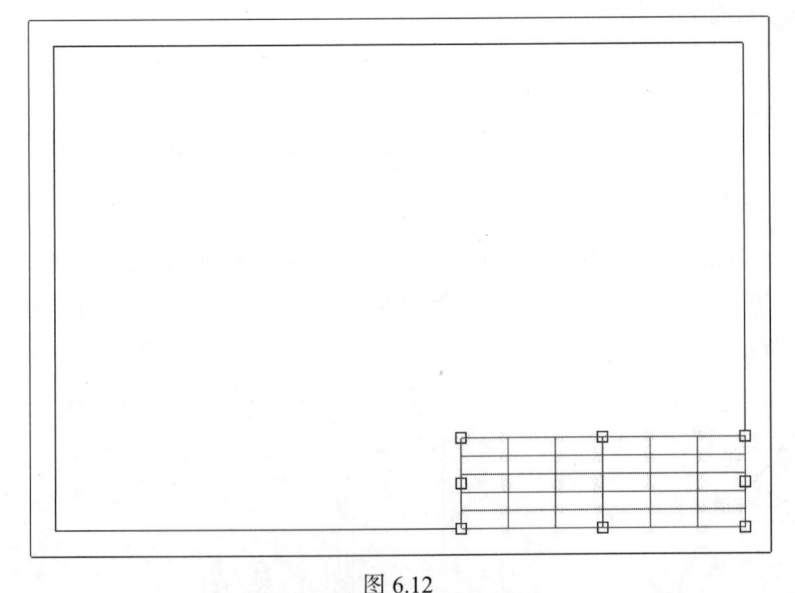

图 6.10　　　　　　　　　　图 6.11

图 6.12

（7）调整表格宽度。按住 Ctrl 键与鼠标左键，框选图中左边第一列，然后右击鼠标，在弹出的下拉列表中单击"宽度"命令，如图 6.13 所示，弹出"高度和宽度"对话框，在"宽度（字符）"中输入 140，如图 6.14 所示，单击"确定"按钮，此时第一列的宽度变小。

（8）同理，调整第二列的宽度为160，调整第三列的宽度为140，调整第四列的宽度为160，调整第五列的宽度为140，调整第六列的宽度为160，所得表格如图6.15所示。

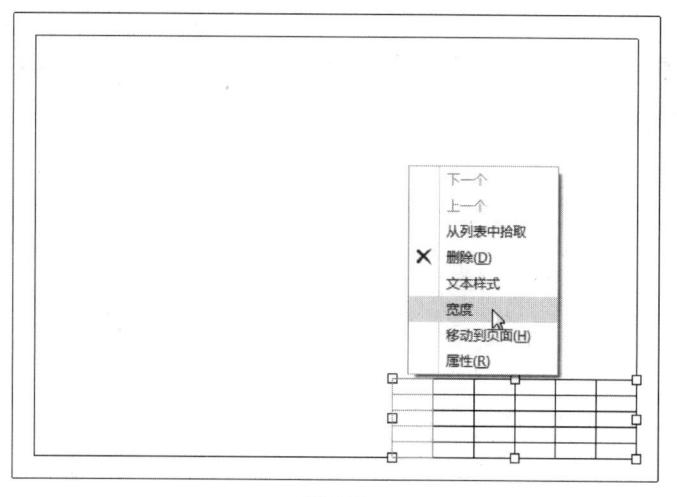

图6.13

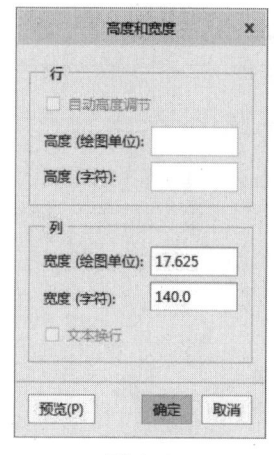

图6.14

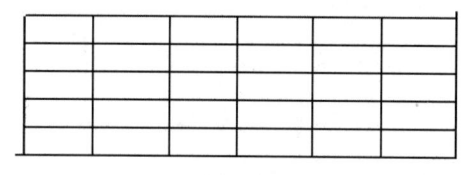

图6.15

（9）合并单元格。按住Ctrl键与鼠标左键，框选如图6.16所示的区域，单击工具栏中的"合并单元格"按钮，此时表格如图6.17所示。

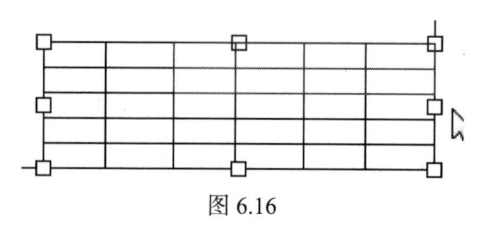

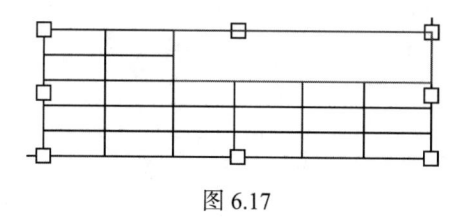

图6.16

图6.17

（10）同理，可对其他区域单元格进行合并，最终所得标题栏表格如图6.18所示。

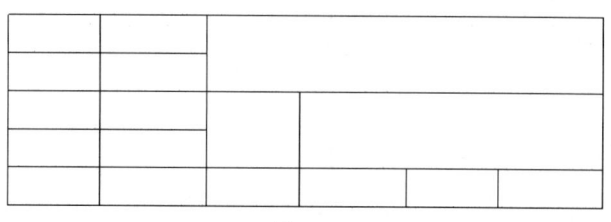

图6.18

（11）填写标题栏。在标题栏中双击要填写内容左上角的第一个单元格，弹出如图 6.19 所示的"格式"操控面板，在该单元格内输入框中输入比例。单击操控面板"样式"下拉列表中的"管理文本样式"，再单击"文本样式"按钮，如图 6.20 ①、②所示，弹出如图 6.21 所示的"文本样式"对话框。把"高度"改为 5，单击"注解/尺寸"区域中"水平"右侧的下拉按钮，选择"中心"命令，再单击"竖直"右侧的下拉按钮，选择"中间"命令，最后单击"确定"按钮，完成第一个单元格文本内容的填写，如图 6.22 所示。

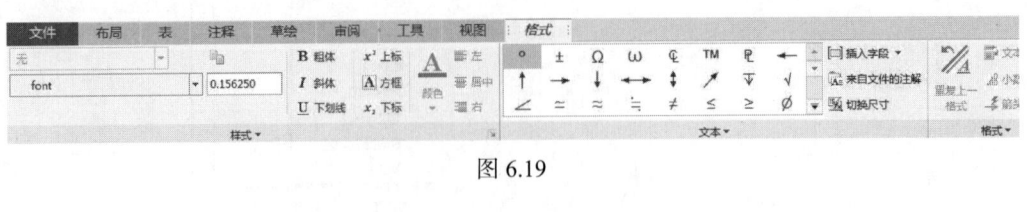

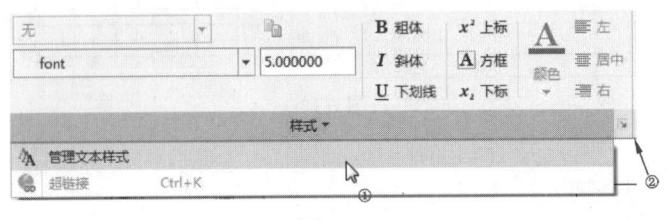

图 6.19

图 6.20

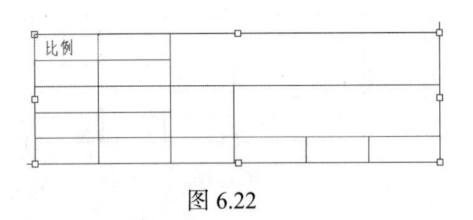

图 6.21

图 6.22

同理，填写整个标题栏文本，其中，"图名"的高度为 7，所有标题栏如图 6.23 所示，至此创建"A4-frm"图纸已完成，如图 6.24 所示。

图 6.23

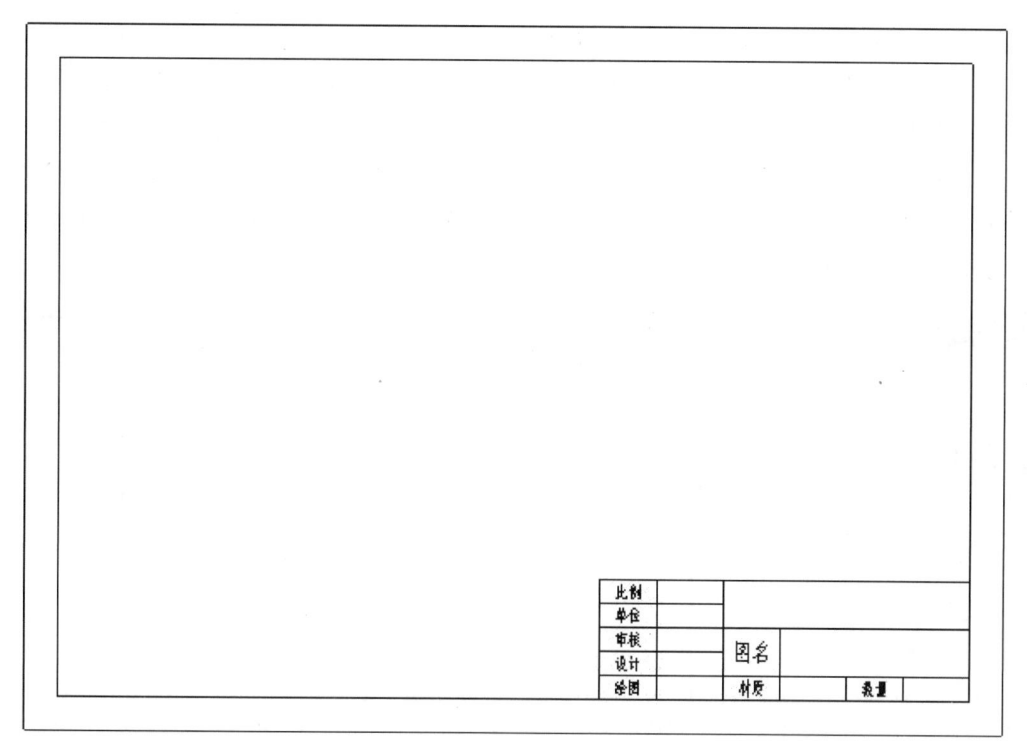

图 6.24

2. 创建工程图

（1）新建绘图文件。

步骤 1：启动 Creo Parametric 5.0，单击工具栏中的"新建"按钮，打开"新建"对话框。在"类型"选项中选择"绘图"，在"文件名"文本框中输入"轴承座工程图"，取消选中"使用默认模板"复选框，如图 6.25 所示，单击"确定"按钮，打开"新建绘图"对话框。

图 6.25

步骤2：在"新建绘图"对话框中的"默认模型"选项组中单击"浏览"按钮，打开"打开"对话框，从中查找并选择"轴承座.prt"模型，单击"打开"按钮。继续在"新建绘图"对话框的"指定模板"选项中选择"格式为空"，单击"格式"下方的"浏览"按钮，打开"打开"对话框，从中查找并选择此前已经新建好的"a4-frm图纸格式"，单击"打开"按钮。"新建绘图"对话框如图6.26所示，单击"确定"按钮，在"输入想要使用格式的页面（1-2）"中输入1，再单击"确定"按钮✓，进入工程图界面，如图6.27所示。

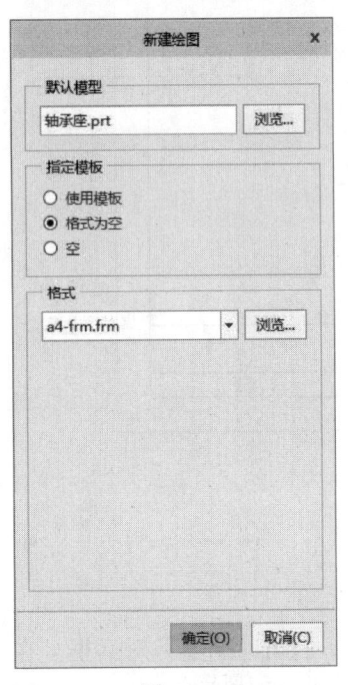

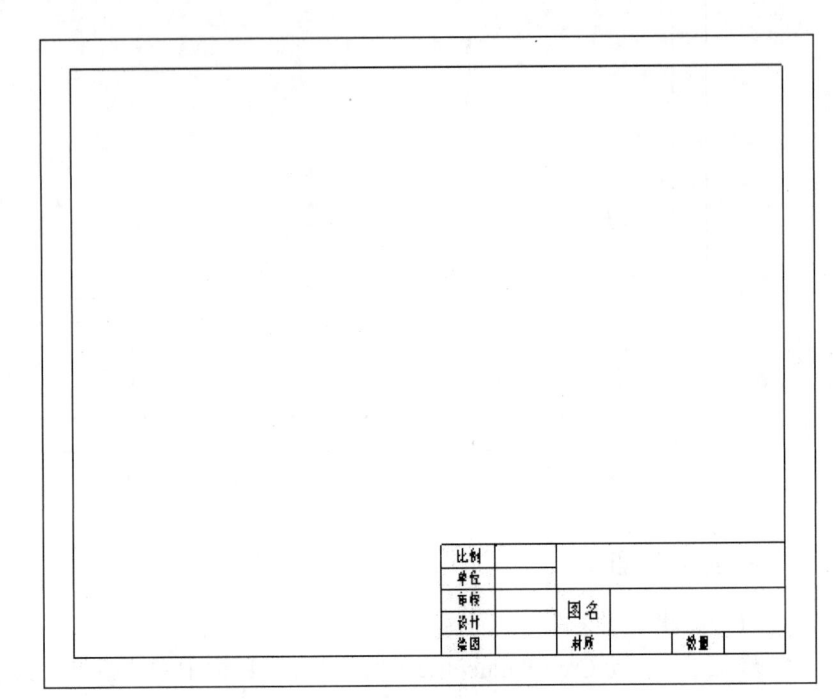

图6.26

图6.27

（2）工程图环境设置。

步骤1：在功能区"文件"应用程序菜单中选择"准备"→"绘图属性"命令，打开如图6.28所示的"绘图属性"对话框。利用此对话框可以设置公差和详细信息选项。单击"详细信息选项"对应的"更改"按钮，打开"选项"对话框。

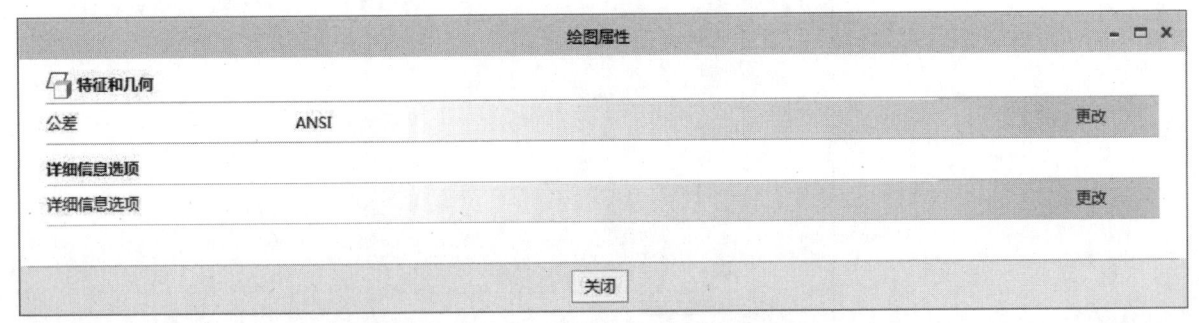

图6.28

步骤2：在"选项"对话框的列表中查找绘图选项projection_type，或者在"选项"文本框中直接输入projection_type，然后在"值"框中选择"first_angle"，单击"添加/更改"按钮，如图6.29所示，最后单击"确定"按钮。

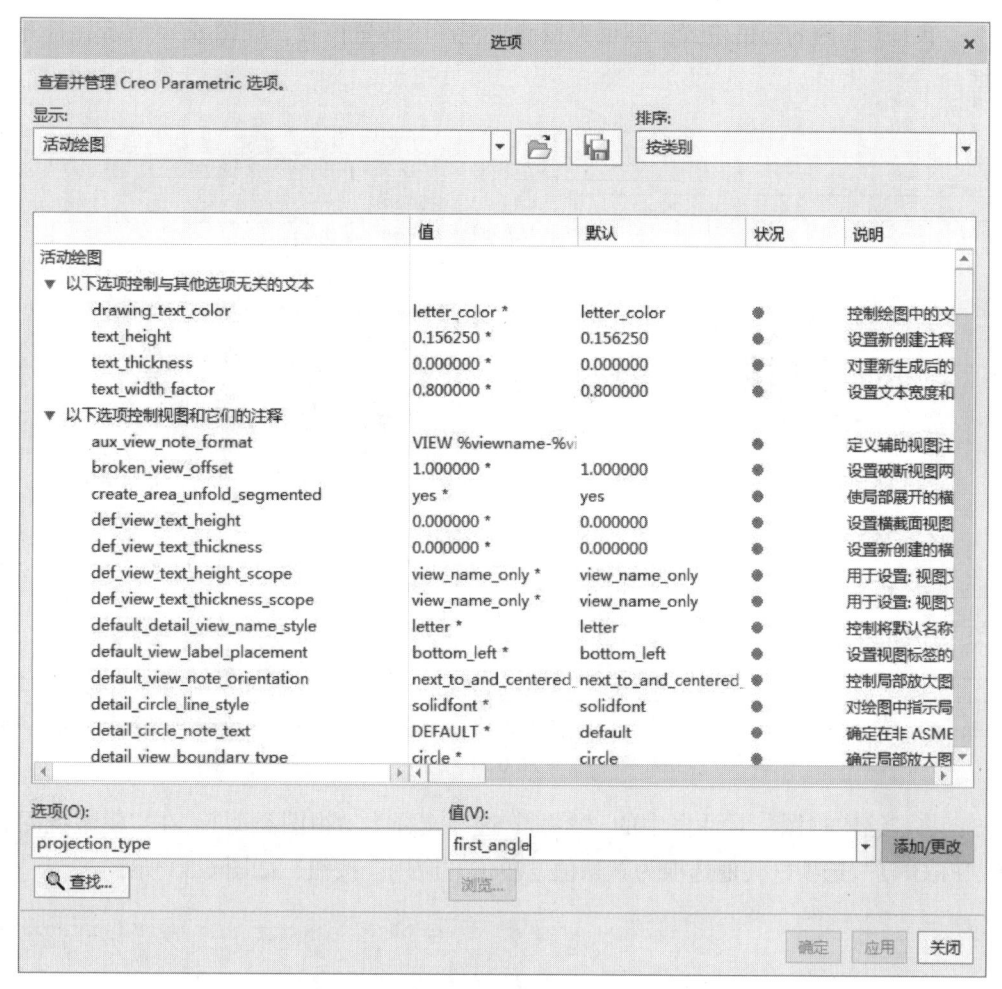

图 6.29

步骤3：在"绘图属性"对话框中单击"关闭"按钮。

（3）创建一般视图（普通视图）。

步骤1：在功能区"布局"选项卡的"模型/视图"组中单击"普通视图"按钮，系统弹出如图 6.30 所示的"选择组合状态"对话框，在对话框中选择"无组合状态"选项，然后单击"确定"按钮。

图 6.30

步骤 2：单击图框内的合适位置，即可大概确定视图的放置位置，如图 6.31 所示，打开"绘图视图"对话框。

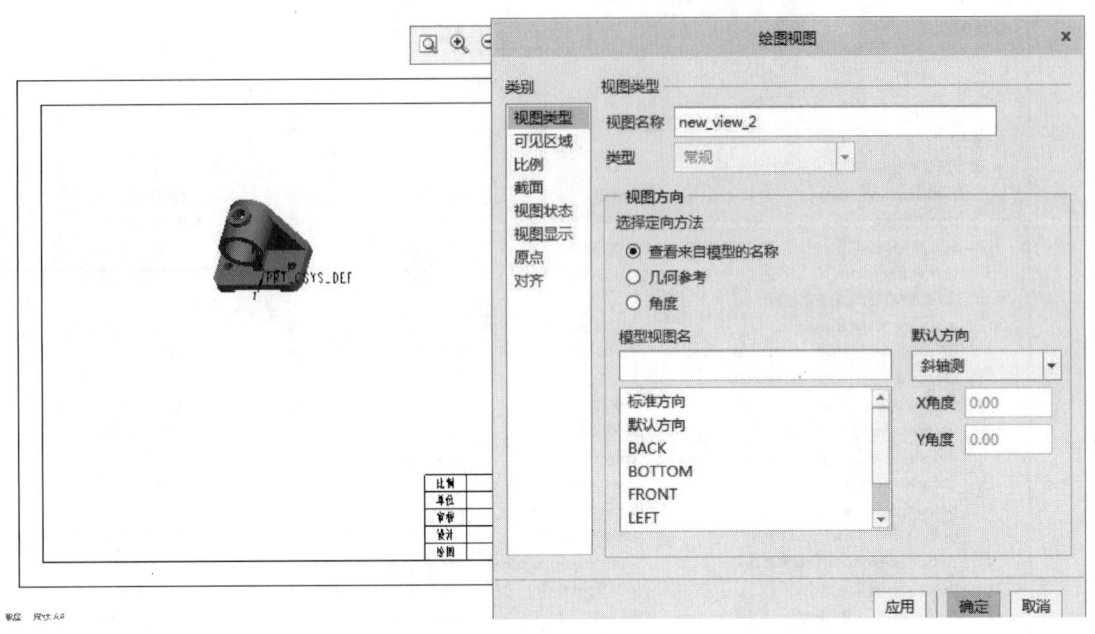

图 6.31

步骤 3：将"绘图视图"对话框中的"类别"选项选择为"视图类型"，在"模型视图名"列表框中选择"FRONT"选项，其他选项为默认值，单击"应用"按钮，如图 6.32 所示。

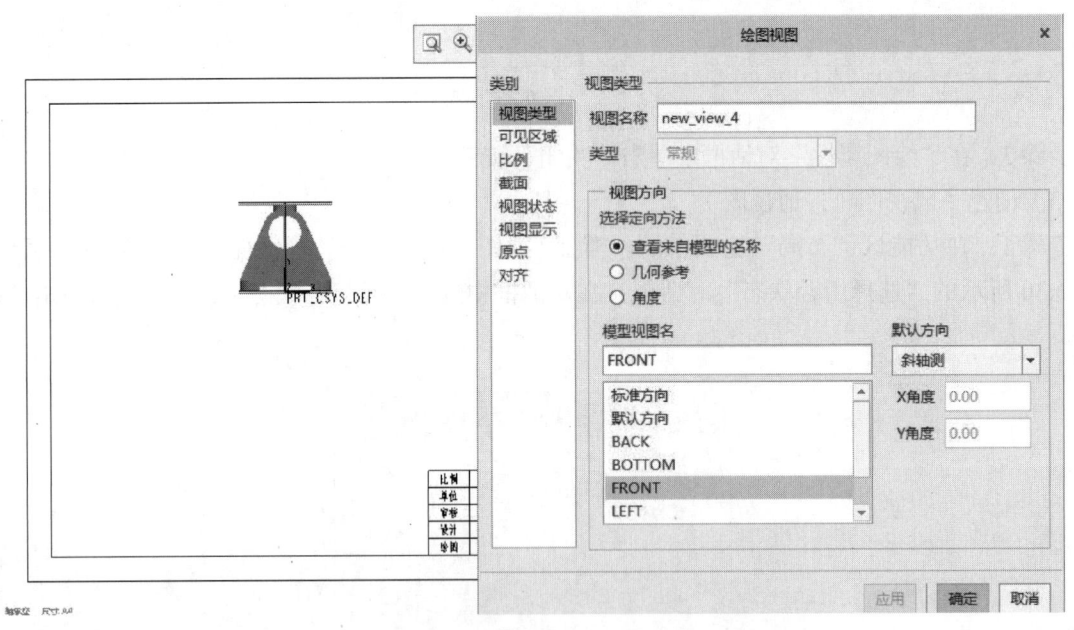

图 6.32

步骤 4：在"绘图视图"对话框中的"类别"选项中单击"视图显示"，切换到"视图显示选项"。在"显示样式"下拉列表中选择"消隐"选项，在"相切边显示样式"下拉列表中选择"无"选项，如图 6.33 所示，最后单击"应用"按钮。

步骤 5：单击"绘图视图"对话框中的"确定"按钮。再单击视图控制工具栏中的"基准显示过滤器"按钮，取消选中"轴显示"、"点显示"、"平面显示"，从而完成轴承座工程图主视图的创建。

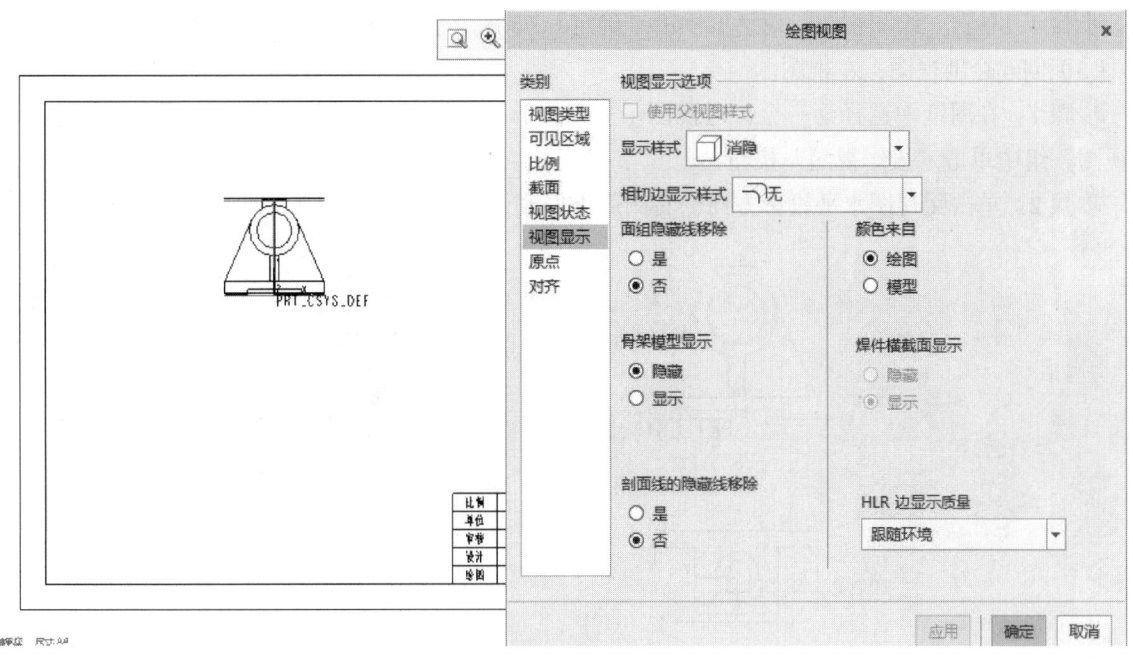

图 6.33

（4）创建投影视图：俯视图。

步骤1：在功能区"布局"选项卡的"模型视图"组中单击"投影视图"按钮。

步骤2：系统默认第一个普通视图为父视图（已创建的主视图），单击父视图垂直投影方向的下方适当位置，放置投影视图：俯视图。如图 6.34 所示。

步骤3：双击该投影视图，打开"绘图视图"对话框，类别切换至"视图显示"，在"显示样式"下拉列表中选择"消隐"选项，在"相切边显示样式"下拉列表中选择"无"选项，再单击"应用"按钮，如图 6.35 所示。

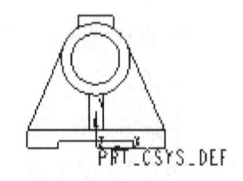

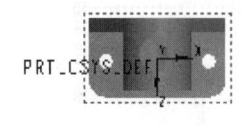

图 6.34

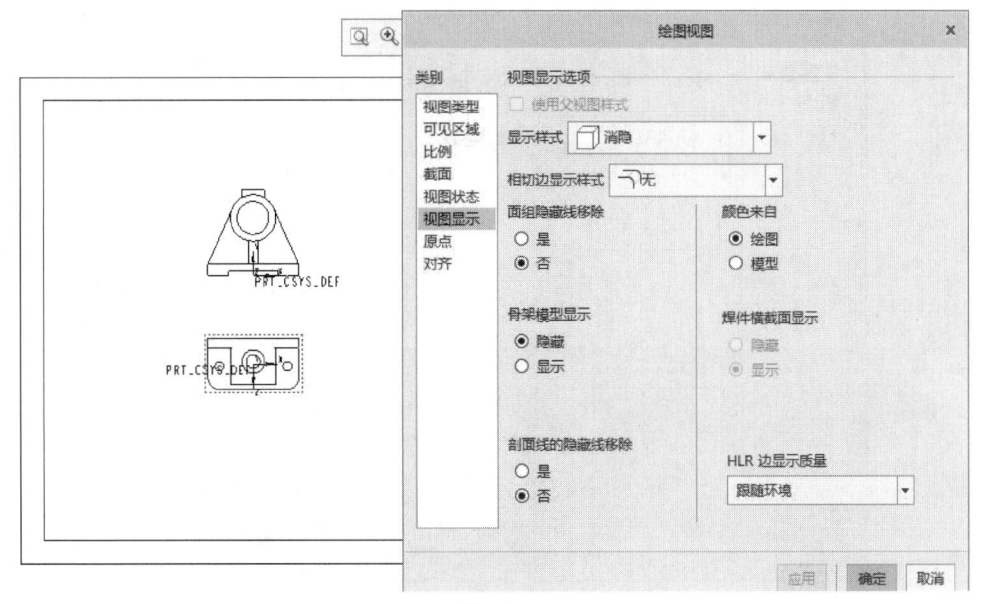

图 6.35

步骤 4：单击"绘图视图"对话框中的"确定"按钮，完成工程图中俯视图的创建。

（5）创建全剖视图：左视图。

步骤 1：在图纸中选择第一个普通视图（主视图）为父视图，再在功能区"布局"选项卡的"模型视图"组中单击"投影视图"按钮。

步骤 2：单击父视图水平投影方向的右侧适当位置，放置该投影视图，如图 6.36 所示。

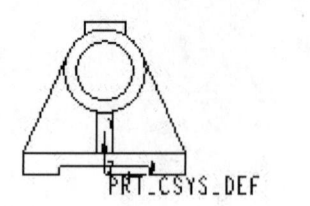

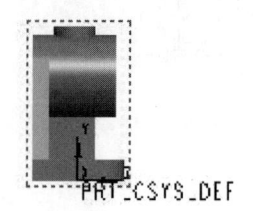

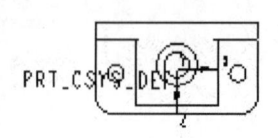

图 6.36

步骤 3：双击该投影视图，打开"绘图视图"对话框，类别切换至"视图显示"，在"显示样式"下拉列表中选择"消隐"选项，在"相切边显示样式"下拉列表中选择"无"选项，最后单击"应用"按钮。

步骤 4：在"绘图视图"对话框的"类别"列表框中选择"截面"选项，在"截面选项"选项组中选择"2D 横截面"，设置"模型边可见性"为"总计"，如图 6.37 所示。

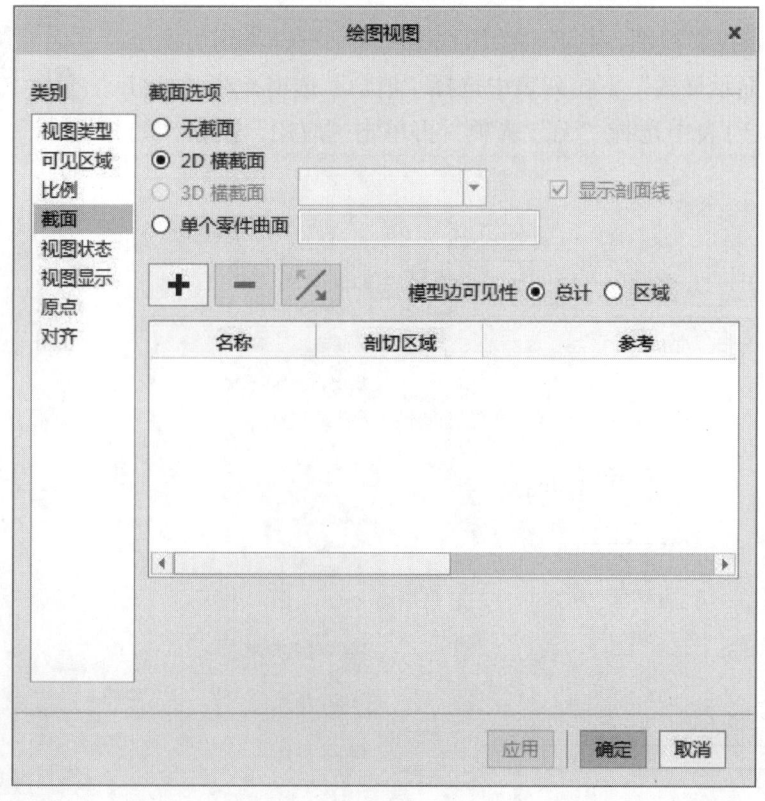

图 6.37

步骤 5：在"绘图视图"对话框的"截面选项"中单击"将横截面添加到视图"按钮 ![+]，弹出"菜单管理器"，如图 6.38 所示，依次选择"平面"→"单一"→"完成"选项。

步骤 6：输入横截面的名称为 A，如图 6.39 所示，再单击"接受"按钮 ✓。

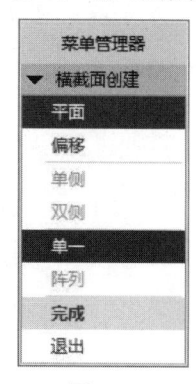

图 6.38　　　　　　　　　　　图 6.39

步骤 7：在模型树上或图形窗口中选择 RIGHT 基准平面作为剖切平面，如图 6.40 所示。此时，可以看到"绘图视图"对话框"截面选项"中的"名称"下方"A"前面标识代表有效截面的符号 ✓，剖切区域为"完整"。

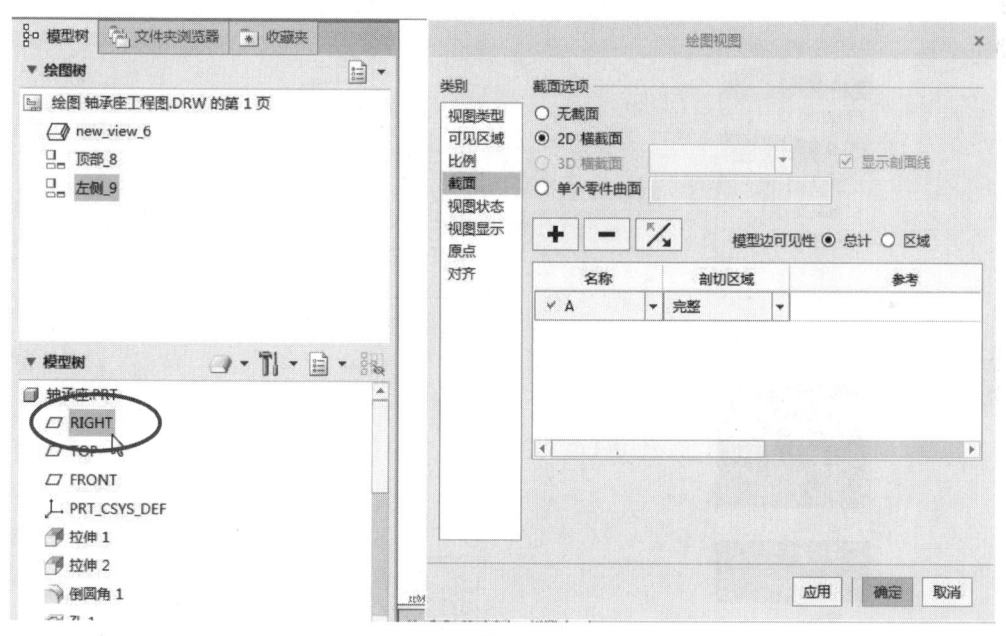

图 6.40

步骤 8：单击"绘图视图"对话框的"确定"按钮，完成全剖视图：左视图，如图 6.41 所示。

（6）创建局部剖视图。

步骤 1：在图纸中双击主视图，打开"绘图视图"对话框。

步骤 2：在"绘图视图"对话框的"类别"列表框中选择"截面"选项，在"截面选项"的选项组中选择"2D 横截面"，单击"将横截面添加到视图"按钮 ![+]，弹出"菜单管理器"。

步骤 3：在"菜单管理器"中依次选择"平面"→"单一"→"完成"选项，接着输入横截面名称 B，单击"接受"按钮 ✓。

步骤 4：在"菜单管理器"出现的"设置平面"菜单中选择"产生基准"选项，在"基准平面"菜单中选择"穿过"选项，如图 6.42 所示。

步骤 5：通过"图形"工具栏中的"基准显示过滤器"按钮，设置在图形窗口中显示基准轴，在图纸内俯视图中选择基准平面要创建的轴线（该轴线为小孔水平中心线），如图 6.43 所示，然后在"菜单管理器中"单击"完成"按钮。

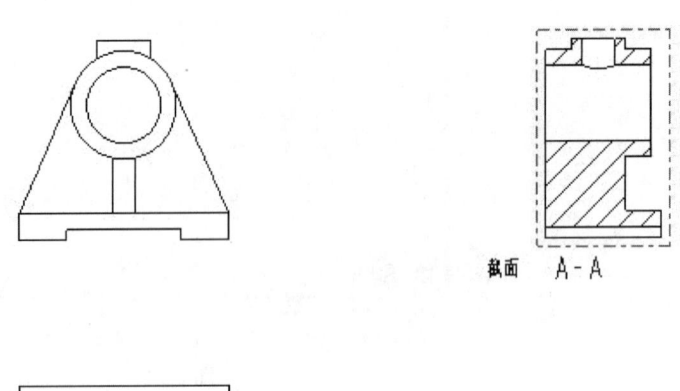

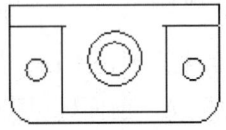

图 6.41

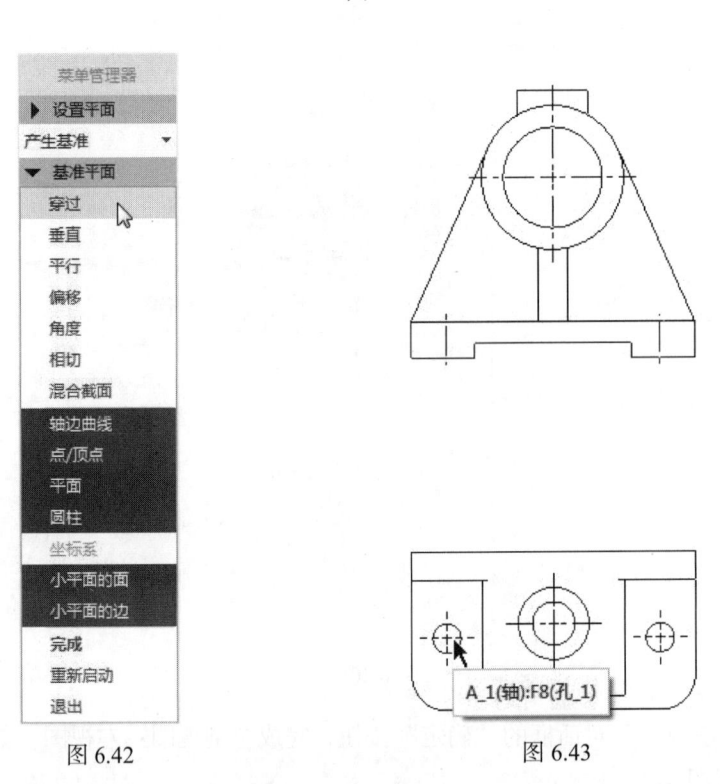

图 6.42

图 6.43

步骤 6：在"绘图视图"对话框的"截面"类别页上，在截面 B 对应的"剖切区域"下拉列表中选择"局部"选项，如图 6.44 所示，在主视图中指定局部剖范围内的一点，再围绕该点依次单击若干点来形成局部剖的边界，如图 6.45 所示，单击鼠标中键完成局部剖边界曲线的创建。

步骤 7：在"绘图视图"对话框中单击"确定"按钮，得到局部剖视图，如图 6.46 所示。

步骤 8：在图纸页上选择"截面 B-B"标识，在弹出的浮动工具栏中单击"拭除"按钮将其拭除。此时，可以在"图形"工具栏中单击"基准显示过滤器"按钮，取消所有基准的显示设置，从而完成工程图，如图 6.47 所示。

图 6.44

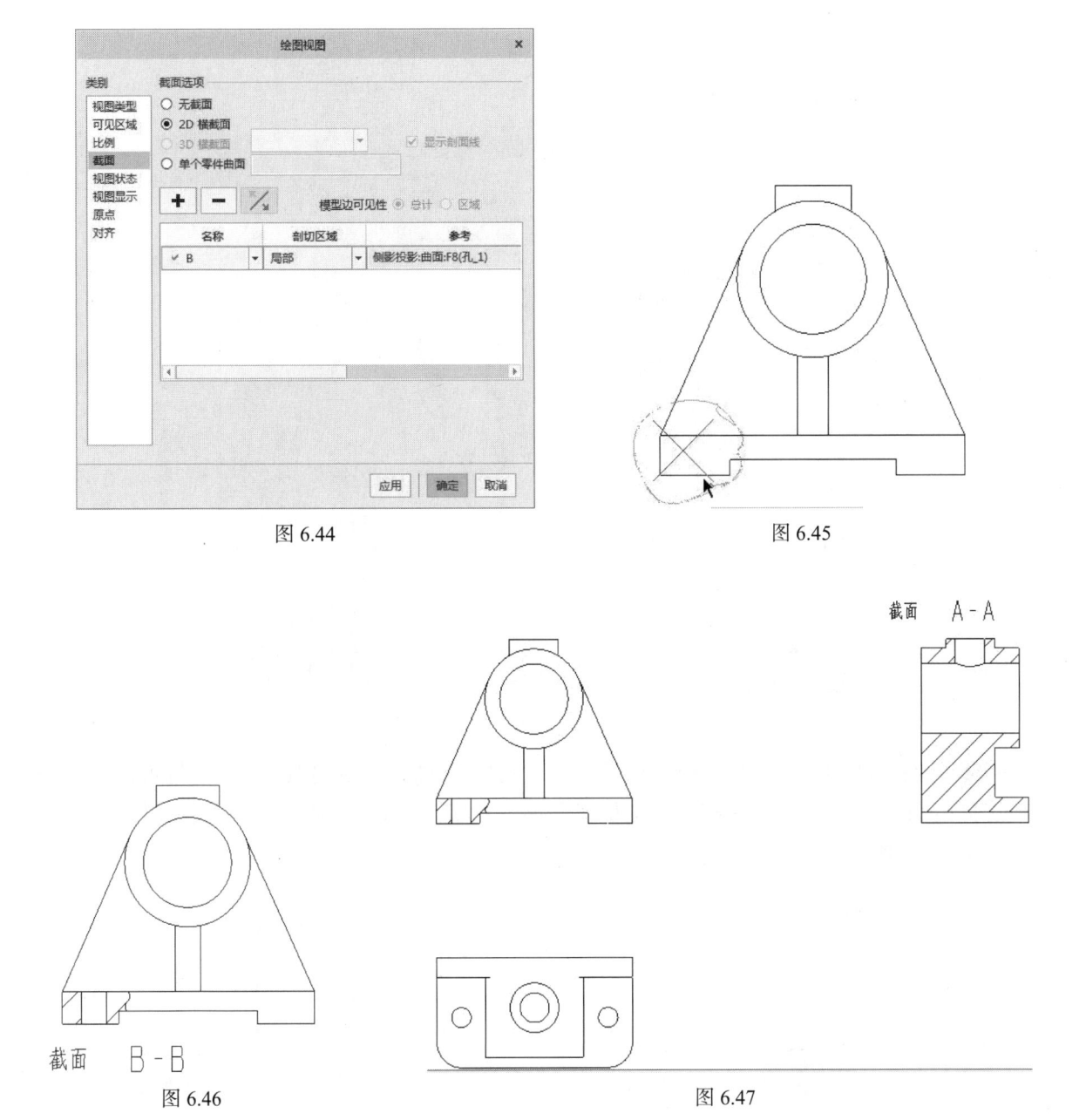

图 6.45

截面 A-A

截面 B-B

图 6.46

图 6.47

（7）移动视图与对齐视图。

完成视图创建后，如果视图之间的距离太远或太近，对视图位置不满意时，可以选中视图，当鼠标出现 ✥ 图标时，按住左键即可通过拖动方式将视图移动到合适位置放置，然后释放鼠标左键即可。注意，如果选中了"布局"选项卡"文档"组中的"锁定视图移动"按钮，则视图将被锁定，在这种情况下不能移动任何视图。

对齐视图的操作方法是双击要对齐的视图，打开"绘图视图"对话框，接着选择"对齐"类别，勾选"将此视图与其他视图对齐"复选框，如图 6.48 所示，然后指定项目参考，选择"水平"或"垂直"选项等，最后单击"应用"按钮即可。

（8）标注尺寸。

步骤 1：在功能区切换至"注释"选项卡，在"注释"组上单击"显示模型注释"按钮，打开"显示模型注释"对话框。

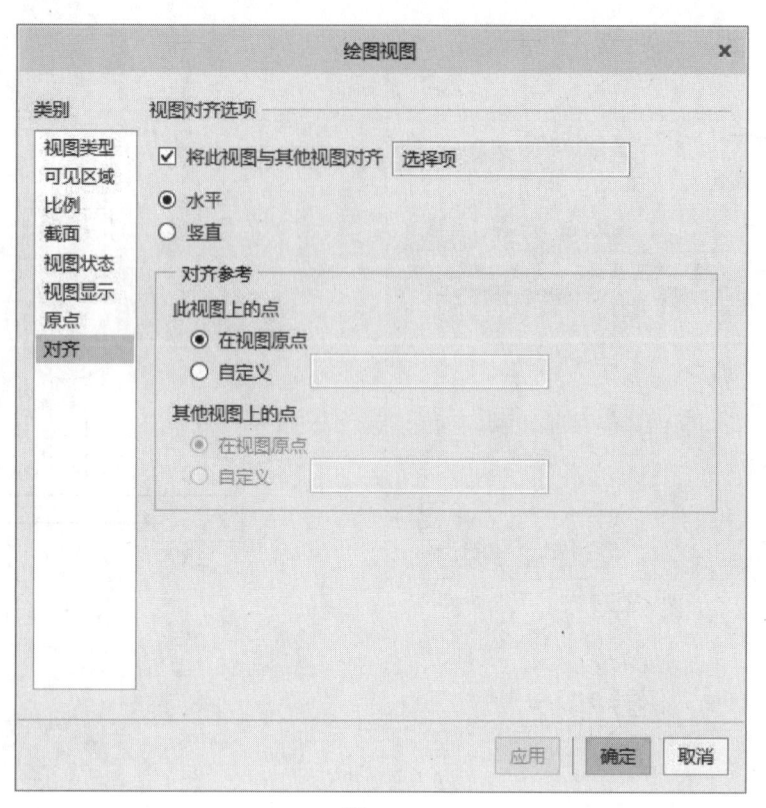

图 6.48

步骤 2：在"显示模型尺寸"选项卡上的"类型"下拉列表中选择"全部"选项，接着在模型树上单击元件名称"轴承座 .PRT"以选择整个元件，此时在图纸内模型的所有尺寸以高亮方式显示标注出来，如图 6.49 所示。

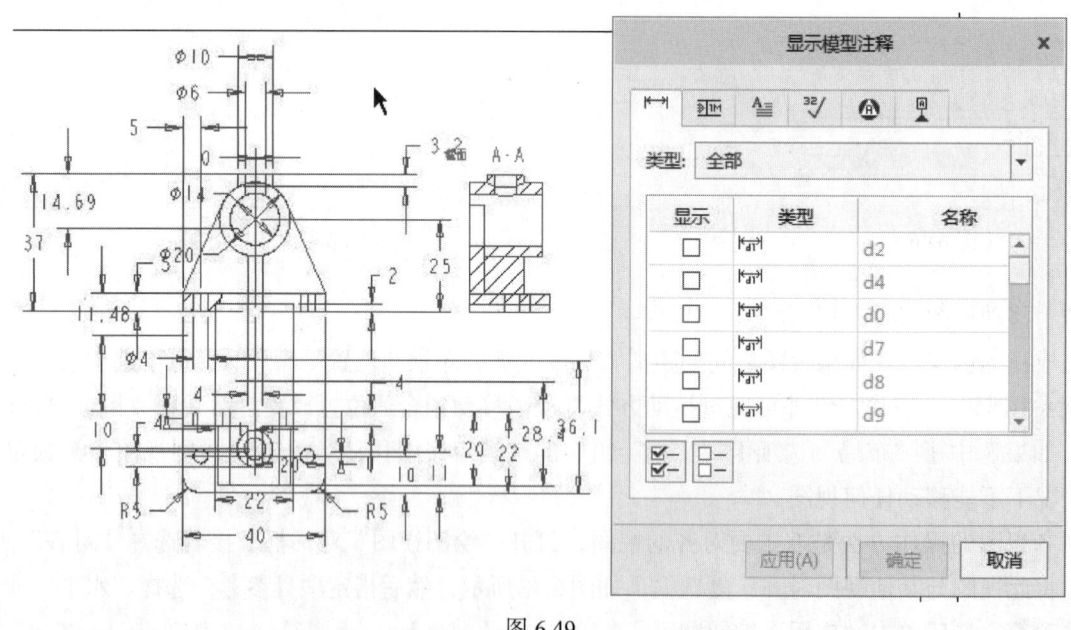

图 6.49

步骤 3：根据国家对工程图样尺寸标注的规范要求，在图纸上的三个视图中分别依次单击需要标注的尺寸，然后单击"显示模型注释"中的"应用"按钮，从而得到标注尺寸后的图样，如图 6.50 所示。

图 6.50

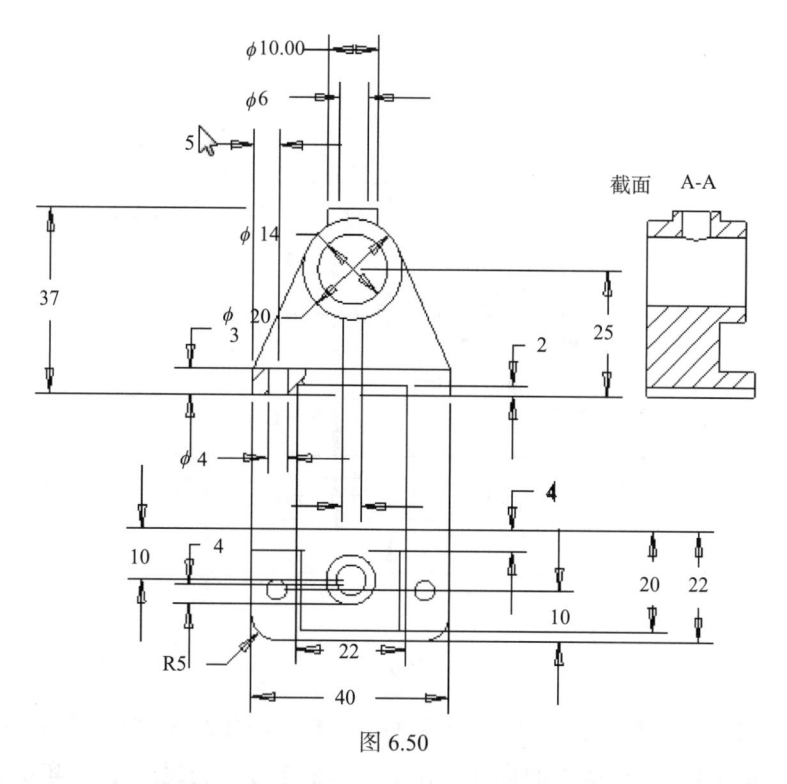

步骤 4：根据尺寸标注惯用原则，如需要将某个尺寸移动到另外一个视图中显示，则可以在页面上选中此尺寸，接着在弹出的浮动工具栏中单击"移动到视图"按钮，选择所需的视图，则该选定尺寸被移动到指定视图中显示，如图 6.51 所示。以俯视图中尺寸"20"为例，选中该尺寸后，接着单击弹出的浮动工具栏中的"移动到视图"按钮，再单击左视图，则尺寸"20"被移动到左视图上显示，如图 6.52 所示。

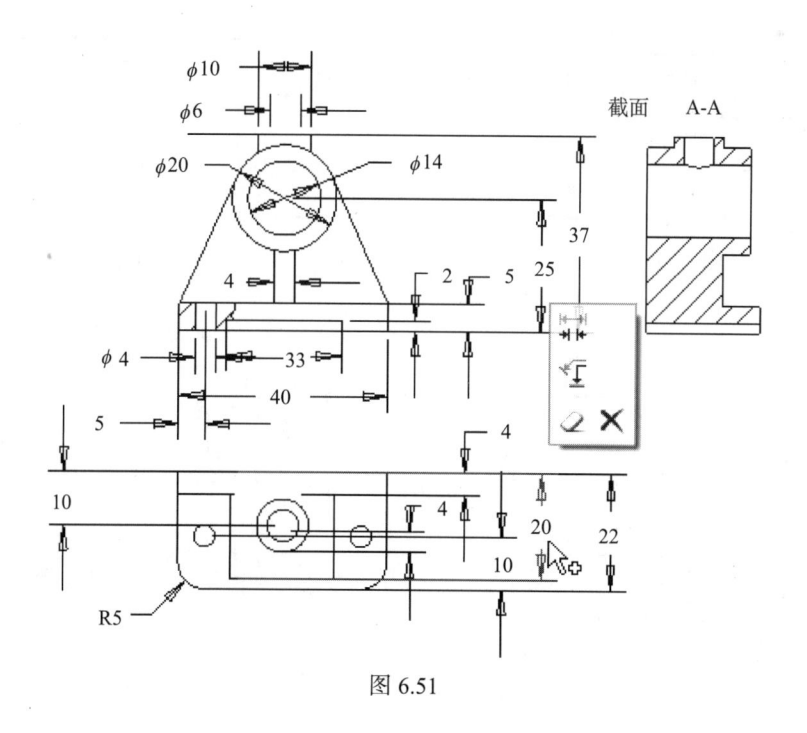

图 6.51

图 6.52

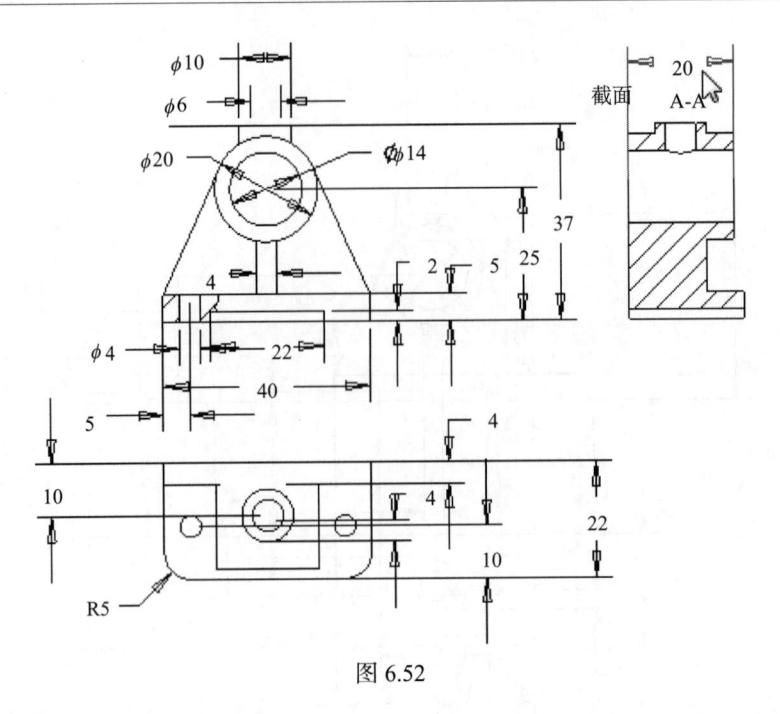

步骤 5：使用新参考系创建尺寸。在选项卡的"注释"组中单击"尺寸"按钮，打开"选择参考"对话框进行手动标注以获得所需的标准尺寸（使用新参考系创建尺寸）。单击俯视图中圆孔 $\phi 4$ 圆弧，如图 6.53 所示，按住 Ctrl 键单击轴承座的后端面边界线，如图 6.54 所示。移动鼠标至合适的尺寸放置位置，单击鼠标中键，完成新参考系创建尺寸"12"的创建，然后删除俯视图上圆孔 $\phi 4$ 中心到前端面尺寸"10"，如图 6.55 所示。同理，重复使用新参考创建尺寸操作步骤，创建左视图上肋板宽度相关尺寸"15"，如图 6.56 所示，然后删除俯视图上肋板宽度相关尺寸"4"。

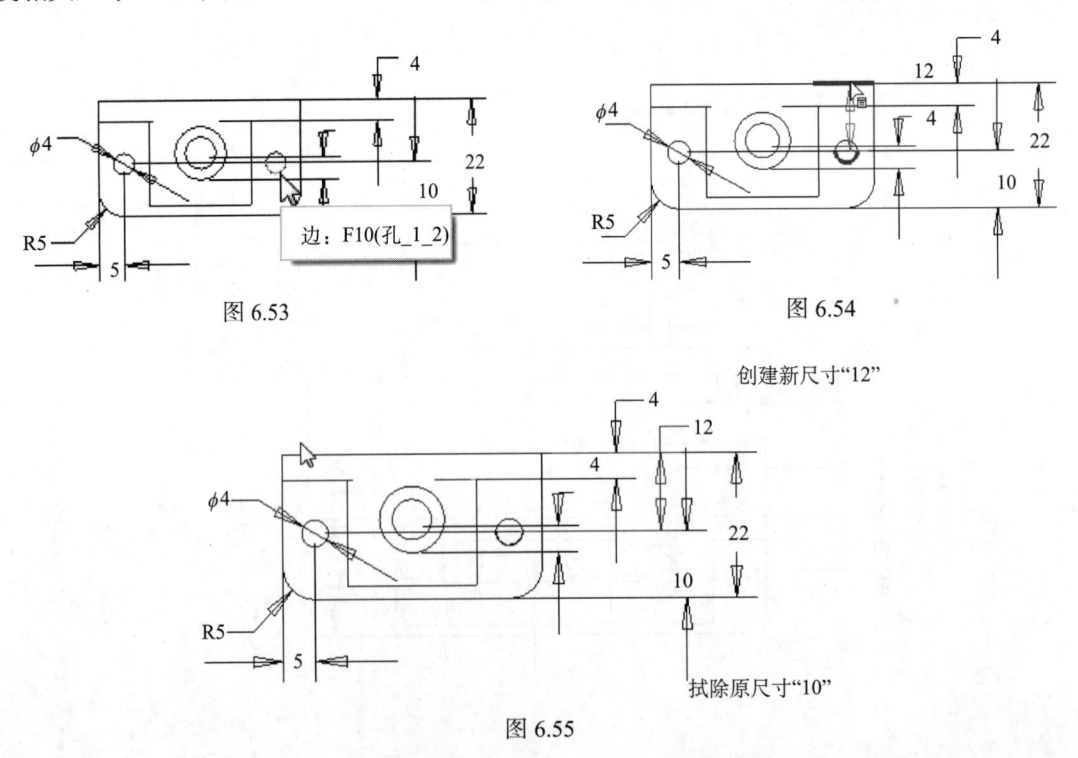

图 6.53

图 6.54

创建新尺寸"12"

图 6.55

拭除原尺寸"10"

图 6.56

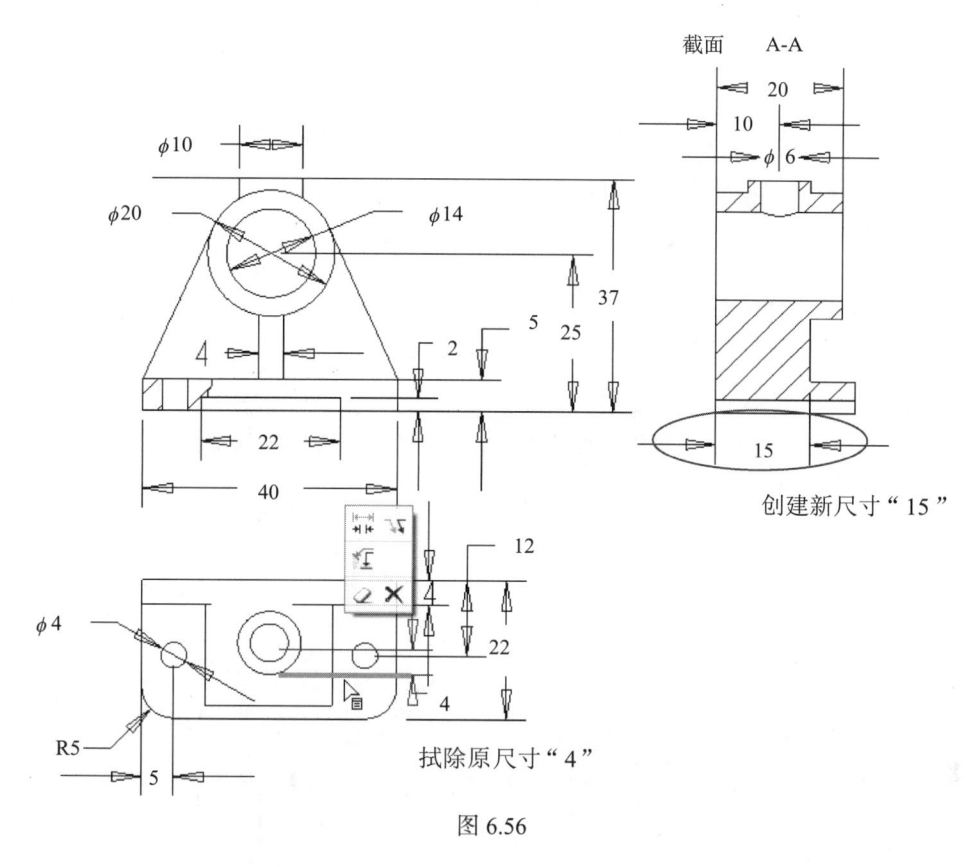

步骤 6：在视图中显示所需的中心线。单击"显示模型注释"按钮，打开"显示模型注释"对话框，切换至"显示模型基准"选项卡，在"类型"下拉列表中选择"全部"或"轴"选项，接着在模型树中单击所需的元件名称或指定特征，并在对话框中勾选要显示的中心线，最后单击"应用"或"确定"按钮即可，显示中心线如图 6.57 所示。

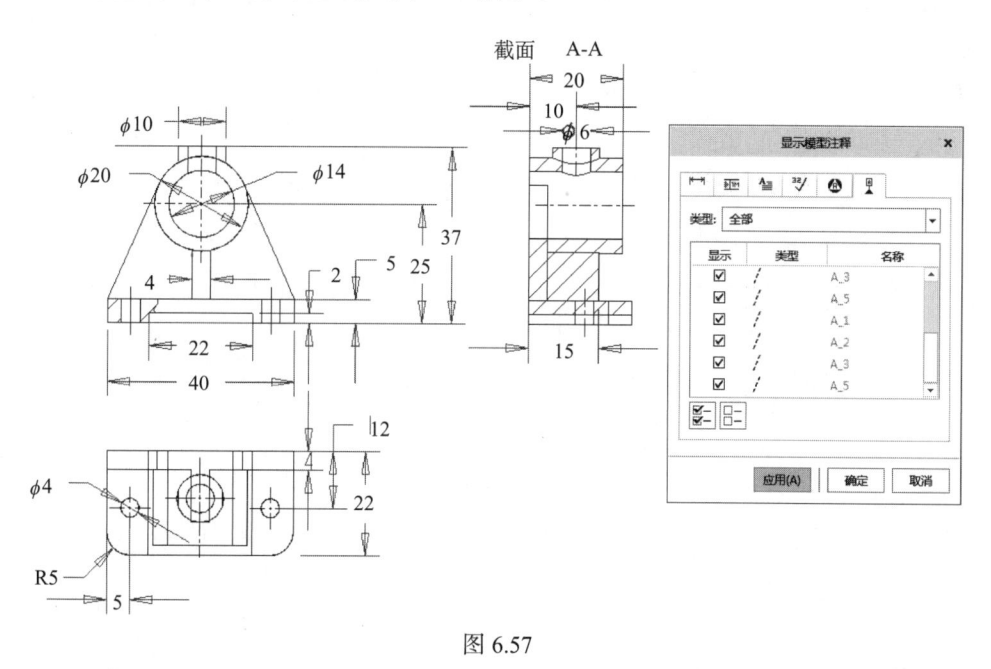

图 6.57

（9）插入轴测图。

步骤 1：在功能区中切换至"布局"选项卡，在"模型视图"组上单击"普通视图"按钮。

步骤 2：单击图框内的右半部空白区域，以确定视图的放置位置（视图的中心点），打开"绘图视图"对话框。

步骤 3：在"绘图视图"对话框"视图类型"类别页的"默认方向"下拉列表中选择"等轴测"选项，如图 6.58 所示，其他选项为默认值，单击"应用"按钮。

图 6.58

步骤 4：切换到"绘图视图"对话框的"视图显示"类别页，在"显示样式"下拉列表中选择"消隐"选项，在"想切边显示样式"下拉列表中选择"默认"选项，单击"应用"按钮。

步骤 5：在"绘图视图"对话框中单击"确定"按钮。插入的轴测图如图 6.59 所示。

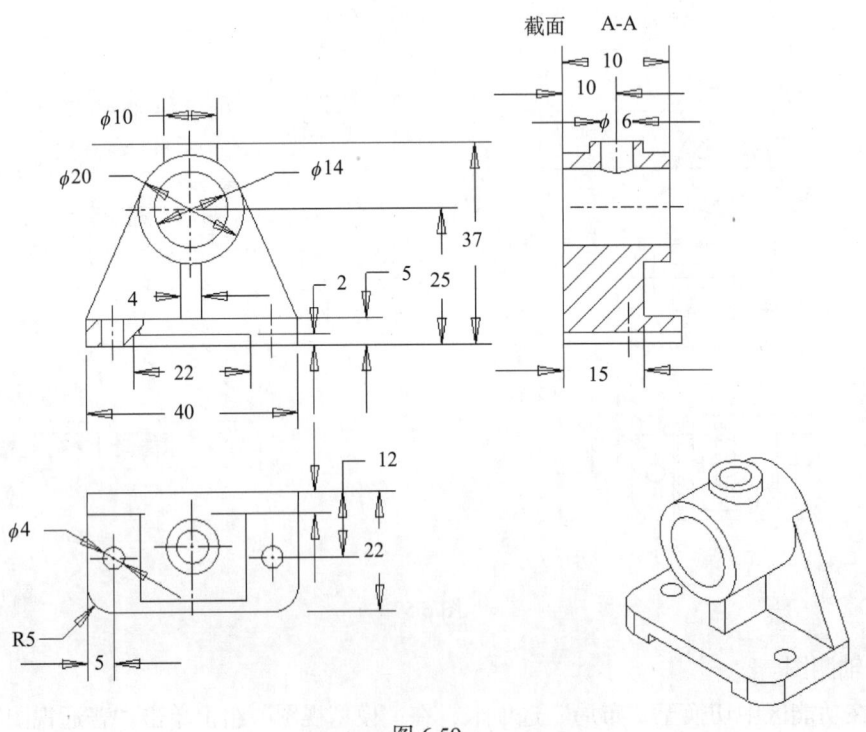

图 6.59

（10）标注技术要求。

步骤 1：在功能区"注释"选项卡的"注释"组中单击"独立注释"按钮，打开如图 6.60 所示的"选择点"对话框，接受默认选中的"在绘图上选择一个自由点"按钮。

步骤 2：单击图框内的适当位置（一般选取标题栏上方空白位置）。

步骤 3：输入第一行文本"技术要求"，按 Enter 键。输入第二行文本"1. 在外表面上不能出现飞边、毛刺等不良现象。"，按 Enter 键。输入第三行文本："2. 轴承配合孔作淬火处理。"，如图 6.61 所示。

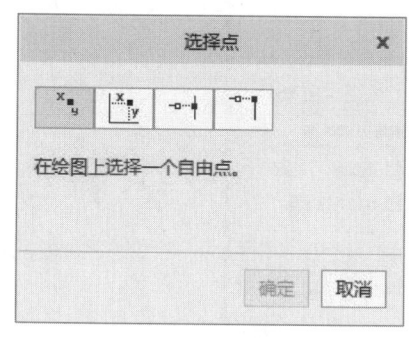

图 6.60

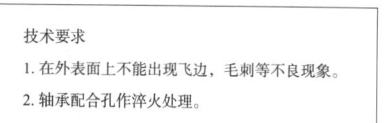

图 6.61

步骤 4：双击刚创建的"技术要求"文本，通过在"技术要求"文字前输入若干空格的方式，使文字位置居中。按住鼠标左键，选中"技术要求"文字，在功能区"格式"选项卡的"样式"组"文本高度"输入框中修改其字体高度值，使"技术要求"文字字体高度值大于另外两行文字的高度，从而完成技术文本标准。技术要求文字效果如图 6.62 所示。

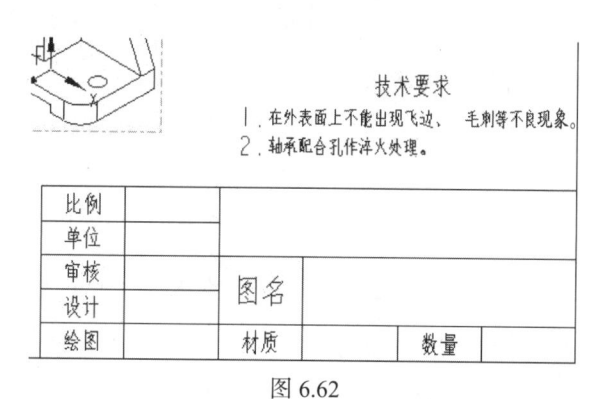

图 6.62

（11）补充填写标题栏。

步骤 1：通过双击单元格的方式填写标题栏，例如，在单元格内填写零件的名称、材料、设计者、绘图者等，如图 6.63 所示。

图 6.63

步骤 2：可以修改标题栏指定单元格中的字体高度、对齐位置等。方法是单击要操作的单元格，在弹出的浮动工具条中单击"编辑定义"按钮 ，打开"注解属性"对话框，切换至"文本样式"选项卡进行相关设置即可，如图 6.64 所示。

图 6.64

步骤 3：最终完成的工程图如图 6.65 所示。

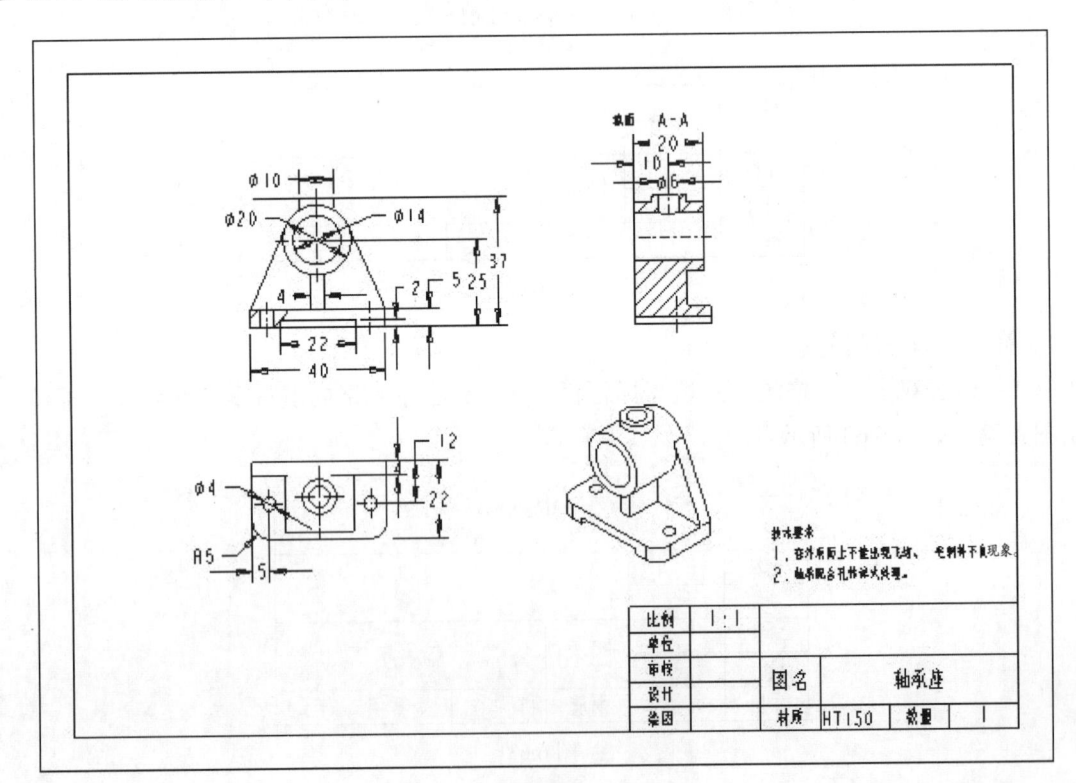

图 6.65

(12) 保存文件。

步骤1：在"快捷访问"工具栏中单击"保存"按钮 ![], 打开"保存对象"对话框。

步骤2：在"保存对象"对话框中指定要保存的位置（路径），再单击"确定"按钮。

参 考 文 献

[1] 张晓红. Pro/E 实训教材 [M]. 北京：电子工业出版社，2006.
[2] 孙小捞，杨春荣. Creo 5.0 中文版实用教程 [M]. 北京：化学工业出版社，2007.
[3] 贾雪艳，刘平安等. Creo Parametric 5.0 [M]. 北京：人民邮电出版社，2008.
[4] 江洪，韦峻，姜民. Creo 5.0 基础教程 [M]. 北京：机械工业出版社，2010.